21世纪高等学校“十二五”规划教材

# 工程制图


刘东燊　林益平　谢袁飞　主　编

王　洪　江湘颜　陈水先　副主编

明兴祖　主　审


GONGCHENG ZHITU

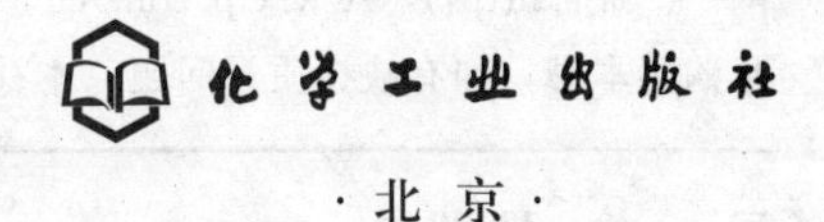

化学工业出版社

·北京·

本书主要内容有：制图基本知识、投影原理与基本体投影图、截断体和相贯体、组合体、图样画法、标准件与常用件、零件图、装配图、CAD 三维造型与工程图、表面展开图与曲线曲面。

本书以解题方法简洁，概念讲解通俗易懂为特色，在内容上尽量把握好实用与够用的尺度。

与本书配套使用的有《工程制图习题集》（赵近谊等主编）。

本书适用于普通高等院校工科各专业使用，也适用于高职高专院校工科各专业的学生使用。

**图书在版编目（CIP）数据**

工程制图/刘东燊，林益平，谢袁飞主编. —北京：化学工业出版社，2012.6

21 世纪高等学校“十二五”规划教材

ISBN 978-7-122-14248-1

Ⅰ. 工…　Ⅱ. ①刘…②林…③谢…　Ⅲ. 工程制图-高等学校-教材　Ⅳ. TB23

中国版本图书馆 CIP 数据核字（2012）第 093977 号

---

责任编辑：高　钰　　　　装帧设计：史利平

责任校对：王素芹

---

出版发行：化学工业出版社（北京市东城区青年湖南街 13 号　邮政编码 100011）

印　　装：三河市延风印装厂

787mm×1092mm　1/16　印张 17　字数 421 千字　2012 年 9 月北京第 1 版第 1 次印刷

---

购书咨询：010-64518888（传真：010-64519686）　售后服务：010-64518899

网　　址：http://www.cip.com.cn

凡购买本书，如有缺损质量问题，本社销售中心负责调换。

---

**定　　价：33.00 元**

# 前 言

本书根据教育部工程图学教学指导委员会制订的“工程图学课程教学基本要求”编写，努力把握好应用型人才培养中知识点的实用与够用尺度。

本书是编写组经过多年教学探索实践并在已取得了好的教学效果的基础上进行的一次教材改革。它合理地吸收了CAD三维造型设计的基本内容和思维方法，顺其自然地从三维空间思维的表达进入到二维工程图的学习，从而改变了一般教材“先讲二维图后讲三维图”的编写过程。这种先对空间思维进行的学习与表达，既可提高读者学习兴趣，又易于把握好二维工程图的识读要领，同时也有利于读者今后进行CAD三维造型设计的学习。

本书主要内容有：制图基本知识、投影原理与基本体投影图、截断体和相贯体、组合体、图样画法、标准件与常用件、零件图、装配图、CAD三维造型与工程图、表面展开图与曲线曲面等。

本书中许多内容在讲解上作了大胆创新，如第二章第二节从二维平面图直接进入轴测图的教学，是利用CAD的三维造型思路，展现空间思维的过程；如第三章第二节中平面体截交线的求解，提出了“断点端点分析法”，做到截断面多边形的分析与判断准确，作图过程简单、易懂；又如在应用CAD三维软件如何进行制图课程教学的组织与实施，在第五章第五节作了详细的展现。

本书采用了最新国家标准。

与本书配套使用的习题集，是赵近谊等主编的《工程制图习题集》。

参加本书编写的有刘东燊、林益平、谢袁飞、王洪、江湘颜、陈水先、殷小清、唐开勇、胡黄卿、赵近谊、王菊槐、易惠萍、陈义庄、栗新等。

本书由湖南工业大学明兴祖教授主审，同时在编写过程中参考了许多优秀教材及专业资料，编者在此一并表示衷心感谢。

由于水平有限，本书存在一些构思上的不足之处，敬请读者批评指正，编者不胜感激。

编者

2012年7月

# 目 录


绪 论 …………………………………………………………………………… 1

第一章 制图基本知识 …………………………………………………………… 4

第一节 基本规格 ………………………………………………………………… 4
第二节 尺规工具用法 …………………………………………………………… 10
第三节 平面图形画法 …………………………………………………………… 12

第二章 投影原理与基本体投影图 ……………………………………………… 20

第一节 投影的基本知识 ………………………………………………………… 20
第二节 基本体轴测图 …………………………………………………………… 22
第三节 物体三视图与三等关系 ………………………………………………… 30
第四节 点、线、面的投影 ……………………………………………………… 32
第五节 基本体三视图 …………………………………………………………… 42

第三章 截断体和相贯体 ………………………………………………………… 50

第一节 基本体表面找点 ………………………………………………………… 50
第二节 截断体 …………………………………………………………………… 52
第三节 相贯体 …………………………………………………………………… 64
第四节 决定截交线和相贯线形状的因素 ……………………………………… 68

第四章 组合体 …………………………………………………………………… 70

第一节 形体分析 ………………………………………………………………… 70
第二节 三视图画法 ……………………………………………………………… 72
第三节 识读视图 ………………………………………………………………… 76
第四节 注写尺寸 ………………………………………………………………… 81
第五节 轴测图画法 ……………………………………………………………… 85

第五章 图样画法 ………………………………………………………………… 87

第一节 视图 ……………………………………………………………………… 87
第二节 剖视图 …………………………………………………………………… 90
第三节 断面图 …………………………………………………………………… 96
第四节 局部放大图和简化画法 ………………………………………………… 98
第五节 图样画法应用举例 ……………………………………………………… 101
第六节 第三角画法简介 ………………………………………………………… 104

第六章 标准件和常用件 ………………………………………………………… 106

第一节 螺纹及螺纹紧固件 ……………………………………………………… 106
第二节 键、销及滚动轴承 ……………………………………………………… 113

第三节 齿轮 …… 119
第四节 弹簧 …… 128
第七章 零件图 …… 131
第一节 作用和内容 …… 131
第二节 视图选择与表达方案 …… 132
第三节 常见工艺结构 …… 133
第四节 尺寸标注 …… 136
第五节 技术要求 …… 142
第六节 典型零件图识读 …… 153
第七节 零件的测绘 …… 161
第八章 装配图 …… 166
第一节 装配图的作用与内容 …… 166
第二节 装配图的画法 …… 168
第三节 装配图尺寸与技术要求 …… 170
第四节 零部件序号和明细栏 …… 172
第五节 常见装配工艺结构与局部装配图 …… 173
第六节 读装配图与拆画零件图 …… 177
第七节 测绘装配体 …… 180
第九章 CAXA三维造型与工程图 …… 188
第一节 CAXA三维与二维图板工作界面 …… 189
第二节 CAXA三维造型实例 …… 193
第三节 CAXA二维图生成与工程标注 …… 202
第四节 CAXA二维装配图画法 …… 207
第十章 AutoCAD绘制工程图 …… 212
第一节 AutoCAD绘图基础 …… 212
第二节 坐标值的输入及绘图命令 …… 216
第三节 利用辅助工具绘图 …… 219
第四节 图层及其应用 …… 222
第五节 常用编辑命令 …… 224
第六节 AutoCAD绘制零件图 …… 227
第七节 块及其应用 …… 231
第八节 AutoCAD绘制机械图样 …… 233
第十一章 表面展开与曲线曲面 …… 236
第一节 表面展开图 …… 236
第二节 曲线和曲面 …… 241
附录 …… 246
参考文献 …… 263

# 绪　论

## 一、工程图学的历史与发展简介

18 世纪的欧洲工业革命，促成了法国科学家蒙日（Gaspard Monge，1746～1818）对前人经验的总结，创建了画法几何学学科体系，奠定了图学理论基础，规范了工程图的表达与绘制，再经过两百多年的不断发展和完善，形成了“工程图学”这门独立的学科。

我国宋朝李明仲所著《营造法式》（刊印于 1103 年）是保存下来的最著名的建筑图样，与工程图学中的正投影图、轴测图、透视图画法非常相近。20 世纪 50 年代，我国著名学者赵学田教授总结出“长对正、高平齐、宽相等”的三视图投影规律，使工程图的学习变得简明易懂。进入 21 世纪，我国工程设计已普遍采用计算机辅助设计（Computer Aided Design，简称 CAD），大大提高了产品设计质量和设计效率。

## 二、本课程的主要内容

在工程技术中，按一定的投影方法和有关的规定，把工程产品的形状用图形画在规定的纸上，并用数字、文字和符号标注出物体的大小、材料和有关制造的技术说明等，我们把这种具有图形和文字等内容的资料称为工程图样。如图 0-1 所示的管座，在工程上是用图 0-2 所示的工程图样进行表达。在工程设计中，图样用来表达和交流技术思想；在生产中，图样是加工制作、检验、装配、调试、使用、维修等方面的主要依据。因此，工程图样是工程技术部门的一种重要的技术资料，常被称为“工程界的语言”。作为一名未来工程技术人员，学会绘制、阅读工程图样是需做好的第一件事情。

传统工程图学对产品是采用如图 0-2 这样的工程图进行表达。现在，先进的设计制造企业已经是用 CAD 系统快速提供如图 0-1 所示产品的三维数字化模型，它是设计、制造过程中有限元分析、数控编程、模拟与仿真等活动的信息源，同时由三维数字化模型获得图 0-2 所示的工程图，是一个十分简单的操作过程。因此，作为现代工程图学，需包含三维 CAD 造型设计的基本内容。

本课程主要讲解绘制和阅读工程图样的基本原理、基本方法以及 CAD 基础知识，并严格执行国家标准《技术制图》与《机械制图》等的有关规定，这是所有工科专业学生必修的一门技术基础课。

本教材的主要章节为制图基本知识、投影基础、图样画法、零件图、装配图、CAD 三维造型与工程图绘制、表面展开图与曲线曲面等内容。

## 三、本课程的主要任务

① 学习正投影法的基本原理及其应用；

② 培养空间想象能力和空间分析能力；

③ 培养绘制和阅读工程图样的基本能力，形成严格执行国家制图标准的观念；

④ 初步具备应用 CAD 软件进行三维造型与绘制二维工程图的能力；

⑤ 培养认真负责的工作态度和严谨细致的工作作风。

在教学过程中需要特别注重对实物（如基本体、组合体、零件实物等）的观察与表达训练，培养学生解决实际问题的能力。

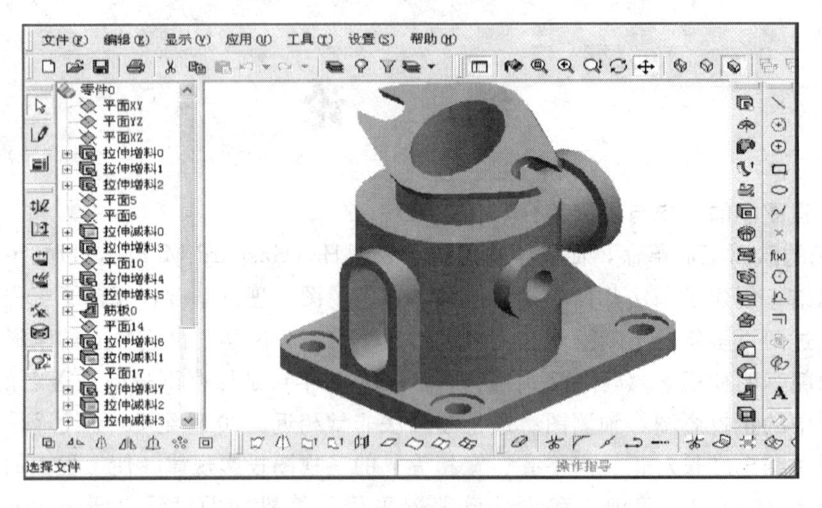


图 0-1 CAD 三维数字化模型

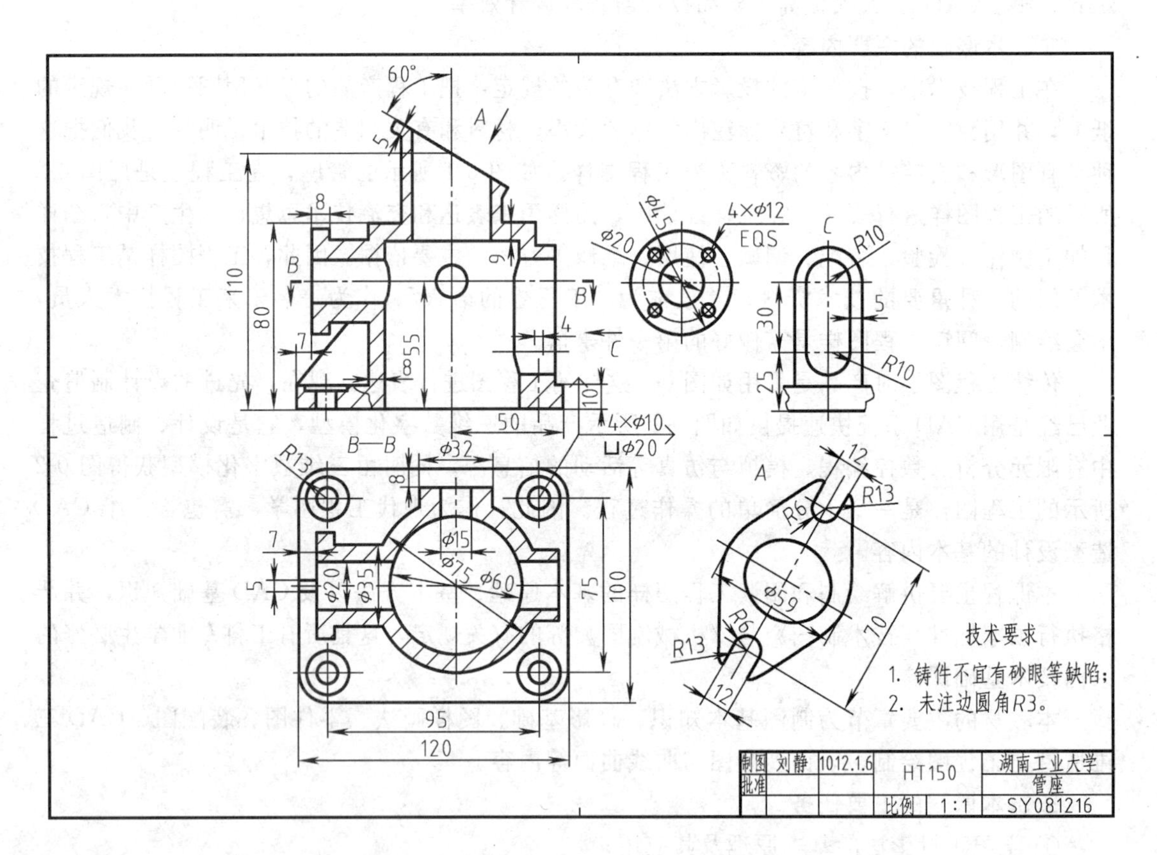


图 0-2 工程图样

## 四、学习本课程的方法与要求

① 本课程是一门既注重理论又强调实践的技术基础课，故初学者在学习时要认真听课，准确理解投影原理、弄清楚作图方法与作图步骤。同时又只能通过一系列绘图、读图等“物到图”、“图到物”的反复训练（或在 CAD 上进行这种训练），才能使空间想像能力以及绘制和识读工程图的能力得到提高。

② 鉴于图样在生产中起着很重要的作用，因此要求所绘图样不能有误，读图时也不能看错，否则会给生产造成严重损失。这就要求我们在学习该课程时，必须以一丝不苟、严谨细致的态度完成作业，并严格遵守国家标准《技术制图》、《机械制图》等有关规定。还应注意，传统制图知识是专业技术人员从事设计、制造工作应具备的基础知识，同时也是学习CAD技术所必备的基础知识，需认真学好。

# 第一章　制图基本知识

本章主要介绍国家标准《技术制图》与《机械制图》中的基本规格，尺规绘图工具的使用方法，绘图基本技能及平面图形绘制等。

## 第一节　基本规格

图样是设计和制造过程中的重要技术文件，是表达设计思想、技术交流、指导生产的工程语言。因此，必须对图纸的各个方面有统一的规定。我国在1959年首次颁布了国家标准《机械制图》，对图样作了统一的技术规定；为适应生产技术的发展和国际间的经济贸易往来和技术交流，我国的国家标准经过多次修改和补充，已基本上等同或等效于国际标准。在执行国家标准时，要特别注意使用标准的现行有效版本。

国家标准简称国标，其代号为GB。例如GB/T 14689—1993，其中“T”为推荐性标准，“14689”是标准顺序号，“1993”是标准颁布的年代号。

本节仅介绍《技术制图》与《机械制图》中的部分标准，其余的将在后续章节中适量介绍。

### 一、图纸幅面和格式（GB/T 14689—1993）

#### 1. 图纸幅面

绘制图样时应优先采用表1-1中规定的基本幅面，共有5种，其代号为A0、A1、A2、A3、A4。必要时可按规定加长幅面，即加长量是沿基本幅面的短边整数倍加长，如3倍A3的幅面，其代号为A3×3。

**表1-1　图纸基本幅面及图框尺寸**　　单位：mm

| 幅面代号 | A0 | A1 | A2 | A3 | A4 |
|---|---|---|---|---|---|
| $L\times B$ | 1 189×841 | 841×594 | 594×420 | 420×297 | 297×210 |
| $e$ | 20 | | 10 | | |
| $c$ | 10 | | | 5 | |
| $a$ | 25 | | | | |

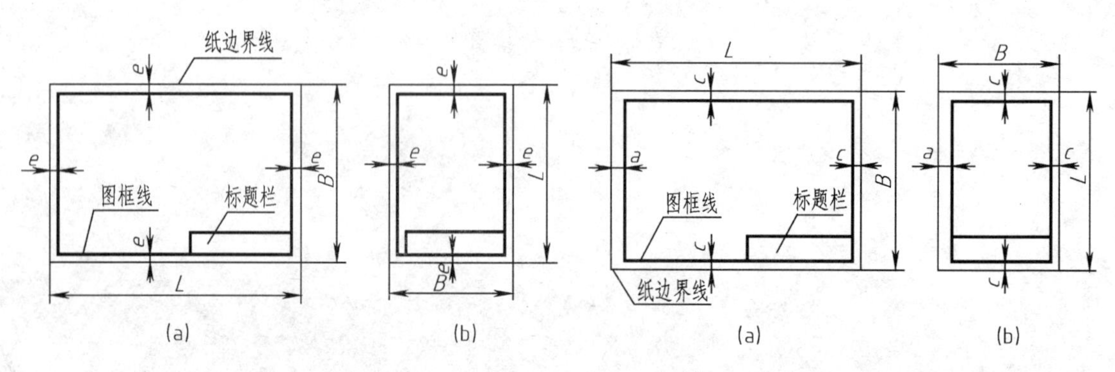


图1-1　不留装订边的图框格式　　图1-2　留有装订边的图框格式

2. 图框格式

图样无论是否装订，都必须用粗实线画出图框，其格式分为不留装订边和留有装订边两种，如图 1-1、图 1-2 所示。图框距图幅边线的尺寸按表 1-1 中的 $a$、$c$ 或 $e$ 取值。注意，同一产品的图样一般要采用同一种格式。

3. 标题栏

每张图样中均应有标题栏，用来填写图样上的综合信息。国家标准 GB/T 10609.1—1989 规定了标题栏格式、内容及尺寸，如图 1-3 所示，栏中阶段标记根据 JB/T 5054.3—2000 规定了三种记号：S 为样机试制图样标记，A 为小批试制图样标记，B 为正式生产图样标记。学生在制图作业中也可采用图 1-4 中的简单格式。

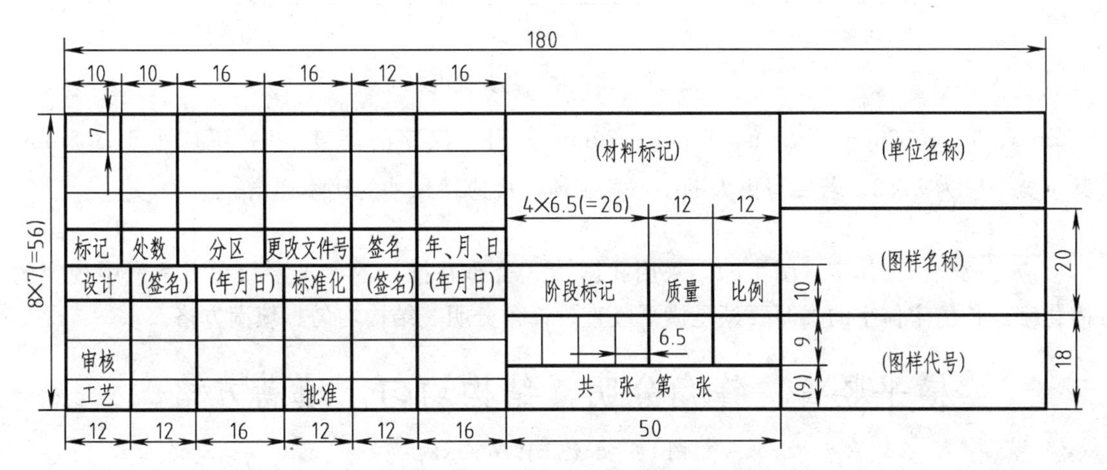


图 1-3 国家标准标题栏格式

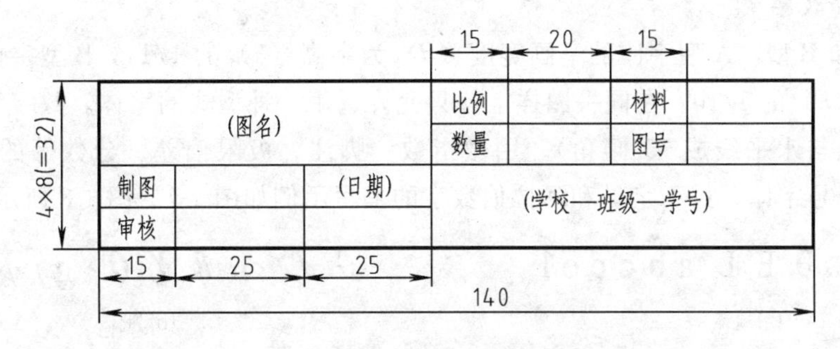


图 1-4 学生作业标题栏格式

图幅长边置水平方向者称为 X 型图纸，置垂直方向者为 Y 型图纸。一般 A4 图纸采用 Y 型，其余图纸采用 X 型。GB/T 14689—1993 规定标题栏的位置应在图框的右下角，标题栏的长边置于水平方向，其右边和底边均与图框线重合，看图方向与看标题栏方向一致。若看标题栏方向与看图方向不一致，则要在图框底边的对中符号处注出看图方向符号（见图 1-5）。

**二、字体**（GB/T 14691—1993）

在国家标准《技术制图》“字体”中，规定了汉字、字母和数字的结构形式。

图样中的字体书写必须做到字体工整、笔画清楚、间隔均匀、排列整齐，符合 GB/T 14691—1993 的要求。

1. 号数

字体高度代表字体的号数。字体高度（$h$）的公称尺寸系列为 1.8mm、2.5mm、

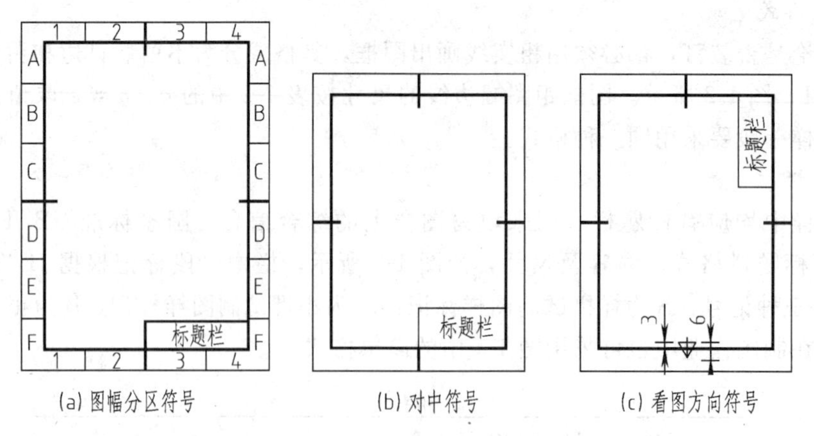


(a) 图幅分区符号　　(b) 对中符号　　(c) 看图方向符号

图 1-5　图框格式的其他内容

3.5mm、5mm、7mm、10mm、14mm、20mm 八种。汉字的高度（$h$）不应小于 3.5mm，其字宽一般为 $h/\sqrt{2}$。若要写更大的字，其字体高度应按尺寸的比率递增。

2. 汉字

应写成长仿宋体字（图 1-6），采用我国正式公布并推行的《汉字简化方案》中规定的简化字。长仿宋体字的书写要领是横平竖直、锋角分明、结构均匀、填满方格。

**横平竖直，锋角分明，结构均匀，填满方格。**

图 1-6　长仿宋体汉字示例

3. 字母和数字

分 A 型和 B 型，A 型字体的笔画宽度（$d$）为字高（$h$）的 1/14，B 型字体的笔画宽度（$d$）为字高（$h$）的 1/10。在同一图样上，只允许选用一种型式的字体。数字和字母可写成直体或斜体（与水平线成 75°倾角）。用做指数、脚注、极限偏差、分数等的数字及字母，一般采用小一号字体。拉丁字母和阿拉伯数字的书写示例如图 1-7、图 1-8 所示。

A B C D E L abcdel　　*G J ϕ R Y Q gjϕ ryq*

(a) 直体　　(b) 斜体

图 1-7　拉丁字母示例

0 1 2 3 4 5 6 7 8 9　　*0 1 2 3 4 5 6 7 8 9*

(a) 直体　　(b) 斜体

图 1-8　阿拉伯数字示例

**三、线型**（GB/T 17450—1998）

1. 图线的型式及应用

标准规定了 15 种基本线型，如实线、虚线、点画线等。所有线型的图线宽度（$d$）应按图样的类型和尺寸大小在下列数系中选择：0.13mm、0.18mm、0.25mm、0.35mm、0.5mm、0.7mm、1mm、1.4mm、2mm。粗线、中粗线和细线的宽度比例为 4∶2∶1，在同一图样中，同类图线的宽度应一致。在机械工程图样中采用《机械制图图样画法图线》

(GB/T 4457.4—2002) 规定的 2∶1 两种线型宽度，一般粗线宽度取 $d=0.5\sim2$mm，细线宽不小于 0.18mm。表 1-2 为机械图样中常用的 8 种线型的名称、图线型式及主要用途（对照图 1-9）。

**表 1-2　图线及应用举例**

| 代码 No. | 线型名称 | 宽度　图线型式 | 图线主要应用举例 |
|---|---|---|---|
| 01.2 | 粗实线 | d | ① 可见轮廓线<br>② 视图上的铸件分型线<br>③ 剖切线 |
| 02.1 | 细虚线 | d/2 | 不可见轮廓线 |
| 04.1 | 细点画线 | d/2 | ① 轴线、对称中心线<br>② 轨迹线<br>③ 分度圆、分度线、剖切线 |
| 01.1 | 细实线 | d/2 | ① 尺寸线和尺寸界线<br>② 剖面线<br>③ 重合断面的轮廓线<br>④ 投射线、作图线 |
| 01.1 | 波浪线 | d/2 | ① 断裂处的边界线<br>② 视图与剖视的分界线 |
| 01.1 | 双折线 | d/2 | 断裂处的边界线 |
| 05.1 | 细双点画线 | d/2 | ① 相邻零件的轮廓线<br>② 移动件的限位线<br>③ 先期成型的初始轮廓线<br>④ 剖切平面之前的零件结构状况 |
| 04.2 | 粗点画线 | d | 限定范围的表示，如热处理 |

注：表中图线的应用，列举的只是常见例。作业时，粗线宽取 $d=0.5$mm，细线宽取 $0.5d=0.25$mm；虚线短划取 $12d=6$mm，间距约 $3d=1.5$mm；点画线长划取 $24d=12$mm，点长 $\leqslant0.5d=0.25$mm，间距约 $3d=1.5$mm。

2. 图线画法（图 1-9）

① 同一图样中，同一线型的图线宽度应一致。虚线、点画线及双点画线各自的划长和间隔应尽量一致。

② 点画线、双点画线的首尾应为长划，不应画成短划，且应超出轮廓线 2～4mm。

③ 点画线、双点画线中的点是画长 $\leqslant0.5d$ 的短画。

④ 在较小的图形上绘制点画线或双点画线有困难时，可用细实线代替。

⑤ 虚线、点画线、双点画线相交时，应是线段相交。

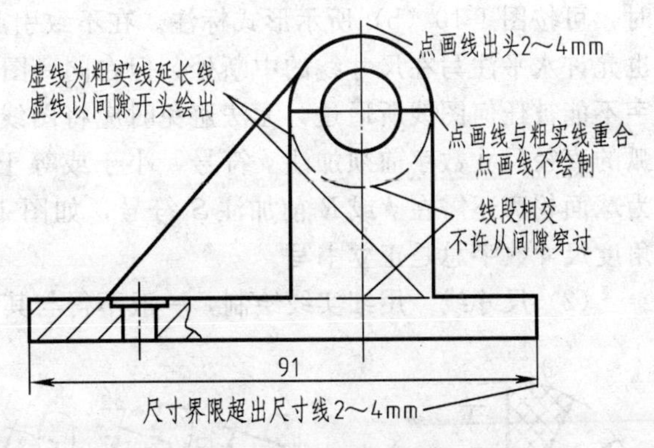


图 1-9　图线画法示例

⑥ 当各种线型重合时，应按粗实线、虚线、点画线的顺序只画出最前的一种线型。

⑦ 当虚线为粗实线的延长线时，虚线以间隙开头画线；当虚线不是粗实线的延长线时应以短划开头画线。

**四、比例**（GB/T 14690—1993）

比例是图中图形与其实物相应要素的线性尺寸之比。

绘图时应尽量采用 1∶1 的原值比例，以便从图样上直接估计出物体的大小。绘制图样时，应优先选取表 1-3 中所规定的比例数值，必要时才允许选用带括号的比例。

**表 1-3 规定的比例系列**

| 与实物相同 | 1∶1 |
| --- | --- |
| 缩小比例 | (1∶1.5) 1∶2 (1∶2.5) (1∶3) (1∶4) 1∶5 (1∶6) 1∶$10^n$ (1∶1.5$^n$)<br>1∶2×$10^n$ (1∶2.5×$10^n$) (1∶3×$10^n$) (1∶4×$10^n$) 1∶5×$10^n$ (1∶6×$10^n$) |
| 放大比例 | 2∶1 (2.5∶1) (4∶1) 5∶1 $10^n$∶1 2×$10^n$∶1 (2.5×$10^n$∶1) (4×$10^n$∶1) 5×$10^n$∶1 |

注：$n$ 为正整数。

图样无论放大或缩小，在标注尺寸时，都应按物体的实际尺寸标注数值。同一张图样上的各视图应采用相同的比例，该比例值填写在标题栏中的比例栏内。当某视图需要采用不同的比例时，可在该视图名称的下方或右侧注写出比例值。

**五、尺寸注法**（GB/T 1667.2—1996 GB/T 4458.4—2003）

1. 基本规则

① 实物的真实大小应以图样上所注的尺寸数值为依据，与图形的大小及绘图的准确程度无关。

② 图样中的尺寸以毫米为单位时，不需标注计量单位代号（mm）或名称（毫米），如采用其他计量单位，则必须注明相应的计量单位代号或名称，如 45°（或 45 度）、5m 等。

③ 图样中所标注的尺寸，为该图样所示实物的最后完工尺寸，否则应另加说明。

④ 实物的每个尺寸，一般只在反映该结构最清晰的图形上标注一次。

2. 尺寸组成

一个完整的尺寸包括尺寸数字、尺寸线、尺寸线终端和尺寸界线。

（1）尺寸数字 一般采用 3.5 号。线性尺寸的数字一般注写在尺寸线的上方，如图 1-9 所示。线性尺寸数字的字头方向应垂直尺寸线（斜体字则再右偏 15°），且字头朝上。一般应按图 1-10（a）所示的方法注写，并尽可能避免在图示 30°范围内标注尺寸，当无法避免时，可按图 1-10（b）所示形式标注。在不致引起误解时，对于非水平方向的尺寸，其数字也允许水平注写在尺寸线的中断处，但在同一图样中，应尽可能按同一种形式注写。尺寸数字不能被任何图线所通过，无法避免时应将图线断开，如图 1-10（c）所示。一般大于半圆弧的直径尺寸数字前须加注 $\phi$ 符号，小于或等于半圆的半径尺寸数字前须加注 $R$ 符号，若为球面轮廓还需在 $\phi$ 或 $R$ 前加注 $S$ 符号，如图 1-11 所示。角度尺寸的注写如图 1-12 所示，角度尺寸数字总是正立书写。

（2）尺寸线 用细实线绘制，一般不得与其他图线重合或画在其延长线上。线性尺寸的

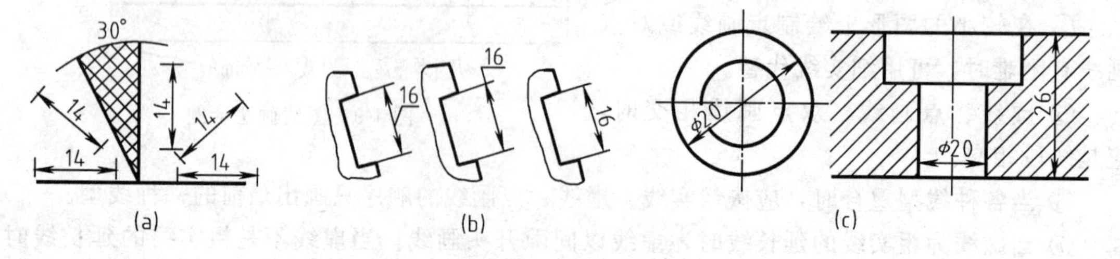


图 1-10 线性尺寸数字的方向及注法

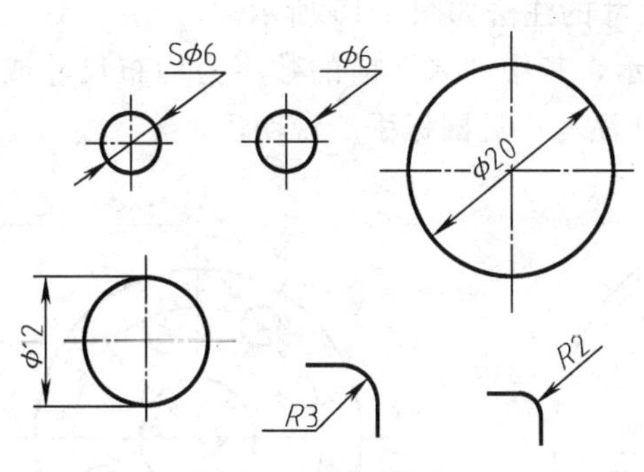


图 1-11　圆弧尺寸

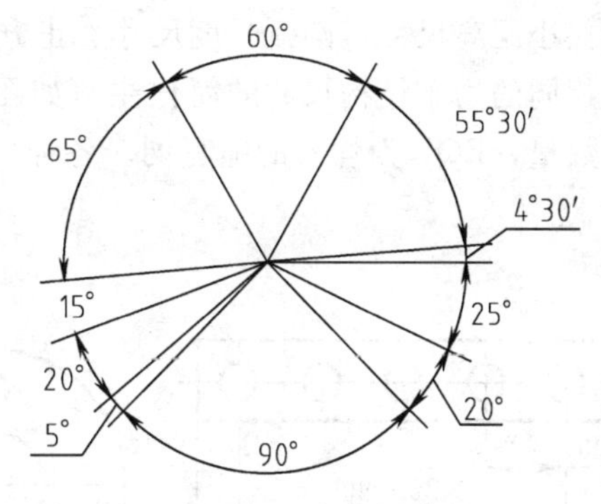


图 1-12　角度尺寸

尺寸线必须与所标注的线段平行；当有几条互相平行的尺寸线时，大尺寸要标注在小尺寸外面。在圆或圆弧上标注直径或半径尺寸时，尺寸线一般应通过圆心或其延长线通过圆心，也可采用其他形式，如图 1-11 所示。

（3）尺寸终端　有两种形式，箭头形式和斜线形式。箭头形式适用于各种类型的图样，在机械图样中主要采用这种形式，而箭头尖端要刚好与尺寸界线接触；斜线形式主要用于建筑图样，斜线用细实线绘制，如图 1-13 所示。采用斜线形式时，尺寸线与尺寸界线一般应互相垂直，且斜线方向为尺寸线位置逆转 45°的方向。

（4）尺寸界线　尺寸界线用细实线绘制，并应从图形的轮廓线、轴线或对称中心线处引出。也可利用轮廓线、轴线或对称中心线作尺寸界线；尺寸界线一般应与尺寸线垂直，并超出尺寸线的终端约 2～4mm。如果尺寸界线与轮廓线几乎重合但又没重合，则会影响轮廓线的清晰，此时，尺寸界线允许倾斜画出，如图 1-14 所示。各种情况的尺寸界线如图 1-10～图 1-15 等。

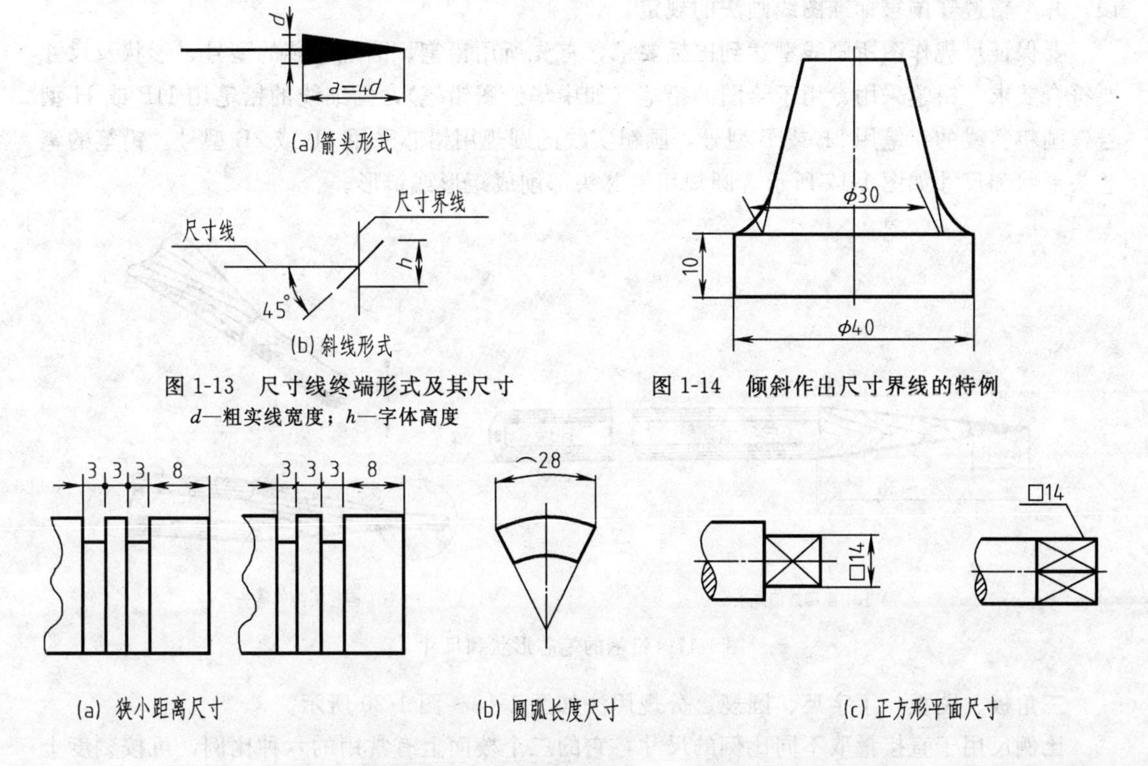


图 1-13　尺寸线终端形式及其尺寸
$d$—粗实线宽度；$h$—字体高度

图 1-14　倾斜作出尺寸界线的特例

图 1-15　狭小距离尺寸、圆弧长度尺寸、正方形平面尺寸注法

狭小距离尺寸、圆弧长度尺寸、正方形平面尺寸的注法如图 1-15 所示。

相同的均布结构尺寸的简化注写如图 1-16 所示，其中“×”前的数字为均布尺寸或结构的数量，EQS 为均布的缩写词。各种情况的尺寸注写详见国标手册说明。

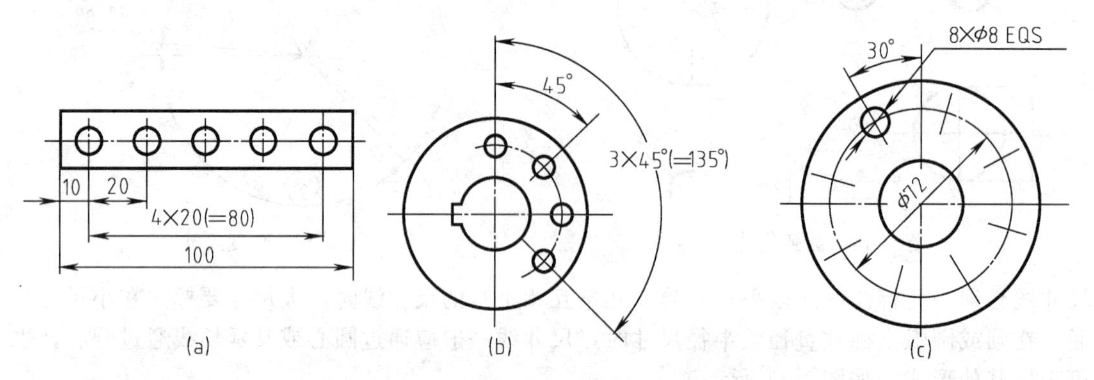


图 1-16 相同的均布结构尺寸的简化注写

# 第二节 尺规工具用法

传统绘图工具主要是圆规、分规、三角板、丁字尺、比例尺、曲线板等尺规工具，另需图板、图纸、橡皮擦、铅笔、小刀、胶带纸等。现代绘图工具是计算机、绘图仪、打印机等。

在学习的入门阶段使用尺规工具绘图是最经济、最方便的，同时，工程设计的构思阶段、测绘阶段常常采用尺规工具绘制。因此，要求在学习阶段就必须做到所绘图线表达无误，并严格遵守国家标准图线画法的规定。

要保证尺规作图所画线型达到国标要求，首先所用铅笔、圆规笔芯的型号、形状及尺寸要符合要求。铅笔采用专用于绘图的铅笔（如中华绘图铅笔），画细线的铅笔用 HB 或 H 型号，画粗实线的铅笔用 2B 或 B 型号，画粗实线的圆规用铅芯采用 3B 或 2B 型号。铅笔的笔芯头形状和尺寸如图 1-17 所示。圆规用铅芯头部削成矩形或铲形。

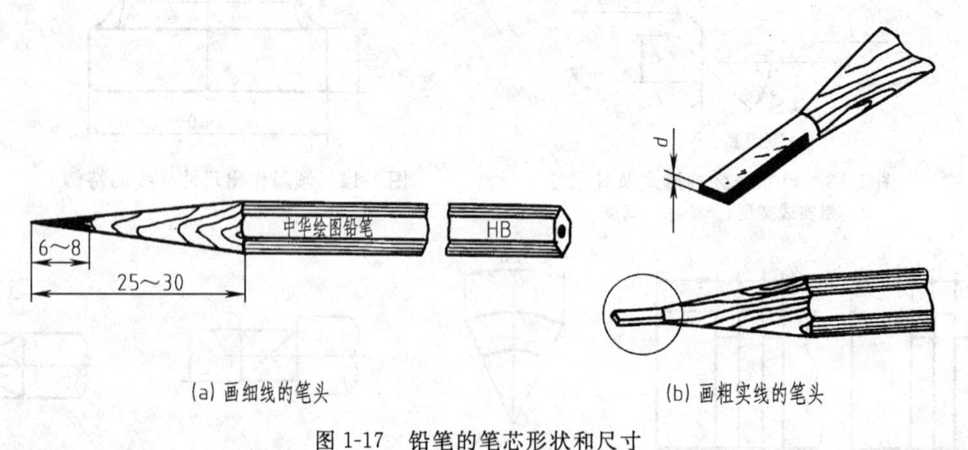


图 1-17 铅笔的笔芯形状和尺寸

三角板、图板、丁字尺、圆规、分规用法如图 1-18～图 1-20 所示。

比例尺用于直接量取不同比例的尺寸，它的三个棱面上有常用的六种比例，可按刻度上的比例直接获得换算后的尺寸（不需计算换算尺寸值），如图 1-21 所示。

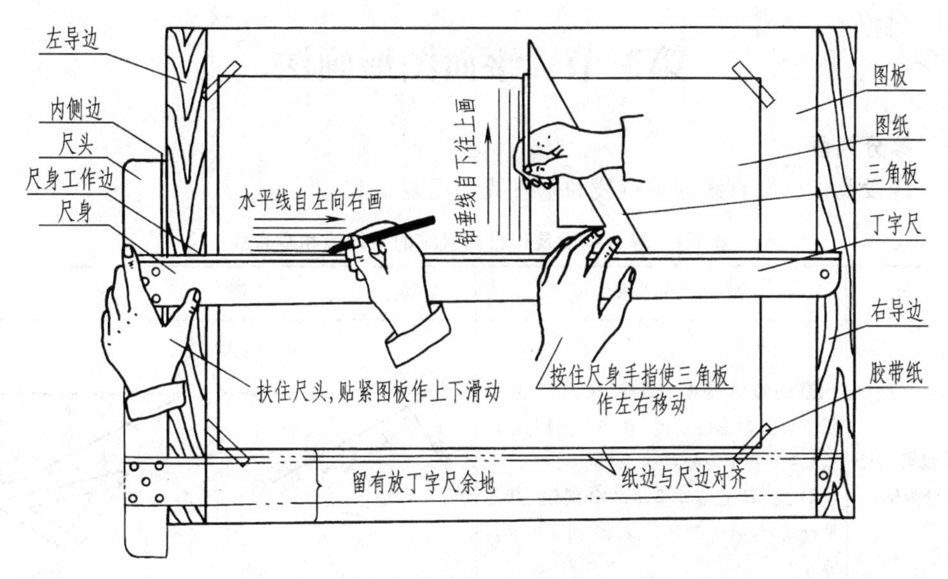


图 1-18　图板、丁字尺、三角板的配合使用及画线方向

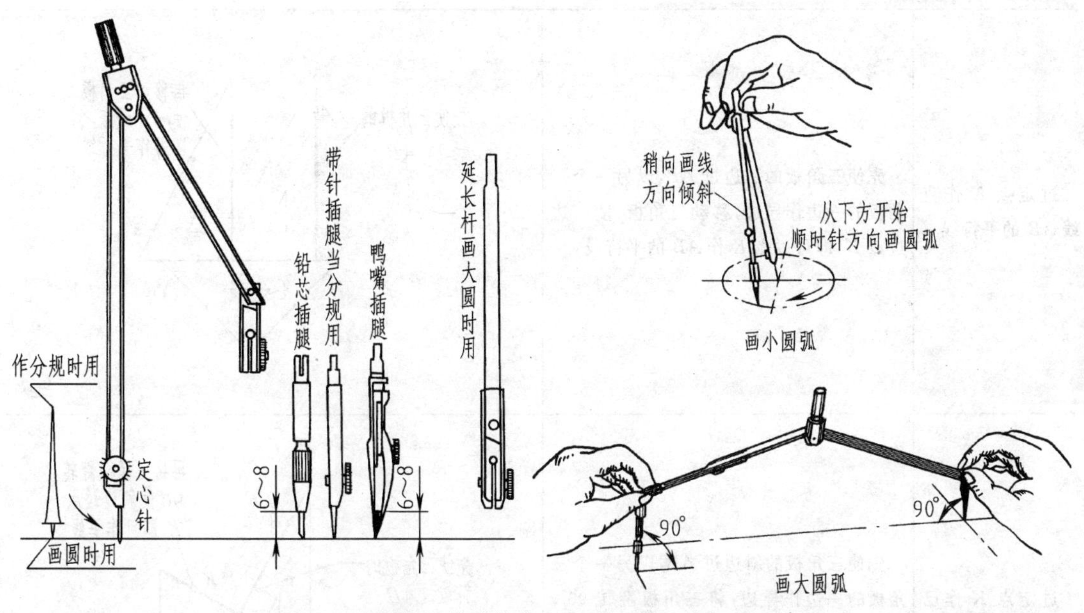


图 1-19　圆规及其附件使用方法（顺时针方向画线）

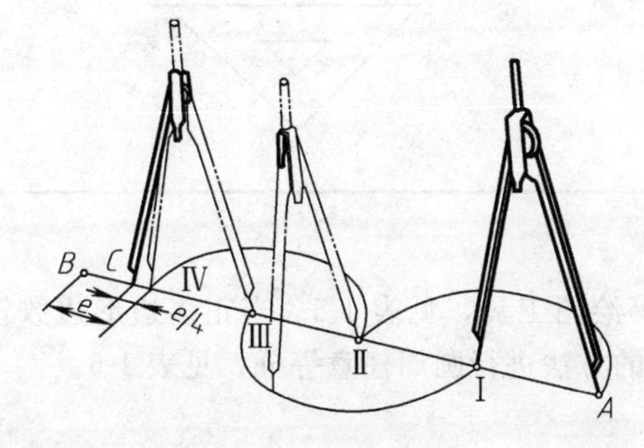


图 1-20　分规的使用方法（多次试分等分线段）

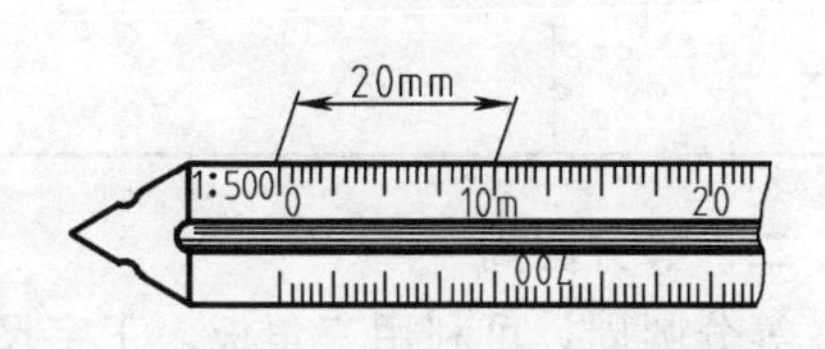


图 1-21　比例尺

# 第三节 平面图形画法

## 一、等分线段

等分线段及作已知直线的平行线和垂直线，见表1-4。

**表1-4 等分线段及作已知直线的平行线和垂直线**

| 内容 | 方法和步骤 | 图示 |
| --- | --- | --- |
| 等分线段 $AB$（以五等分为例） | ① 过点 $A$ 任作一直线 $AC$，用分规以任意长度为单位长度，在 $AC$ 上截得1、2、3、4、5各个等分点<br>② 连 $5B$，过点1、2、3、4分别作 $5B$ 的平行线，与 $AB$ 交于 $1'$、$2'$、$3'$、$4'$，即得各等分点 | 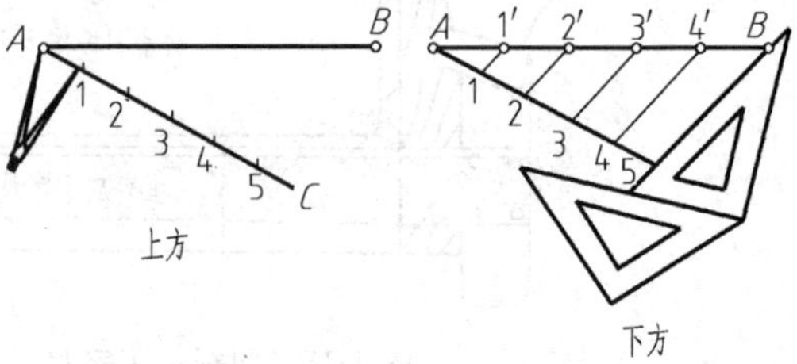 A B 1 2 3 4 5 C 上方 A 1′ 2′ 3′ 4′ B 1 2 3 4 5 下方 |
| 过定点 $K$ 作直线 $AB$ 的平行线 | 先使三角板的一边过 $AB$，以另一个三角板的一边作导边，移动三角板，使一边过点 $K$，即可过点 $K$ 作 $AB$ 的平行线 | 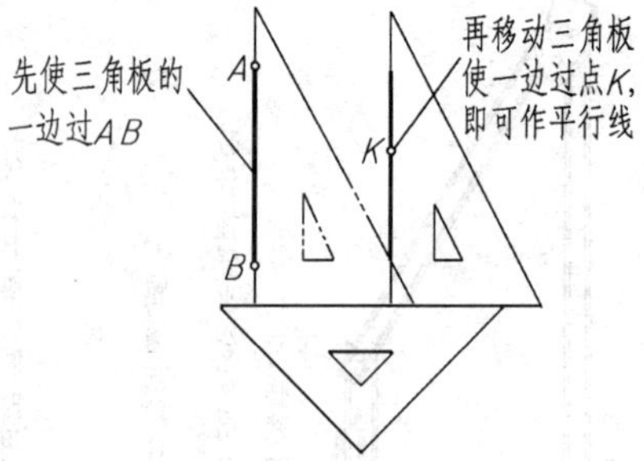 先使三角板的一边过AB A B K 再移动三角板使一边过点K，即可作平行线 |
| 过定点 $K$ 作已知直线 $AB$ 的垂线 | 先使三角板的斜边过 $AB$，以另一个三角板的一边作导边，将三角板翻转90°，使斜边过点 $K$，即可过点 $K$ 作 $AB$ 的垂线 | 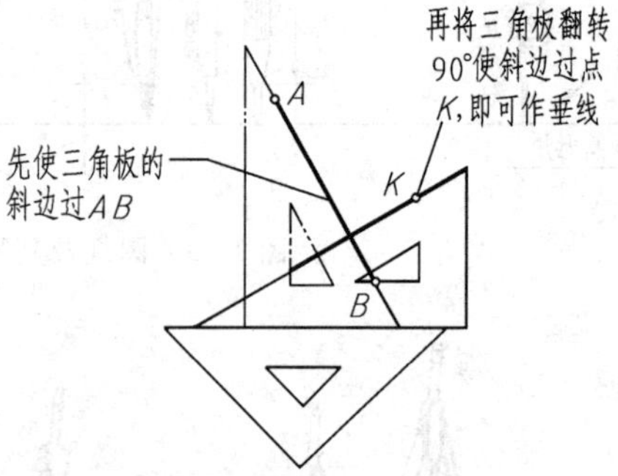 先使三角板的斜边过AB A B K 再将三角板翻转90°使斜边过点K，即可作垂线 |

## 二、等分圆周

等分圆周，可利用三角板、丁字尺、圆规等绘图工具，见表1-5。当正多边形边数较多或利用尺规等分不方便时，可通过计算弦长 $a_n$ 的方法进行圆周任意等分，见表1-6。

## 三、常见平面曲线的性质和画法

常见平面曲线的性质和画法见表1-7。

**表 1-5　等分圆周和作正多边形**

| 等　分 | 方法和步骤 | 图　示 |
|---|---|---|
| 三等分圆周和作正三边形 | 先使 30°三角板的一直角边过直径 $AB$，用 45°三角板的一边作导边。然后移动 30°三角板，使其斜边过点 $A$，画直线交圆于 1 点，将 30°三角板反转 180°，过点 $A$ 用斜边画直线，交圆于 2 点，连接 1、2，则△$A$12 即为圆内接正三边形 | 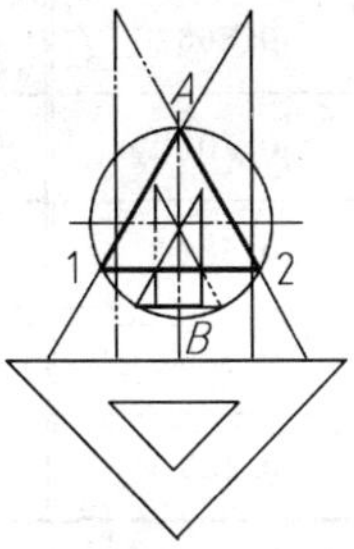 |
| 六等分圆周和作正六边形 | 圆规等分法<br>以已知圆的直径的两端点 $A$、$B$ 为圆心，以已知圆的半径 $R$ 为半径画弧与圆周相交，即得等分点，依次连接，即得圆内接正六边形 | 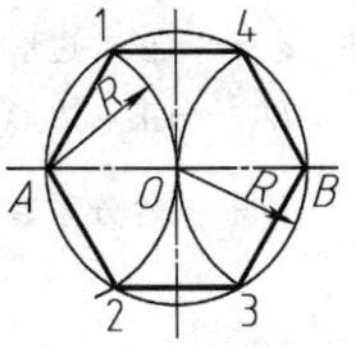 |
| | 30°或 60°三角板与丁字尺（或 45°三角板的一边）相配合作内接或外接圆的正六边形 | 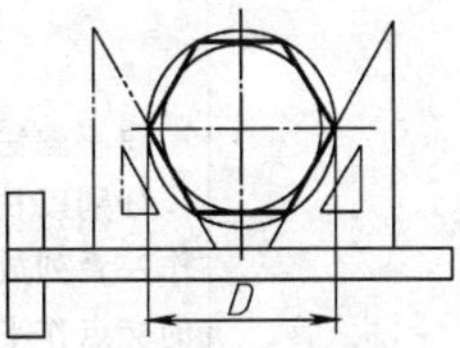 |
| 四等分圆周和作正四边形 | 用 45°三角板与丁字尺（或 60°三角板的一边）相配合，使斜边过圆心，即可得圆内接正四边形 | 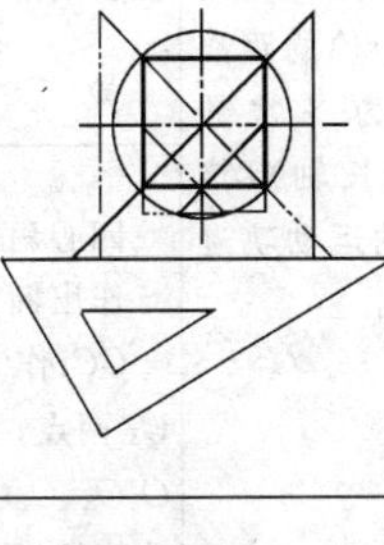 |
| 八等分圆周和作圆内接正八边形 | 使 45°三角板的斜边过圆心，斜边与圆交于 1、5 点，以另一块三角板的一边作导边，将 45°三角板反转 180°，使斜边过圆心与圆交于 3、7 点，移动 45°三角板，使直角边过圆心，交圆于 2、6 点，再移动 45°三角板，沿另一直角边导动，使直角边与圆相切，得 4、8 点，连接各点即得正八边形 | 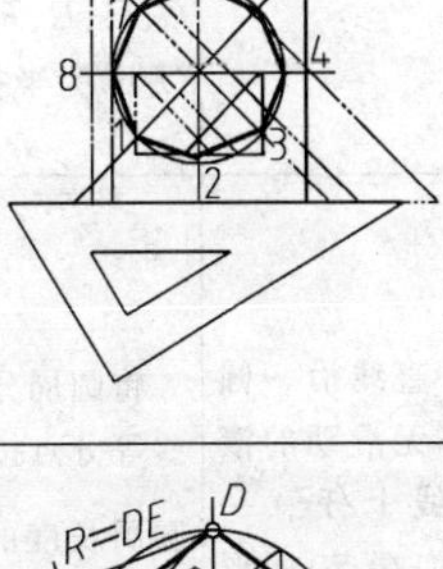 |
| 五等分圆周和作圆内接正五边形 | 平分半径 $OB$ 得点 $O_1$，以 $O_1$ 为圆心，$O_1D$ 为半径画弧，交 $OA$ 于 $E$，以 $DE$ 为弦在圆周上依次截取即得圆内接正五边形 | 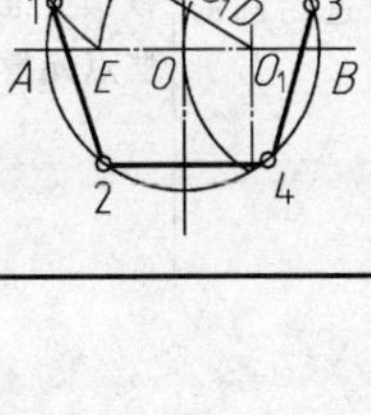 |

**表 1-6　等分圆周表**

| 等分数 $n$ | 等分系数 $K$ | 等分数 $n$ | 等分系数 $K$ | 等分数 $n$ | 等分系数 $K$ | 等分数 $n$ | 等分系数 $K$ |
|---|---|---|---|---|---|---|---|
| 3 | 0.866 0 | 8 | 0.382 7 | 13 | 0.239 4 | 18 | 0.173 7 |
| 4 | 0.707 1 | 9 | 0.3 420 | 14 | 0.222 4 | 19 | 0.164 5 |
| 5 | 0.587 8 | 10 | 0.309 0 | 15 | 0.207 9 | 20 | 0.156 4 |
| 6 | 0.500 0 | 11 | 0.281 8 | 16 | 0.195 1 | 21 | 0.149 0 |
| 7 | 0.433 9 | 12 | 0.258 8 | 17 | 0.183 7 | 22 | 0.142 3 |

注：计算公式为

$$a_n = KD$$

式中　$a_n$ ——正 $n$ 边形的边长；

$D$ ——正 $n$ 边形外接圆直径；

$K$ ——等分系数，$K=\sin\frac{180^\circ}{n}$。

**表 1-7　常见平面曲线的性质和画法**

| 名称 | 性　质 | 画　法 | 图　示 |
|---|---|---|---|
| 椭圆 | 一动点到两定点(焦点)的距离之和为一常数(等于长轴)，该动点的运动轨迹为椭圆 | 同心圆法(精确法)<br>分别以长轴 $AB$ 和短轴 $CD$ 为直径画同心圆，过圆心作一系列放射线交两圆得一系列点；过放射线与大圆的交点作平行于短轴 $CD$ 的直线，过放射线与小圆的交点作平行长轴 $AB$ 的直线，两组相应直线的交点即为椭圆上的点，依次光滑连接，即得椭圆 | 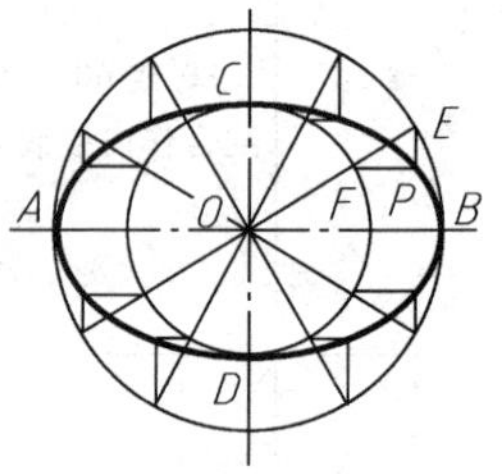 |
| | | 四心扁圆法(近似法)<br>作出椭圆的长轴 $AB$ 和短轴 $CD$，连 $AC$，取 $CM=OA-OC$；作 $AM$ 的中垂线，使之与长、短轴分别交于 $O_1$、$O_3$ 两点；作与 $O_1$、$O_3$ 的对称点 $O_2$、$O_4$，连 $O_1O_3$、$O_1O_4$、$O_2O_3$、$O_2O_4$，分别以 $O_1$、$O_2$ 为圆心，$R_1=O_1C$(或 $O_2D$)为半径，画弧交 $O_1O_3$、$O_2O_4$、$O_1O_4$、$O_2O_3$ 的延长线于 $G$、$H$、$E$、$F$，再分别以 $O_3$、$O_4$ 为圆心，$R_2=O_3A$(或 $O_4B$)为半径，画弧与前所画圆弧连接即得扁圆 | 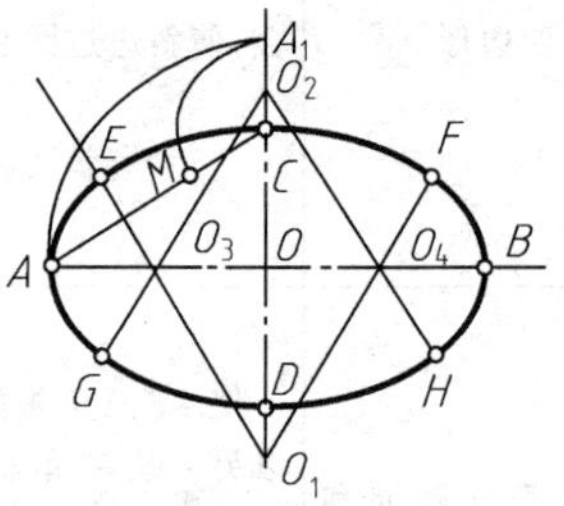 |
| 圆的渐开线 | 一直线沿一圆周作无滑动的滚动，线上任意一点(如端点)所形成的轨迹为圆的渐开线 | 将圆周分成若干等分，得 1、2、3、…、$n$ 等分点，过这些等分点按同方向作圆的切线；在第一条切线上量取圆周长度的 $\frac{1}{n}$、在第二条切线上量取圆周长度的 $\frac{2}{n}$，依次类推；将所得各切线的端点Ⅰ、Ⅱ、Ⅲ、…、$N$，把这些点光滑地连接即得圆的渐开线 | 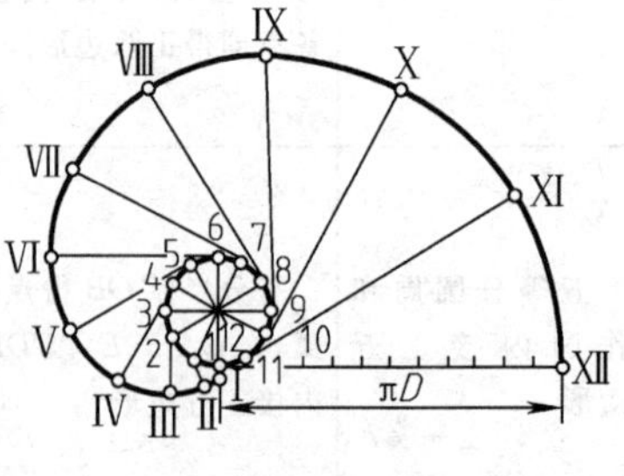 |

## 四、斜度和锥度

1. 斜度

斜度是指一直线（或平面）对另一直线（或平面）的倾斜程度。工程上用直角三角形的两直角边的比值来表示，并规定写成 1∶$n$ 的形式，其比值关系与注法如图 1-22 所示。

2. 锥度

锥度是正圆锥的底圆直径与锥高之比，并规定写成 1∶$n$ 的形式，其比值关系与注法如图 1-23 所示。

斜度和锥度的标注应注意符号的尖角方向与斜度或锥度方向一致，符号高度等于字高。

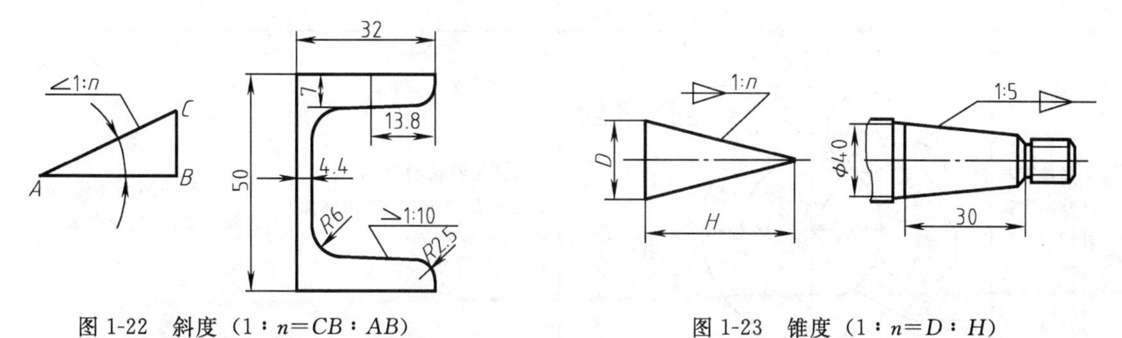


图 1-22 斜度（1∶$n$=$CB$∶$AB$）　　图 1-23 锥度（1∶$n$=$D$∶$H$）

## 五、圆弧连接

圆弧连接就是用圆弧光滑连接已知圆弧或直线，连接处是相切的。这个起连接作用的圆弧称为连接弧。为保证圆弧的光滑连接，作图时必须准确找出连接圆弧的圆心和切点。

注意，连接圆弧圆心的轨迹线总是平行所要连接的已知圆弧，且距离为连接圆弧的半径值，表 1-8 为求连接圆弧圆心轨迹的原理和尺寸关系，以及找连接点（切点）的方法。

求连接圆弧圆心轨迹的目的是为了找出连接圆弧的圆心。如图 1-24、图 1-25 所示为作图举例。在画连接圆弧时，一定要先找出连接圆弧圆心点和连接点（要求保留作图过程轨迹

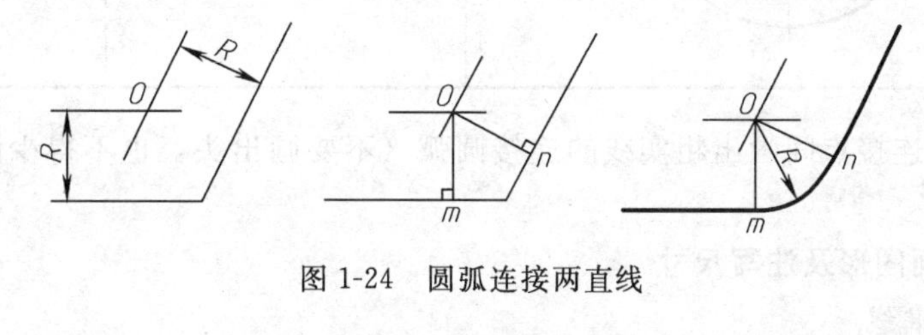


图 1-24 圆弧连接两直线

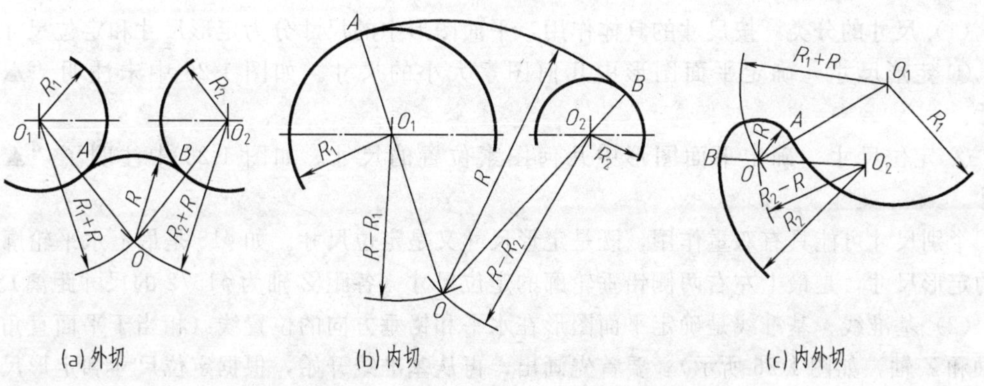


图 1-25 连接圆弧 $R$ 连接已知圆弧的三种情况

表 1-8 求连接圆弧圆心轨迹的原理及找连接点方法

| 连接形式 | 连接弧圆心轨迹 | | 连接点(切点)$K$ |
| --- | --- | --- | --- |
| 连接弧与已知直线相切 | 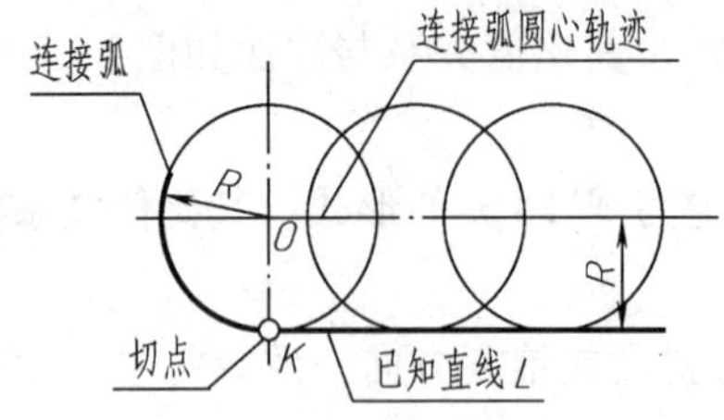 | 为一直线，与已知直线 $L$ 平行，距离为 $R$ | 为从圆心 $O$ 向已知直线 $L$ 所作垂线的垂足 $K$ |
| 连接弧与已知圆弧外切 | 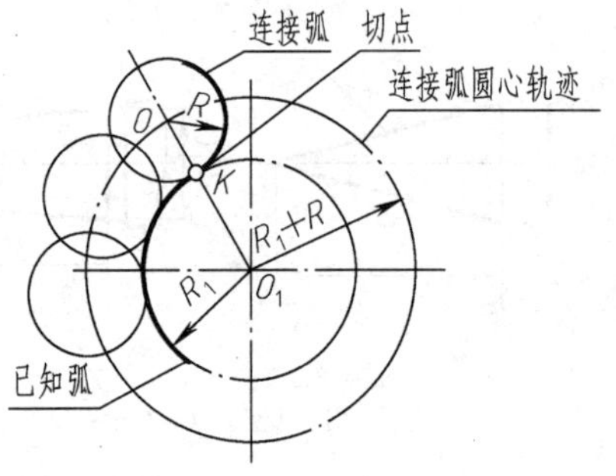 | 为已知圆弧 $O_1$ 的同心圆，半径为 $R_1+R$(与已知圆弧平行，距离为 $R$) | 为两圆弧的圆心连线 $O_1O$ 与已知圆弧 $O_1$ 的交点 $K$ |
| 连接弧与已知圆弧内切 | 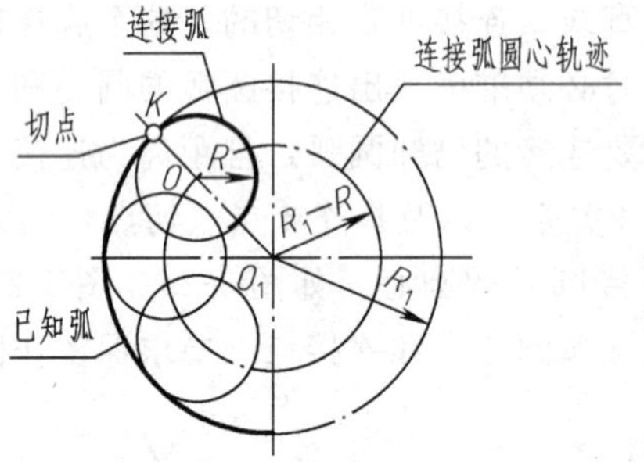 | 为已知圆弧 $O_1$ 的同心圆，半径为 $\|R_1-R\|$(与已知圆弧平行，距离为 $R$ 或 $\|R-2R_1\|$) | 为两圆弧圆心连线 $O_1O$ 的延长线与已知圆弧 $O_1$ 的交点 $K$ |

线)，然后只在两连接点间画出粗实线的连接圆弧（不要画出头，也不得少画而没连接上已知线段)。

## 六、绘制平面图形及注写尺寸

### 1. 尺寸和基准线

(1) 尺寸的分类　按尺寸的具体作用，平面图形中的尺寸分为定形尺寸和定位尺寸。

① 定形尺寸　确定平面图形中几何图素大小的尺寸。如图 1-26 中未注明“▲”的尺寸。

② 定位尺寸　确定平面图形中几何图素位置的尺寸。如图 1-26 中注明了“▲”的尺寸。

个别尺寸可能具有双重作用，既是定形尺寸又是定位尺寸。如 $\phi15$ 是最上水平轮廓线长度的定形尺寸，是最上左右两侧铅垂轮廓的定位尺寸（各距 $Z$ 轴为 $\phi15/2$ 的尺寸距离)。

(2) 基准线　基准线是确定平面图形在水平和铅垂方向的位置线（相当于平面直角坐标 $X$ 轴和 $Z$ 轴，如图 1-26 所示)，要首先画出，再从基准线开始，根据定位尺寸和定形尺寸按一定步骤画图。基准线是注写（或测量）定位尺寸的起点，也称为定位尺寸的基准。

2. 作图

(1) 作图顺序 作图步骤为先选好基准线并画出，再画已知线段，然后画中间线段，最后画连接线段。

(2) 线段分析与画法 以图 1-27 为例进行介绍。

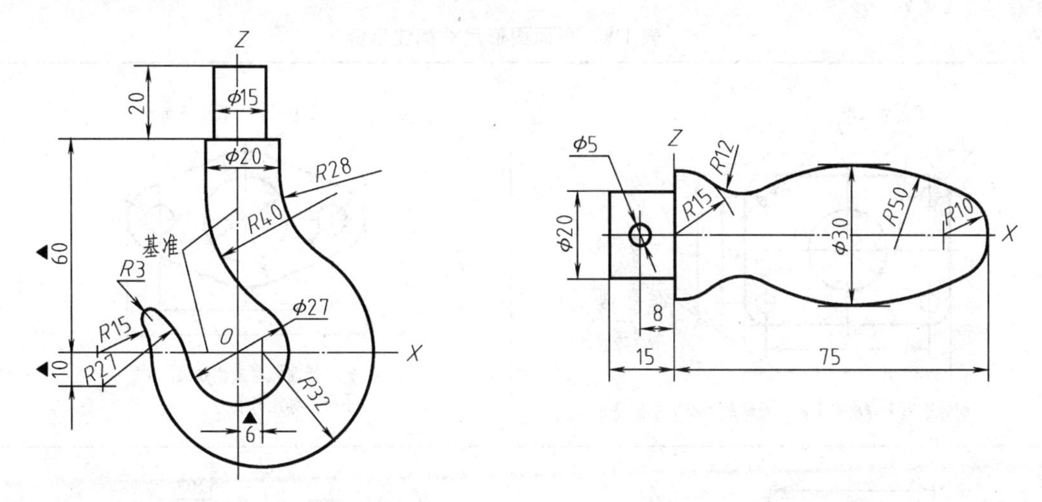


图 1-26 吊钩图的尺寸分类与基准线

图 1-27 手柄平面图尺寸

① 已知线段 具有齐全的定形尺寸和定位尺寸的线段称为已知线段。如图 1-27 中的 $R10$ 圆弧（定形尺寸 $R10$，定位尺寸 $X=75-R10$、$Z=0$），$\phi5$ 圆（定形尺寸 $\phi5$，定位尺寸 $X=8$、$Z=0$）等，图 1-28（a）为所画已知线段。

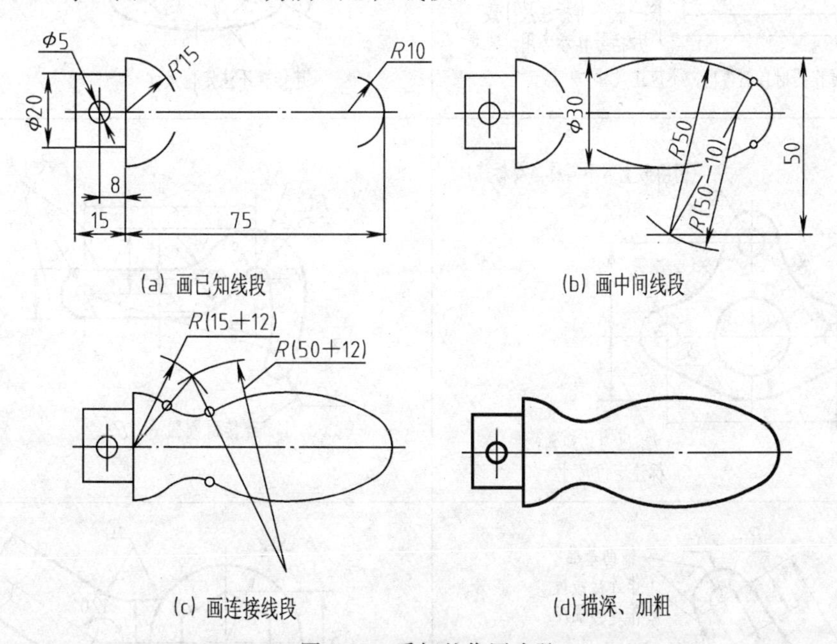


(a) 画已知线段

(b) 画中间线段

(c) 画连接线段

(d) 描深、加粗

图 1-28 手柄的作图步骤

② 中间线段 只给出定形尺寸和一个定位尺寸的线段称为中间线段，其另一个定位尺寸要依靠与相邻已知线段的几何关系求出。如图 1-27 中 $R50$ 上方圆弧，定形尺寸为 $R50$，定位尺寸 $Z=50-\phi30/2$，缺 $X$ 方向的定位尺寸，故需根据 $R50$ 圆弧与其右侧 $R10$ 圆弧内切的几何关系，按圆弧连接画法确定 $R50$ 圆心的位置，如图 1-28（b）所示。下方圆弧画法相同。

③ 连接线段 只给出线段的定形尺寸，定位尺寸要依靠其与两端相邻的已知线段的几何关系求出，这类线段称为连接线段。如图 1-27 中 $R12$ 圆弧，它只有定形尺寸 $R12$，无定位尺寸，其圆心位置要依靠该圆弧与左右两侧已画好的圆弧相外切的几何关系、按圆弧连接画法作出。如图 1-28（c）所示，找出 $R12$ 连接圆弧圆心和连接点，再画出圆弧。

**表 1-9 平面图形尺寸标注示例**

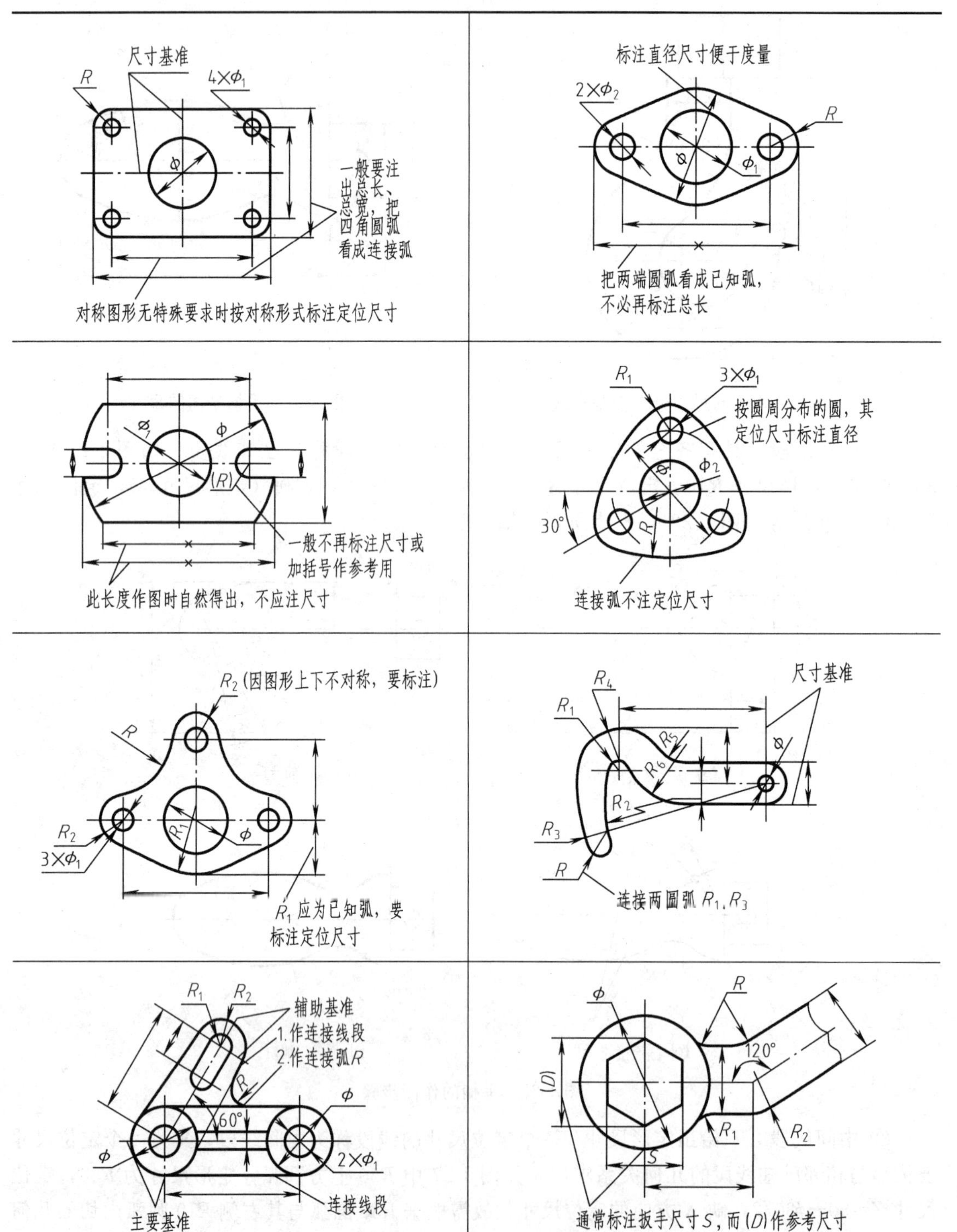

注意，作图过程要先完成好底稿，然后加粗、描深（顺序为先曲后直、先水平后垂直），保持图面清洁、无涂改过的粗实线。

3. 尺寸标注

注写平面图形的尺寸，首先要选定图形基准线位置，其次要分析清楚各尺寸所属类型。在注写定位尺寸时，要分析清楚所注写的尺寸是已知线段、连接线段还是中间线段的尺寸，两个方向的定位尺寸完整还是不完整，是直接出现还是以几何关系或间接尺寸体现，这些问题在如图 1-28 所示的作图过程中已讲解清楚。在注写尺寸时要弄清楚这些问题，做到每一图素的定形、定位尺寸该不该注写、怎么注写，心中有数。

尺寸注写要遵守相关的国家标准，参考同类图例，表 1-9 为平面图形尺寸标注示例。

4. 徒手绘图

为了提高学习效率和达到从事测绘等作图工作的要求，大家必须具备徒手绘制平面图形的能力。徒手绘图一般不借助绘图工具和仪器，用目测物体的形状和大小，手持铅笔绘制图形。徒手所画图形称为草图，它包括尺寸注写等内容。这里只简介绘制图形的方法和技巧。

（1）直线画法　如图 1-29（a）所示。箭头为运笔方向。

（2）圆的画法　如图 1-29（b）所示。分别画出左右两半圆弧，合成一个完整的圆。

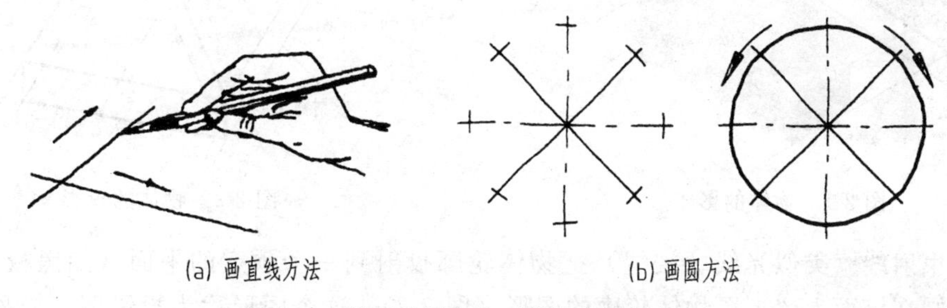

(a) 画直线方法　　(b) 画圆方法

图 1-29　徒手绘图方法（箭头为运笔方向）

# 第二章　投影原理与基本体投影图

## 第一节　投影的基本知识

### 一、概念

用灯光或日光照射物体，在墙上或地面就会产生影子，如图 2-1 所示。人们从这种现象中总结出物体和影子之间的几何关系，形成了工程上表达物体的图示方法。

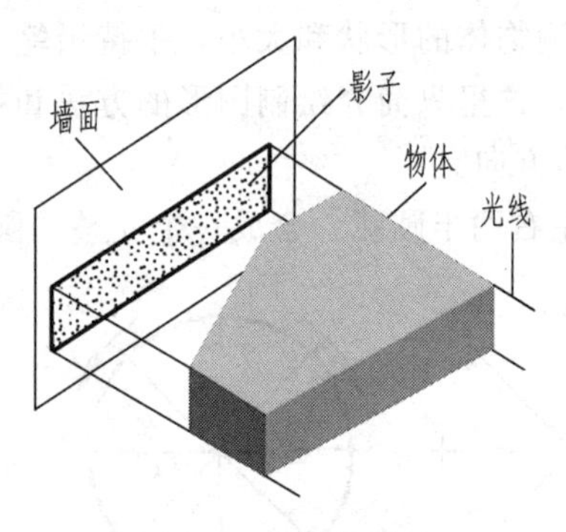


图 2-1　物体的影子

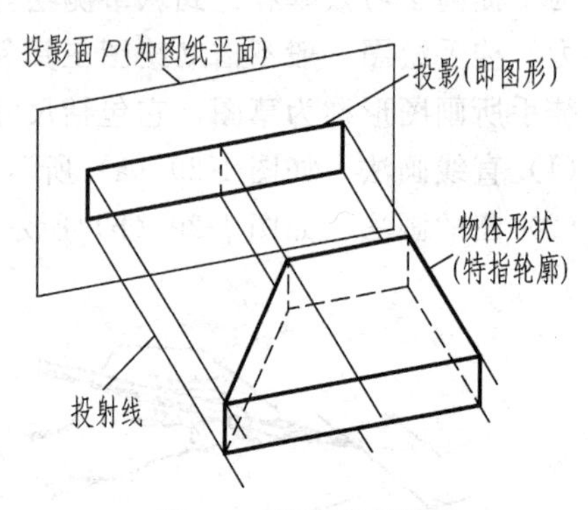


图 2-2　物体的投影

用一束射线（类似光线、视线）把物体轮廓投射到一个预定的平面（如黑板或图纸平面）上，则在该面上留下了物体轮廓的图形（图 2-2），这个图形称为投影图，简称为投影。这束射线称为投射线，这个平面称为投影面。

上述在平面上获得物体图形的方法称为投影法。投影法分为中心投影法和平行投影法。

如图 2-3 所示，投射线是从一点 $S$ 发出的，这种获得物体图形的方法称为中心投影法；如图 2-4 所示，投射线是相互平行的，这种获得物体图形的方法称为平行投影法。

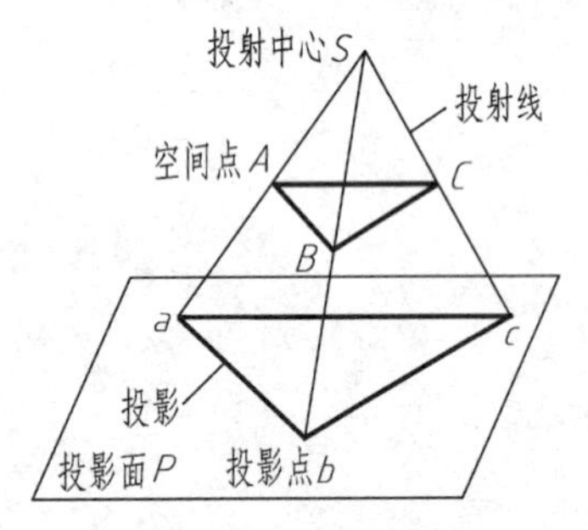


图 2-3　中心投影法

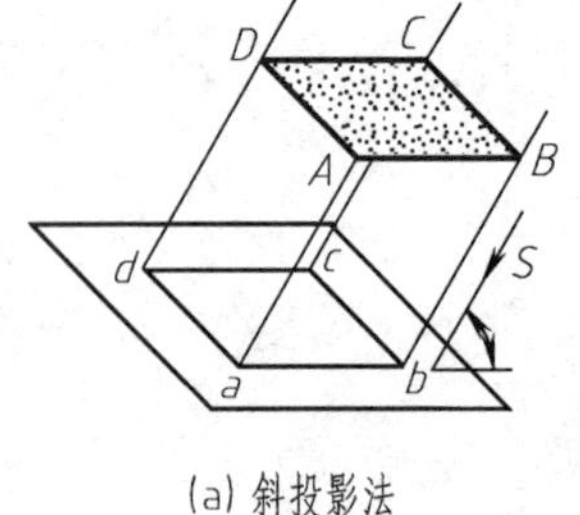


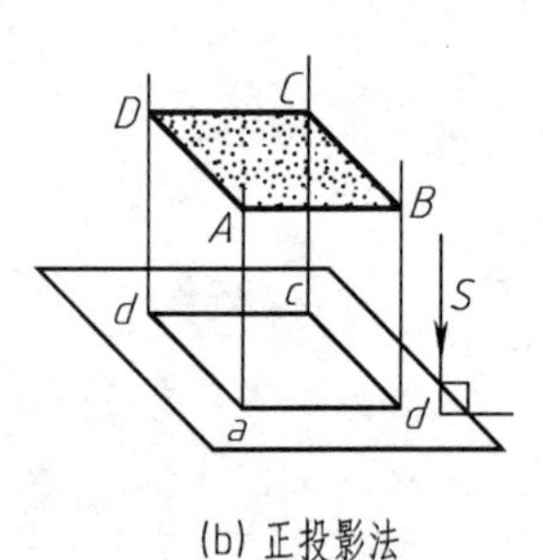


图 2-4　平行投影法

使用投影法时，应注意如下两点。

① 对物体进行投影，会把物体上的可见轮廓和不可见轮廓同时进行投射。从投射方向看物体，可见轮廓的投影用粗实线绘制，不可见轮廓的投影用虚线绘制。

② 轮廓是指物体几何形状的边界，即几何形体的表面边界，若把表面细分为平面和曲

面，则轮廓是平面、曲面的边界线（含曲面的可见与不可见两部分的分隔线）。

## 二、平行投影法

### 1. 分类

根据投射线与投影面是否垂直，平行投影法分为正投影法和斜投影法。

（1）斜投影法 投射线倾斜于投影面的平行投影法，如图 2-4（a）所示 。

（2）正投影法 投射线垂直投影面的平行投影法，如图 2-4（b）所示。

工程上使用的图有视图、轴测图、透视图和标高图等。为了满足真实性和度量性的要求及画图的方便，工程上一般采用正投影法绘制的视图。后续章节中，凡对投影方法没作说明的，均属正投影法。

### 2. 正投影法的基本特性

正投影法的基本特性有真实性、积聚性、类似性、从属性、定比性、平行性等，如图 2-5 所示。

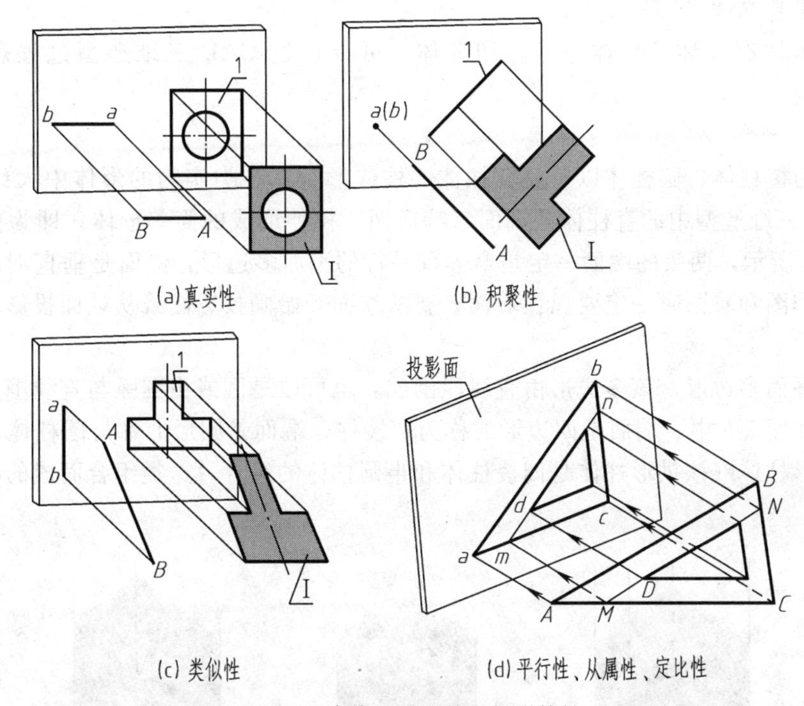


图 2-5 直线、平面的正投影特性

（1）真实性 空间平面形（或直线段）平行投影面，则其投影反映实形（或实长）。

（2）积聚性 空间平面形（或直线段）垂直投影面，则其投影积聚为一条直线（或一个点）。

（3）类似性 空间平面形（或直线段）倾斜投影面，则其投影为面积变小的等边数多边形（或长度变短的直线段）。

（4）定比性 若空间点把空间直线段分为两段，则这两段的长度之比等于它们在同一个投影面上的投影长度之比。如图 2-5（d）中 $MD:DN=md:dn$。

（5）从属性 属空间直线（或平面）的点的投影一定在该空间直线（或平面）的投影上，属空间平面的直线的投影一定在该空间平面的投影图上，这种投影性质称为从属性。属于空间直线的点称为从属点，具有这种从属性的投影点也称为从属点；属于空间平面的直线叫从属线，同样具有这种从属性的投影直线也称为从属线。

从属性概念强调直线从属平面或点从属直线的关系，而这种关系不管在空间还是在投影图上表达都是一致的。如图 2-5（d）中 $mn$ 从属于$\triangle abc$ 与 $MN$ 从属于$\triangle ABC$ 是对应的。

（6）平行性　若空间两直线平行，则它们在同一个投影面上的投影（简称为“同面投影”或“同名投影”）一定平行。若从属于一个平面投影图的两条直线平行，则它们所对应的两空间直线一定平行。如图 2-5（d）中 $mn$ 和 $ab$ 都是$\triangle abc$ 的从属线，且 $mn /\!/ ab$，则一定有 $MN /\!/ AB$。

# 第二节　基本体轴测图

基本体是组成各种复杂形体的最简单形体，只有学会了绘基本体投影图和看基本体投影图，才可能学会画工程图和读懂工程图。

## 一、常见基本体

常见基本体有柱体、锥体、球体和环体，可以通过 CAD 三维造型过程观察它们的形成。

1. 柱体

柱体分为棱柱体、圆柱体以及复合柱体。柱体形状在各类实物的形体中大约占 70%以上。在 CAD 三维造型中的直柱体是端面（特征面）拉伸形成的简单形体，即为拉伸增料特征，如图 2-6 所示，两头的端面一定是全等且平行的平面多边形，侧面是垂直端面的矩形面或柱面。在作图和看图时一定要抓住端面，要从端面开始画投影图或从端面投影图开始想像形体。

端面是平面多边形，该多边形由直线段围成，也可以是圆或由圆弧与直线围成的广义上的多边形。如图 2-6 中，端面是四边形的称为四棱柱，端面是圆形的称为圆柱体，端面是拱形的称为拱形柱体（该拱形柱体是四棱柱体和半圆柱体的组合，这类组合而成的柱体统称复合柱体）。

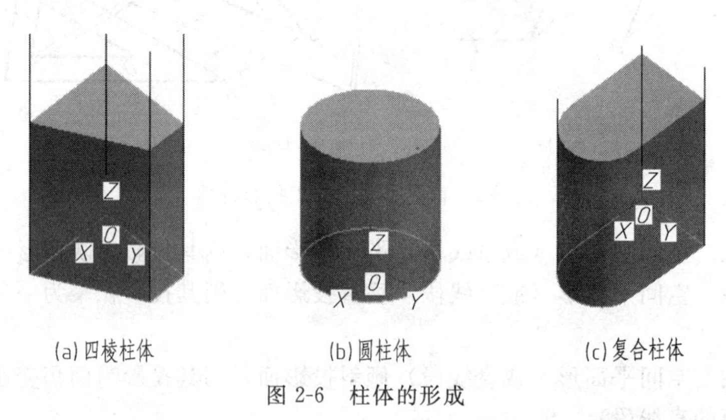

(a) 四棱柱体　(b) 圆柱体　(c) 复合柱体

图 2-6　柱体的形成

2. 锥体

锥体分为棱锥体、圆锥体。在 CAD 三维造型中，锥体是底面和锥顶（顶面的面积聚于零）放样增料形成的简单形体，如图 2-7 所示（圆锥体通常看成是旋转增料特征）。在作图和看图时一定要抓住底面和锥顶，要从底面和锥顶开始画投影图或从底面和锥顶投影图开始想象形体。

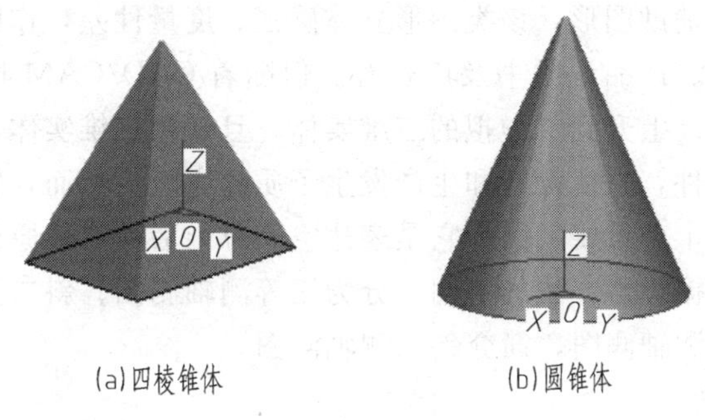

(a)四棱锥体　　(b)圆锥体

图 2-7　锥体的形成

3. 球体、环体

球体、环体以及圆柱体、圆锥体都称为回转体。在 CAD 三维造型中，它们都是封闭的平面形（如图 2-8 中的半圆、圆、矩形、三角形）绕该平面内的轴线旋转 360°形成的简单形体。

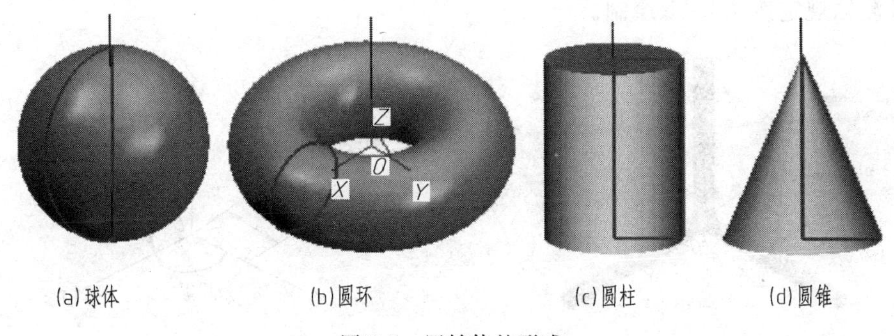

(a)球体　　(b)圆环　　(c)圆柱　　(d)圆锥

图 2-8　回转体的形成

## 二、轴测图

轴测图是物体向一个投影面 $P$（称该投影面为轴测投影面）投射所获得的投影图，它的特点是一个平面上的图形就能反映物体长（$X$）、宽（$Y$）、高（$Z$）三个方向的尺寸，在视觉上产生了立体感。通常把这类图称作立体图，如图 2-9 所示。

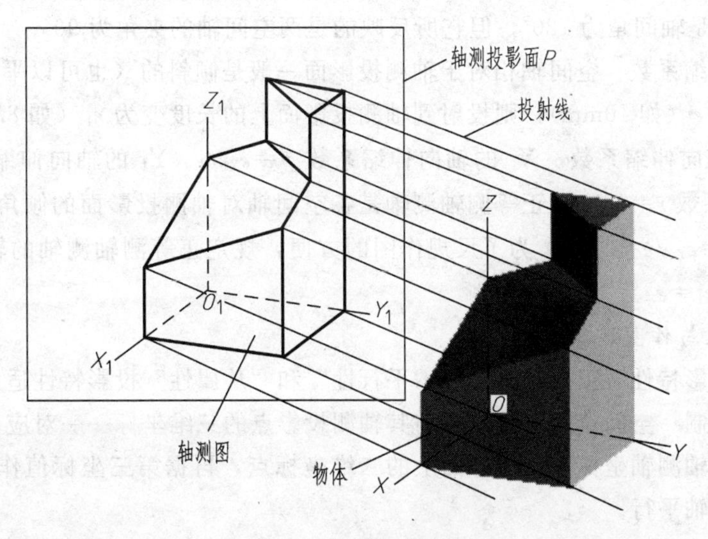


图 2-9　轴测图的形成

轴测图是工程上的辅助图形，该类图形立体感强、度量性差，作图较麻烦，故多用于构思设计、科技书刊插图、产品说明书及广告等。但随着CAD/CAM技术的发展，已从平面上的立体图（如轴测图）上升到了虚拟的三维实体，且这种三维实体数据已成为设计部门和制造单位的主要技术文件，它使设计和生产发生了质的飞跃。然而，轴测图对于进行工程图学习的初学者来说显得十分重要，因为它是表达空间思维活动的最原始、最简单的方法。

轴测图类型很多，据投影方法的不同，分为正等测轴测图、斜二测轴测图、正二测轴测图等，本节仅介绍正等测轴测图，简介斜二测轴测图。

**（一）正等测轴测图**

正等测轴测图是用正投影法获得的轴测图。

1. 基本概念

（1）轴测轴　用三支铅笔分别代表 $X$、$Y$、$Z$ 轴，建立一个空间直角坐标系且各轴对轴测投影面顷角相等，如图2-10所示（请读者自己示范）。轴测轴是这三根空间轴在轴测投影面（如黑板面）上的投影，用 $X_1$、$Y_1$、$Z_1$ 表示。轴测轴也可反向延长绘制。正等测轴测图中的三轴测轴规定按图2-11绘制。

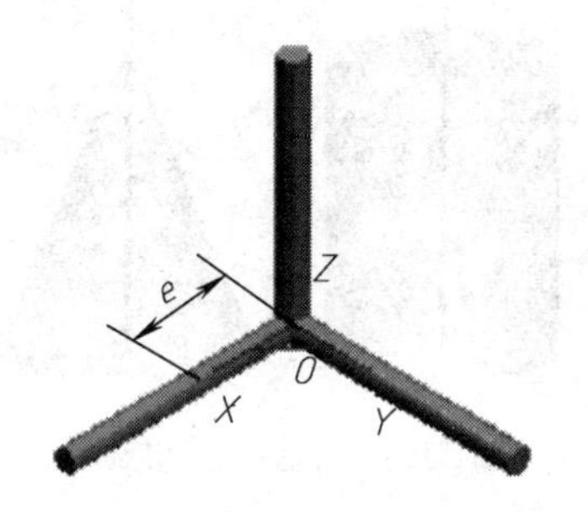

图2-10　三支笔构成的空间直角坐标
（三轴对轴测投影面倾角相等时情况）

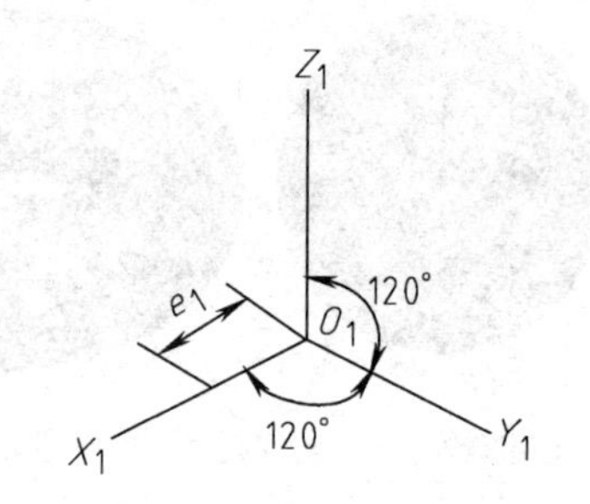

图2-11　正等测轴测轴
（空间直角坐标的投影）

（2）坐标面　$XOY$、$XOZ$、$YOZ$ 是空间直角坐标系中的三坐标面，它们对应于轴测轴坐标系中的 $X_1O_1Y_1$、$X_1O_1Z_1$、$Y_1O_1Z_1$ 三坐标面。

（3）轴间角　指的是两轴测轴之间的夹角。正等测轴测图中两轴测轴之间的夹角均为120°。应注意的是轴间角为120°，但它所反映的是两空间轴的夹角为90°。

（4）轴向伸缩系数　空间轴相对于轴测投影面一般是倾斜的（也可以平行），若 $X$ 空间轴的单位长度为 $e$（如10mm），则投射到轴测投影面上的长度变为 $e_1$（如8.2mm），则 $e_1/e$ 的比值被称为轴向伸缩系数。$X_1$ 的轴向伸缩系数 $p=e_{X1}/e$，$Y_1$ 的轴向伸缩系数 $q=e_{Y1}/e$，$Z_1$ 的轴向伸缩系数 $r=e_{Z1}/e$。正等测轴测轴是各空间轴对轴测投影面的倾角相等时的投影，故 $e_{X1}/e=e_{Y1}/e=e_{Z1}/e\approx0.82$，为了尺规作图的方便，规定正等测轴测轴的轴向伸缩系数取1，即作图时取 $e_1=e$。

2. 投影特性与作图规律

（1）轴测投影特性　正投影法中的“平行性”和“从属性”投影特性适用于轴测投影。

（2）点的绘制　空间点的三维坐标与其轴测投影点的三维坐标一一对应。绘制方法是先取二维坐标值找轴测轴坐标系中坐标面上的二维坐标点，再据第三坐标值作出轴测投影点。坐标线要与轴测轴平行。

（3）线段的绘制

① 轴向线段取实长绘制。轴向线段是指物体上平行空间坐标轴的直线轮廓线，通常把轴向线段的端点或中点作为测量尺寸的起点。

② 非轴向线段找端点连线。非轴向线段是指物体上不平行空间轴的直线轮廓，一般该类线段的作图尺寸与对应的实物轮廓尺寸不相等。其作图步骤是先找出该线段的两个端点的轴测投影，再连线作出。

3. 坐标面上多边形的作图

可在三维 CAD 环境中从不同角度观察坐标面上的多边形。

**【例 2-1】** 作 *XOY* 面上矩形的正等测轴测图，已知矩形长 18，宽 10，如图 2-12（a）所示。

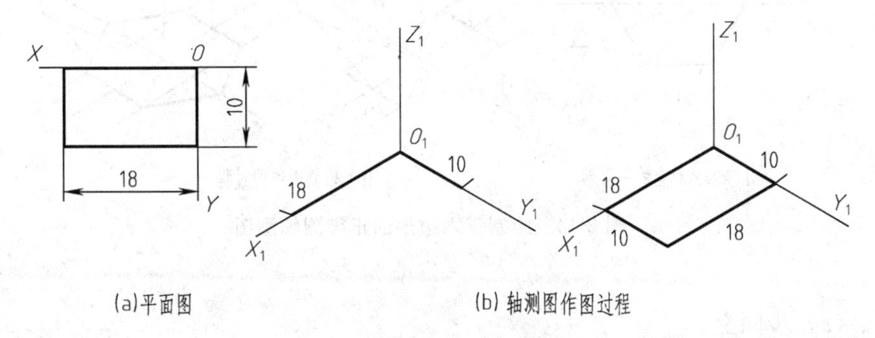


图 2-12　轴向线段取实长作图法

**解**

（1）对矩形建立 *XOY* 坐标，如图 2-12（a）所示。

（2）用细实线作正等测轴测轴，如图 2-12（b）所示。

（3）据轴向伸缩系数 $p=q=r=1$，且均为轴向线段，故从 $O_1$ 开始按实长 18、10 分别在 $X_1$、$Y_1$ 轴上作出矩形的两条边的轴测投影；另两条边的作图方法是从已作好的 $X_1$、$Y_1$ 轴上两线段的前端点开始，作平行 $X_1$、$Y_1$ 轴的坐标面上的从属直线，长度分别是 18、10，则在 *XOY* 坐标面上的这四条轴向线段，在 $X_1O_1Y_1$ 坐标面上构成了一个封闭的平行四边形，最后对轮廓线加粗，如图 2-12 所示。这是轴向线段取实长作图法。

**【例 2-2】** *XOY* 面上的三角形尺寸如图 2-13 所示，作该三角形的正等测轴测图。

**解**

（1）、（2）同上。

（3）三角形中 *X* 轴上的直线边为轴向线段，直接作出；另两边为 *XOY* 坐标面上的非轴向线段，它们的作图只能在 $X_1O_1Y_1$ 坐标面上先找出前角顶点，再连线作出。在 $X_1$、$Y_1$ 坐标上找到坐标值 $X_1=6$、$Y_1=13$，再作 $Y_1$、$X_1$ 的平行线得 $X_1O_1Y_1$ 坐标面上的交点即为前

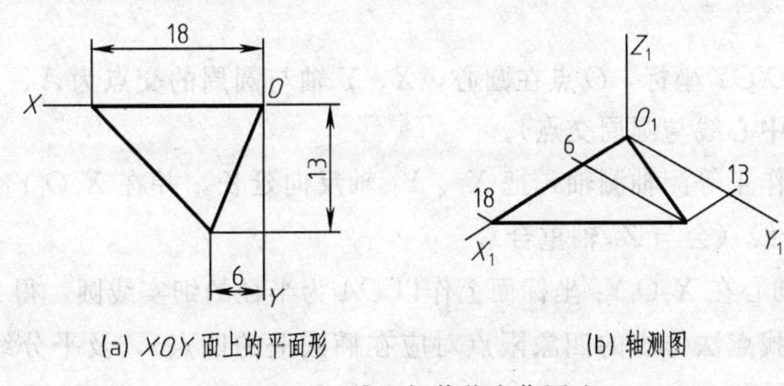


图 2-13　二维坐标值找点作图法

角顶点，如图 2-13 所示，连接三角点并加粗，完成作图。这里找前角点的方法是二维坐标值找点作图法。

**【例 2-3】** 作 $XOY$ 面上正六边形的正等测轴测图，已知对角顶点尺寸为 18，如图 2-14 (a) 所示。

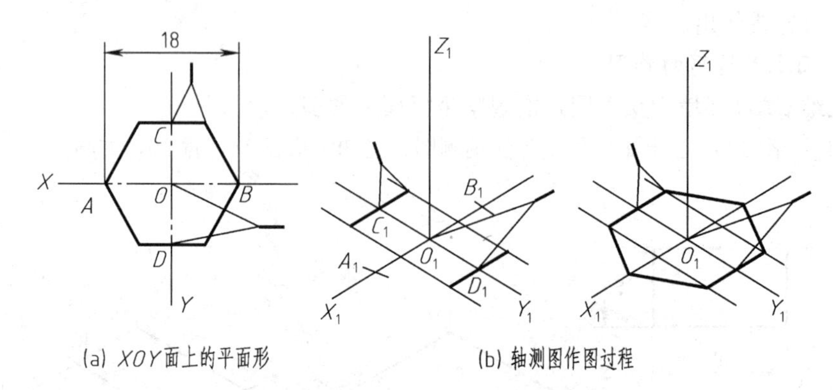


(a) $XOY$ 面上的平面形　　(b) 轴测图作图过程

图 2-14　绘制正六边形的正等测轴测图

**解**

(1)、(2) 步同上。

(3) 平面图中的 $A$、$B$、$D$、$C$ 按二维坐标值找点法在 $X_1$、$Y_1$ 轴上作出 $A_1$、$B_1$、$C_1$、$D_1$ 四点，再过 $C_1$、$D_1$ 点分别作平行于 $X_1$ 轴的直线，按轴向线段取实长作图法找到两线段的四端点，如图 2-14 (b) 所示。其余四条边为非轴向线段，把已经得到的六个角顶点连接即获正六边形的轴测投影。

(4) 对轮廓线加粗。

**【例 2-4】** 作图 2-15 (a) $XOY$ 坐标面上圆的正等测轴测图（近似画法）。

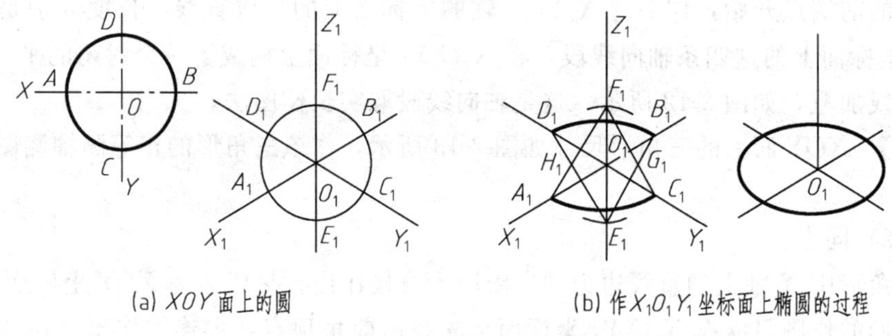


(a) $XOY$ 面上的圆　　(b) 作 $X_1O_1Y_1$ 坐标面上椭圆的过程

图 2-15　“四点四心法”绘制水平圆的正等测轴测图

**解**

(1) 对圆建立 $XOY$ 坐标，$O$ 点在圆心，$X$、$Y$ 轴与圆周的交点为 $A$、$B$、$C$、$D$ 四象限点（象限点指对称中心线与圆周交点）。

(2) 用细实线作正等测轴测轴，把 $X_1$、$Y_1$ 轴反向延长，并在 $X_1O_1Y_1$ 坐标面上作 $X_1$、$Y_1$ 轴的夹角之平分线（会与 $Z_1$ 轴重合）。

(3) 以 $O_1$ 为圆心在 $X_1O_1Y_1$ 坐标面上作以 $OA$ 为半径的细实线圆，得 $A_1$、$B_1$、$C_1$、$D_1$ 点（为二维坐标值找点法作出的四象限点对应在椭圆上的四点），及平分线上的 $E_1$、$F_1$ 点（为椭圆上两大圆弧圆心点）。

(4) 连 $A_1F_1$、$D_1E_1$ 得交点 $H_1$，同方法得 $G_1$。$H_1$、$G_1$ 点分别为椭圆上两小圆弧圆心点。

(5) 以 $A_1F_1$ 为半径，$F_1$、$E_1$ 点为圆心画出两大圆弧；以 $A_1H_1$ 为半径，$H_1$、$G_1$ 点为圆心画出两小圆弧；四圆弧以 $X_1$、$Y_1$ 轴为分界线又首尾相连构成一个椭圆。这就是 $XOY$ 坐标面上圆的正等测轴测投影（椭圆图）的近似画法，称为四点四心法，如图 2-15（b）所示。

其他坐标面上圆的正等轴测投影（椭圆）的作图方法类同，但要注意“四心四点”一定是在对应的轴测轴坐标面上。

4. 柱体的正等测轴测图

作图方法采用端面拉伸法（三维 CAD 拉伸特征）。拉伸方向为垂直柱体端面的方向，拉伸距离为两端面的间距。

**【例 2-5】** 作六棱柱的正等测轴测图。端面尺寸如图 2-16 所示，两端面间距为 22。

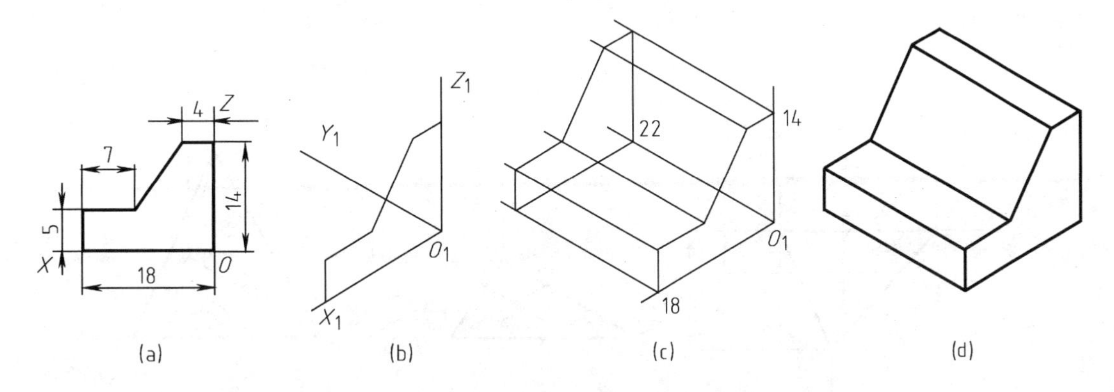


图 2-16　六棱柱轴测图画法——端面拉伸法

**解**

(1) 作 $X_1Y_1Z_1$ 正等测轴测轴，在 $X_1O_1Z_1$ 坐标面上绘制前端面，如图 6-12（b）。

(2) 用端面拉伸法绘出后端面。即过前端面六角顶作 $Y_1$ 轴平行线，拉伸出相距 22 的后端面，如图 6-12（c）。

(3) 连对角顶点画出侧棱，如图 6-12（d）。

(4) 加粗可见轮廓。

**【例 2-6】** 作圆柱体正等测轴测图。已知一端面圆在 $XOY$ 坐标面上，半径尺寸从图2-17 中的平面图上量取，柱高尺寸为 25。

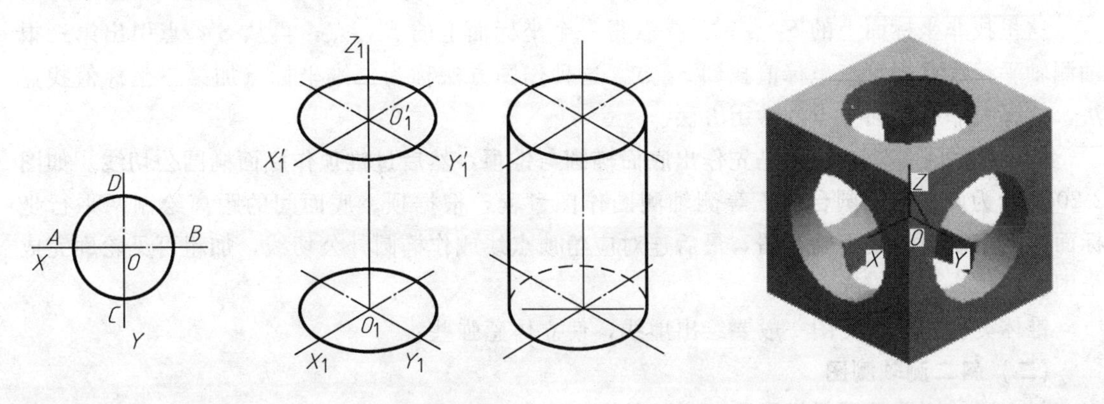


图 2-17　柱体正等测轴测图画法　　图 2-18　平行三坐标面上圆孔的正等测图

**解**

(1) 建立正等轴测轴 $X_1Y_1Z_1$，并在 $X_1O_1Y_1$ 坐标面上用“四点四心法”作底面椭圆图。

(2) 按柱体高度尺寸 25 在 $Z_1$ 轴上找到 $O_1'$，建立 $X_1'O_1'Y_1'$坐标面（平行于 $X_1O_1Y_1$ 坐标面），作顶面椭圆图（或端面拉伸法作出）。

(3) 作两椭圆外公切线。

(4) 加粗可见轮廓线（不可见轮廓画虚线或不画出），如图 2-17 所示。

如图 2-18 所示为正方体上开三圆柱孔实体，其上有平行不同坐标面的圆的轴测图。

以上柱体的作图主要是采用端面拉伸法作图，即是从端面图想象柱体的空间思维过程。一般在柱体轴测图中，虚线不绘制。

5. 锥体的正等测轴测图

**【例 2-7】** 作三棱锥正等测轴测图。底面多边形尺寸如图 2-19 所示，锥顶在底面 $S_{XY}$ 的正上方 20 处。

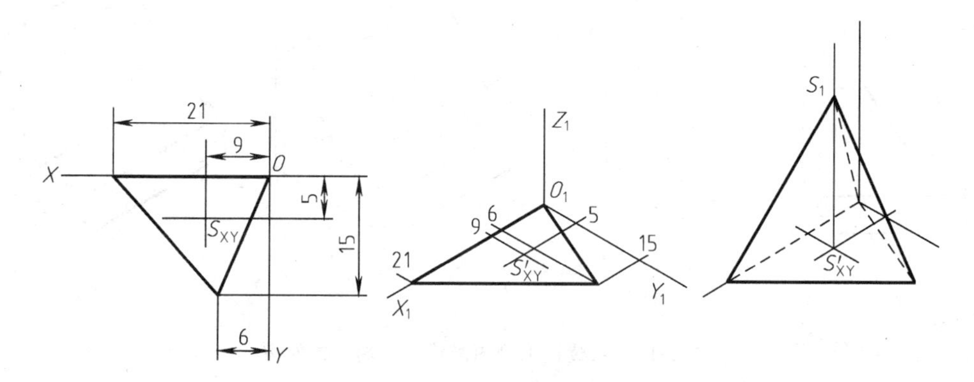


图 2-19　三棱锥正等测轴测图

**解**

(1) 建立正等轴测轴 $X_1Y_1Z_1$，在 $X_1O_1Y_1$ 坐标面上绘制底面多边形。

(2) 锥顶的空间坐标 $S$（9，5，20）。找 $S'_{XY}$点的方法是二维坐标值找点法，按坐标 $X=9$、$Y=5$ 作出；再过 $S'_{XY}$点作 $Z_1$ 轴的平行线，并在该直线上找到距 $S'_{XY}$为 20（即 $Z_1=20$）的锥点 $S_1$。

(3) 把锥顶 $S_1$ 分别与底面三个角顶点连线画出侧棱。

(4) 可见轮廓画粗实线、不可见轮廓画虚线。

这里找非坐标面上的 $S_1$ 点，是先获得一个坐标面上的 $S'_{XY}$点，再从 $S'_{XY}$点引出第三根轴测轴平行线并据第三坐标值找到 $S_1$ 点。这种作图方法称为二维坐标点加第三坐标值找点法，这是找非坐标面上点的常用方法。

圆锥体的正等测轴测图是先作出底面椭圆与锥顶，然后过锥顶作底面椭圆公切线。如图 2-20 所示为四棱台、圆台的正等测轴测图作图过程，根据顶、底面间的距离绘制两平行坐标面，再绘制顶、底面轴测图，最后连对应角顶点线或作椭圆外公切线，加粗可见轮廓完成全图。

锥体类物体的轴测图一般要绘出虚线，使立体感强些。

**(二) 斜二测轴测图**

斜二测轴测图是用斜投影法获得的轴测图。

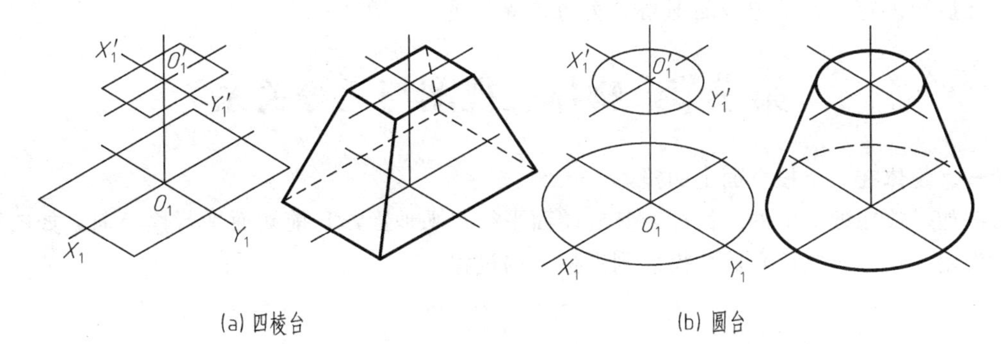


图 2-20 四棱台、圆台正等测轴测图（两平行坐标面上画端面作图法）

1. 基本概念

（1）轴测轴　轴测轴是用斜投影法把空间直角坐标系中的三根空间轴（$X$ 轴、$Y$ 轴、$Z$ 轴）投射到轴测投影面（如黑板面）上所得投影，用 $X_1$、$Y_1$、$Z_1$ 表示。斜二测轴测图中的三轴测轴规定按图 2-21（b）位置绘制。

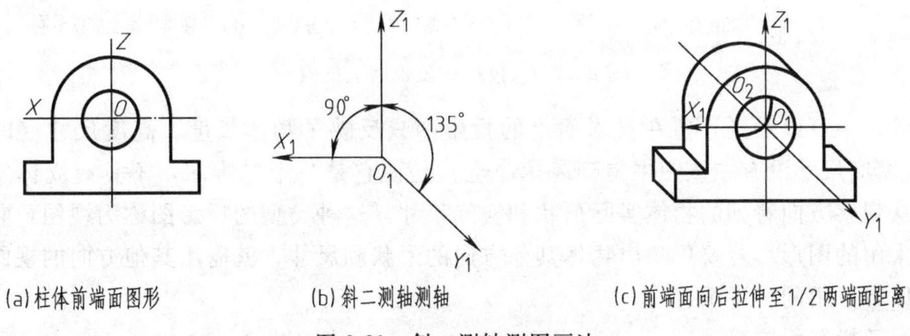


图 2-21 斜二测轴测图画法

（2）坐标面　$XOY$、$XOZ$、$YOZ$ 是空间直角坐标系中的三坐标面，其中要求 $XOZ$ 坐标面平行轴测投影面，它们对应于轴测轴坐标系中的 $X_1O_1Y_1$、$X_1O_1Z_1$、$Y_1O_1Z_1$ 三坐标面。

（3）轴间角　斜二测轴测图的轴间角$\angle X_1O_1Z_1=90°$、$\angle X_1O_1Y_1=135°$、$\angle Y_1O_1Z_1=135°$。

（4）轴向伸缩系数　由于空间坐标面 $XOZ$ 平行轴测投影面，故物体上平行空间坐标面 $XOZ$ 的轮廓线的轴测投影反映实形，即 $X_1$ 的轴向伸缩系数 $p=1$、$Z_1$ 的轴向伸缩系数 $r=1$，而对 $Y_1$ 的轴向伸缩系数国家标准规定取 $q=0.5$ 。

2. 绘图举例

正等测轴测图的投影特性和作图方法适用于斜二测轴测图的绘制。斜二测图的最大优点是物体上平行 $XOZ$ 坐标面的圆弧形轮廓的轴测投影反映实形，故在绘制单方向出现圆柱或圆锥体（孔）的结构时，采用斜二测轴测图绘制十分简单。

如图 2-21（a）所示为一柱体的前端面，中间小圆是垂直端面开的小圆孔，两端面间距为 10mm；图（b）建立斜二测轴测轴，注意 $Y_1$ 的轴向伸缩系数取 0.5；图（c）为图（a）沿 $Y_1$ 反方向拉伸端面的距离尺寸为 5mm 所得的轴测图（侧棱及柱面的作图方法同正等测图画法）。

学习轴测图画法的主要目的是为了正确看懂轴测图，并在学习三视图时能用画轴测图的方法想象视图所表达的空间形状（通常以徒手作轴测图的方式勾画出物体空间形状）。由于这些轴测图在三维 CAD 中在能快速、精确生成，故本节没有对复杂形体的轴测图画法作介绍。

在后续内容中，常把轴测图当成实物看待，便于说明问题。

## 第三节　物体三视图与三等关系

### 一、物体在一个投影面上的投影

例如，放在教室中的六棱柱，其底端面平行水平地面，且前侧面平行黑板面。如图2-22所示为用正投影法把该六棱柱投射到黑板上的过程。

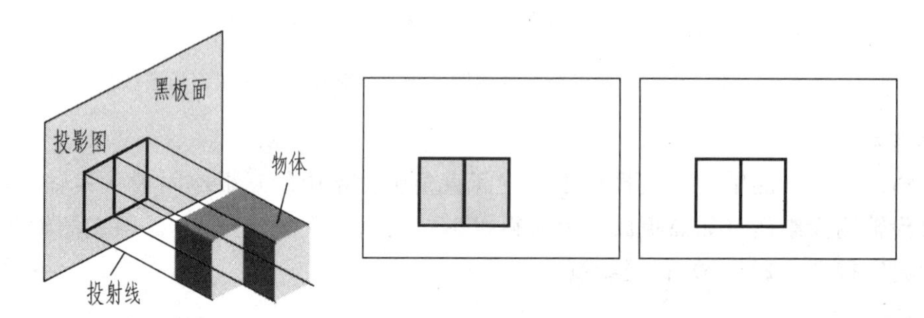


(a) 侧面观察投射过程　(b) 平行视线正面看物体轮廓(与投影图重合)　(c) 留在黑板面上的投影图

图 2-22　六棱柱在黑板面上的投影

从该例中可以看到，留在投影面上的投影图只反映了物体长度、高度尺寸（即二维尺寸），而宽度尺寸没有在该图中得到表达，也就是说它是一个二维图，不具有立体感，但会反映出从观察方向看到的物体实际形状和实际尺寸，这种类型的投影图称为视图，它是工程界广泛采用的图形。若要反映出物体其他方向的形状和尺寸，就需用其他方向的视图联合表达，如以下介绍的三视图。

### 二、三投影面体系

三投影面体系由三个相互垂直相交的平面构成，即由正立面、水平面、侧立面组成，共分为八个分角。根据国家标准《技术制图》的规定，物体的视图是按正投影法获得，并把物体置于第一分角中进行投影。第一分角如同教室的黑板面、地平面、右墙面所构成的空间模型，这三个平面彼此垂直，相交的交线构成了空间直角坐标系 $OXYZ$，空间轴 $OX$、$OY$、$OZ$ 称为投影轴，坐标面 $XOZ$、$XOY$、$YOZ$ 分别称为正立投影面（用 $V$ 表示）、水平投影面（用 $H$ 表示）、侧立投影面（用 $W$ 表示），如图 2-23 所示。

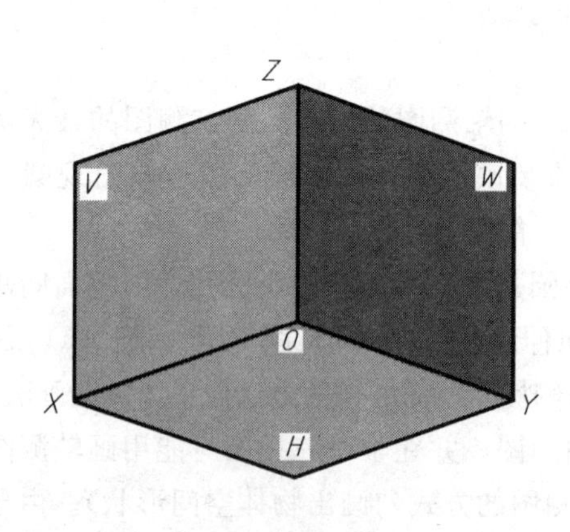


图 2-23　第一分角（如同教室的三平面）

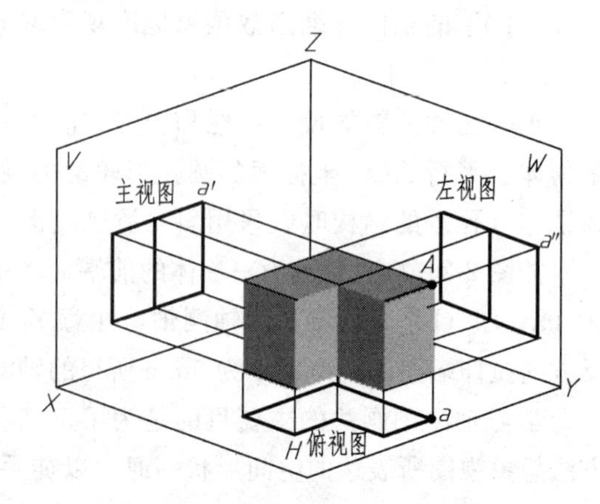


图 2-24　物体及点的三面投影

## 三、物体三视图

1. 物体三视图的形成

如图 2-24 所示，六棱柱体位于三投影面体系第一分角中，且物体的位置固定不动，然后将物体分别向三个投影面投射，这样在每一个投影面上获得一个投影图，即视图。在三个投影面上所获得的同一个物体的三个视图，简称为三视图。

（1）主视图　物体形状在正立投影面 $V$ 上的投影。

（2）俯视图　物体形状在水平投影面 $H$ 上的投影。

（3）左视图　物体形状在侧立投影面 $W$ 上的投影。

2. 图纸上三视图的布置

在工程设计中，需要将主视图、俯视图和左视图三个视图画在一张平铺的纸上，这样就必须遵守放置视图的统一规则，即将图 2-24 中得到的三视图按图 2-25 展开位置配置视图。展开过程为 $V$ 面和主视图不动，$H$ 面和俯视图绕 $X$ 轴向下转 90°，$W$ 面和左视图绕 $Z$ 轴向右后方转 90°，使 $V$、$H$、$W$ 面处于同一平面位置，此时三个视图的位置就是在一张正立的平面纸上画三视图的位置，即俯视图在主视图的正下方、左视图在主视图的正右侧。这是国标规定的第一角画法对三个视图配置位置所作的规定。

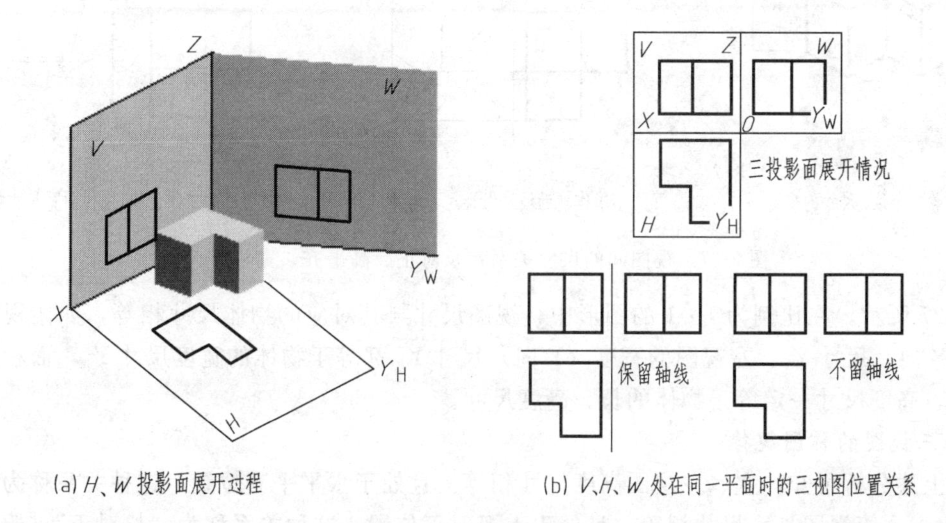


(a) $H$、$W$ 投影面展开过程　(b) $V$、$H$、$W$ 处在同一平面时的三视图位置关系

图 2-25　三投影面的展开

应注意展开的三视图不是一个投影面上的三个图，是三个方向分别看物体时得到的三个坐标面（即投影面）上的图，即要想像把 $H$、$W$ 投影面回复到展开前的位置再看俯视图与左视图，才能把所看视图与同方向看到的物体形状相对应。

画三视图时，三个投影面的大小不再表达，投影轴也可省去不画，如图 2-25（b）所示。

## 四、物体方位、尺寸在三视图上的反映

1. 物体方位在三视图上的反映

规定物体的方位分为上下、左右、前后，上下方位指 $Z$ 轴方向方位、左右方位指 $X$ 轴方向方位、前后方位指 $Y$ 轴方向方位，这些方位关系会反映到相应的投影图上，如图 2-26 所示。

2. 物体尺寸在三视图上的反映

规定沿 $X$ 轴方向测得物体的尺寸为长度尺寸，沿 $Z$ 轴方向测得物体的尺寸为高度尺寸，沿 $Y$ 轴方向测得物体的尺寸为宽度尺寸，这些尺寸同样会如实地在相应的投影图上反映，

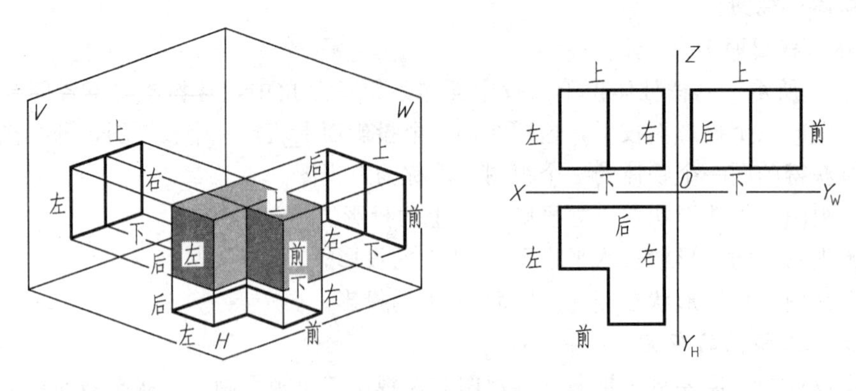


图 2-26　视图方位对应物体方位

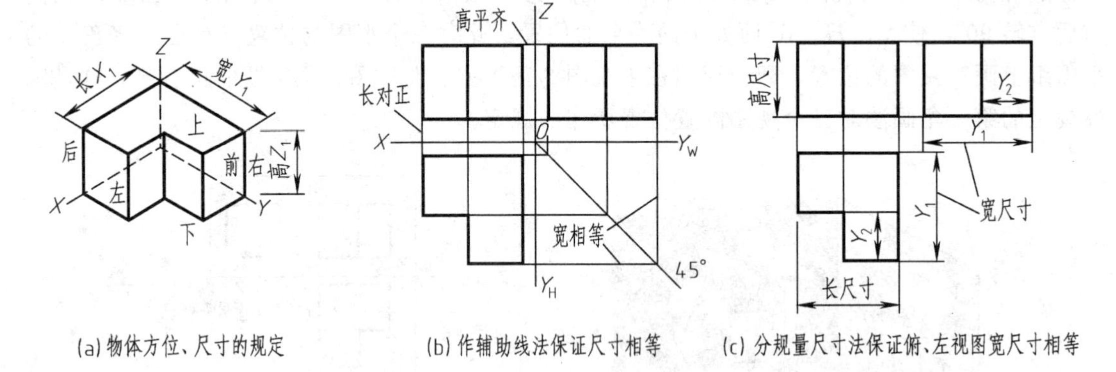


(a) 物体方位、尺寸的规定　(b) 作辅助线法保证尺寸相等　(c) 分规量尺寸法保证俯、左视图宽尺寸相等

图 2-27　视图间的尺寸关系：长对正、高平齐、宽相等

如图 2-27 所示。在比例为 1∶1 的图形中，视图尺寸与其对应的物体尺寸相等，如俯视图的宽度（$Y$ 向）尺寸 $Y_1$、左视图的宽度（$Y$ 向）尺寸 $Y_1$ 都等于物体的宽度尺寸 $Y_1$，而相应视图的长、高度尺寸一定等于物体的长、高度尺寸。

3. 三视图的作图规律

从上述分析可知，主、左视图高度尺寸相等，且处于水平平齐位置，这种关系称为“高平齐”；主、俯视图长度尺寸相等，且处于上下对正位置，这种关系称为“长对正”；俯、左视图宽度尺寸相等，且俯视图距 $X$ 轴的距离等于左视图距 $Z$ 轴的距离［如图 2-27（b）中物体前表面距 $V$ 面的距离］，这种关系称为“宽相等”。

上述视图间“长对正，高平齐，宽相等”的尺寸关系简称为“三等关系”，作图时必须严格遵守。

画图时，主、左视图用垂直 $Z$ 轴的辅助线（为细实线）平齐两图。主、俯视图用垂直 $X$ 轴的辅助线对正两图。俯、左视图用垂直 $Y_H$、$Y_W$ 轴的辅助线（注意，一定要在原点 $O$ 引出的 45°线上相遇），保证两图在规定位置以及宽度尺寸相等，如图 2-27（b）所示。若没画出投影轴则可直接用分规量物体宽方向尺寸，保证俯、左视图宽度尺寸相等，如图 2-27（c）所示。

## 第四节　点、线、面的投影

规定空间点用大写字母标记，其在 $H$ 面投影用相应的小写字母标记，在 $V$ 面投影用相应的小写字母加一撇标记，在 $W$ 面投影用相应的小写字母加二撇标记，如图 2-28 所示。

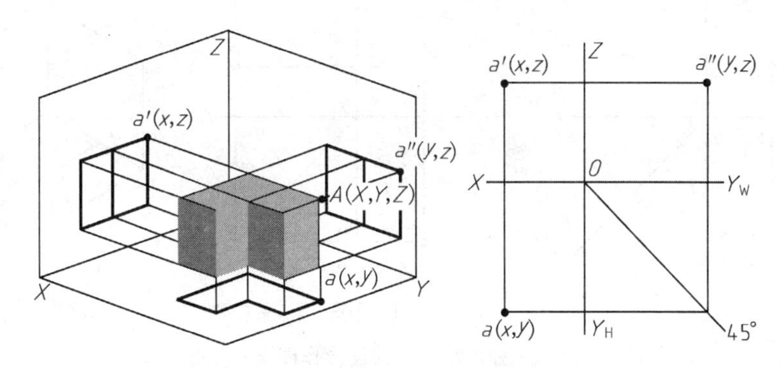


图 2-28 空间点与投影点坐标关系

## 一、点

### 1. 三等关系

假如物体的形状小到为一个点，则物体投影的三等关系就成为了空间点投影的三等关系，即空间点的投影同样要符合“长对正，高平齐，宽相等”三等关系。

这里的“宽相等”是指 $H$ 面上投影点 $a$ 的 $y$ 坐标等于 $W$ 面上投影点 $a''$ 的 $y$ 坐标（都是空间点的 $Y$ 坐标），为了作图方便，如同保证视图宽相等那样，过原点 $O$ 作 45°线来保证 $a$ 和 $a''$ 的 $Y$ 坐标相等。

“长对正”是指 $H$ 面上投影点 $a$ 的 $x$ 坐标等于 $V$ 面上投影点 $a'$ 的 $x$ 坐标（都是空间点的 $X$ 坐标），故有 $aa'$ 垂直 $X$ 轴。

“高平齐”指 $V$ 面上投影点 $a'$ 的 $z$ 坐标等于 $W$ 面上投影点 $a''$ 的 $z$ 坐标（都是空间点的 $Z$ 坐标），故有 $a'a''$ 垂直 $Z$ 轴。如图 2-28 所示。

### 2. 空间坐标与投影坐标的关系

空间点的坐标就是空间点距投影面的距离，如图 2-28 中空间点 $A$（$X$，$Y$，$Z$）的坐标为（11，17，13），则 $A$ 点距 $W$ 面 11mm，距 $V$ 面 17mm，距 $H$ 面 13mm。而投影点的坐标就是从空间点坐标（$X$，$Y$，$Z$）中取出的二维坐标，如空间点 $A$ 坐标为（11，17，13），则点 $a$（$x$，$y$）为 $a$（11，17）、点 $a'$（$x$，$z$）为 $a'$（11，13）、点 $a''$（$y$，$z$）为 $a''$（17，13）。

**【例 2-8】** 已知空间点 $A$ 在 $H$、$V$ 面的投影，如图 2-29（a）所示。求：(1) 在 $W$ 面上作出 $a''$。(2) 作 $A$ 点的直观图。

**解**

(1) 在 $W$ 面上作出 $a''$

① 坐标法作图。已知点的两面投影 $a$、$a'$，就知道了点 $A$ 的三维坐标值（$X$，$Y$，$Z$），故 $a''$（$y$，$z$）的二维坐标值已定，即 $a''$ 在 $W$ 面的位置是唯一的。用分规从 $H$ 面和 $V$ 面上量取投影点 $a$ 的 $y$ 坐标值、投影点 $a'$ 的 $z$ 坐标值，然后在 $W$ 面按坐标值作出 $a''$。

② 利用三等关系作图。按点投影三等关系中的高平齐、宽相等分别作辅助线得交点 $a''$。应注意 45°线必须从原点 $O$ 引出。具体作图过程为过 $a'$ 作 $Z$ 轴垂线，过 $a$ 作 $Y_H$ 轴垂线与 45°线相交，再从交点引直线垂直 $Y_W$ 轴与 $aa''$ 线交于点 $a''$，如图 2-29（b）所示。

(2) 作 $A$ 点直观图　作直观图也就是把 $A$ 点和三投影面用正等测轴测图或其他轴测图形式表达。本例采用正等测轴测图表达，作图过程为先作出轴测轴和坐标面，再根据投影图中 $a$ 的二维坐标（$x$，$y$）在 $XOY$ 坐标面上作出 $a$ 点，过 $a$ 点作 $Z$ 轴平行线，并在其上取

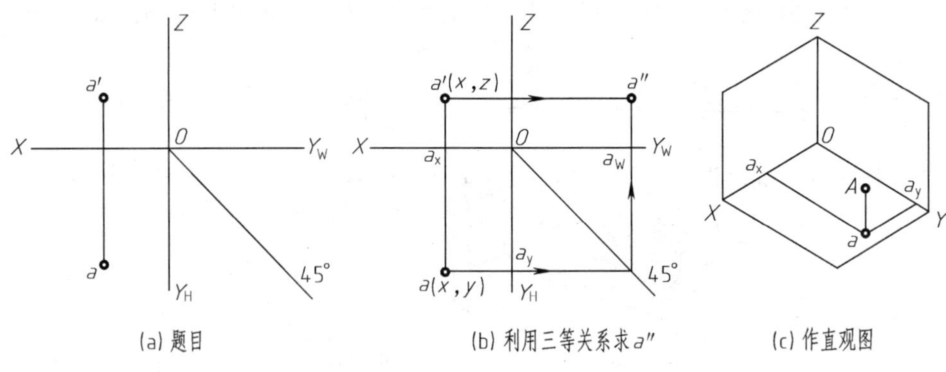

(a) 题目　(b) 利用三等关系求a''　(c) 作直观图

图 2-29　点的投影作图

$Aa$ 等于投影图中 $a'$ 的 $z$ 坐标值 $a'a_x$，即得 $A$ 点。如图 2-29（c）所示。

**【例 2-9】** 已知 A、B、C 三点两面投影，如图 2-30（a）所示，求第三面投影，并说明 A、B 两点和 A、C 两点的相对位置。

**解**

（1）求第三面投影　按点投影的三等关系作出 $a'$、$b'$ 和 $c$，如图 2-30（b）所示，其中 $a$ 点与 $c$ 点重合。

（2）两点的相对位置　它指的是从正面（即 $Y$ 方向）观察时所看到的空间两点的相对位置（如上下、左右、前后位置，正上正下、正左正右、正前正后位置），这些位置关系与两投影点之间的位置关系对应。此例中判断 A、B 两点相对位置的思路是，$V$ 面 $a'$ 在 $b'$ 的左上方，则 A 点在 B 点的左上方；$H$ 面 $a$ 在 $b$ 的前方，则 A 点在 B 点前方（前方点是指距 $V$ 面较远的那个点）；判断 A、C 两点的相对位置的思路是，$H$ 面 $a$、$c$ 两点重合，说明 A、C 两点为正上正下位置，又 $V$ 面 $a'$ 在 $c'$ 点上方，进一步明确了 A 点在 C 点正上方。通常把空间两点投影的重合称为重影点，如 $a$（$c$）点，其中不可见点的投影，用写在括号里的小写字母表示。

为了直观地观察 A、B 两点的位置，可作直观图，其中 B 点在 $V$ 面上，如图 2-30（c）所示。

在作点的投影图时，三等关系作图线为细实线，投影点为小圆点，标记字母要规范。

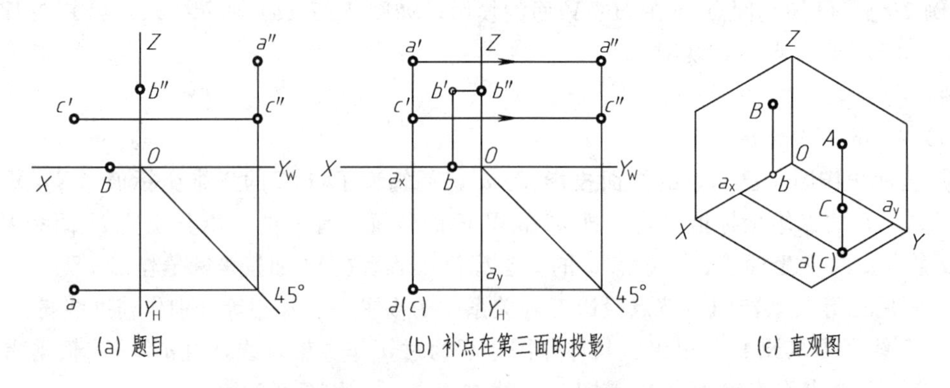

(a) 题目　(b) 补点在第三面的投影　(c) 直观图

图 2-30　判断两点间的相对位置

## 二、直线

直线在几何学上是无限长的，在制图中一般指有限长的线段。

1. 直线投影的作图

直线的投影一般为直线，当直线垂直投影面时其在该面上的投影积聚为点。作直线段的投影就是把两端点在同一个投影面上的投影（简称为“同面投影”或“同名投影”）以粗实线连线，如表 2-1 中 $ab$ 连线、$a'b'$连线、$a''b''$连线。

2. 空间直线的位置

空间直线对三投影面的位置分为投影面平行线、投影面垂直线和投影面倾斜线。

（1）投影面平行线　仅平行某一投影面的空间直线叫投影面平行线。其中，平行水平投影面的空间直线叫水平线，平行正立投影面的空间直线叫正平线，平行侧投影面的空间直线叫侧平线。直线在其平行的投影面上的投影反映实长。

若从空间坐标值分析投影面平行线，则直线段两端点的三维坐标值中必有且只有一维的坐标值相等。如 $B$ 点的 $Y$ 坐标值与 $C$ 点的 $Y$ 坐标值相等，另二维的坐标值不等，则 $BC$ 平行于 $V$ 面，是正平线，$b'c'$等于 $BC$ 实长，见表 2-1 中的 $BC$ 投影图。

**表 2-1　投影面平行线的投影特征**

| 名称 | 水平线（//$H$，倾斜 $V$、$W$） | 正平线（//$V$，倾斜 $H$、$W$） | 侧平线（//$W$，倾斜 $H$、$V$） |
| --- | --- | --- | --- |
| 直观图 | 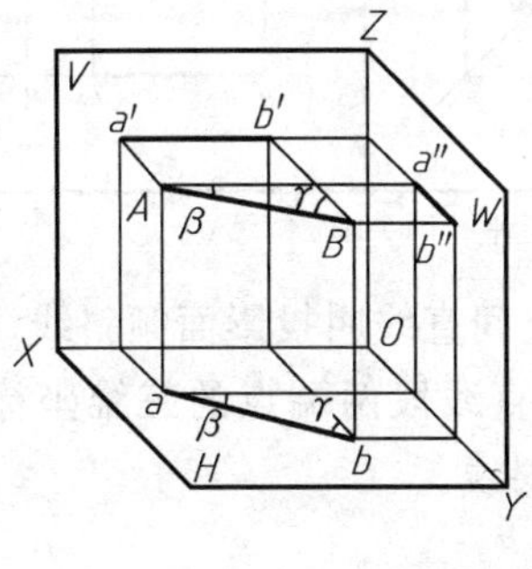 | 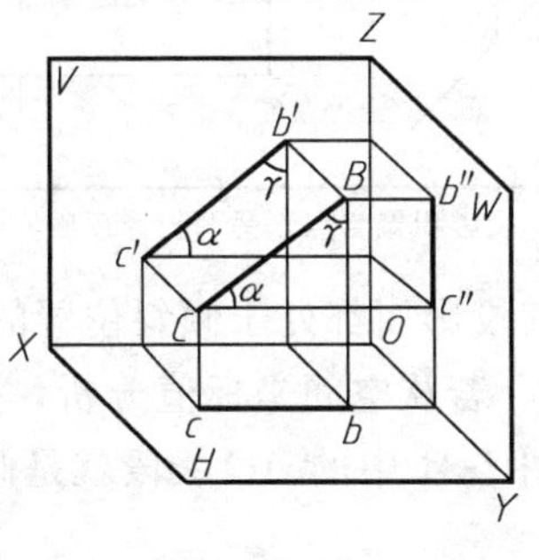 | 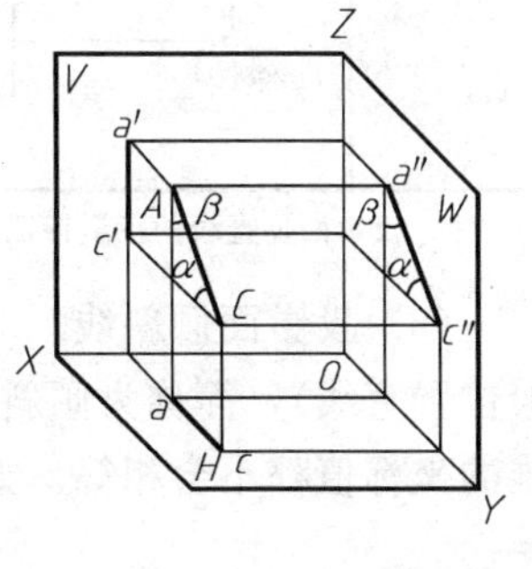 |
| 投影图 | 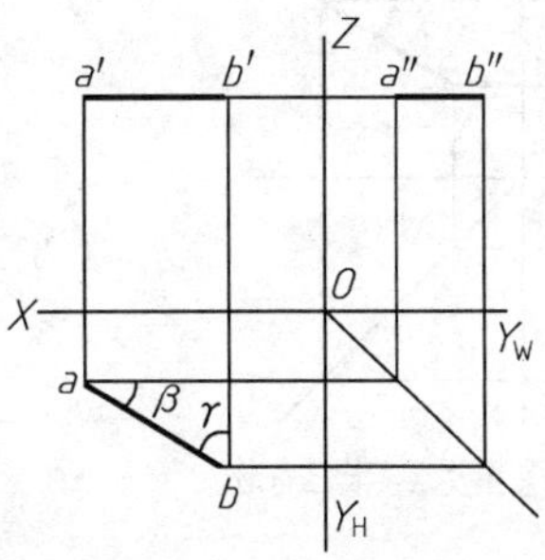 | 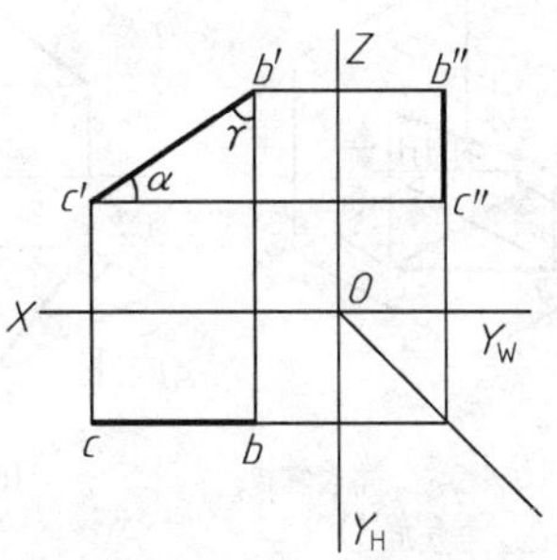 | 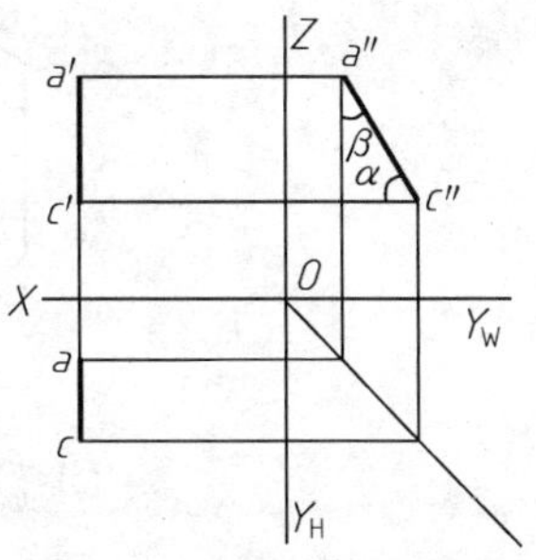 |

注：投影面平行线的投影特征是两投影垂直同一投影轴，第三投影反映实长。

（2）投影面垂直线　垂直某一投影面的空间直线叫投影面垂直线。其中，把垂直水平投影面的叫铅垂线，垂直正立投影面的叫正垂线，垂直侧投影面的叫侧垂线。直线在其垂直的投影面上的投影积聚为点，在另两面的投影反映实长。

若从空间坐标值分析投影面垂直线，则直线段两端点的三维坐标值中必有二维的坐标值相等。如 $A$ 点的（$X$，$Z$）坐标值与 $D$ 点的（$X$，$Z$）坐标值相等，则 $AD$ 垂直 $V$ 面，是正垂线，在正面的投影积聚为点，其他两面的投影反映 $AD$ 实长，见表 2-2 中的 $AD$ 投影图。

**表 2-2 投影面垂直线的投影特征**

| 名称 | 铅垂线（$\perp H$，$/\!/ V$ 和 $W$） | 正垂线（$\perp V$，$/\!/ H$ 和 $W$） | 侧垂线（$\perp W$，$/\!/ H$ 和 $V$） |
| --- | --- | --- | --- |
| 直观图 | 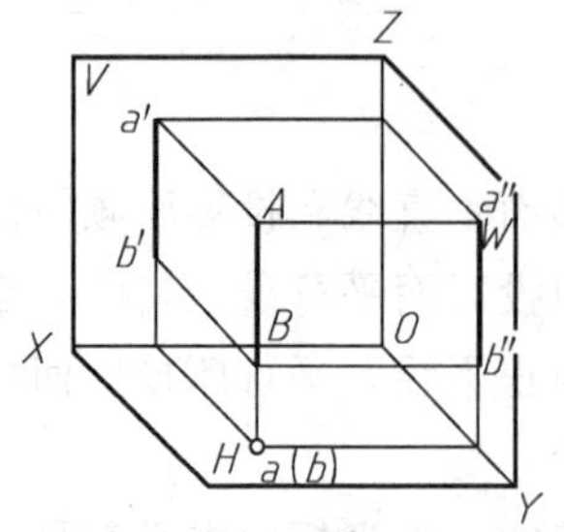 | 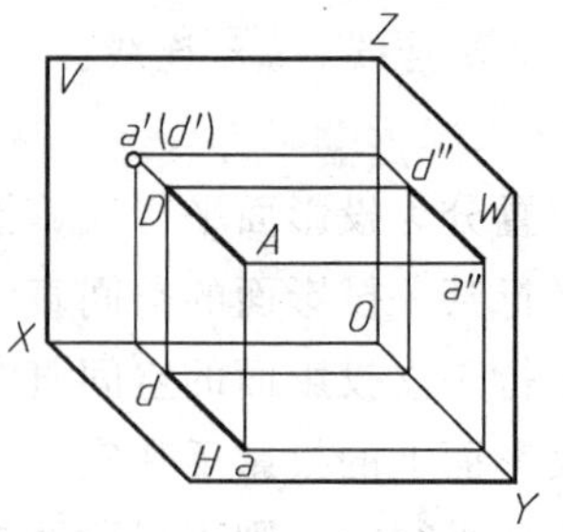 | 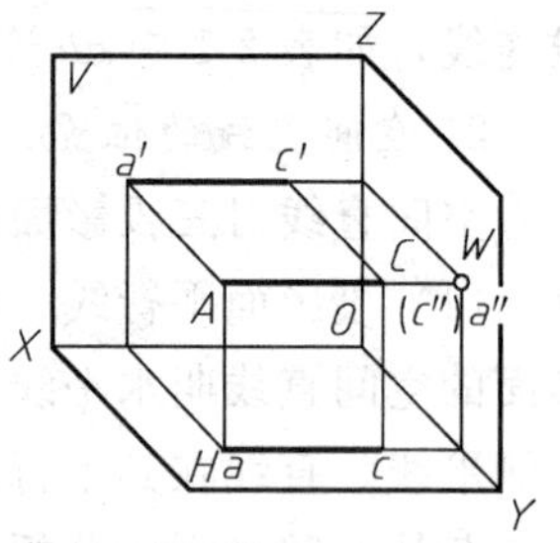 |
| 投影图 | 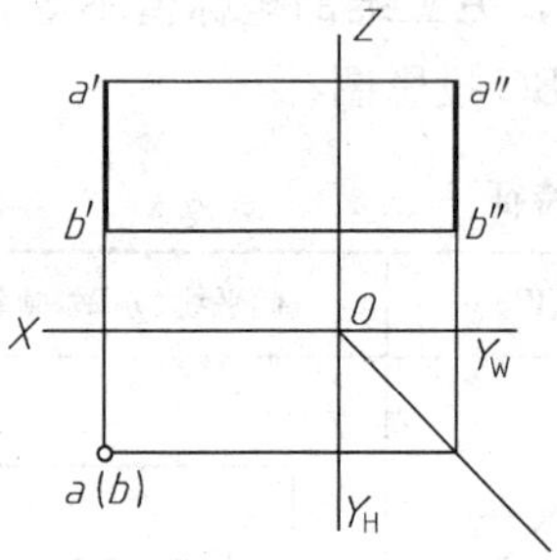 | 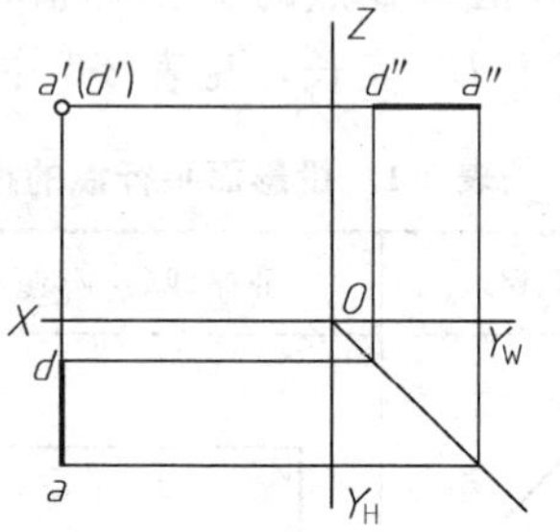 | 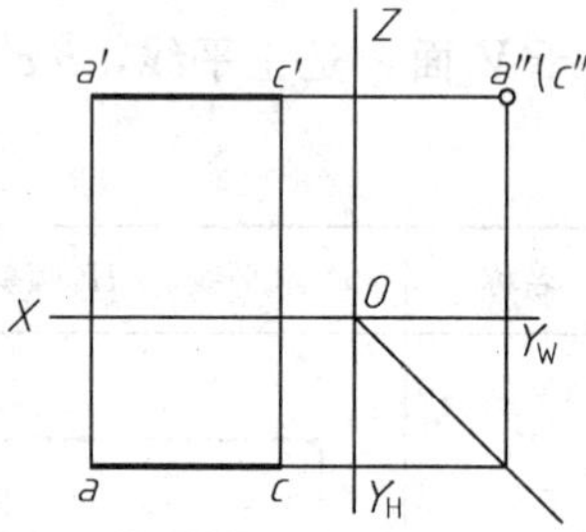 |

注：投影面垂直线的投影特征是一投影积聚为点，另两投影反映实长且平行同一轴。

（3）投影面倾斜线　对三投影面都处于倾斜位置的空间直线叫投影面倾斜线（也称为一般位置直线），简称为倾斜线。若从空间坐标值分析，则直线段两端点的三维坐标值中任一维的坐标值都不会相等。如图 2-31 中的 $AC$ 线段就是倾斜线。

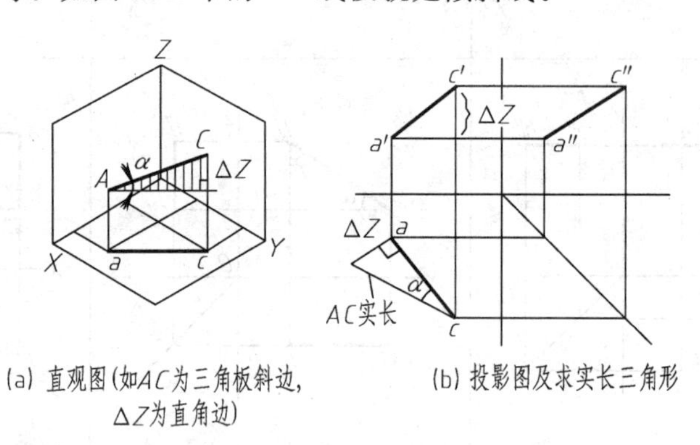


(a) 直观图(如AC为三角板斜边，ΔZ为直角边)　　(b) 投影图及求实长三角形

图 2-31　求斜线实长的直角三角形法

3. 直线对投影面的倾角

空间直线对 $H$ 面的倾角用 $\alpha$ 表示，空间直线对 $V$ 面的倾角用 $\beta$ 表示，空间直线对 $W$ 面的倾角用 $\gamma$ 表示，见表 2-1。

求直线对投影面的倾角，一般用作图法。把空间线段 $AC$ 在 $H$ 面的投影长度 $ac$ 和 $A$、$C$ 点的 $\Delta Z$ 坐标差作为直角边构成一个平面直角三角形，其斜边与投影线 $ac$ 的夹角为倾角 $\alpha$，其斜边的长度就是 $AC$ 实长，如图 2-31 所示，该方法称为求实长的直角三角形法。同理，倾角 $\beta$ 是空间线段在 $V$ 面投影长度和 $\Delta Y$ 坐标差作为直角边所构成的直角三角形的斜边与投影边的夹角；倾角 $\gamma$ 是空间线段在 $W$ 面投影长度和 $\Delta X$ 坐标差作为直角边所构成的直角三角形的斜边与投影边的夹角。

**【例 2-10】** 已知点 $K$ 在 $AB$ 直线上，如图 2-32（a）所示，求出 $k'$、$k''$。

**解** 据从属性可知，$k'$和 $k''$一定分别在 $a'b'$和 $a''b''$投影线上，利用空间点投影的三等关系，直接作出 $k''$点，再由 $k''$点作出 $k'$点，如图 2-32 所示。

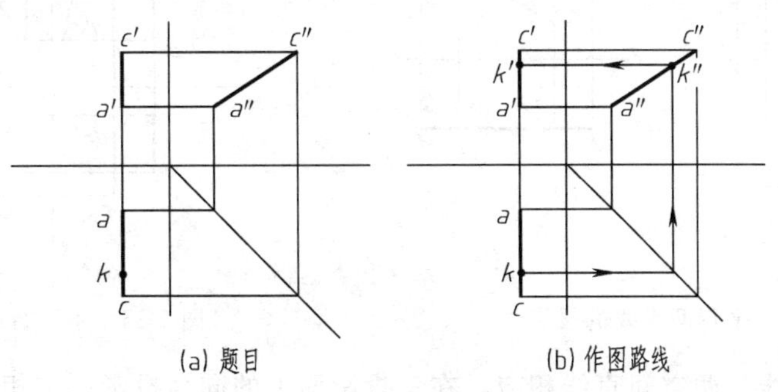


(a) 题目　(b) 作图路线

图 2-32　求作直线上的点

上例中，因连 $k$、$k'$的长对正线与 $a'c'$投影线重合而无唯一交点，故从 $k''$利用高平齐获得 $k'$点；$k'$点也可利用“定比性”性质获得，即利用 $ak : kc = a'k' : k'c'$作出。

**【例 2-11】** 从轴测图（或实物模型）上量取尺寸，绘制 $AC$、$DE$ 直线段的投影。

**解**

(1) 在轴测图（或实物模型）上建立空间直角坐标系，如图 2-33（a）所示。并把 $XOY$、$XOZ$、$YOZ$ 三个坐标面作为三投影面。

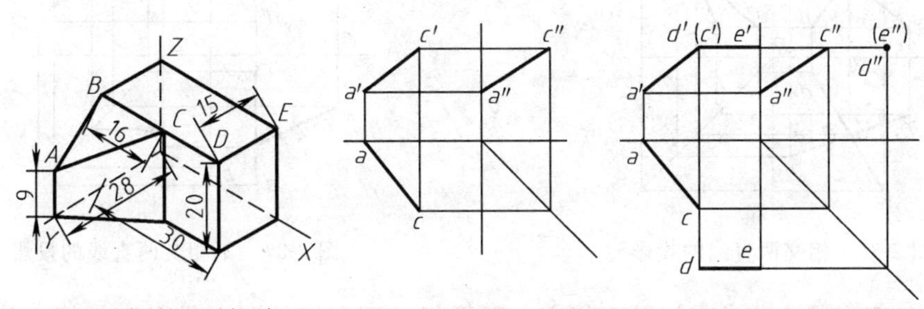


(a) 建立轴测轴、测点坐标　(b) 取点二维坐标值作 $AC$ 的投影　(c) 取点二维坐标作 $DE$ 的投影

图 2-33　作物体上轮廓线的投影

(2) 测出 $A$、$C$、$D$、$E$ 点的坐标值为 $A$（28，0，9）、$C$（15，16，20）、$D$（15，30，20）、$E$（0，30，20）。

(3) 作 $AC$ 直线的投影。以作 $A$ 点投影说明找投影点的方法。由 $A$ 点三维坐标知其投影点坐标分别为 $a$（28，0）、$a'$（28，9）、$a''$（0，9），按二维坐标作出 $a$、$a'$，由三等关系作出 $a''$；同样方法作出 $C$ 点的三面投影；用粗实线连接 $A$、$C$ 的同面投影点，完成 $AC$ 三面投影。

$DE$ 直线的投影作图过程类同 $AC$ 的投影作图。

**4. 两直线的相对位置**

空间两直线的相对位置有平行、相交、交叉三种情况。其中前两种为共面直线，后一种为异面直线。

(1) 平行两直线　两空间直线平行，在三投影面上的同名投影一定平行；反之，若两直线在三个投影面上的同名投影均相互平行，则该两直线在空间一定平行，如图 2-34 所示。图 2-35 所示为不平行两直线的投影。

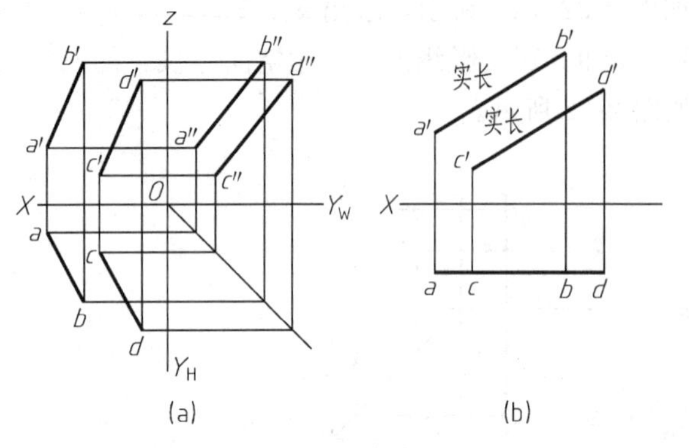


图 2-34　平行两直线的投影

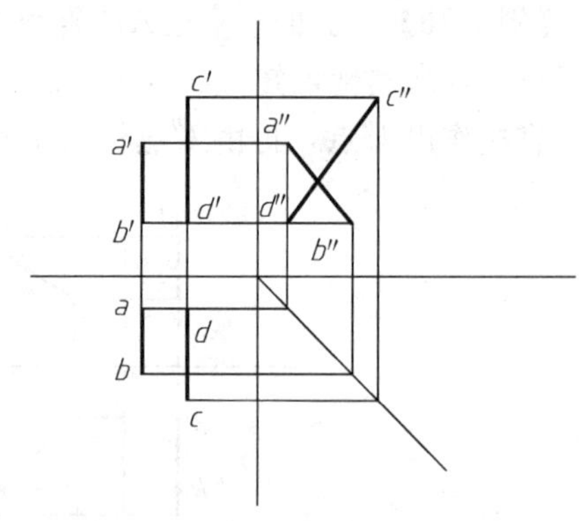


图 2-35　不平行两直线的投影

(2) 相交两直线　两空间直线相交，在三投影面上的同名投影一定相交，且三个交点间一定符合三等关系；反之，若两直线在三个投影面上的同名投影均相交，且这三个交点间的关系符合三等关系，则该两直线在空间一定相交，如图 2-36 所示。图 2-37 所示为不相交两直线的投影。

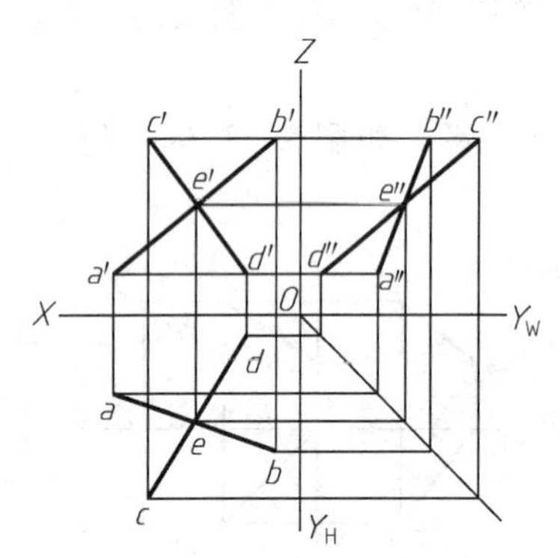


图 2-36　相交两直线的投影

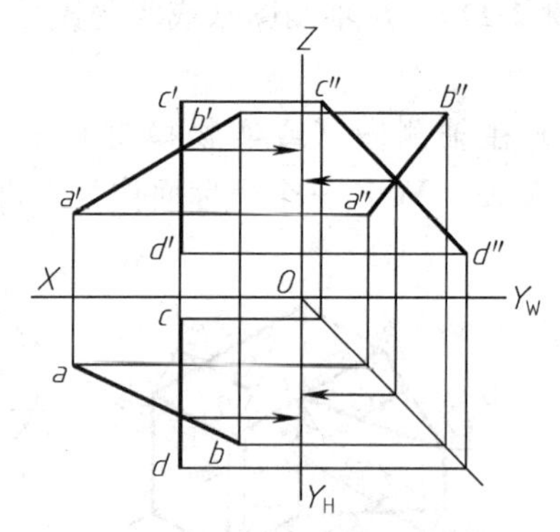


图 2-37　不相交两直线的投影

(3) 交叉两直线　此类直线既不相交也不平行，而它们的同名投影不是相交就是平行，但这种投影交点只是重影点（三投影面上的重影点间不会满足三等关系）。如前面介绍的图 2-33、图 2-35 、图 2-37 都是交叉两直线的投影。

**三、平面**

平面在几何学中是无限大的，在制图中一般是指有限大小的平面形。作平面形的投影图就是把该平面形的所有角顶点的同面投影点顺次连接。

**1. 平面的表示**

通常用几何元素表示，如图 2-38 所示。其中，(a) 图为不在一直线上的三点，(b) 图为一直线和直线外的一点，(c) 图为相交两直线，(d) 图为平行两直线，(e) 图为任意平面形（通常用三角形）。

**2. 平面的位置**

空间平面对三投影面的位置分为投影面平行面、投影面垂直面和投影面倾斜面。

(1) 投影面平行面　平行某一投影面的空间平面叫投影面平行面。平行水平投影面的叫

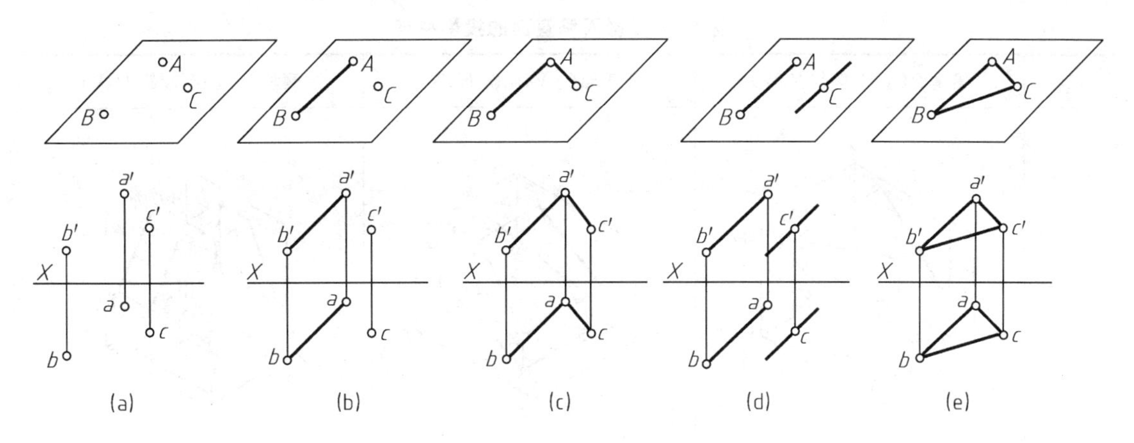


图 2-38 几何元素表示平面

水平面，平行正立投影面的叫正平面，平行侧投影面的叫侧平面，见表 2-3。

**表 2-3 投影面平行面的投影特征**

| 名称 | 水平面 | 正平面 | 侧平面 |
| --- | --- | --- | --- |
| 直观图 | 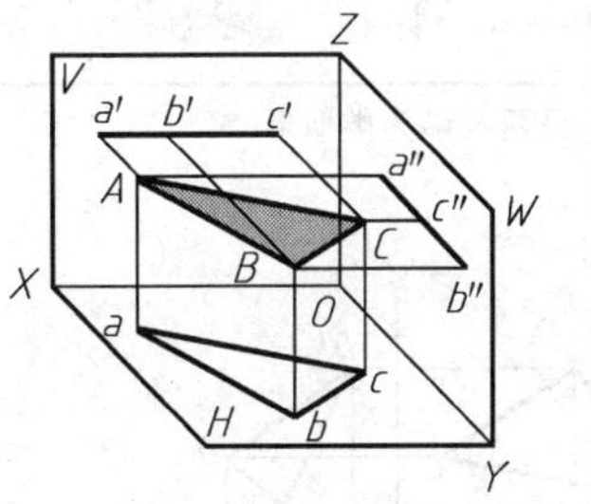 | 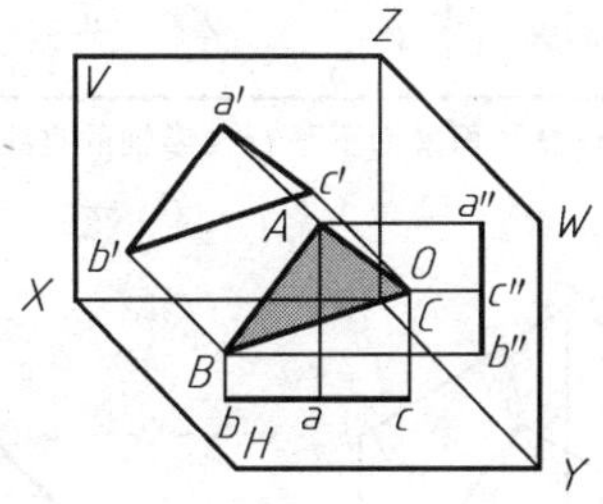 | 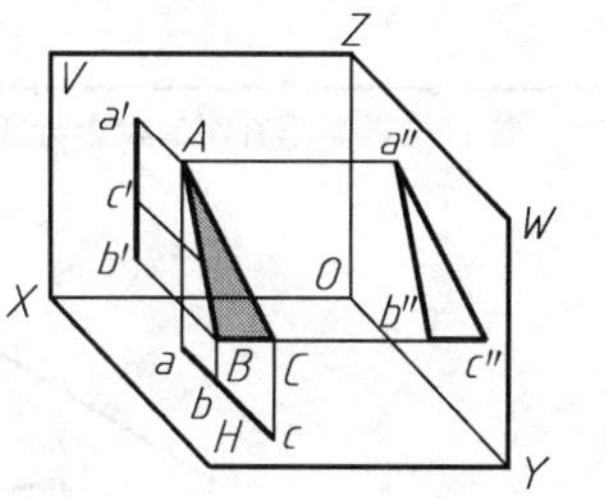 |
| 投影图 | 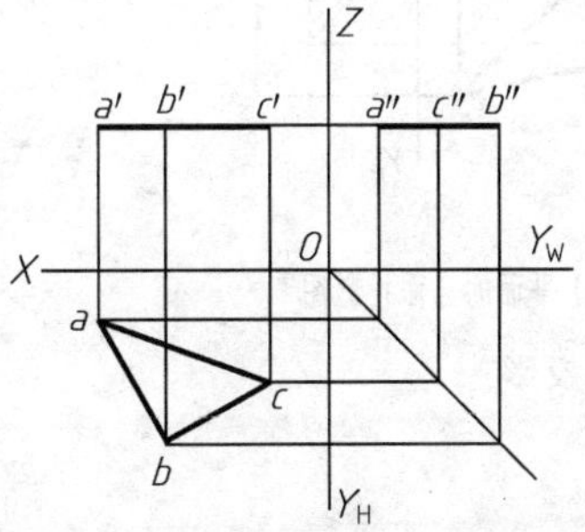 | 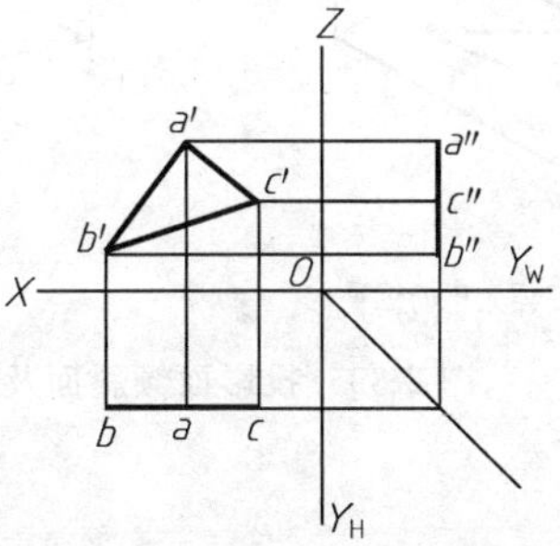 | 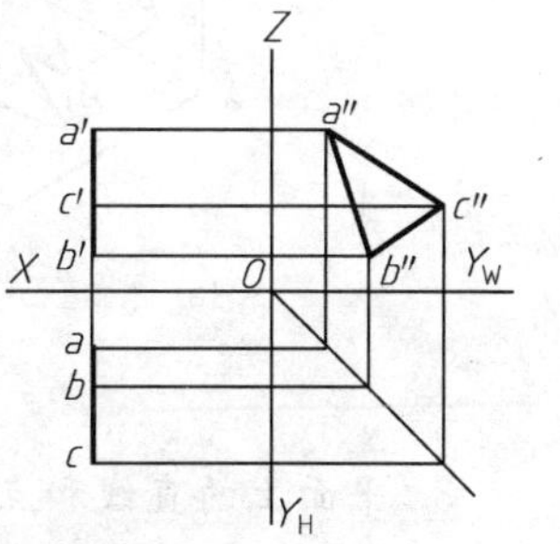 |

注：投影面平行面的投影特征是一投影为实形，另两投影积聚为直线且平行投影轴。

(2) 投影面垂直面 只垂直某一投影面的空间平面叫投影面垂直面。垂直水平投影面的叫铅垂面，垂直正立投影面的叫正垂面，垂直侧投影面的叫侧垂面，见表 2-4。

(3) 投影面倾斜面 对三投影面都处于倾斜位置的空间平面称为投影面倾斜面（也叫一般位置平面)。它的投影特征是在三投影面上的投影皆为类似形，如图 2-39。

平面还可以用迹线表示。迹线是平面与投影面的交线，用粗实线绘制。如图 2-40 中的平面 $P$ 的迹线为 $P_V$、$P_H$、$P_W$。

表 2-4 投影面垂直面的投影特征

| 名称 | 铅垂面（$\perp H$，倾斜 $V$、$W$） | 正垂面（$\perp V$，倾斜 $H$、$W$） | 侧垂面（$\perp W$，倾斜 $H$、$V$） |
|---|---|---|---|
| 直观图 | 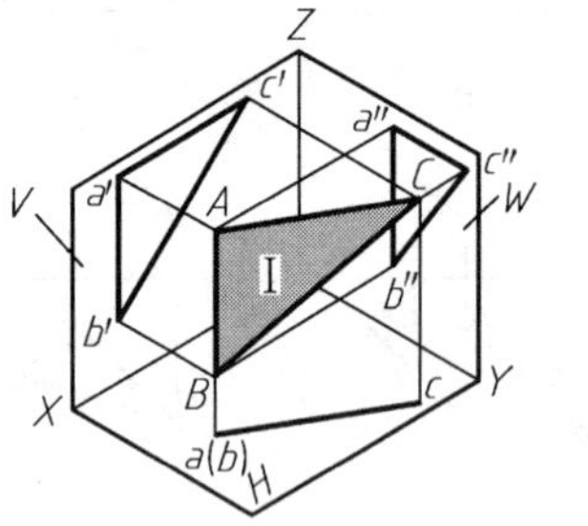 | 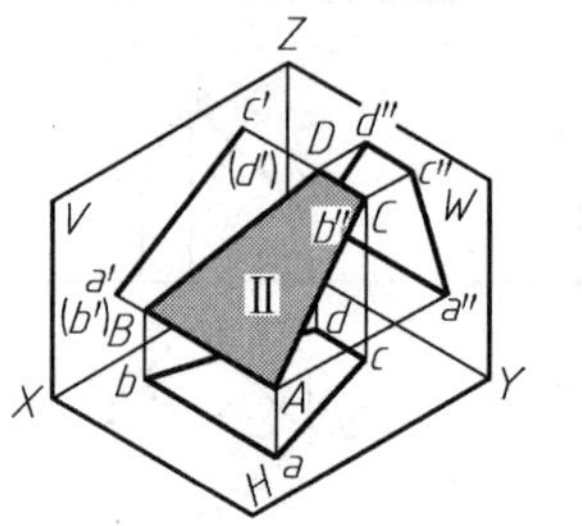 | 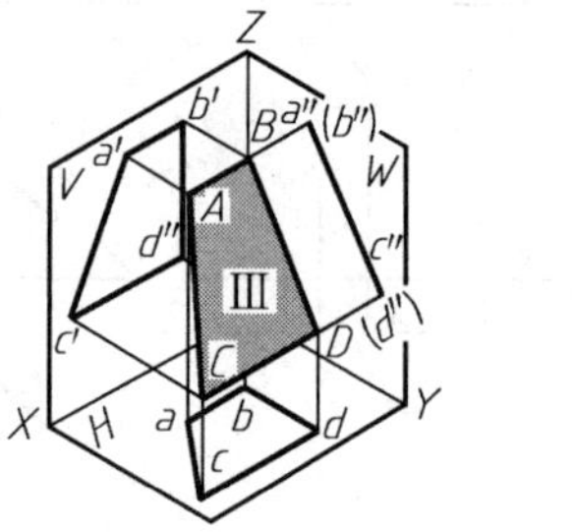 |
| 投影图 | 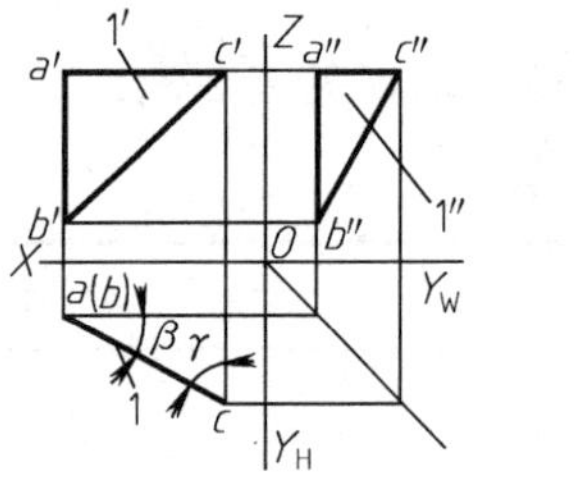 | 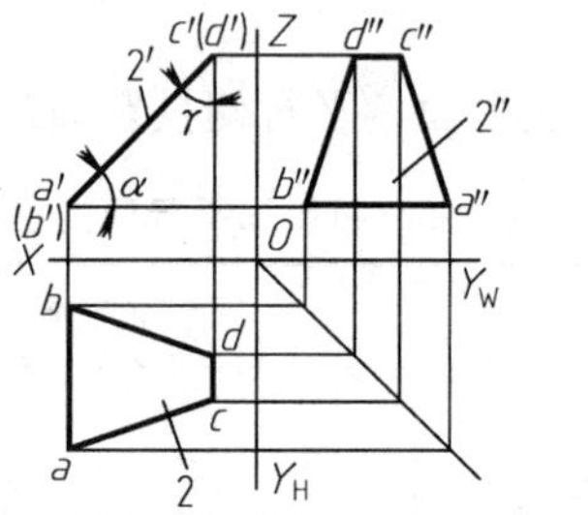 | 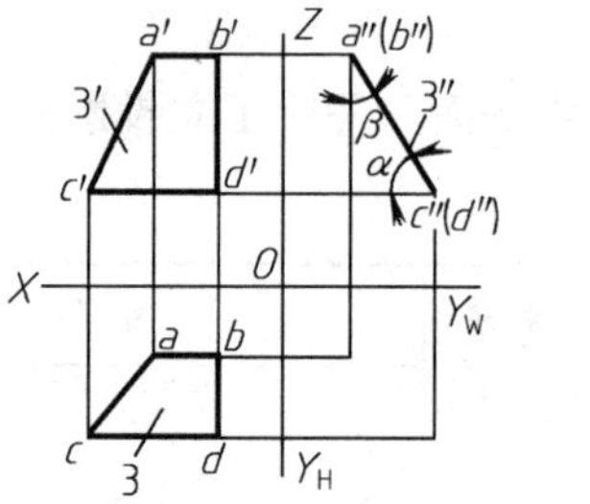 |

注：投影面垂直面的投影特征是一投影积聚为不平行投影轴的直线，另两投影为类似形。

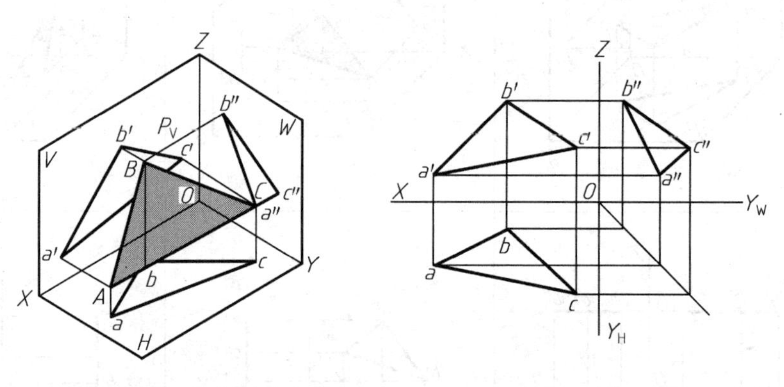


(a) 平面在三投影面体系中的位置　　(b) 平面的三面投影图

图 2-39 投影面倾斜面及其投影

3. 平面上的直线和点

(1) 两个重要概念　从属点和从属线（见本书第 21 页说明）。

(2) 直线在平面上的几何条件　直线通过平面上的两从属点；或直线通过平面上的一个从属点，同时平行该平面上的另一条从属线。

由上述几何条件与从属性概念可知，若在投影面上所作直线一定是代表空间平面上直线的投影，就必须使作出的直线通过空间平面投影图上的两个从属点；或使作出的直线通过空间平面投影图上的一个从属点，且平行该平面投影图上的另一从属线。

(3) 点在平面上的几何条件　点从属于某一直线，而该直线又从属于平面。

由该几何条件可知，若在投影面上所作出的点一定是空间平面上点的投影，就必须使作

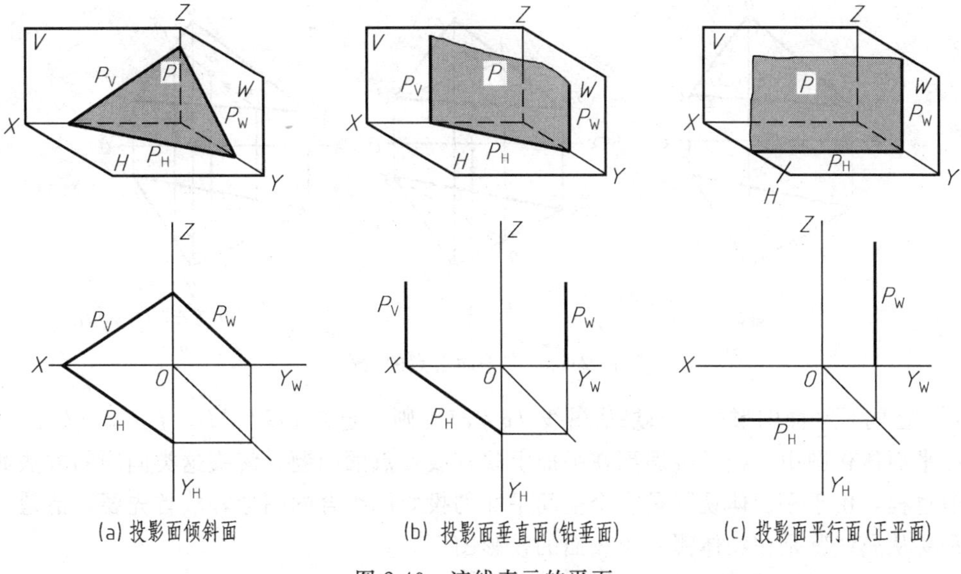


图 2-40　迹线表示的平面

出的点为投影直线上的从属点，而该投影直线又必须是空间平面投影图上的从属线。

如图 2-41 所示，若 $e$、$d$ 点是△$abc$ 的从属点，则 $ED$ 是△$ABC$ 平面上的直线；若 $k$ 是 $de$（延长线）上的从属点，则 $K$ 点一定在△$ABC$ 平面上。

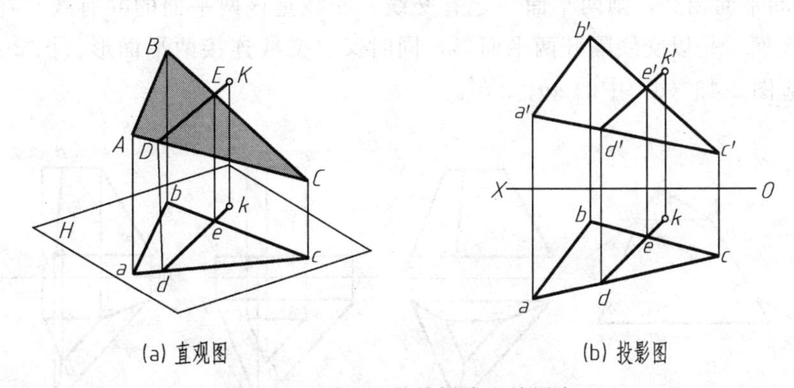


图 2-41　平面上的从属线和从属点

**【例 2-12】** 如图 2-42 所示，△$ABC$ 上的点 $E$ 在 $H$ 面的投影 $e$ 已知，求作 $E$ 点在 $V$ 面投影 $e'$。

**解**

（1）方法一　$e$ 点是△$abc$ 的从属点，连 $e$、$c$ 两点得从属线 $ec$，延长后与从属线 $ab$ 交于 $d$ 点，$d$ 点从属于 $ab$，那么，$d'$ 点一定从属于 $a'b'$，又由 $D$ 点投影的三等关系知 $dd' \perp X$，可在 $V$ 面得到 $d'$ 点；作出 $d'c'$ 从属线，因 $e$ 是 $dc$ 的从属点，故 $e'$ 一定是 $d'c'$ 的从属点，按 $E$ 点投影关系中的长对正画图线，与 $d'c'$ 线相交，得到 $E$ 点在 $V$ 面投影 $e'$。

（2）方法二　$e$ 点是△$abc$ 的从属点，过 $e$ 点作从属线 $ab$ 的平行线，得 $gf$ 从属线；因 $g$、$f$ 分别是 $ac$、$bc$ 的从属点，故 $g'$、$f'$ 两点一定是 $a'c'$、$b'c'$ 的从属点，又按 $G$、$F$ 点投影的三等关系，作 $gg' \perp X$、$ff' \perp X$，可在 $V$ 面得到 $g'$、$f'$ 两从属点；连 $g'f'$ 得从属线，因 $e$ 是 $gf$ 从属点，故 $e'$ 一定是 $g'f'$ 的从属点，由 $E$ 点投影的长对正关系，可得 $E$ 点在 $V$ 面的

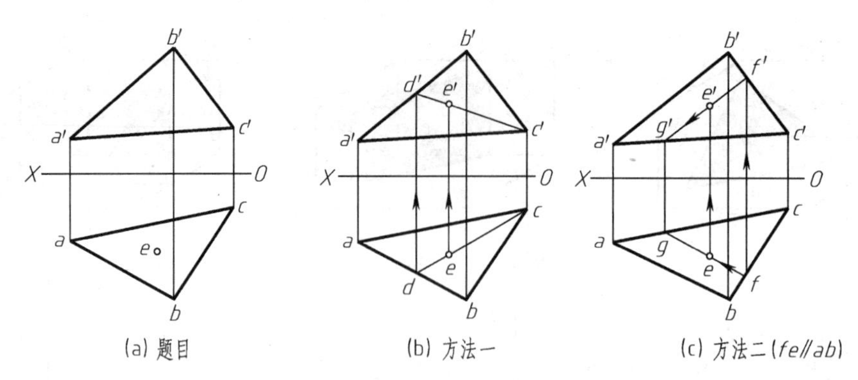

(a) 题目　(b) 方法一　(c) 方法二 (fe//ab)

图 2-42　求平面上点的投影

投影 $e'$。在同一平面图形中，如果从属线 $fg // ab$，则一定有 $FG // AB$，$f'g' // a'b'$。

在平面体作图中，经常会遇到在平面上找直线或点的问题，解决这类问题的方法如同上例求解过程，由于平面体视图是多个空间平面的投影图组合的图形，故首先要弄清楚“从属点”和“从属线”是在物体哪一个表面的投影图上。

4. 两平面的相对位置

两空间平面的相对位置有平行、相交两种情况，如图 2-43 所示。

① 两空间平面平行，则两平面无交线。若它们在同一投影面上的投影积聚，则两积聚线一定平行，如图 2-43（c）中 $V$ 面投影为平行的两积聚线。

② 两空间平面相交，则两平面一定有交线，交线是该两平面的共有线。在物体上相连的两平面形表面，是以交线隔开两平面形，同时又以交线连接两平面形。图 2-43（a）中的交线 $AB$ 对应图 2-43（d）中的 $ab$、$a'b'$。

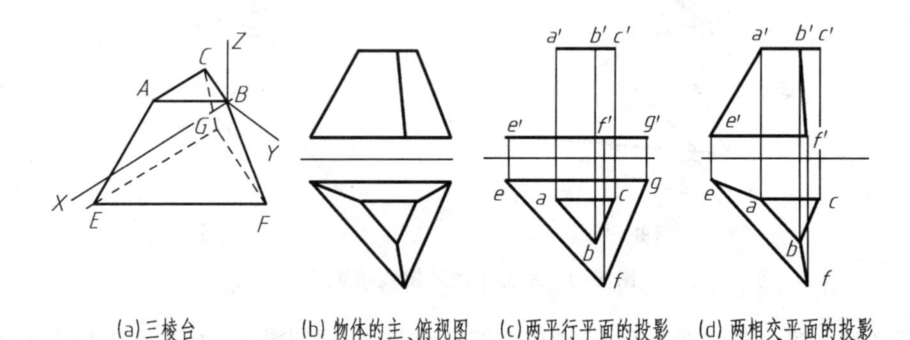

(a) 三棱台　(b) 物体的主、俯视图　(c) 两平行平面的投影　(d) 两相交平面的投影

图 2-43　物体上两平面的相对位置

# 第五节　基本体三视图

任何复杂立体都可以看成是由形状简单的立体组合而成，其中最简单的立体称为基本体。基本体分为平面体和曲面体两大类，常见的平面体有棱柱体和棱锥体，常见的曲面体是回转体，如圆柱体、圆锥体、球体等。本节主要介绍基本体三视图的作图与识读，在作图与识图过程中处处要遵守三等关系，并要明确物体在一个投影面上的投影（即视图）是取物体轮廓三维坐标中的二维坐标进行的图线绘制。

## 一、平面体

平面体的所有表面是平面形。棱线是表面与表面的交线，为直线。

### 1. 棱柱体

棱柱体分为直棱柱体和斜棱柱体，但通常是指直棱柱体。直棱柱体是由两个相互平行且全等的多边形端面与若干个垂直端面的侧面所围成的几何体，这个多边形端面称为特征面。如特征面为五边形的柱体叫五棱柱，特征面为三边形的柱体叫三棱柱。

(1) 柱体的放置　在三投影面体系中放置柱体时，一般应让柱体上的表面尽可能多地平行或垂直投影面，使投影图简单，且放置的柱体与 $V$ 面接触，使宽相等关系更直观。

(2) 绘制棱柱体三视图的步骤　先作两端面的投影，后作各侧面的投影，如图 2-44 所示。

(3) 棱柱体三视图特征　一个视图为端面多边形图，另两个视图为侧面矩形组图。

(4) 视图的识读方法　当给出一个立体的三视图或两视图时，首先要判定它是否符合上述视图特征，若相符即为棱柱体，然后根据端面多边形的角顶数判断其为几棱柱；立体形状的想象就是绘制轴测图的端面拉伸法。

**【例 2-13】**　作 2-44 (a) 所示四棱柱的三视图（柱体端面平行 $H$ 面，前侧面平行 $V$ 面）。

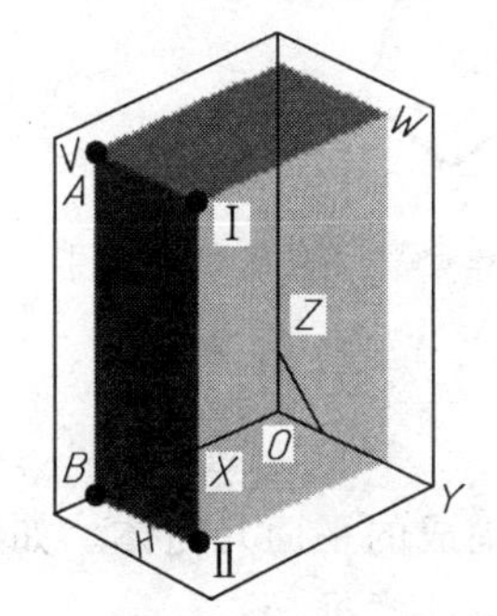


(a) 两端面上对应角顶 I 和 II

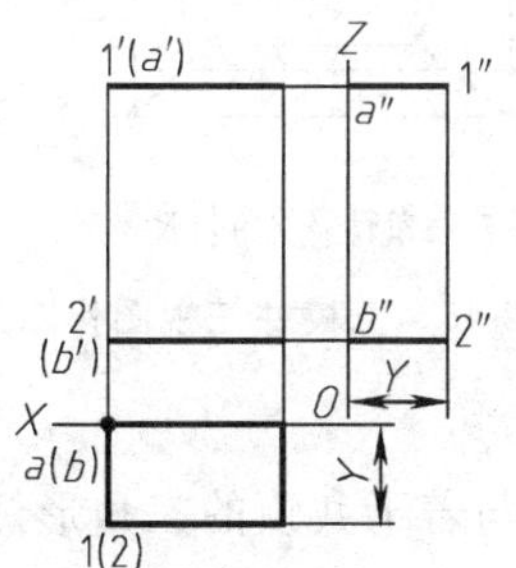


(b) 画两端面投影及角顶投影

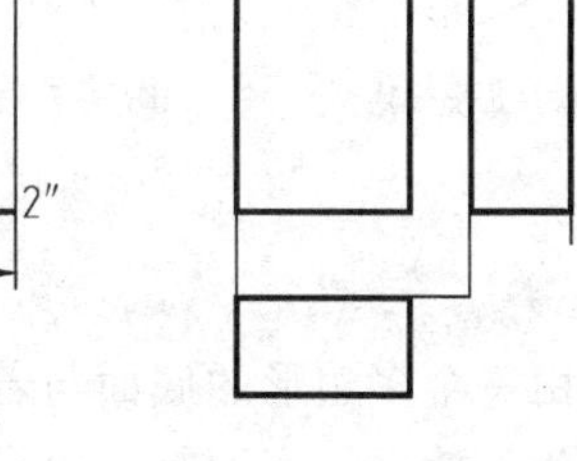

(c) 连两端面对应角顶获三视图

图 2-44　绘制四棱柱三视图步骤

**解**

(1) 作两端面投影　先画两端面在 $H$ 面的实形图（两端面的投影重合），后画其在 $V$、$W$ 面的积聚线（$\perp Z$ 轴）。在三投影面上要能找出每个端面多边形角顶的投影位置，且每一角顶的投影符合三等关系，如图 2-44 (a) 中角顶 I 和 II 在图 2-44 (b) 中一一找出了投影位置。注意，$H$ 面上的端面多边形图的角顶数就是该柱体上的侧棱总数和各侧棱在 $H$ 面的投影位置。

(2) 作各侧面投影　各侧面垂直 $H$ 面，它们在 $H$ 面上的投影全部积聚为直线，重合在端面实形图的边线上，故不需再画它们在 $H$ 面上投影的积聚线；它们在 $V$、$W$ 面的投影只需作出所有垂直端面的侧棱投影，即把两端面上各对应角顶在 $V$、$W$ 面上的同面投影进行连线，如在图 2-44 中的对应角顶 I、II 的同面投影 $1'2'$、$1''2''$连线（总是垂直端面投影积聚线）。

作图注意事项如下。

(1) 可见性判别　从投影方向观察物体，可见棱线用粗实线绘制，不可见棱线用虚线绘制。如该柱体的侧棱四条，则 $V$ 面投影一定有四条侧棱投影线，其中有两条可见画为粗实线，另两条不可见应画虚线（因虚线重合在粗实线位置，对该两虚线的表达没有显现出来，如其中的 $a'b'$ 虚线无法画出）。

（2）重影线数判断　在 $V$、$W$ 面上的侧棱投影是否重影及重影线数多少，要从 $H$ 面的端面投影图的角顶位置与数目作出判断。如 $H$ 面图左侧两角顶 $I$、$A$ 的 $x$ 坐标相同，则 $V$ 面图左侧是两条侧棱投影的重合。上、下端面的棱线在 $V$、$W$ 面上的重影情况也需从 $H$ 面投影图看清楚。

（3）作图要先画底稿　绘制图形要先画底稿，再加粗描深，线型粗细分明。

**【例 2-14】** 作如图 2-45 所示五棱柱的三视图。柱体位置为端面平行 $H$ 面，后侧面平行 $V$ 面。

**解**　柱体作图方法与步骤同例 2-13，作图过程如图 2-45（b）、（c）所示。此例中宽相等用 45°线作出。

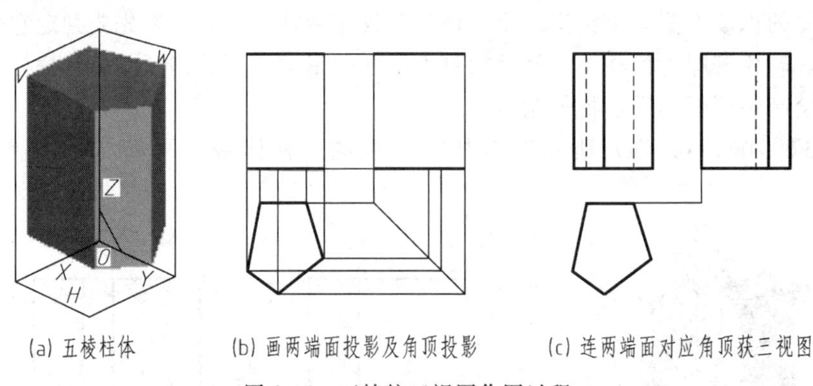


(a) 五棱柱体　(b) 画两端面投影及角顶投影　(c) 连两端面对应角顶获三视图

图 2-45　五棱柱三视图作图过程

2. 棱锥体

棱锥体是由一个多边形的底面与若干共顶的三角形侧面围成的平面几何体。如底面是五边形的锥体称为五棱锥，底面是三边形的锥体称为三棱锥，依此类推。

（1）锥体的放置　一般要使锥体的底面平行某一投影面。

（2）作图方法与步骤　先作底面与顶点的投影，后作各三角形侧面的投影。

（3）棱锥体三视图特征　一般有一个内含共顶点三角形组的多边形视图，另两个视图为共顶三角形组。

（4）视图的识读方法　当给出一个立体的三视图或两视图时，首先要判定它是否符合上述特征，若相符即为棱锥体，然后根据内含共顶三角形组的多边形角顶数判断其为几棱锥。注意锥顶的投影是多边形图中的三角形共有顶，从该共有顶再按三等关系找出其他面投影。立体形状的想象要如同绘制锥体轴测图的方法从底面和锥顶开始进行空间想像。

**【例 2-15】** 作如图 2-46（a）所示三棱锥的三视图。图中底面平行 $H$ 面，$BC$ 平行 $X$ 轴且在 $V$ 面上。

**解**

（1）底面与顶点的投影　先绘制底面在 $H$ 面上的实形图，再画 $V$、$W$ 面积聚线（$\perp Z$ 轴）；同样先在 $H$ 面找出锥顶投影点位置，再按三等关系和锥高在 $V$、$W$ 面找出锥顶的投影位置，如图 2-46（b）所示。

（2）各三角形侧面的投影　每一个三角形侧面都是锥顶与一条底面边的两端点围成的三角形，因底面边的投影在底面图形上（在上一步中已作出），故作侧面投影就只需作出所有

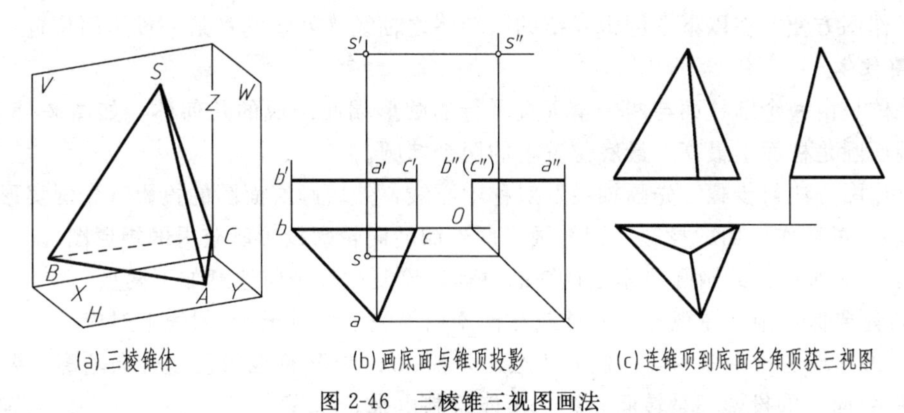

(a) 三棱锥体 (b) 画底面与锥顶投影 (c) 连锥顶到底面各角顶获三视图

图 2-46 三棱锥三视图画法

侧棱的投影，即把锥顶与底面角顶的同面投影连线，如在图 2-46（b）中连 *sa*、*sb* 构成△*sab*，连 *s'a'*、*s'b'* 构成△*s'a'b'*，如图 2-46（c）所示。

注意正确处理棱线投影可见性及棱线投影重合问题（类同棱柱体分析）。

**【例 2-16】** 作如图 2-47（a）所示五棱锥的三视图。

**解** 作图过程同例 2-15，如图 2-47（b）、（c）所示。底面五角顶的各面投影位置要一一对应找出。

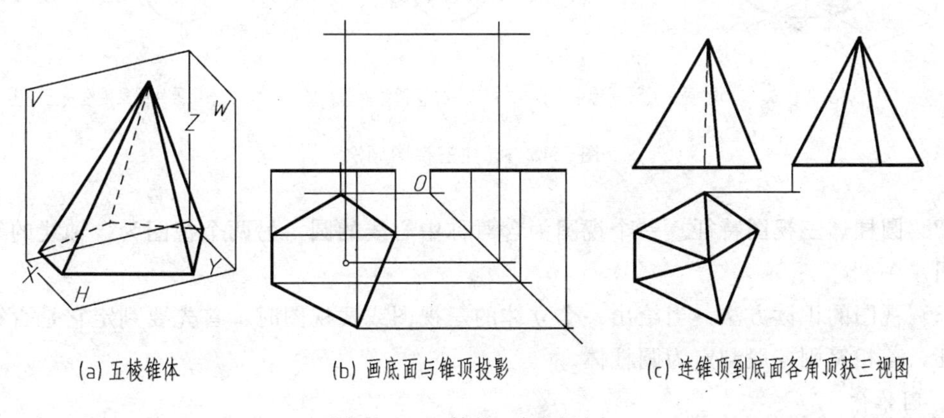

(a) 五棱锥体 (b) 画底面与锥顶投影 (c) 连锥顶到底面各角顶获三视图

图 2-47 五棱锥三视图画法

## 二、回转体

回转面是以直线或曲线作为母线，绕轴线回转一周形成的曲面；母线在形成回转面时所出现过的位置线称为素线。在回转体中常见的是圆柱体和圆锥体，其次是球体和圆环体，还有其他类型的回转体。

回转体的重要术语如下。

（1）转向轮廓 沿某一方向观察回转体的曲面时，同一个曲面的可见与不可见部分的分界线称为转向轮廓。改变观察方向，物体上转向轮廓的位置也随着改变（可从观察笔的圆柱面轮廓来认识这一特殊轮廓）。

（2）纬圆 形成回转面时，母线上的点作回转运动形成的圆周轨迹称为纬圆，纬圆在回转面上，垂直轴线，圆心在轴线上（如图 2-49 中 *K* 点形成的纬圆）。

（3）象限点 圆柱端面或圆锥底圆圆周与对称中心线的交点。一个圆周上有四个象限点。图 2-48 中的 *A*、*B* 两点即为象限点。

为了作图方便，在以下图例中介绍的回转体之轴线均处于垂直某一投影面位置。

1. 圆柱体

圆柱体是由一个圆柱面与两个全等且平行的圆形端面围成的几何体，如图 2-48（a）所示，两端面圆是柱面上最高、最底位置上的两个纬圆。

（1）作图方法与步骤　先画轴线及对称中心线，然后画端面圆的投影（先画实形圆，后画积聚线），最后作柱面的投影（即补画出两外侧转向轮廓投影所获得的矩形图）。

如图 2-48 所示为绘制圆柱体三视图的过程。绘制过程中应注意如下两点。

① 首先要保证俯、左视图上的轴线在作宽相等关系线时于 45°斜线上对应。

② 素线出现在投影图的最外侧时才绘出，如 $AA_1$ 在 $V$ 面的投影是转向轮廓，要绘制出来，其在 $W$ 面上的投影不是转向轮廓，不能绘制出来。

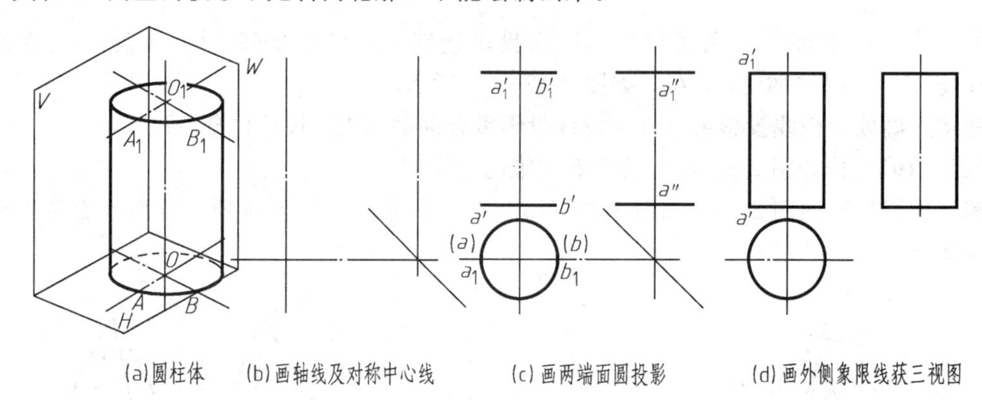


图 2-48　圆柱三视图画法

（2）圆柱体三视图特征　一个视图为含对称中心线的圆，另两个视图为含轴线的等尺寸矩形图。

（3）视图的识读方法　当给出一个立体的三视图或两视图时，首先要判定它是否符合上述特征，若相符则一般判定为圆柱体。

2. 圆锥体

圆锥体是由一个圆形底面和一个圆锥面围成的几何体，如图 2-49（a）所示。

（1）作图方法与步骤　先作出对称中心线、轴线，然后画底面圆、锥顶的投影，最后作锥面投影。

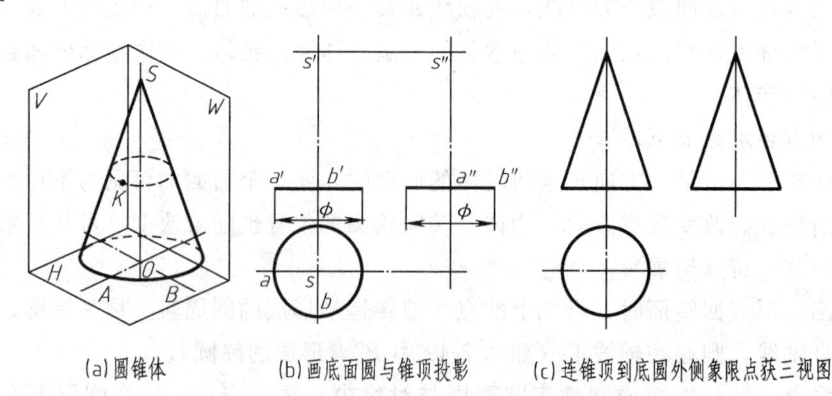


图 2-49　圆锥三视图画法

如图 2-49（b)、(c）所示为绘制圆锥体三视图的过程。其中，主视图中的锥面转向轮廓是最左、最右素线的投影，左视图中的锥面转向轮廓是最前、最后素线的投影。

(2）圆锥体的三视图特征 一个视图为含对称中心线的圆，另两个视图为含轴线的等腰三角形。

(3）视图的识读方法 当给出一个立体的三视图或两视图时，首先要判定它是否符合上述视图特征，若相符则判定为圆锥体，并据轴线、底圆与锥顶想像锥体的空间形状。

3. 球体

球体是球面围成的立体，球面是以一个半圆作为母线绕轴线（即直径线）回转一周形成。该直径线的中点即为球心。在图 2-50 中轴线垂直 $H$ 面，母线中点 $M$ 形成的纬圆是平行 $H$ 面的最大纬圆 $B$，该纬圆圆心在球心位置，半径等于球面半径；若把形成球体的轴线、半圆面看成是垂直 $V$ 面，则此时产生的最大纬圆 $A$ 平行 $V$ 面，该纬圆圆心在球心，半径等于球面半径；同样若形成球面的轴线垂直 $W$ 面，则最大纬圆 $C$ 平行 $W$ 面，该纬圆圆心在球心，半径等于球面半径。

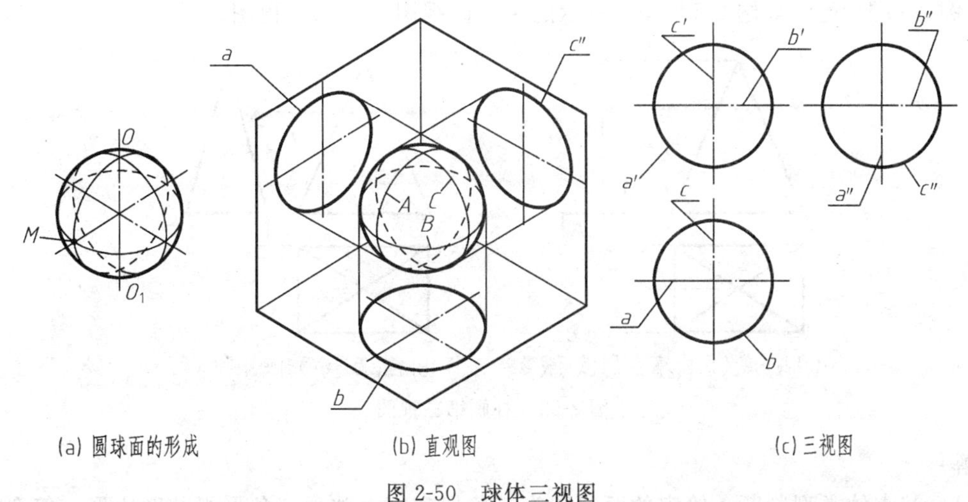


(a) 圆球面的形成　(b) 直观图　(c) 三视图

图 2-50 球体三视图

由上述分析知，三种位置轴线产生三组纬圆，每一组纬圆中有一个最大纬圆，这三个最大纬圆的直径都等于球面直径，且分别平行 $H$、$V$、$W$ 面。球体在三个投影面上的投影就是这三个最大纬圆在所平行的投影面上的投影。这三个最大纬圆称为转向轮廓圆。

4. 圆环体

圆环体是由圆环面围成的立体。圆环面是由母线圆绕与其共面但不在圆内的轴线回转一周形成的曲面。在图 2-51 中，轴线垂直 $H$ 面，俯视图上两粗实线圆（即转向轮廓）为最大和最小纬圆的投影；主视图上两小圆是圆环体上最左、最右素线轮廓圆的投影（如左圆上标有 $A$、$B$ 点)，上下投影轮廓线是最上和最下纬圆在 $V$ 面投影的积聚；左视图中两小圆为最前、最后素线轮廓圆的投影。

**三、识图与补图**

识图与补图一般是指看懂已知的两视图再补画第三个视图。首先，必须根据已知的两视图识别它属哪类基本体，判断的方法是看给定的一组视图符合哪类基本体的视图特征；其次，柱体要抓住端面（或特征面)，锥体要抓住底面图形及锥顶位置（或轴线位置）想象出它们的具体形状；第三，据想象出的基本体空间形状，按三等关系绘制应符合特征形状的第三个视图。

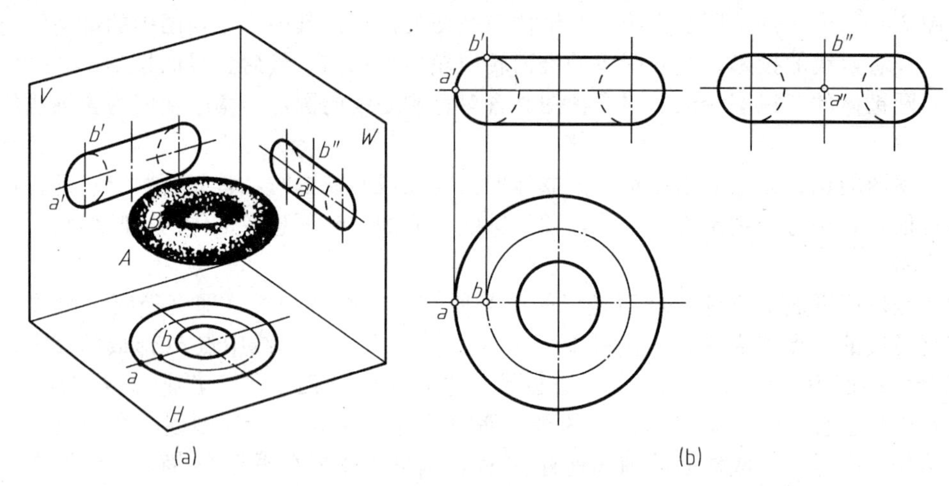


图 2-51 圆环体三视图

**【例 2-17】** 已知如图 2-52（a）所示的主、俯视图，补画左视图。

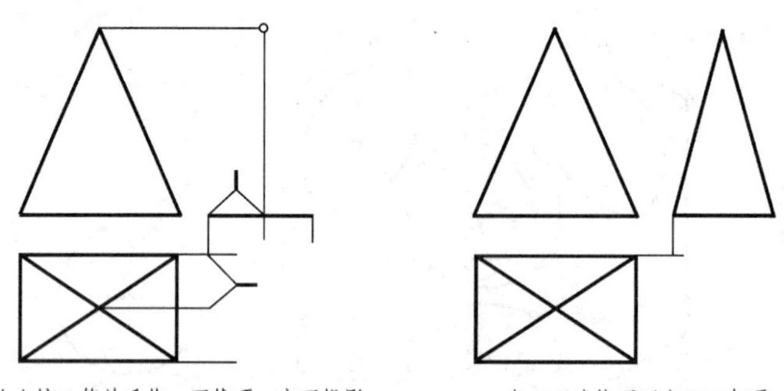

(a) 按三等关系作W面锥顶、底面投影　(b) 在W面连锥顶到底面四角顶

图 2-52 补画第三视图

**解**

（1）基本体类型判断。给定的两视图为三角形和内含共顶三角形组的四边形，符合棱锥体视图特征，故判断为四棱锥体。且由棱锥体视图特征知，左视图一定是三角形（组）图。

（2）补左视图。按三等关系补画出底面、锥顶在 W 面的投影［图 2-52（a）］，再补四侧棱的投影（因底面前方两角顶与后方两角顶各自重合，故只需画出两可见侧棱的投影）。

（3）加粗、描深轮廓的投影线，如图 2-52（b）所示。

**【例 2-18】** 已知如图 2-53（a）所示的主、左视图，补画俯视图。

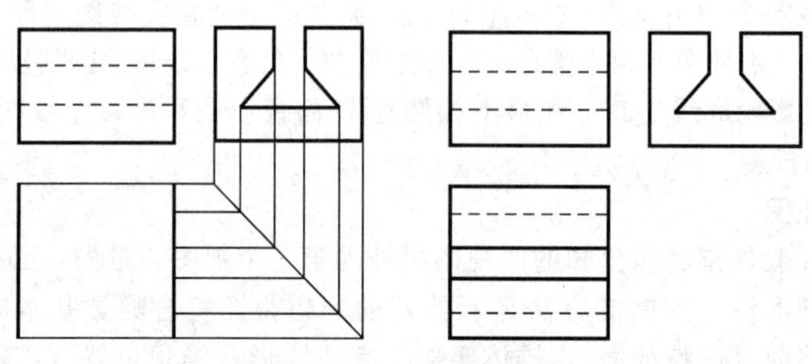

(a) 在H面上画两端面及角顶投影　(b) 绘出十条侧棱投影(有重影情况)

图 2-53 补画第三视图

解

(1) 基本体类型判断。给定的两视图为一多边形和一矩形组图，符合棱柱体视图特征，故判断为十棱柱体。且由柱体视图特征知，俯视图一定是矩形组图。

(2) 补俯视图。按三等关系画出两端面在 $H$ 面的投影，如图 2-53 (a)，再补十条侧棱的投影（注意侧棱投影的不可见与重合问题），如图 2-53 (b) 所示。

(3) 加粗、描深轮廓的投影线。

**【例 2-19】** 已知如图 2-54 (a) 所示的俯、左视图，补画主视图。

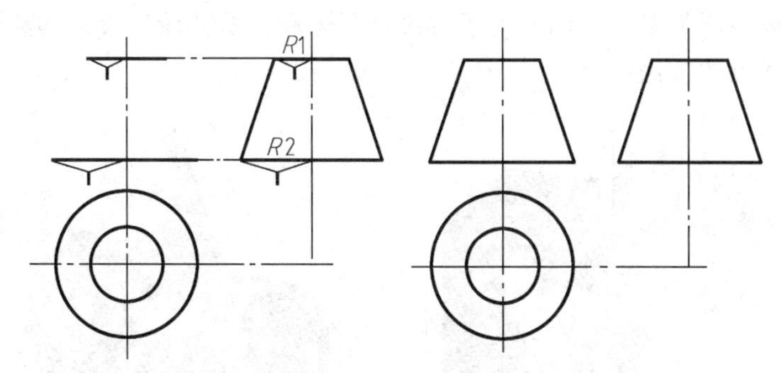


(a) 在V面画轴线与两端面圆投影　　(b) 连左右两侧象限点获三视图

图 2-54　补画主视图

解

(1) 基本体类型判断。给定的两视图为一个含对称中心线的同心圆和一个含轴线的等腰梯形，符合圆锥体视图特征的变化图，故判断为圆台体。且由圆锥体视图特征知，主视图一定是与左视图对应的含轴线的等腰梯形图。

(2) 补画主视图。按三等关系画出轴线和两端面圆在 $V$ 面的投影，如图 2-54 (a)，再补画左右两侧转向轮廓的投影，如图 2-54 (b) 所示。

(3) 加粗、描深轮廓的投影线。

初学者在做作业时，一定要按上述三例中的识图与补图过程一步步进行。前面介绍画轴测图是抓住特征面、锥顶、转向轮廓等关键图素开始作图，识图与补图同样是从这些关键图素开始作图，在三维 CAD 造型中也是先作出这些关键图素再得到三维实体。同时初学者对各类基本体的视图特征要十分熟悉，才会具有很强的识图能力。

**【例 2-20】** 已知如图 2-55 (a) 所示的主、俯视图，补画左视图。

**解**　作图过程如图 2-55 (b)、(c) 所示。

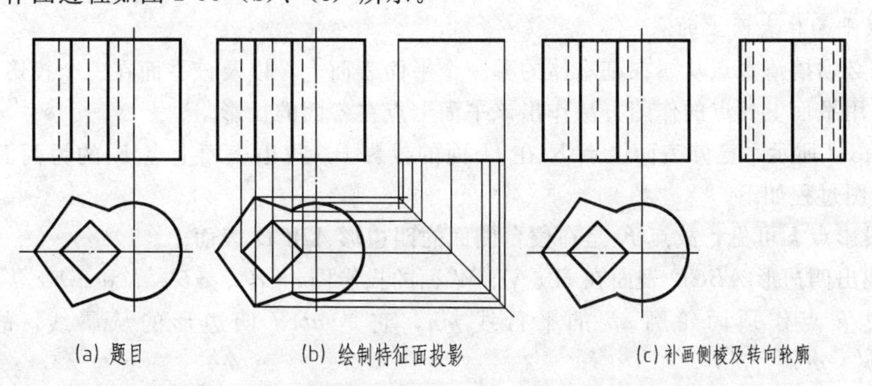

(a) 题目　　(b) 绘制特征面投影　　(c) 补画侧棱及转向轮廓

图 2-55　补画第三视图

# 第三章　截断体和相贯体

基本体被平面截断后的形体称为截断体，如图 3-1（a）所示。两个或两个以上的基本体相互贯入构成的较复杂形体称为相贯体，如图 3-1（b）所示。这些形体的视图绘制与视图识读，要以基本体视图为基础，同时为了解决截断体和相贯体轮廓投影的绘制问题，还必须用到基本体表面找点的方法。

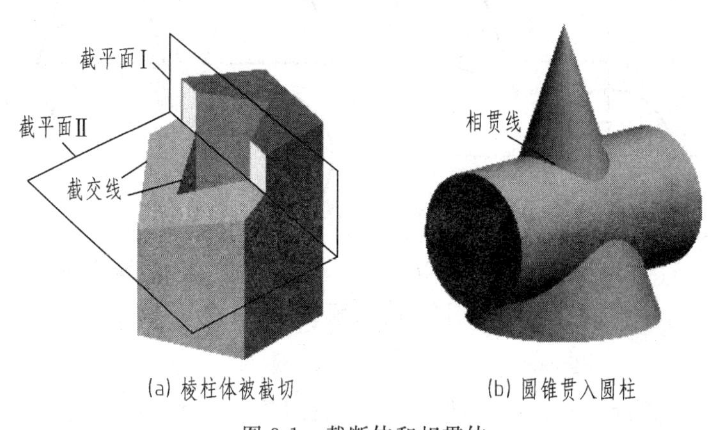


(a) 棱柱体被截切　　(b) 圆锥贯入圆柱

图 3-1　截断体和相贯体

## 第一节　基本体表面找点

表面找点是指找出从属于基本体表面上的点在三个视图上的位置。在求解基本体表面上的点时，一定要利用表面投影积聚线或表面上的从属线（如素线、纬圆、表面轮廓线、平行表面轮廓的表面上直线等），使表面上找点问题变为找从属于这些要素的点的问题，使作图简便。

1. 找轮廓线上的点

点从属轮廓线，则它的投影从属轮廓的投影线，再利用点投影三等关系，可直接找出轮廓上点的三面投影。注意，同一轮廓在三视图中的投影位置不可找错，如图 3-2 中 $M$ 点从属 $BC$。

2. 找平面体表面上的点

首先必须搞清楚点从属在基本体的哪一个平面表面上，以及该平面在三个投影面上的图形，再利用平面上找点的作图方法作出该平面上点在各面的投影。

如图 3-2 所示，已知表面上点 $K$ 在 $H$ 面的投影 $k$，找出表面上点 $K$ 的另两面的投影。分析与作图过程如下。

① 投影点 $k$ 可见，故点 $K$ 是在棱台侧面的四边形 $ABCD$ 表面上。

② 找出四边形 $ABCD$ 表面在 $H$、$V$、$W$ 面的投影图 $abcd$ 、$a'b'c'd'$和 $a''b''c''d''$四边形。

③ 过 $k$ 点作顶面轮廓 $ab$ 的平行线 $mn$，它是 $abcd$ 四边形的从属线，故一定有 $m'n'//a'b'$、$m''n''//a''b''$。

④ 按平面上找从属线的方法作出 $m'n'$，按直线上找从属点的方法作出 $k$点，按点投影的三等

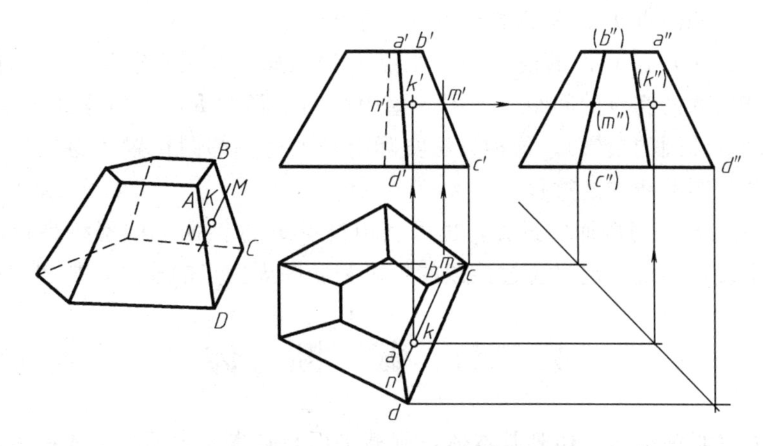


图 3-2　找五棱台表面上的点

关系由 k、k′作出 k″。注意，点 K 在侧面投影（k″）不可见，因为该投影方向看不到 K 点。

3. 找回转体表面上的点

首先必须搞清楚点从属在回转体的平面形上还是从属在回转面上，以及找出该平面形或回转面在三个投影面上的图形。若点在回转面上则利用回转面上的纬圆或素线找出点在三个投影面上的投影，若点在平面形上则利用平面上找点的方法作出点在三投影面上的投影。

如图 3-3 所示，已知表面上两点 $P$、$Q$ 在 $H$ 面的投影 $p$、$q$，求作另两面的投影。作图过程如下。

① 俯视 $H$ 面视图，投影点 $p$ 可见，故点 $P$ 是在锥面上；投影点 $q$ 不可见，故点 $Q$ 是在锥体底面上。

② 锥体底面在 $V$、$W$ 面投影积聚，故利用点投影的从属性和三等关系可直接找出 $q'$、$q''$。

③ 锥面上过点 $P$ 的纬圆在 $H$ 面的投影反映实形且是底圆的同心圆，故该纬圆半径为点 $p$ 到圆心的距离；纬圆在 $V$ 面上的投影为垂直轴线的直线，它与两转向轮廓线的交点为该纬圆积聚线端点（即纬圆左右象限点）。

④ 利用点 $P$ 从属于纬圆找出点 $p'$，再利用三等关系由 $p$、$p'$作出 $p''$。注意，要对基本

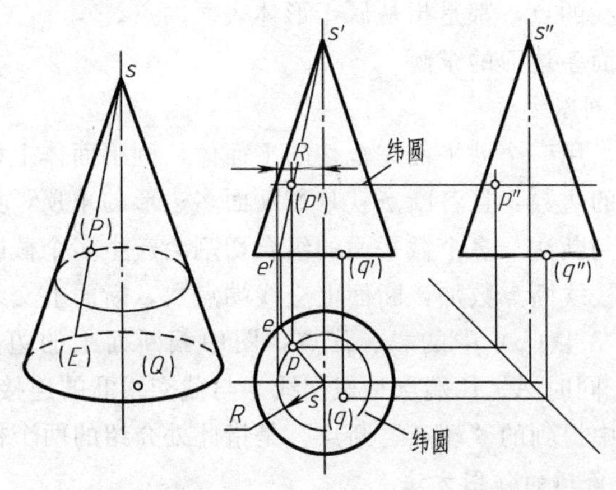


图 3-3　纬圆法找圆锥表面上的点

体进行空间想像，判断点 $P$ 在 V 面投影（$p'$）不可见。

若已知图 3-3 点 $P$ 在 $V$ 面的投影 $p'$，则点 $P$ 所从属的纬圆直径等于过 $p'$ 作轴线垂线与两转向轮廓线产生的两交点的间距，如图 3-3 中纬圆半径为 $R$，然后据此半径值在 $H$ 面上作底圆的同心圆（纬圆的投影）。这种方法实际上是上述找纬圆位置的逆过程。求解作图中经常会采用某些作图路线的逆过程。

如图 3-3 中点 $P$ 的另两面的投影，也可利用过点 $P$ 的锥面上的素线进行求解，作图时要注意所绘的素线投影线一定要通过锥顶的投影和底圆周上点的投影，如图中的 $se$、$s'e'$。

# 第二节 截 断 体

用一个平面（叫截平面）切割基本体，则截平面与基本体表面的交线称为截交线。完全截断基本体时产生一个封闭的平面多边形截交线（多边形的边可以是直线或曲线），如图 3-4（a）、（c）所示；没完全截断基本体时产生的是一个开口的平面多边形截交线［如图 3-4（b）中两截断面的交线 $AB$ 不是截交线］。为了分析、作图方便，通常使截断面处于垂直某一投影面的位置，即它在该投影面上的投影积聚为直线。本节主要介绍截断面与截交线的求解。

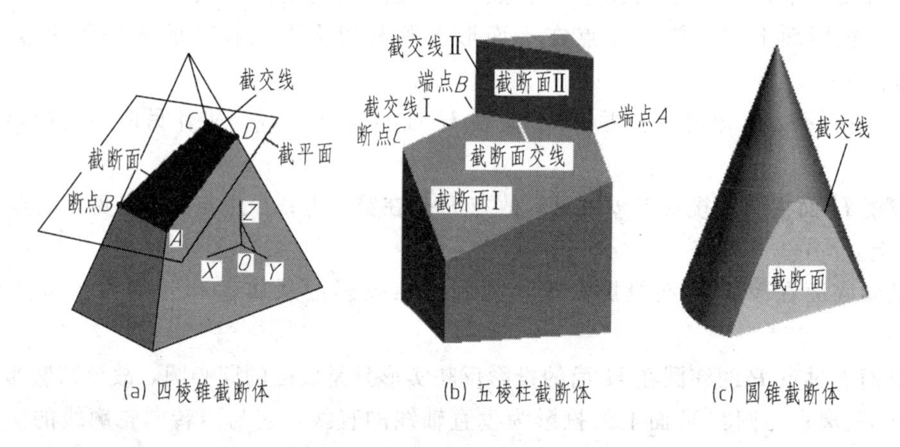


图 3-4 基本体截交线

在以下内容中所求找的点，都是指从属于形体表面的点。

## 一、平面体上截断面多边形的求解

### 1. 截断面多边形的判断方法

（1）断点数判断法 用一个截平面完全切断平面体，则平面体上棱线被截平面切断的断点数即为截断面多边形的边数，且各断点就是截断面多边形的角顶，如图 3-4（a）所示。

（2）端点加断点数判断法 多个截平面的组合切割会产生多个截断面，一个截断面多边形的角顶数为该次切割棱线断点数加该断面上交线端点数。断面上交线端点是指相交两截断面的交线端点，如在图 3-4（b）中的 $A$、$B$ 点，图中截断面Ⅰ的边数为 5（2 端点＋3 断点），是 5 边形截断面，同时 $A$、$B$ 端点是截交线Ⅰ与截交线Ⅱ的连接点与分隔点。

注意，在本节内容中提到的“端点、断点”是指此处介绍的两个概念的含义。

### 2. 找截断面多边形角顶的作图方法

即采用基本体表面找点的方法，主要用到以下作图方法。

① 利用断点、端点的从属性作图。

② 利用从属于同一平面投影图的两平行线是代表空间平面上的两平行线进行作图。

③ 利用点投影的三等关系作图。

3. 截断体视图的识读与作图

（1）视图的识读　如由已知的两视图补画第三个视图，首先要做的工作是识别它是哪类平面体。方法是假想把缺口补齐，再看它会符合哪类平面体的三视图特征，把切割前的基本体形状确定，然后在此基础上进行切割想像。

（2）作图步骤　先画出完整的基本体三视图，然后求解截断面，最后修改去掉多余的图线。

**【例 3-1】** 完成如图 3-5（a）所示的四棱锥切掉锥顶后的三视图。

**解**

（1）判定基本体类型及补全基本体三视图。基本体是四棱锥，用细实线画出该基本体主、俯、左视图（题中已给出，此步不需分析基本体类型），如图 3-5（a）所示。

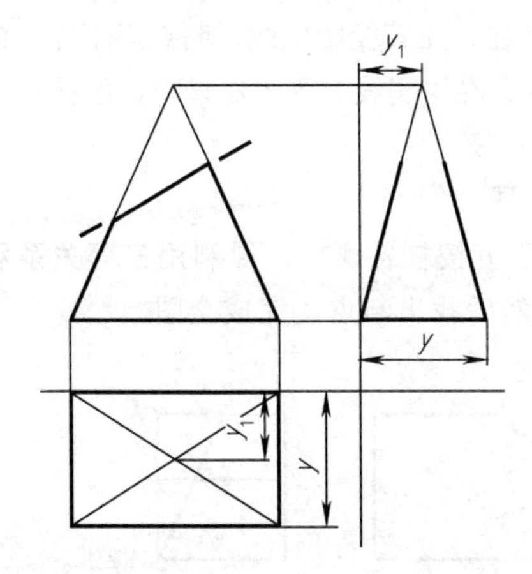


(a) 想像出基本体及画基本体三视图

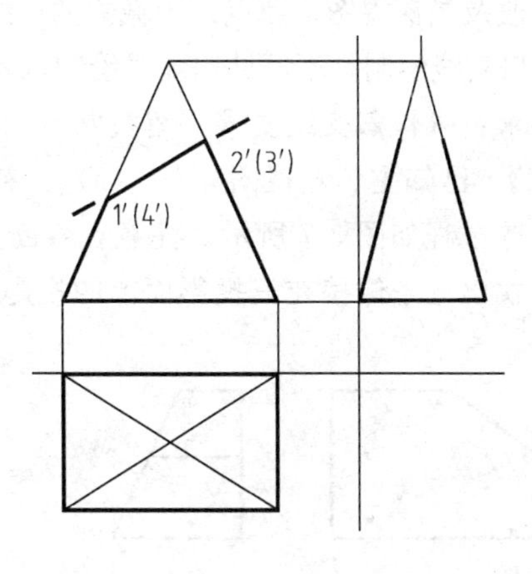


(b) 判定断点数为4，在主视图的侧棱投影线上找出4断点

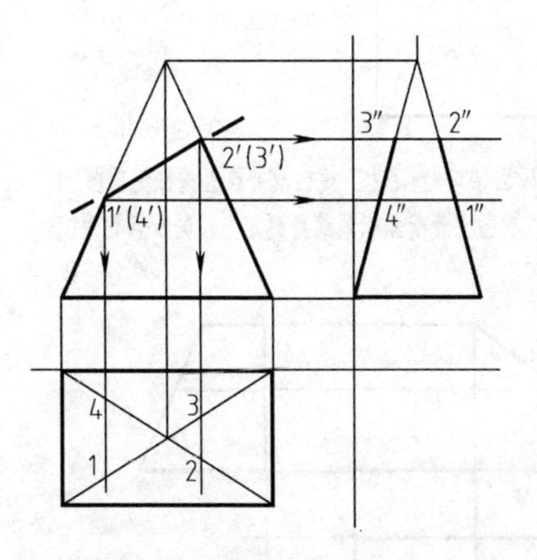


(c) 利用点的从属性和三等关系找出H、V面上断点

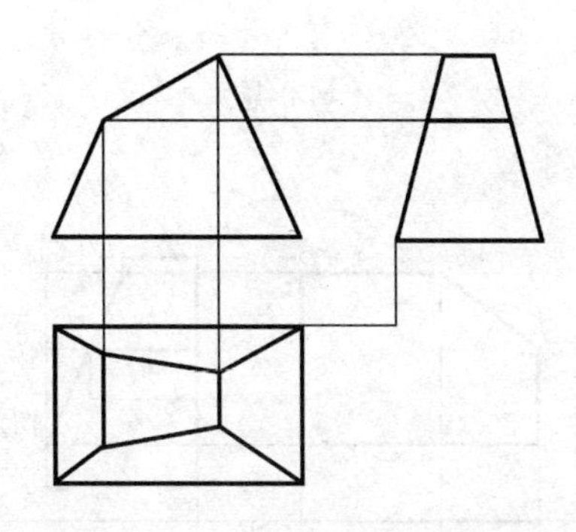

(d) 对断点H、V面投影顺序连线绘出截断面

图 3-5　求作四棱锥截交线

（2）分析棱线断点数。从主视图看，截断面在 V 面积聚，即截平面垂直 V 面；四棱锥的锥顶到底面有四条侧棱，皆被该截平面切断，断点数为 4，分别是Ⅰ、Ⅱ、Ⅲ、Ⅳ点，故该截交线为四边形，分析情况如图 3-6 所示，并把四断点在图 3-5（b）主视图上注出。

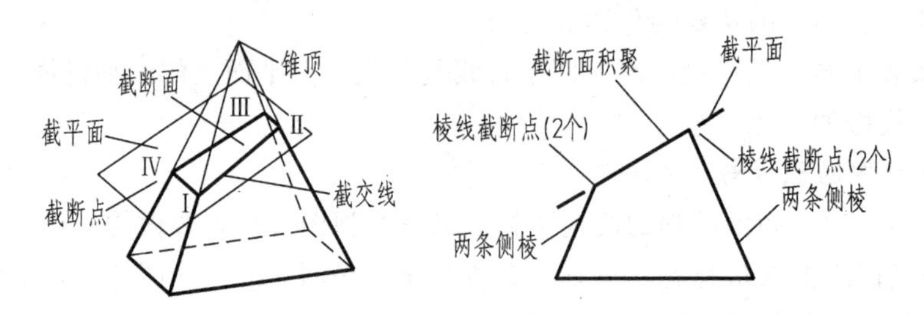


图 3-6　棱线断点数和截断面多边形分析

（3）作截交线。在主视图上找出四断点的投影 1′、2′、3′、4′，再利用直线上点的投影从属性和点投影三等关系，即可作出四断点在 $H$ 面上的投影 1234、$W$ 面上的投影 1″2″3″4″，如图 3-5（c）所示；然后把同面投影点顺序连线，得到四边形 1234 和四边形 1″2″3″4″，即获截交线在 $H$、$W$ 面上的投影（截交线在各面投影可见，用粗实线绘制）。

（4）修改及描深视图。断点以上截去的棱线已不存在，无其投影图线，断点以下保留的棱线若可见用粗实线绘制，不可见用虚线绘制（若虚线重合在粗实线上则无法显现，但存在）。

作图要求：求作截交线要求保留找断点的作图细实线。

**【例 3-2】** 已知主、左视图［3-7（a）］，补画俯视图。

**解**　解题过程如图 3-7 所示。注意，各断点从属于五棱柱各侧棱，要利用三等关系和空间想像正确找出五条侧棱在三投影面上的投影位置，然后找出断点，完成全图。

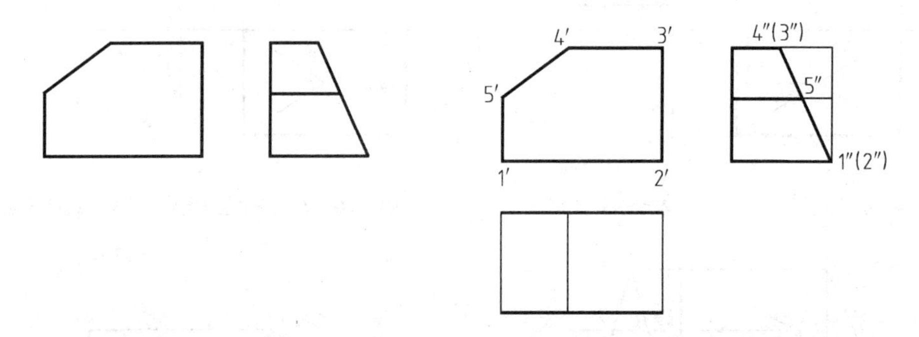


(a) 题目

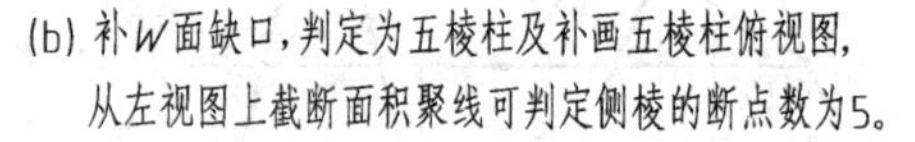

(b) 补W面缺口，判定为五棱柱及补画五棱柱俯视图，从左视图上截断面积聚线可判定侧棱的断点数为5。

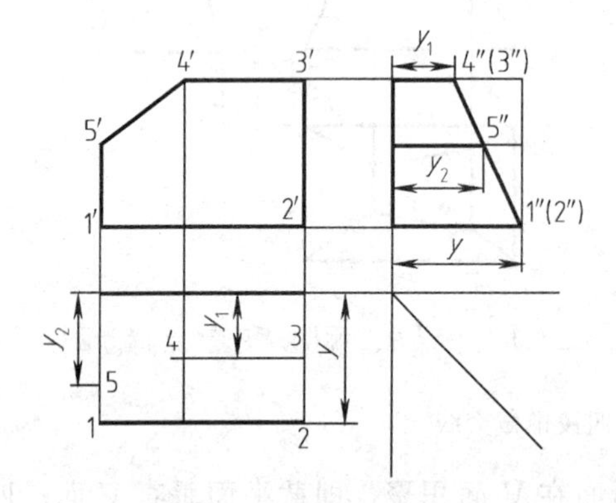


(c) 利用点的从属性和三等关系找出棱线上的5断点

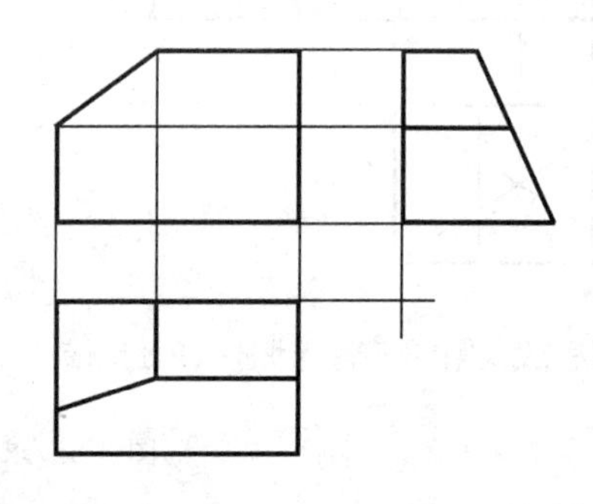

(d) 对断点H面投影顺序连线绘出五边形截断面

图 3-7　一次切割平面体的截交线求解

【例 3-3】 已知主、俯视图［图 3-8 (a)］，补画左视图。

解　解题过程如图 3-8 所示。柱体切割有以下特点。

① 垂直端面切割柱体所产生的截断面多边形一定是矩形。

② 截断面多边形的角顶总是从属在柱体各侧面上，易于从柱体侧面的投影积聚线上找到这些角顶的投影位置。

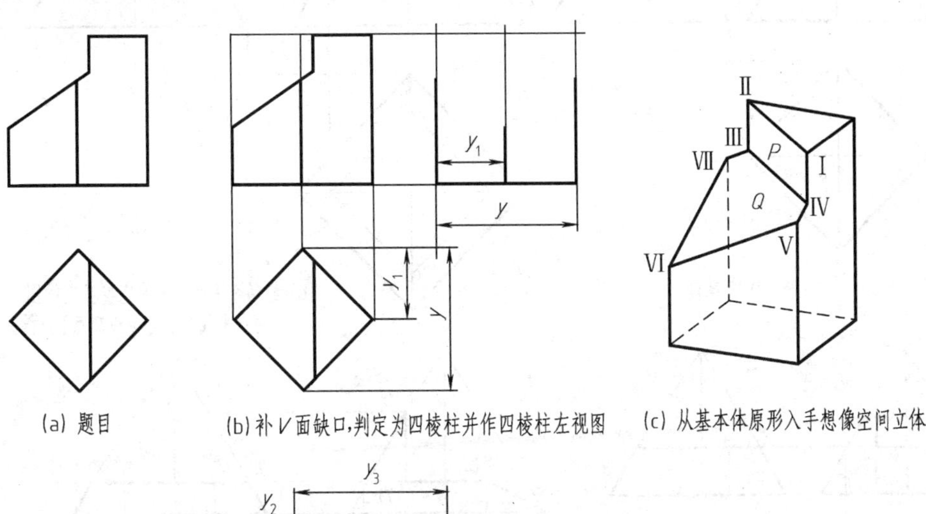


(a) 题目　(b) 补 V 面缺口，判定为四棱柱并作四棱柱左视图　(c) 从基本体原形入手想像空间立体

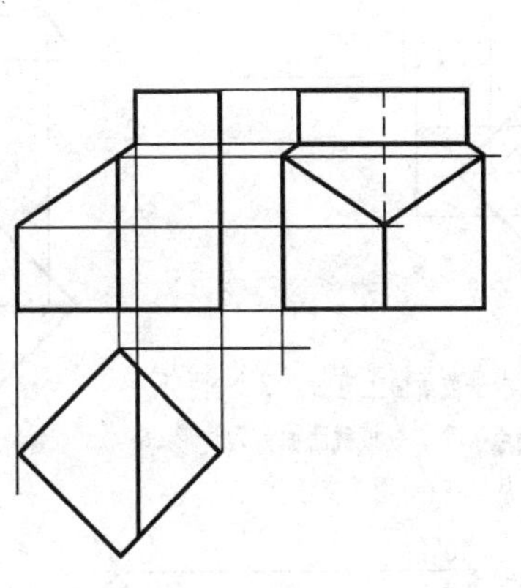

(d) P 截断面　垂直端面，为矩形，4 角顶分别位于 V、H 面积聚线两端。
Q 截断面　侧棱断点数为 3，两截断面交线端点为 2，故 Q 面为五边形，根据上述分析找出每一个截断面角顶在已知视图上的位置，再按三等关系作出点在 W 面投影。

(e) 对 W 面上每一截断面各角顶顺序连线，绘出两截断面投影，修改及描深，完成左视图。
（注意，可见截断面图形的完整及不遗漏虚线）

图 3-8　两次切割平面体的截断面求解

【例 3-4】 已知四棱锥切槽后的主视图和切槽前的俯、左视图［图 3-9 (a)］，求作切槽后的俯、左视图。

解　解题过程如图 3-9 所示。注意，平行锥底切断完整的锥体所产生的截交线一定是平行锥底的相似多边形，由于该截交线作图简单，故通常先绘制出该截交线（或该位置的假想切割截交线），再去求解从属于该位置截交线的相关点［如图 3-9 (c) 中的Ⅳ、Ⅴ点］。

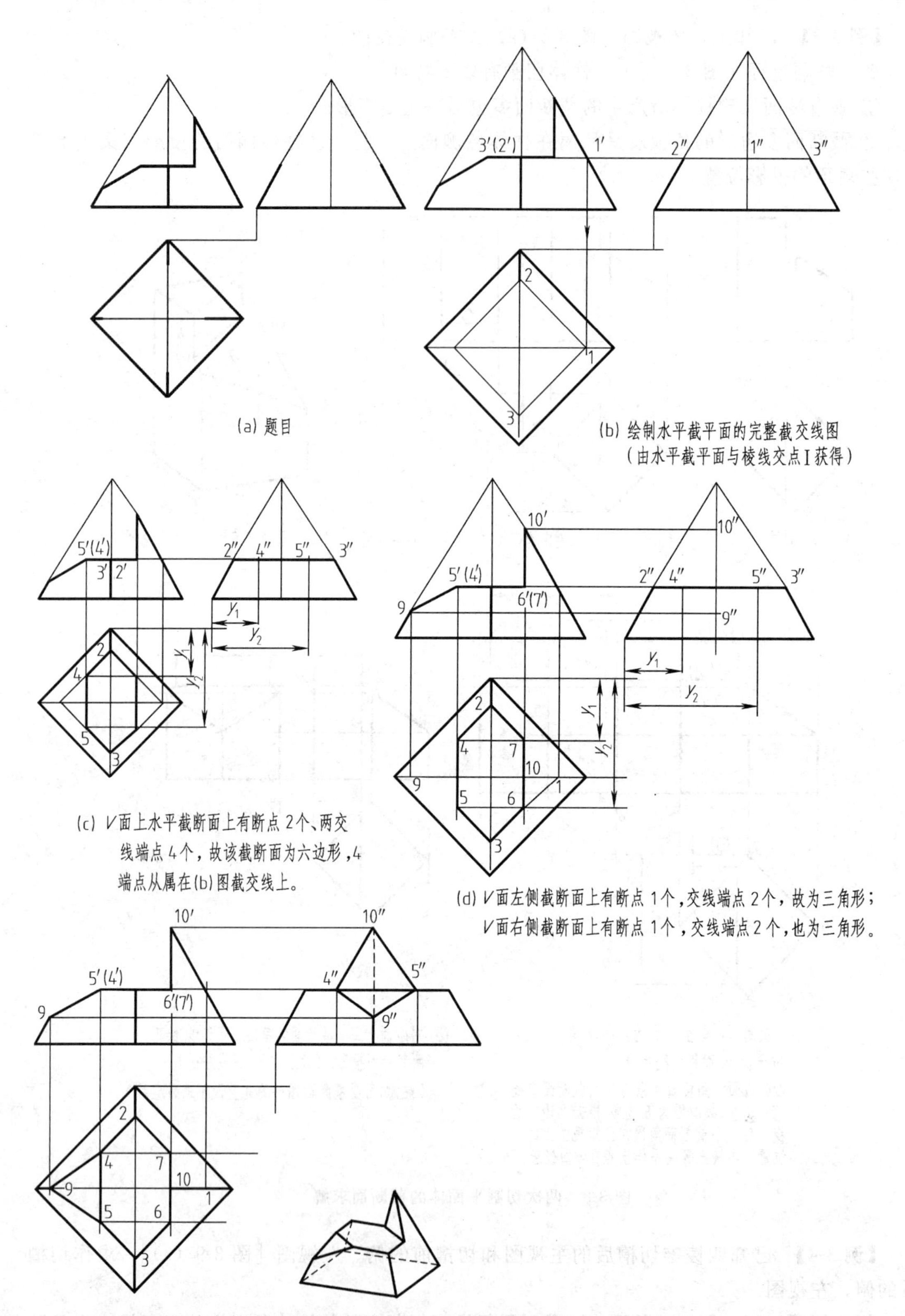


(a) 题目

(b) 绘制水平截平面的完整截交线图（由水平截平面与棱线交点Ⅰ获得）

(c) V面上水平截断面上有断点2个、两交线端点4个，故该截断面为六边形，4端点从属在(b)图截交线上。

(d) V面左侧截断面上有断点1个，交线端点2个，故为三角形；V面右侧截断面上有断点1个，交线端点2个，也为三角形。

(e) 分别绘出两三角形截断面，再修改及描深，完成全图(注意，四条侧棱要连到截交线角顶处)。

图 3-9 三次切割平面体的三截断面求解

为了便于记忆空间想像，初学者最好先把基本体的轴测图徒手绘制出来，在此基础上对给定视图上的截断面逐个分析、想像并描绘出来，如图 3-9 中的立体图。

**二、回转体上截断面多边形的求解**

在前面已经提到，完全切断基本体产生的截交线（即截断面边界线）是一个封闭的平面多边形，对于回转体截交线来说，这个封闭的平面多边形通常会有曲线边，甚至是单独的一个圆或椭圆的曲线边，也可能全是直线边。

求解回转体截交线时，一定要分两类情况处理。一类是在回转面上的截交线，一般是曲线（也可能是直线），作图较复杂，找截交线上点时通常要借助素线、纬圆；另一类是在平面形表面上的截交线，一定是直线（截平面与平面形表面的交线），只要找到交线两端点的同面投影就可连线作出。

1. 回转体截交线的基本图形

（1）圆柱体截交线　截平面相对圆柱体轴线有三种位置，产生三种不同形状的截交线，见表 3-1。

**表 3-1　圆柱体截交线**

| 截平面位置 | 与轴线平行 | 与轴线垂直 | 与轴线倾斜 |
|---|---|---|---|
| 截交线形状 | 直　线 | 圆 | 椭　圆 |
| 轴测图 | 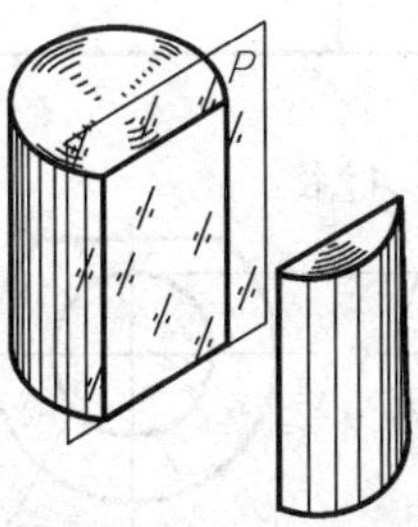 P | 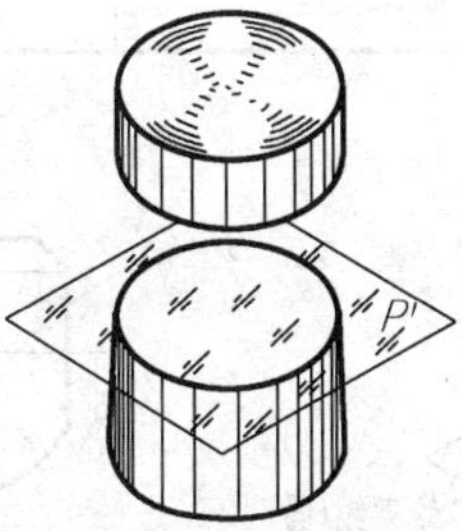 P | 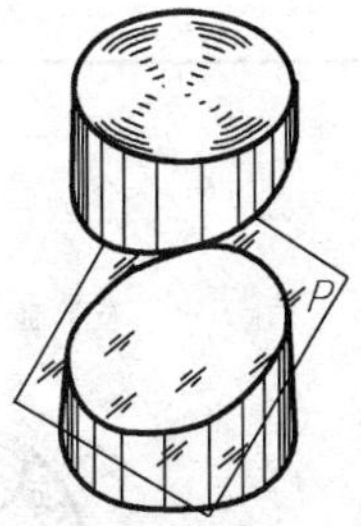 P |
| 投影图 | 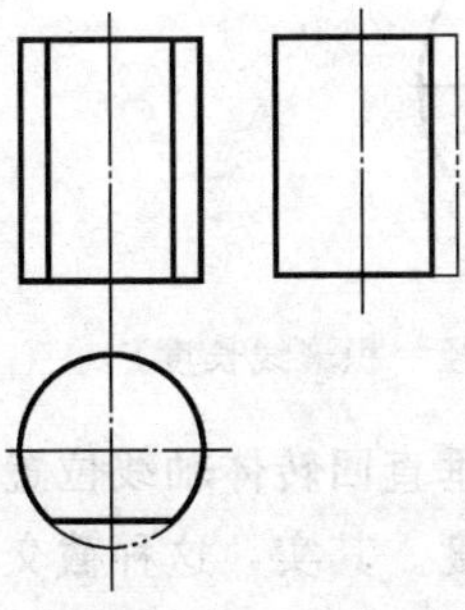 | 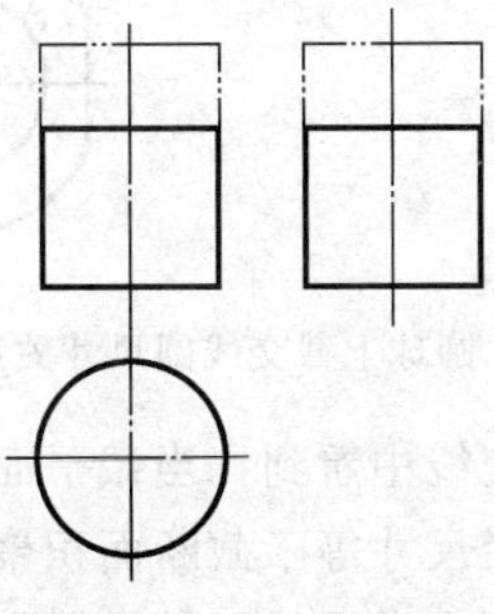 | 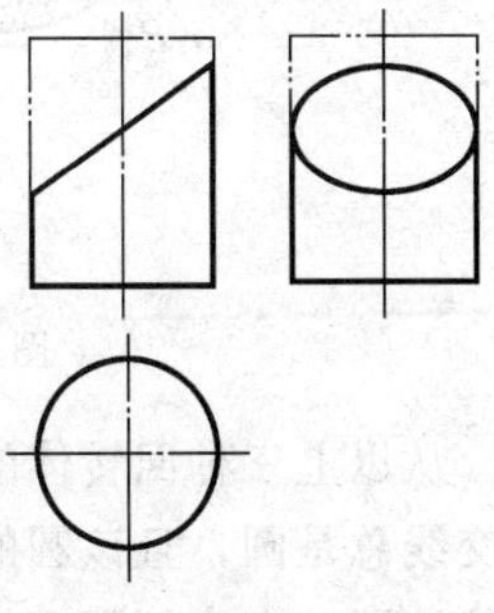 |

（2）圆锥体截交线　截平面相对圆锥体轴线有五种位置，产生五种不同形状的截交线，见表 3-2。

（3）球体截交线　球体被任何方向的截平面切，产生的截交线总是圆。当截断面的投影积聚为直线时，积聚线长度即为截交线圆直径尺寸。显然，截断面在所平行的投影面上的投影反映实形，且截交线圆的圆心与球心的投影重合，该实形圆直径尺寸对应另两投影图上积聚线长度尺寸，如图 3-10 所示。

**表 3-2　圆锥体截交线**

| 截平面的位置 | 过锥顶 | 不过锥顶 | | | |
|---|---|---|---|---|---|
| | | $\theta=90°$ | $\theta>\alpha$ | $\theta=\alpha$ | $\theta=0°,\theta<\alpha$ |
| 截交线的形状 | 直线 | 圆 | 椭圆 | 抛物线、直线 | 双曲线、直线 |
| 立体图 | | | | | |
| 投影图 | | | | | |

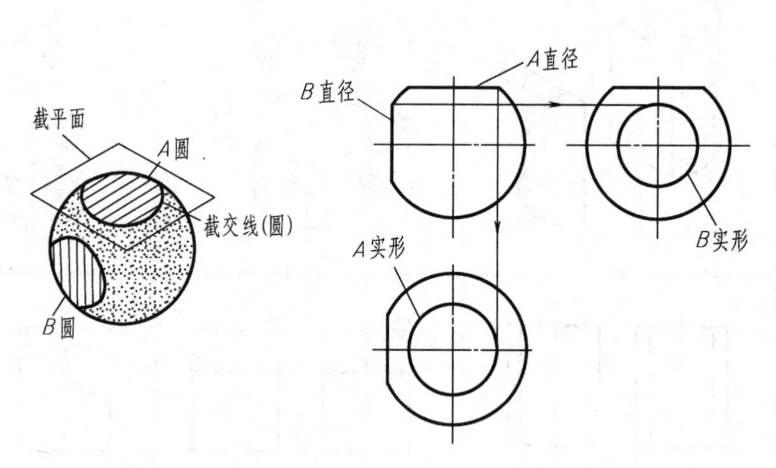


图 3-10　圆球上截交线圆尺寸关系（直径＝积聚线长度）

从以上三种回转体的截交线中看到，当截平面处于垂直回转体轴线位置切割时，产生的截交线总是圆，且该圆的直径尺寸等于截断面积聚线长度。其实，这种截交线圆就是回转面上的纬圆，在求解圆环体等所有类型的回转体截交线时，一般是借助这种纬圆图形的尺寸关系找出从属于纬圆的截交线上点。

2. *截平面组合切割回转体的截断面图形*

多个有限大小的截平面组合切割回转体，会产生多个截断面，而一个截断面多边形的图形，就是从无限大的截平面切断完整基本体所产生的截断面形状（如表 3-1、表 3-2 等形状）中，用截断面交线分隔出的图形。如图 3-11 所示的椭圆曲线段就是从完整椭圆中分隔出的实际图线。

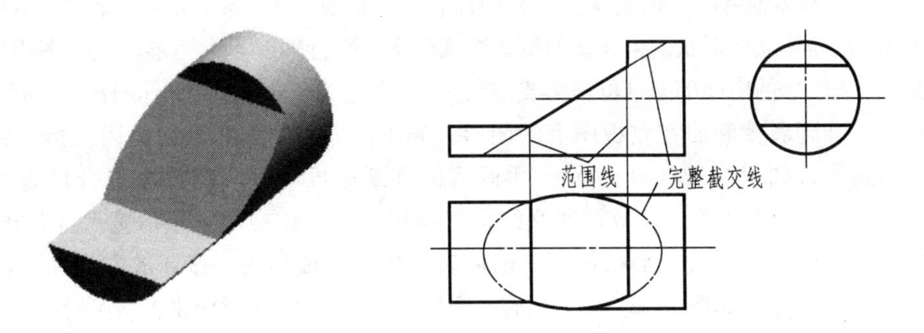


图 3-11 绘出完整截交线的范围线获得截断面图形

3. 求解回转体上截断面的作图举例

绘制截断体视图的过程依然是先绘制完整的基本体视图底稿，再求解回转体上截断面的图形，最后修改（可见性判定、切掉轮廓线的擦除等）、加粗描深。其中，回转体上转向素线断点、端面圆或底圆断点、两截断面交线端点等都是截断面多边形或截交线上的特殊点，作图时必须找出这些点。截断面多边形上的最高最底、最左最右、最前最后点也是特殊点。

**【例 3-5】** 已知如图 3-12（a）所示的主、俯视图，完成左视图。

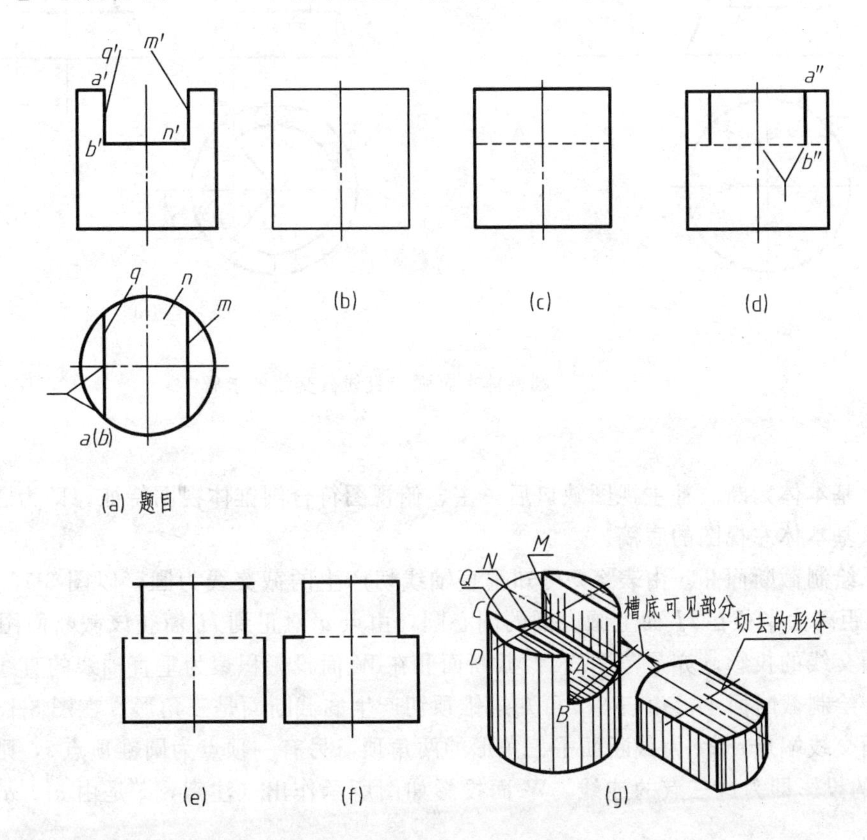


图 3-12 圆柱体截交线的求解

**解**

(1) 基本体判断。补主、俯视图缺口后，该两视图符合圆柱体视图特征，即为圆柱体，并绘制基本体的左视图底稿［图 3-12（b）］。

（2）绘制基本体轴测图。把主视图三截断面积聚线位置（$n'$、$m'$、$q'$）与表 3-1 对照，想象出（或画出）截断体立体形状。主视图两侧截断面积聚线平行轴线，为矩形；主视图槽底积聚线垂直轴线，故为圆形的中间部分（可据交线端点为 4，判定为 4 边形），如图3-12 (g)所示。

（3）逐一补画各截断面在左视图上的图形。先画槽底截断面积聚线，因该槽底大部分不可见暂画为虚线，如图 3-12（c）所示；再画两侧截断面投影（两者投影重合且为反映实形的矩形），如图 3-11（d）所示，$a''b''$截交线位置是用分规从俯视图上量取宽尺寸作出。

（4）可见性判别与修改、加粗描深。前后转向轮廓线被切去上段，故左视图两转向轮廓线于断点的上段去掉，如图 3-12（e）所示；任何视图外围都是封闭的粗实线且无外伸轮廓线，故最终把左视图修改为图 3-12（f）。

**【例 3-6】** 已知如图 3-13（a）所示的截断体的主视图和该基本体的俯视图，完成俯、左视图。

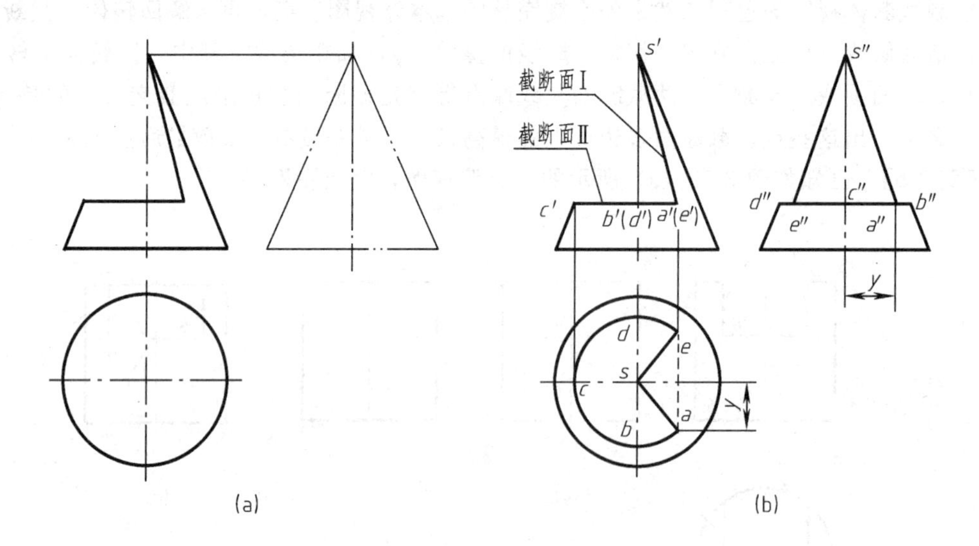


图 3-13 圆锥体上圆弧与直线截交线的求解

**解**

（1）基本体判断。补主视图缺口后，主、俯视图符合圆锥体视图特征，即为圆锥体，并绘制出该基本体左视图的底稿。

（2）绘制截断面Ⅱ。由表 3-2 可知垂直轴线切产生的截交线为圆，以图 3-13（b）中的 $c'$到轴线距离为半径在 $H$ 面上画底圆的同心圆，由点 $a'$对正到 $H$ 面获该截断面图形，$ae$ 为两截断面交线的投影（亦是范围线），截断面Ⅱ在 $W$ 面投影积聚为垂直轴线的直线。

（3）绘制截断面Ⅰ。由表 3-2 可知过锥顶切产生的截断面是三角形。在图 3-13（b）中，两截断面交线端点 $a$、$e$ 为截断面Ⅰ三角形的两角顶，另有一顶点为圆锥顶点 $s$，则截断面Ⅰ在 $H$ 面的投影即为这三点的连线。$W$ 面投影如图所示作出（注意，$a''$是由 $a'$、$a$ 按三等关系获得）。

（4）判断可见性，修改与加粗描深各图（注意 $ae$ 为虚线）。

**【例 3-7】** 已知如图 3-14（a）所示的半球体主视图，完成俯、左视图。

**解**

（1）绘制基本体图形。题中已说明是半球体，绘出半球体俯、左视图的底稿。

（2）绘制截断面Ⅱ。由图 3-10 知，完全切断为截交线圆，先绘出该截交线圆在 $H$ 面投影，再从 $b'$、$c'$对正到 $H$ 面获得截断面Ⅱ的实际图形（即四边形截交线），截断面Ⅱ在 $W$ 面的投影积聚为直线，该投影方向观察几乎完全不可见，暂画为虚线，如图 3-14（b）所示。

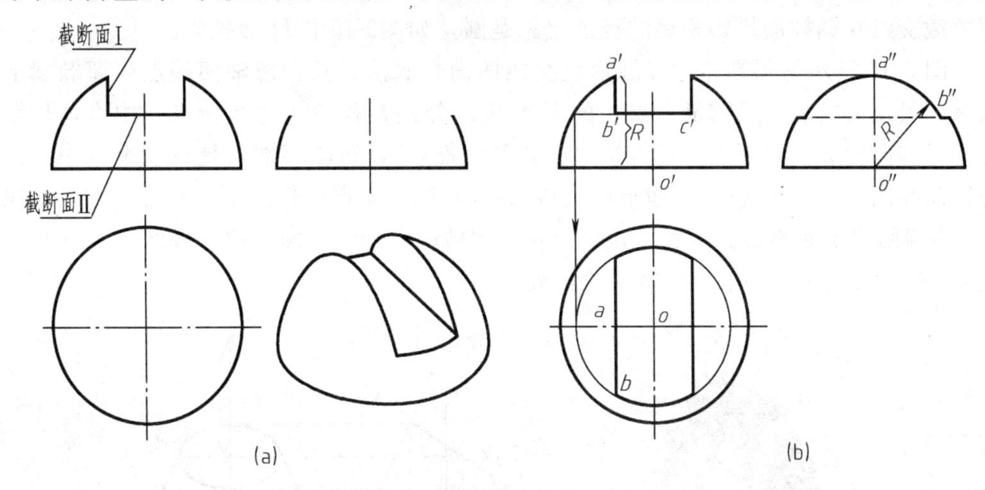


图 3-14　球体上截交线的求解

（3）绘制截断面Ⅰ。同样由图 3-10 知，图 3-14 中截断面Ⅰ在 $W$ 面投影为半圆弧截交线的上部分与两截断面交线投影围成的实形图，它在 $H$ 面投影积聚为直线（注意，图中该积聚线前后点为两截断面交线端点）。右侧截断面在 $W$ 面投影与截断面Ⅰ的投影重合。

（4）可见性判别、修改及加粗描深。左视图中球体转向轮廓线上段去掉、下段加粗；任何视图外围都是封闭的粗实线，故最终把俯、左视图修改为图 3-14（b）。

以上求解的截交线都是简单的圆弧或直线构成的截交线，在利用尺规作图时能准确作出。而在回转面上的椭圆、双曲线等的投影不为直线时，它们的投影作图难于用尺规准确绘制，传统方法是找出曲线上的若干个点（点越多越好），再用曲线板连线作出。随着 CAD 应用的普及，精确获得这类曲线已十分简单（如本书第九章介绍的 CAXA 三维造型生成工程图）。因此，若是使用尺规工具绘图，对椭圆、双曲线等截交线可采用简化画法，或徒手绘制。

如图 3-15 所示为圆柱体上椭圆形截交线的传统作图法，长、短轴端点是四特殊点（即椭圆上最高最低点、最左最右点、最前最后点），它们的 $V$ 面投影是积聚线的两端点和中

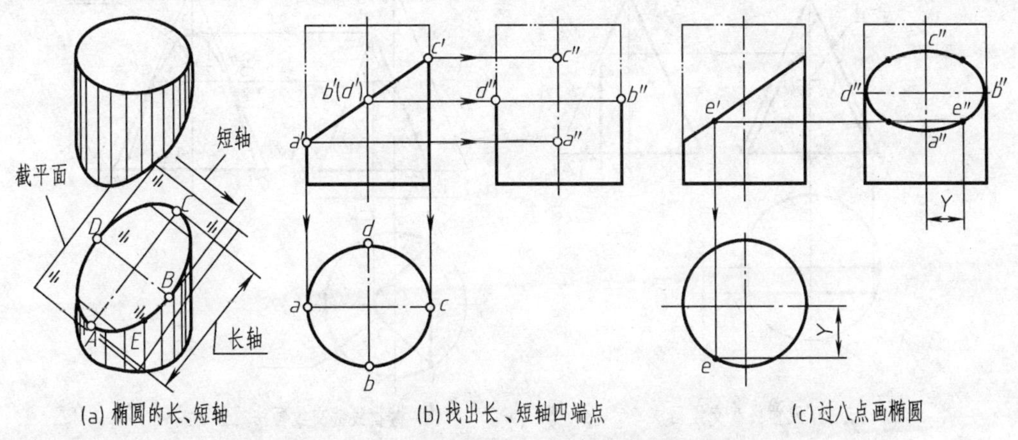


图 3-15　圆柱体上椭圆截交线简化画法（$A$、$B$、$C$、$D$ 点为椭圆长短轴四端点）

点，即四条转向素线的断点，故四特殊点在 $W$ 面投影可直接作出。然后找出椭圆上的一个一般点，如 $E$ 点的 $e'$ 先标出，再找出 $e$ 及 $e''$，因椭圆为对称图形，在 $W$ 面上与 $e''$ 对称位置上的另外三个点可直接标出，最后光滑连接这八个点即获 $W$ 面上椭圆。因截交线在圆柱面上，故截交线在圆柱面投影积聚的视图上总是圆，如图3-15中 $H$ 面投影。

如图 3-16 所示为圆锥体上椭圆形截交线的简化画法。长、短轴四端点（即椭圆上最高最低点、最左最右点、最前最后点）的 $V$ 面投影分别在积聚线的两端点和中点，长轴两端点是左右转向轮廓线的断点（可直接作出其各面投影），短轴两端点是在积聚线中点高度位置的锥面纬圆上，故可先在 $H$ 面上画出该纬圆找到 2、4 点再作出 2″、4″ 点，然后按第一章表 1-7 中扁圆法绘制椭圆。注意，该例中左视图转向轮廓线切断点位于椭圆上。也可按找 2，4 点的纬圆法找出多个一般点，徒手绘出椭圆。

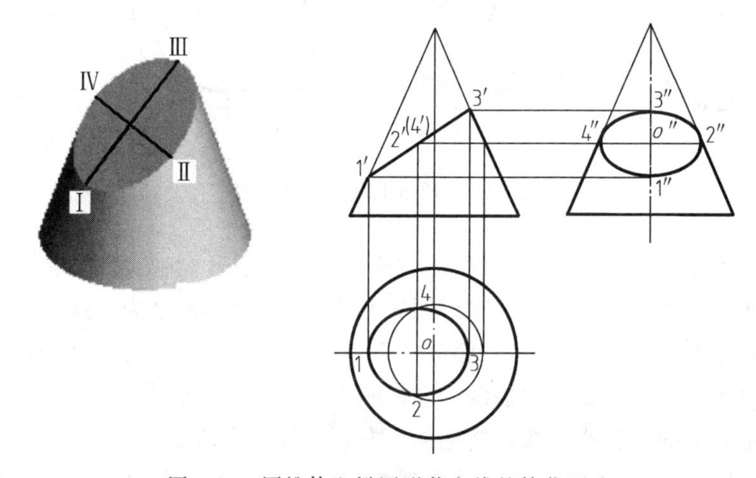


图 3-16 圆锥体上椭圆形截交线的简化画法

圆锥体上双曲线和抛物线的截交线的简化画法，是把接近圆弧的曲线用圆弧绘制，接近直线的曲线用直线绘制，这些圆弧或直线要通过特殊点（即转向素线断点、底圆周断点等），如图 3-17 所示。作图过程是先找出特殊点，再画出曲线顶部圆弧，最后从其他特殊点做顶部圆弧切线，或两特殊点间连直线［如图 3-17（b）的左视图截交线］。注意，距锥顶最近

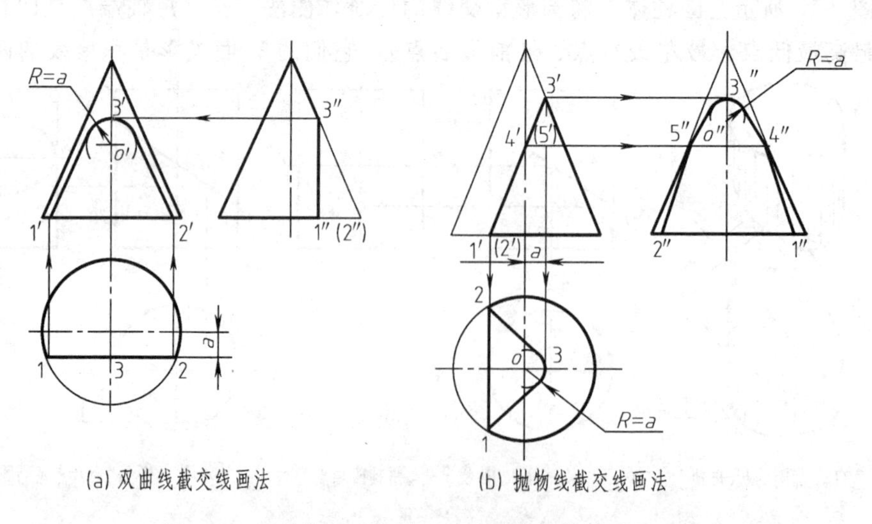


图 3-17 圆锥体上双曲线、抛物线截交线简化画法

的转向轮廓线断点为曲线顶点，曲线顶点圆弧半径取图中尺寸 $a$ 值（即断点距轴线的距离）。

**【例 3-8】** 已知如图 3-18（a）所示的主、左视图，完成俯视图。

**解**

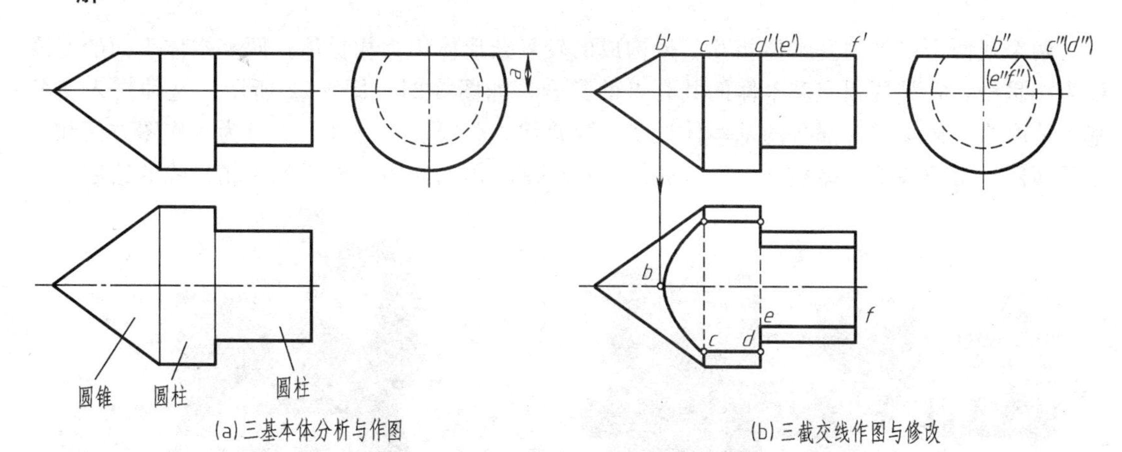


(a) 三基本体分析与作图　　(b) 三截交线作图与修改

图 3-18　共轴线回转体截交线（$a$ 尺寸用途见图 3-17 说明）

（1）基本体判断。补左视图缺口后为两个圆，可能代表两个圆柱、圆锥或球体；在主视图上无等直径的圆弧图形，故不可能有球体，但有矩形和接近三角形图形，补切口后主视图为两矩形和一个三角形。对照补缺口后的主、左视图可知，是两圆柱体和一圆锥体共轴线的组合（称为共轴线回转体），并绘出三基本体的 $H$ 面投影。

（2）各基本体上截交线图形分析与绘制。从主视图知，一个截平面平行轴线同时截三个基本体，对照表 3-1、表 3-2 可知分别是两大小圆柱上的矩形截断面和圆锥面上的双曲线与直线围成的截断面，分别绘制三截断面的 $H$ 面投影。

（3）修改与加深描粗。三个基本体实际上是一个形体，故一次切割产生的截断面一定是一个封闭的多边形，原在 $H$ 面上绘制出的三截断面之间的隔开线不存在而应擦去。注意，这些隔开线处重合有不可见轮廓的投影（两基本体表面交线的投影），要用虚线绘出，如图 3-18（b）所示。

基本体上的截交线形式多样，只要能画出一个截平面完全切断基本体所形成的完整截交线图形，就可根据实际切割范围从完整截交线图中画出所需图线。因此，学习中要重点抓住完整截交线图形，又要学会"断章取义"获取所需图形，如图 3-19 所示为五棱柱打四方孔后的截断体三视图，如图 3-20 所示为圆柱筒的截断体三视图。

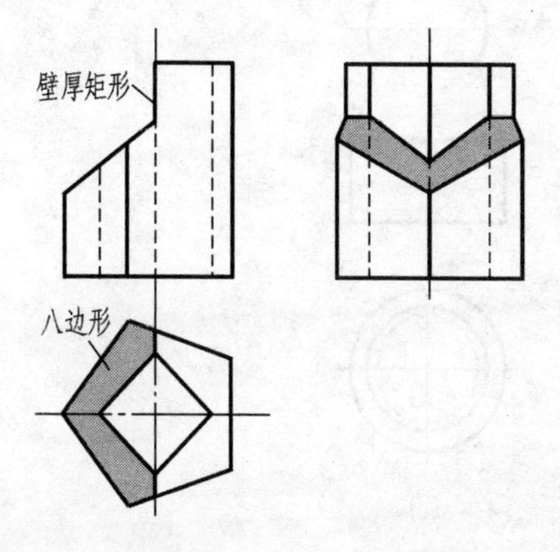


图 3-19　五棱柱打四方孔后的截断体三视图

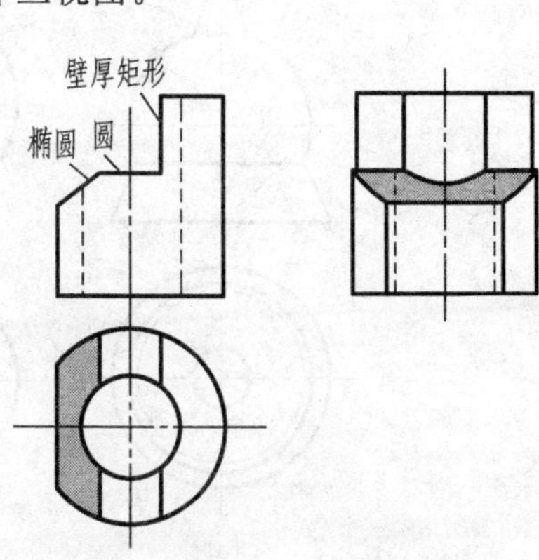


图 3-20　圆柱筒的截断体三视图

# 第三节 相 贯 体

两个或两个以上的基本体相互贯入构成的较复杂形体称为相贯体，两基本体表面的交线称为相贯线，它是两相交基本体的共有点的集合，如图 3-21、图 3-22 所示。这种贯入使各基本体融为一体，贯入部分的基本体形状以相贯线为分隔线不再画出，但为了作图方便和易于看懂图，常把各基本体独立看待，先绘出这些基本体的视图，然后处理相贯线的绘制。

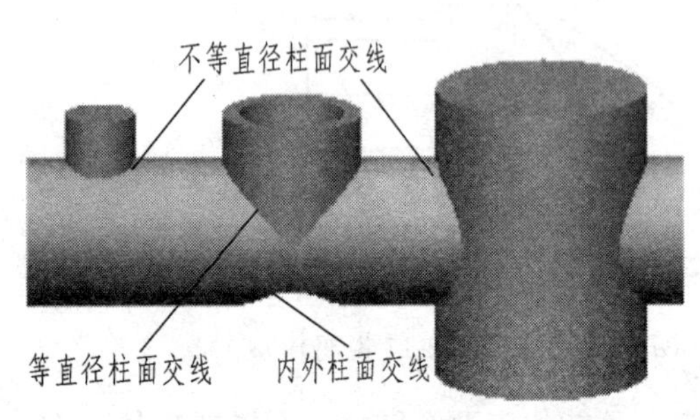


图 3-21 不同圆柱与水平圆柱正交相贯

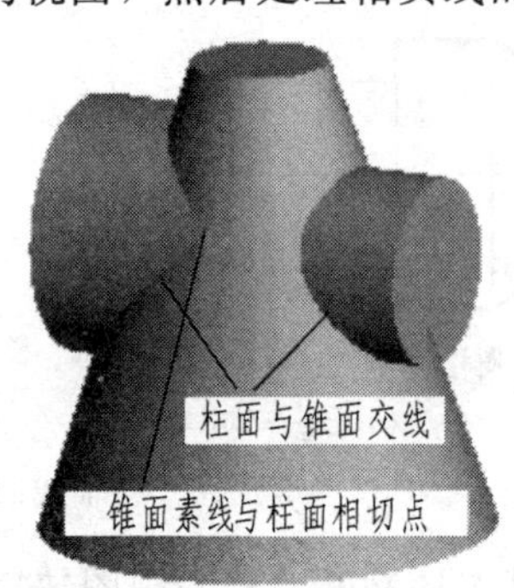


图 3-22 圆柱与圆锥正交相贯

本节主要介绍回转体相贯线，它是两相交基本体表面的交线，因各基本体为回转体，故相贯线一般是封闭的空间曲线，也可能为平面曲线或平面直线。

由于相贯线一般是在生产过程中自然形成的，因此，简化相贯线就有了客观基础，即使像钣金下料所需的相贯线图形，现在也很容易通过三维 CAD 造型生成的二维图得到精确的相贯线图形。因此，当相贯线的投影不为直线或圆弧时，一般采用简单图线绘出这些相贯线。

## 一、共轴线的回转体相贯

为了作图简便，相贯体上各基本体的轴线应垂直某一投影面，使相贯体在该面的投影成为同心圆图形。共轴线的回转体相贯线都是垂直共有轴线的圆，当该类相贯线平行某一投影面时，它们在该面的投影为实形（即圆），在其他投影面上的投影为垂直轴线的直线，线段长度尺寸即为该相贯线圆的直径尺寸，如图 3-23 所示。

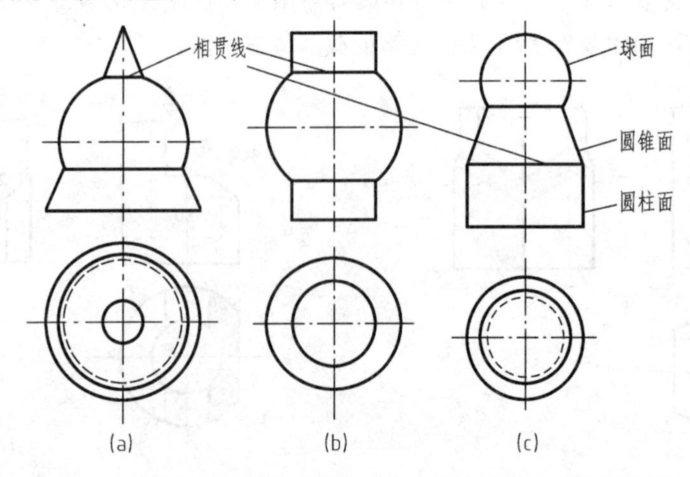


图 3-23 共轴线的回转体相贯线（在空间为垂直共有轴线的圆）

## 二、不共轴线的回转体相贯

为了作图简便，在三投影体系中放置相贯体时，各基本体的轴线应尽量平行某一投影面，并尽可能垂直或平行其他投影面。

表 3-3 为常见相贯线的图例，其中图 3-21 和图 3-22 中某些相贯线投影可在该表中找到。

**表 3-3　常见相贯线图例**

| 相对位置 / 表面性质 | 轴线正交 | 轴线斜交 | 轴线交叉 |
|---|---|---|---|
| 柱-柱相贯 | 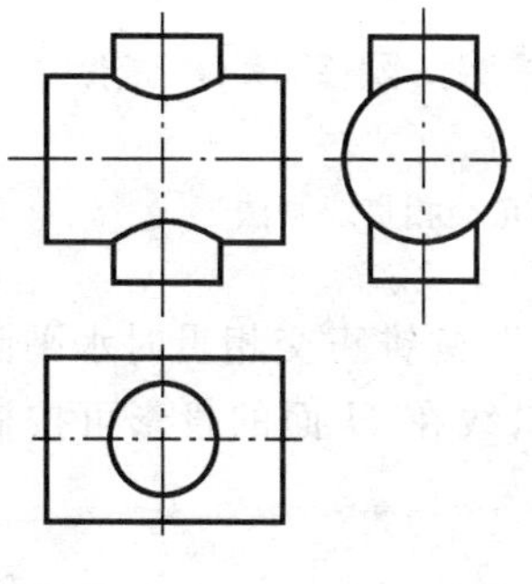 | 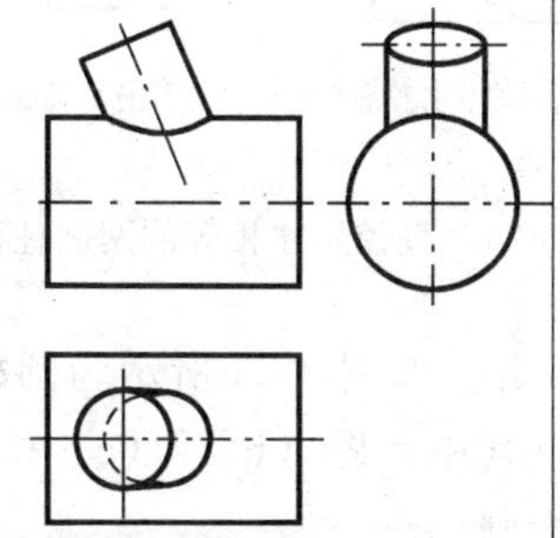 | 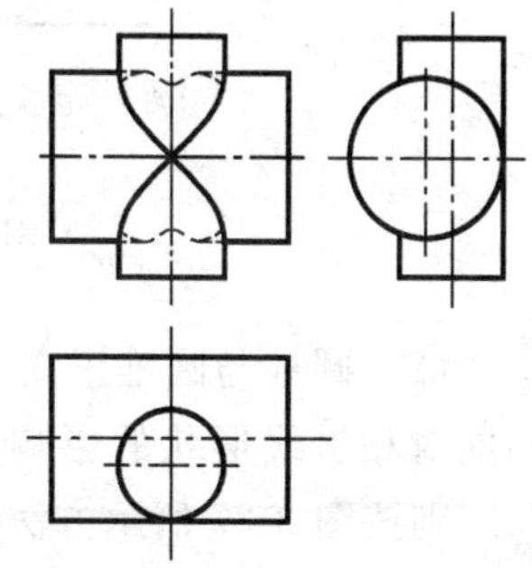 |
| 锥-柱相贯 | 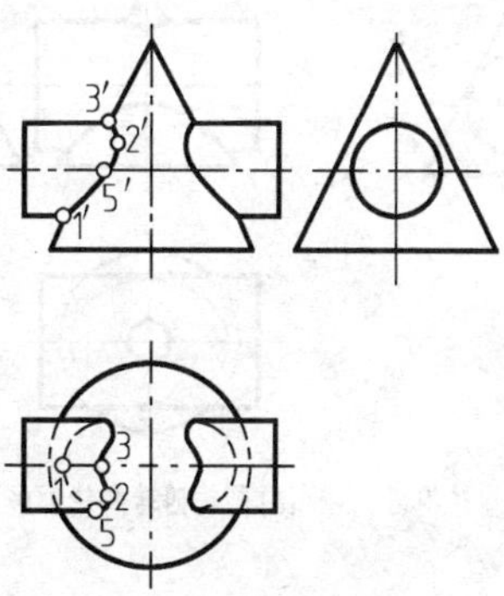 3′ 2′ 5′ 1′ 3 1 2 5 | 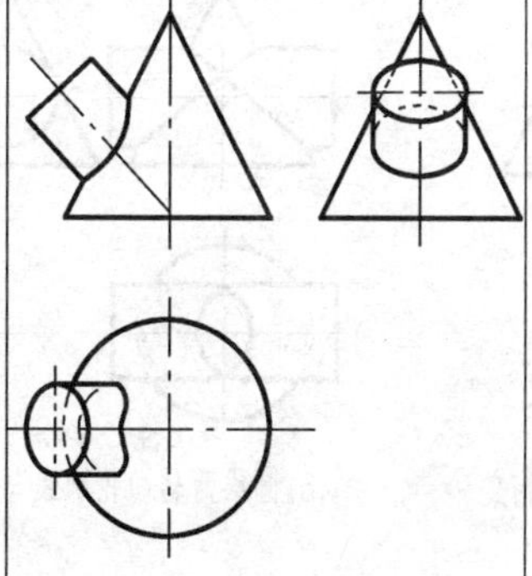 | 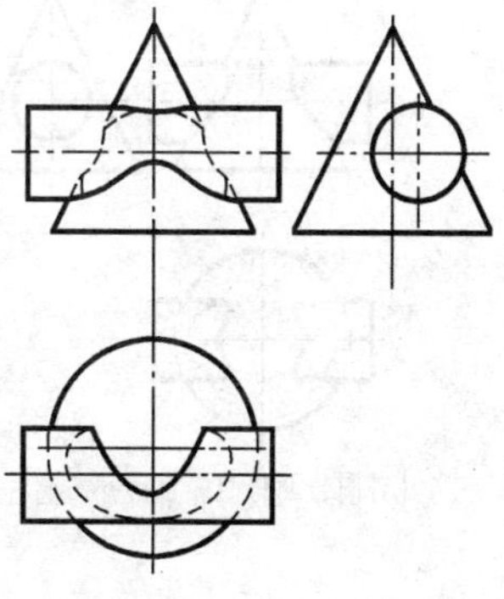 |

1. 轴线正交的两回转体相贯

正交是指构成相贯体的两回转体轴线垂直相交，两基本体的转向轮廓线交点是相贯线上的特殊点，还有一些特殊点可用图 3-3、图3-24所示方法找出。

(1) 圆柱与圆柱正交相贯　如图 3-24 所示为直径尺寸不等的两圆柱正交相贯线画法，当柱面投影积聚为圆时，则相贯线一定在该积聚线圆上，当两圆柱面的投影均不积聚时，则相贯线采用简化画法绘制。如图 3-25 所示为直径尺寸相等的两圆柱正交相贯线，此时，相贯线是两支相交的平面椭圆（或四支半椭圆），其投影为圆或积聚为直线，故可直接作出，实体图见图 3-21。

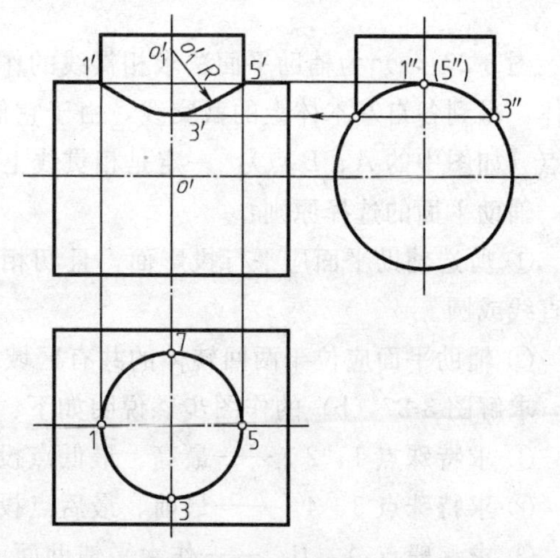


图 3-24　直径尺寸不等的两圆柱正交相贯线画法

作图说明：1′、3′、5′特殊点直接作出，$o'3'=3'o_1'$，$o_1'3'$为半径画圆弧，再过 1′、5′分别作圆弧切线。

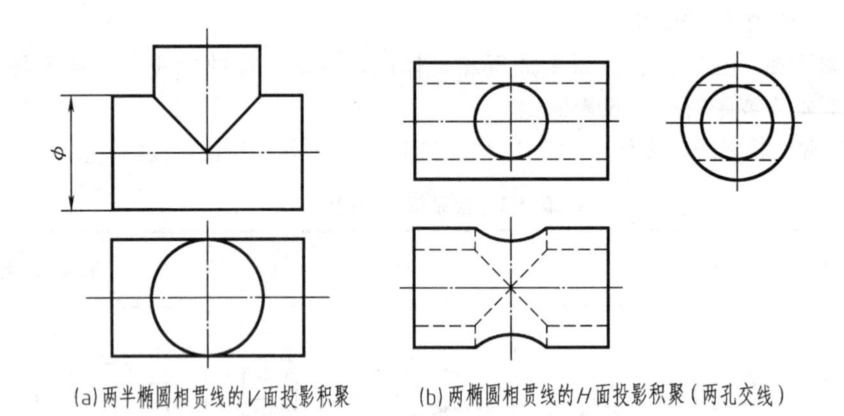


(a)两半椭圆相贯线的V面投影积聚　(b)两椭圆相贯线的H面投影积聚(两孔交线)

图 3-25　直径尺寸相等的两圆柱面正交相贯线画法

(2) 圆柱与圆锥正交相贯　如图 3-26 所示为圆柱与圆锥正交相贯时水平圆柱直径尺寸不同对相贯线形状的影响，其中，图（b）、（c）相贯线在 *H* 面的投影可按椭圆画出，图（a）则按图 3-27 所示方法绘制。

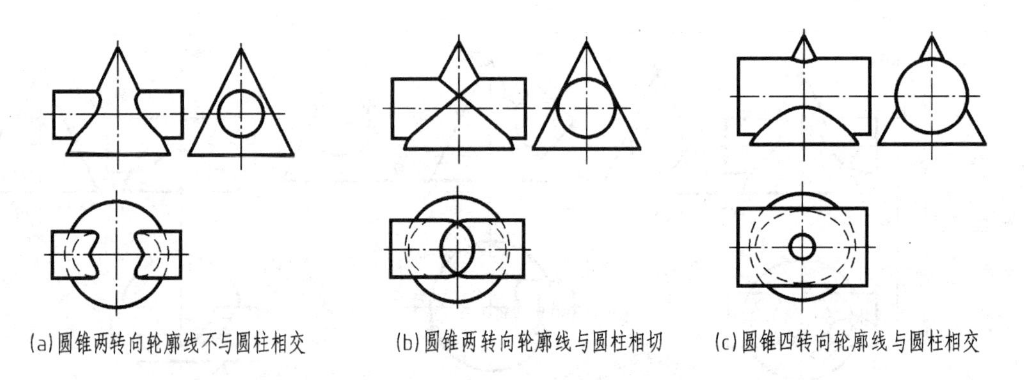

(a)圆锥两转向轮廓线不与圆柱相交　(b)圆锥两转向轮廓线与圆柱相切　(c)圆锥四转向轮廓线与圆柱相交

图 3-26　圆柱与圆锥正交相贯的三种情况

图 3-27（a）为辅助平面法求相贯线的作图原理。用一个辅助平面 *P*，同时截切两个回转体，得到各自基本体上的截交线，由于它们是在同一个平面（截切平面）上，则它们间的交点（如图中的 *A*、*B* 点），一定是相贯线上的点。

辅助平面的选择原则：

① 所选辅助平面应平行投影面，且切相贯体上的基本体所产生的截交线应是简单易画的直线或圆。

② 辅助平面应位于两回转体的共有区域内。

求解图 3-27（b）的作图步骤说明如下：

① 求特殊点 1、2　——最高、最低点投影，从主视图上转向轮廓线交点 $1'$、$2'$获得。

② 求特殊点 3、4　——最前、最后点投影，从辅助平面 *R* 所得截交线交点获得。

③ 求一般点 *A*、*B*　——作水平辅助面 *P* 所得截交线获得 $a$、$b$，再找出 $a'$、$b'$。

④ 同理求出足够的一般点；

⑤ 顺序光滑连接各点，并判别可见性，绘制出相贯线的投影。

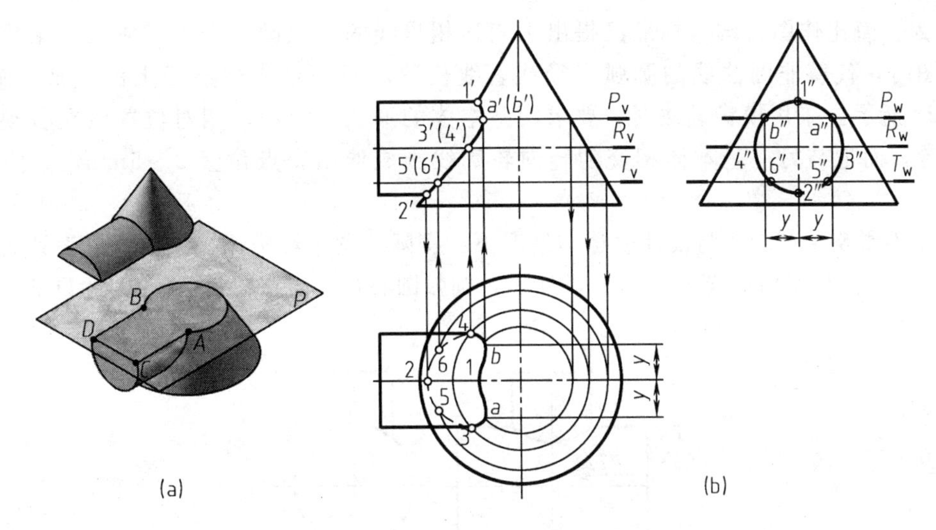


图 3-27　辅助平面法求相贯线

2. 轴线斜交或交叉的两回转体相贯

轴线斜交或交叉的两回转体相贯线，这类图形的相贯线的尺规作图更复杂，一般采用替代画法、模糊画法或近似画法绘制。

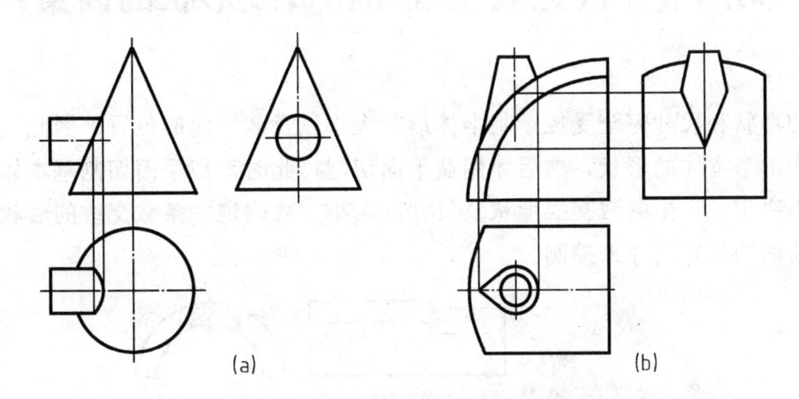


图 3-28　相贯线的替代画法

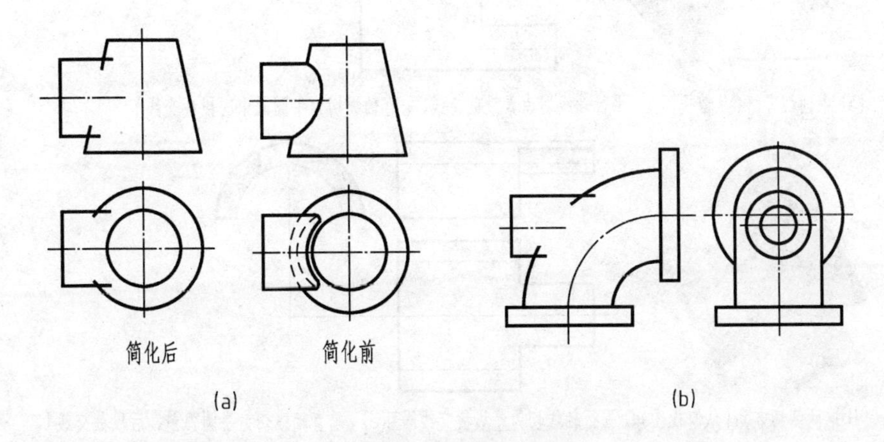


图 3-29　相贯线的模糊画法

① 为了简化作图，国家标准已提出了表达相贯线的替代画法和模糊画法。采用替代画法作图时，代替非圆曲线的圆弧半径或直线位置应根据最大轮廓线上的点加以确定，如图 3-28 所示。采用模糊画法时，要求两基本体的形状、大小、相对位置已在各视图中表达清楚，而把与另一基本体相交的转向轮廓线画成伸出交点位置 2～5mm，如图 3-29 所示。

② 在不影响生产制作与设计表达的情况下，实际绘图中经常用一条圆弧来表达直径相差较大的两圆柱正交相贯线。如图 3-30 所示，圆弧圆心在小圆柱轴线上，$o'1'=D/2$。

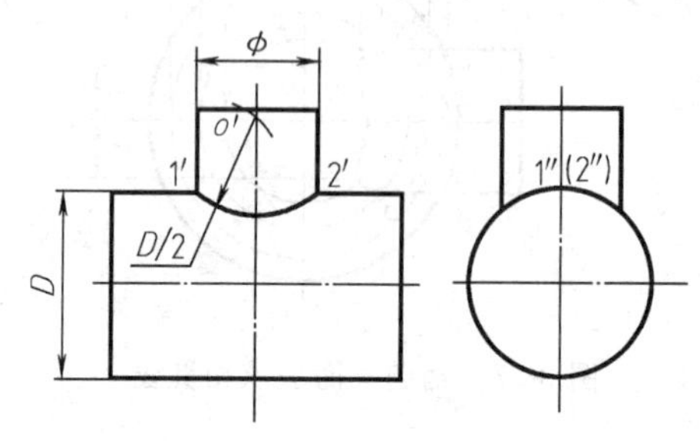


图 3-30　直径相差较大的两圆柱正交的相贯线近似画法

# 第四节　决定截交线和相贯线形状的因素

## 一、截交线

截交线的形状和尺寸完全受控于基本体形状大小以及截平面的位置。因此，在生产制作时，一般先作出基本体的形状，然后才用截平面切割，此时，截平面切割基本体的位置与切割范围的大小决定了产生的截交线形状及尺寸的大小。故确定一条截交线的形状及尺寸，应通过注写截断面的位置尺寸来控制。

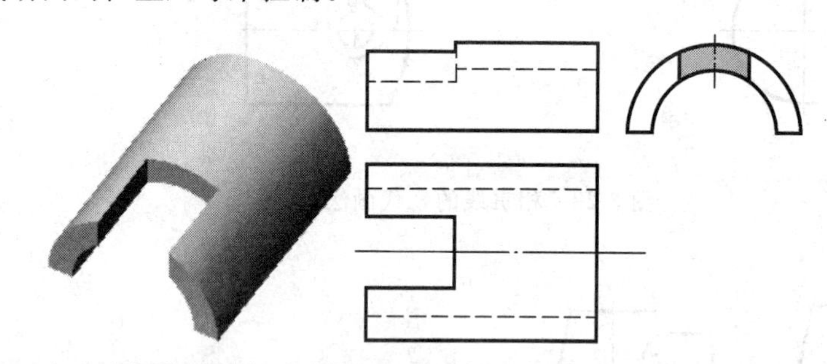

(a) 中间切方槽（从俯视图知，平行轴线切为素线截交线，垂直轴线切为半圆弧中间段截交线）

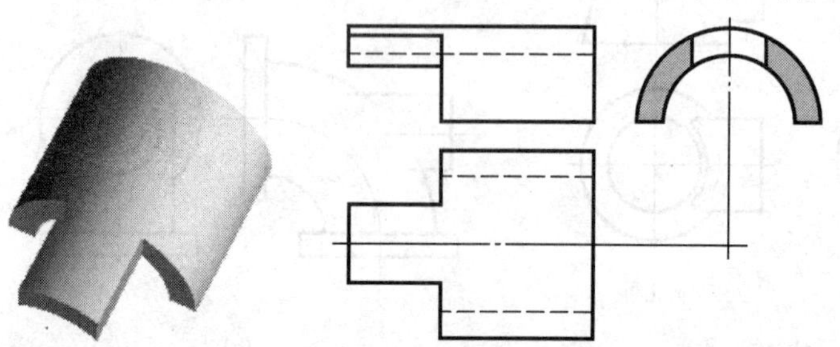

(b) 两侧切方角［从俯视图知，平行轴线切为素线截交线同图(a)，垂直轴线切为半圆弧前、后段截交线］

图 3-31　两个相同的半圆柱筒用不同范围的截平面切割

在绘制截交线的投影时，不要过分关注截交线的形状如何绘制，而要首先关注它所从属的基本体形状以及截断面位置，再依照表 3-1、表 3-2 等基本截交线图形进行空间想象与截断面大小的取舍，绘制正确的图形。如图 3-31 所示为半圆柱筒不同位置切割的示例。

**二、相贯线**

相贯线的形状和尺寸同样受控于两基本体形状大小与两基本体的相对位置。因此，在生产制作时，应先定好两基本体的相对位置，再制作各基本体的形状，至于两基本体的表面会在何处相交是水到渠成的问题。故确定一条相贯线的形状及尺寸，应当考虑的是两基本体的相对位置及两基本体各自的形状大小尺寸，应把这些尺寸在视图上反映出来。

在绘制相贯线的投影时，不要过分关注相贯线的形状如何绘制，而要首先关注它所从属的两基本体是什么类型的基本体以及两者的相对位置，基本体不同或相对位置不同就会产生不同的相贯线，初学者应当首先熟悉图 3-24、图 3-25、图 3-27 等基本图例，再根据这些基本图形去处理同类型的相贯线绘制问题。

下面介绍半圆柱筒与不同孔或槽基本体（为分析问题方便，把孔、槽看成基本体）相交形成的相贯线图形，如图 3-32 所示。

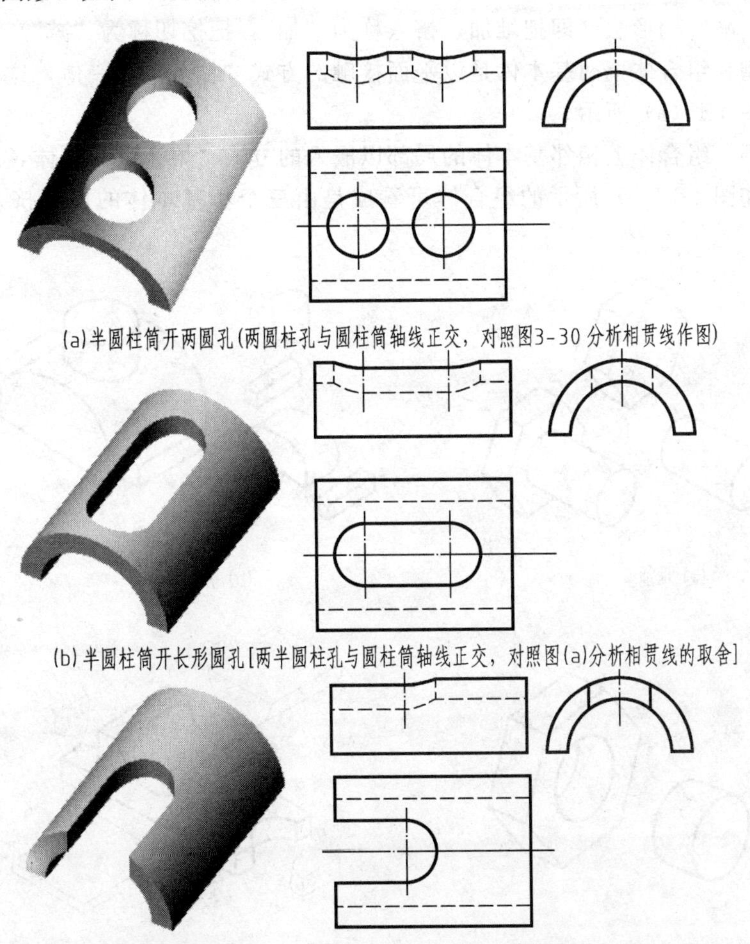

(a)半圆柱筒开两圆孔(两圆柱孔与圆柱筒轴线正交，对照图3-30 分析相贯线作图)

(b)半圆柱筒开长形圆孔[两半圆柱孔与圆柱筒轴线正交，对照图(a)分析相贯线的取舍]

(c)半圆柱筒开U形槽[半圆柱孔与圆柱筒轴线正交，对照图(b)分析相贯线作图]

图 3-32　三个相同的半圆柱筒开槽或打孔形成的相贯线

# 第四章 组 合 体

为了分析形体的方便，将复杂形体看成是由若干个基本体组合而成，称其为组合体。本章重点讲解组合体的构形、视图的画法与识读、尺寸注写，为绘制和阅读工程图打下基础。

## 第一节 形体分析

假想能把构成组合体的各基本体，拆分为一个个单独的基本体，然后分析各基本体的相对位置与各基本体视图，并分析重新合并各基本体时的构形方式与相遇表面的连接形式，这就是组合体的形体分析法。它是绘制和阅读组合体视图的基本方法。

### 一、构形方式

组合体的构形方式是指基本体的拼合方式，主要有堆加、挤入、挖切等方式，可简称为基本体的“加、减”构形法（即把堆加、挤入称为“加”，把挖切称为“减”）。

（1）堆加型 组合体上两基本体是以平面接触的方式“粘合”为一体，这种构形方式称为堆加型，如图 4-1（a）所示。

（2）挤入型 组合体上相邻基本体的局部以嵌入的方式“熔合”为一体，这种构形方式称为挤入型。如图 4-1（b）所示的组合体可看成是由三个小基本体的局部挤入大基本体内而形成的。

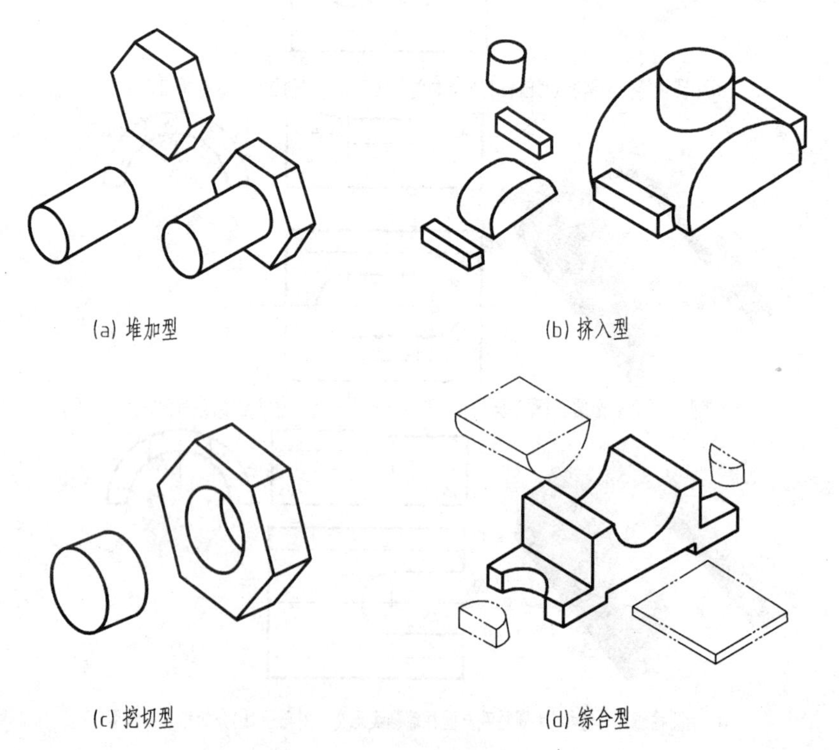


图 4-1 组合体的构形方式

（3）挖切型 从一个大基本体上挖切出小基本体（或简单体）而变为复杂形体，这种构形方式称为挖切型。如图 4-1（c）所示的组合体是大基本体被切去 1 个小基本体而成的。

（4）综合型 组合体是由堆加型、挤入型、挖切型中两种以上的构形方式构成，如图 4-1（d）所示为上下两个四棱柱堆加，然后进行挖切构成的组合体。

## 二、各种构形的相遇表面连接形式

组合体上相邻两基本体的相遇表面在连接处主要有交线连接、平齐连接、切线连接。

### 1. 交线连接

交线连接指的是组合体上两基本体的相遇表面，在相遇处有交线，交线既隔开又连接两相遇表面。堆加型的交线连接一般不影响基本体图形。挤入型的交线连接一般会修剪基本体图形，这种相遇表面的交线，在作图时要正确绘出。如图 4-2 所示为交线连接两表面。

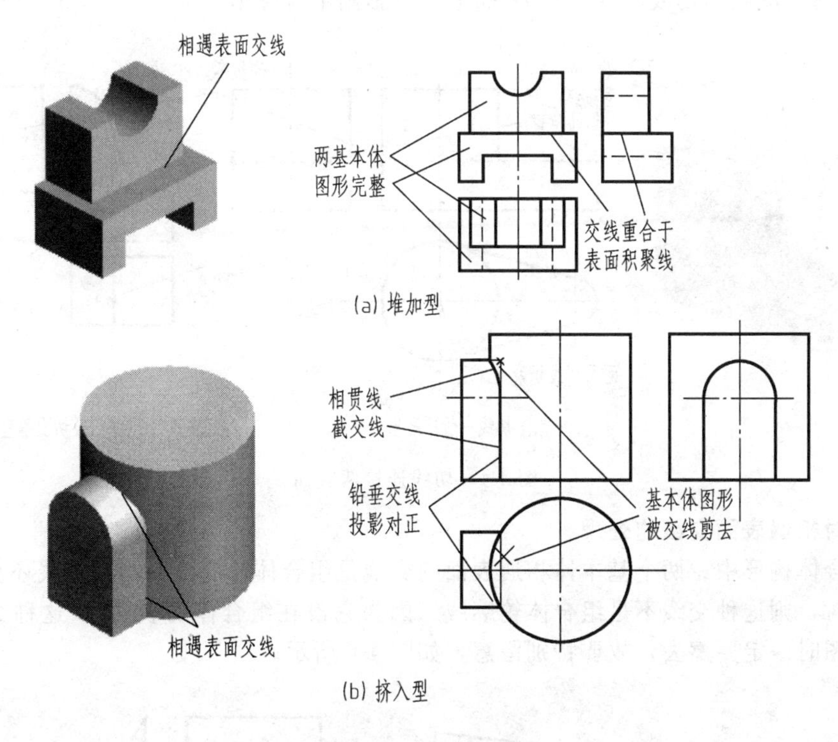


图 4-2 交线连接两表面

### 2. 平齐连接

平齐连接指的是组合体上两基本体的相遇表面对接时是平齐的，相遇两表面合为一个表面。平齐连接的两表面若投影积聚则重合或共线（为直线或光滑曲线），若投影不积聚则在对接处无分隔轮廓线（即两面合一）。三种构形方式都有可能出现平齐连接，如图 4-3 所示为堆加型的平齐连接示例。

### 3. 切线连接

切线连接指的是组合体上两基本体的相遇表面以相切的关系光滑连接，相遇两表面合为一个表面。相切连接的两表面若投影积聚则两表面的积聚线是相切关系，切点是连接两表面的切线之积聚点。若该两表面投影不积聚，则因不许画出切线而使得两面图形无分隔线（即二面合为一面）。注意，此切线位置是原两表面出现在组合体中的分隔线位置，一般要从切线的积聚点位置按三等关系去找其他投影面上位置。相切连接常见于挤入型中，如图 4-4（a）所示。

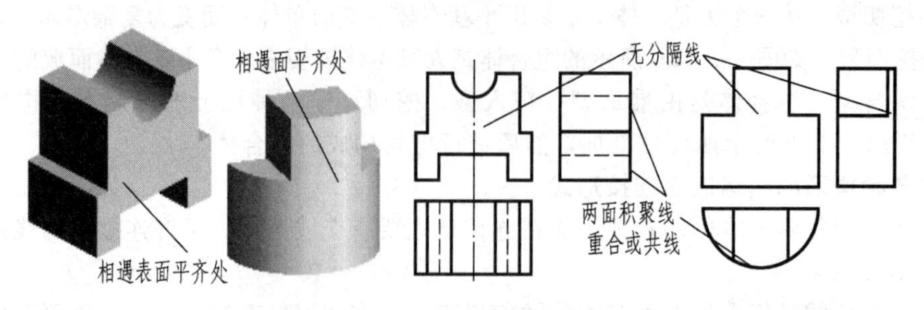


图 4-3 平齐连接两表面（两基本体视图在平齐处无分隔线）

特殊情况的切线连接需画出切线的投影，如图 4-4（b）所示的公切平面垂直 $H$ 投影面，在 $H$ 投影面上应画出切线轮廓，在 $W$ 面上的投影则不应画出。

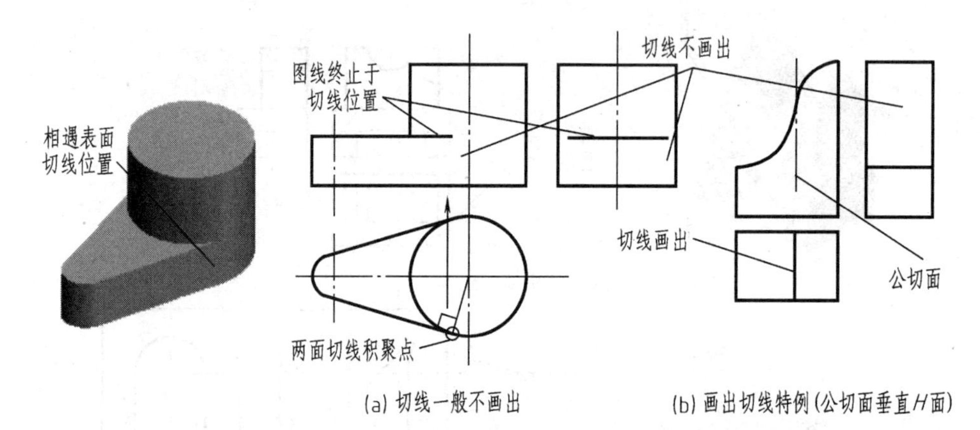


图 4-4 切线连接两表面

**三、对相遇表面交线的处理**

在组合体构形中，两个基本体相遇表面的交线是组合体轮廓线，当该交线还从属于第三个基本体时，则这种交线不是组合体轮廓线（因为它没在组合体的表面）。这种交线在绘制组合体视图时一定要擦去，故要特别留意，如图 4-5 所示。

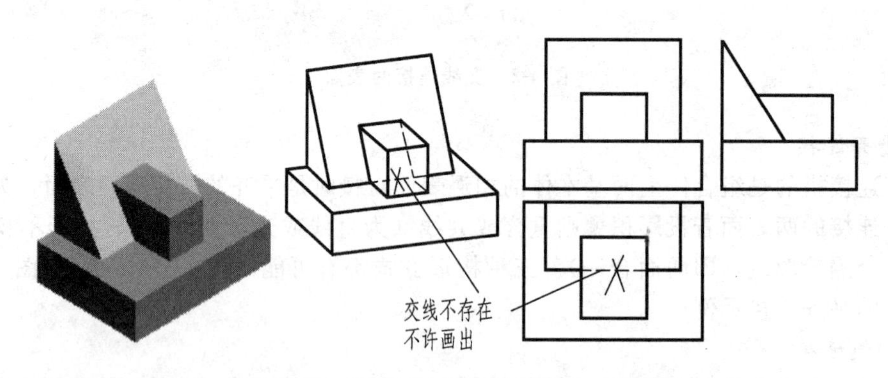


图 4-5 组合体上三个基本体所共有的表面交线的处理

## 第二节 三视图画法

绘制组合体三视图的方法有形体分析法和线面分析法。形体分析法是绘制组合体视图的基本方法，线面分析法主要用于挖切型组合体的图形绘制。

**一、形体分析法作图**

按构形方式从组合体上拆分出基本体，然后按各基本体相对位置逐一画出基本体三视图，并对相邻两基本体相遇表面的连接处按相遇表面连接形式进行处理，这就是形体分析法作图。简单地说，就是“加”基本体视图与“加减”相遇表面连接处图线，简称为“加减画图法”。

画图过程一般是先画大（或重要）基本体视图，后画小（或次要）基本体视图，且每加上一个基本体视图，要注意找准该基本体视图位置以及处理表面连接处的图线，最后对照组合体实物或轴测图进行检查，修改细节，加粗描深，完成全部作图。

**【例 4-1】** 根据实物模型或如图 4-6 所示的轴测图，绘制三视图。

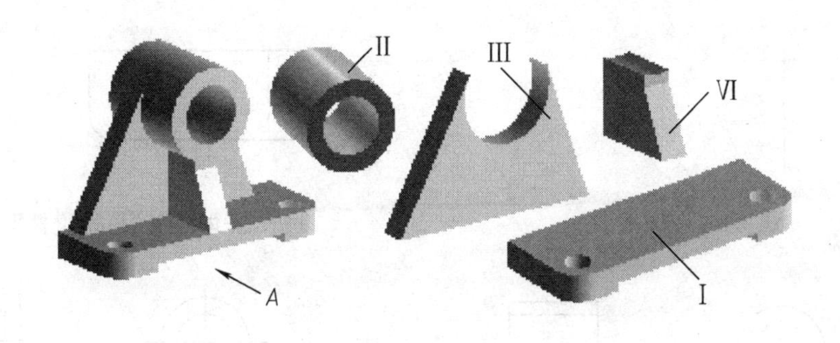


图 4-6 轴承座的拆分与主视图方向选择

**解**

(1) 构形分析 轴承座可拆分为底座Ⅰ、水平圆筒Ⅱ、立板Ⅲ、肋板Ⅳ［图 4-6 (b)］。

(2) 确定主视图 主视图是三个视图中的主要图形，要把该组合体上主要基本体的位置、特征形状体现出来。一般组合体是按自然位置放置（下大上小，底为平面，主要表面平行或垂直投影面），放置好后有四个投影方向可供选择，图 4-6 中 $A$ 向投影能清晰地反映主要基本体（轴承座底座Ⅰ、水平圆筒Ⅱ、立板Ⅲ）的形状特征和相对位置关系，而且该视图中出现的虚线较少（还应兼顾其他视图虚线要少）。所以，应选择 $A$ 方向作为主视图的投射方向。

确定主视图后，左、俯视图也就跟着确定了。

(3) 选比例、定图幅 根据形体长、宽、高尺寸算出三个视图所占范围，并加上视图之间留有适当间距（如留作注写尺寸等），以及画标题栏占用范围，估算出所需画图面积，按 1∶1 比例选用标准图幅。若无这么大的图幅或图形太小则另选国家标准中给定的比例与图幅。

(4) 画图

① 安排好三个视图的位置，即画出作图基准线［图 4-7 (a)］。两视图间距要适当，不宜太小或太大。作图基准线一般是组合体的对称面、底面、后侧或左右侧较大平面的投影位置线，重要圆柱筒等回转体的轴线。

② 画底稿。即用不太亮的 $b/4$ 宽度线型用“加减画图法”绘制组合体三视图。因画图过程易出错或多画线，若线条太亮的话在擦去时就会把图面弄脏，故一定要画底稿。

“加减画图法”的绘图顺序是先画出大的基础基本体三视图［图 4-7（b）］，再据第二个要绘的基本体与基础基本体的位置尺寸，确定第二个基本体的视图位置，然后绘出第二个基本体的三视图［如图 4-7（c）］，并立即处理这两个基本体的相遇表面图线。按这一方法依次把各基本体视图叠加上去［图 4-7（b）～（e）］，并注意可见性表达。

基本体三视图的绘制，应抓住基本体三视图特征及尺寸关系。

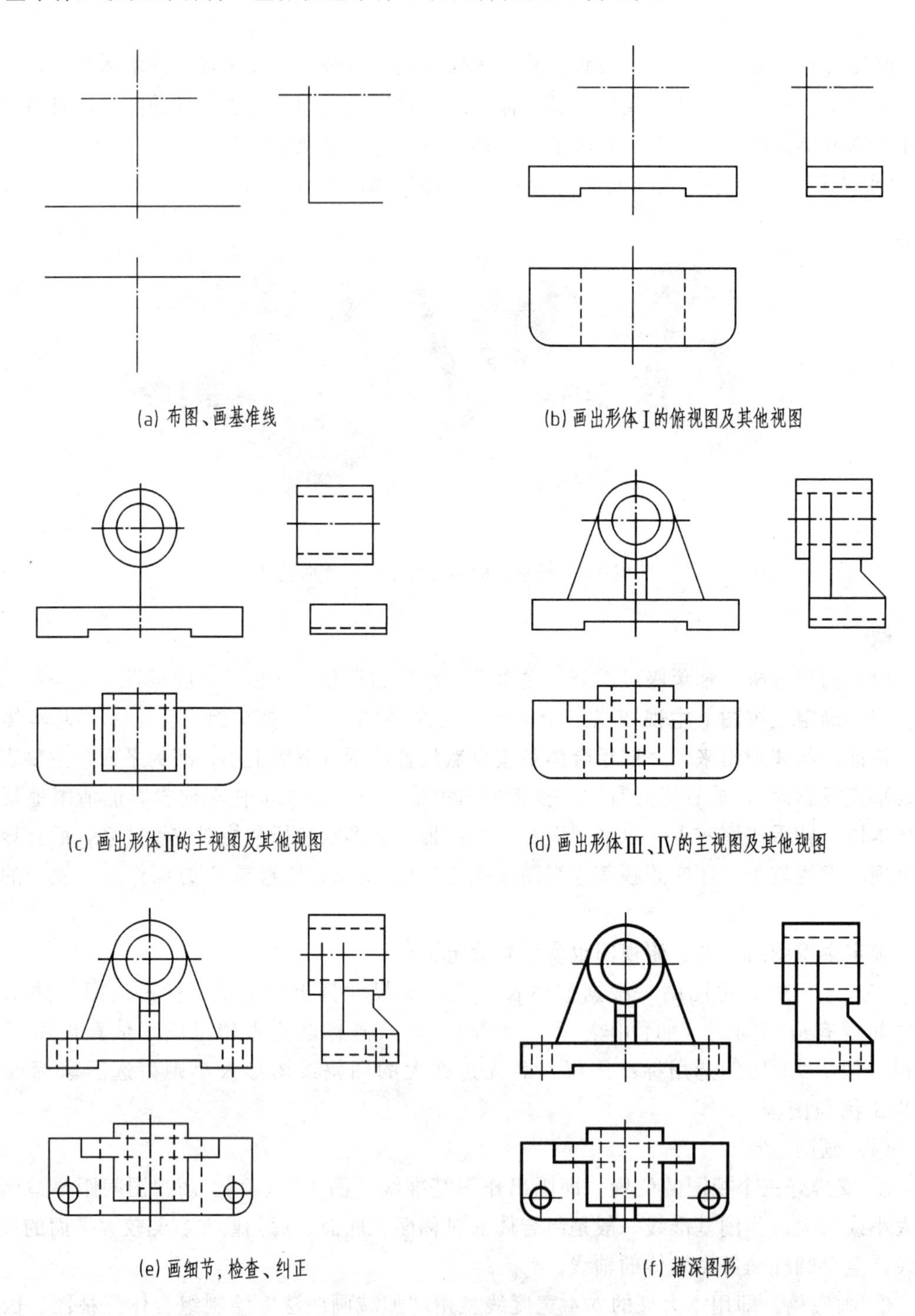

(a) 布图、画基准线

(b) 画出形体Ⅰ的俯视图及其他视图

(c) 画出形体Ⅱ的主视图及其他视图

(d) 画出形体Ⅲ、Ⅳ的主视图及其他视图

(e) 画细节，检查、纠正

(f) 描深图形

图 4-7　轴承座的画图步骤

③ 检查、描深。检查是指画完底稿后，对底稿的作图过程作一次重复思考（特别要注意如图 4-5 所示的三个基本体共有交线的擦除，在图 4-7（d）俯视图中的立板、肋板与底板（或圆柱筒）的三个基本体共有交线要擦除，并对照组合体的整体形状（实物或轴测图）观察所绘制的组合体三视图是否做到了正确表达。描深是指按国家标准规定线型的宽度描深图线，描深过程为先描圆弧线，后描直线；先描水平、铅垂线，后描斜线。当几种图线重合时按粗实线、虚线、点画线、细实线的次序，只画出排在最前的图线。

**二、线面分析法作图**

对于挖切型组合体的作图，如果挖切出的是完整的基本体，则留下的孔、槽形状依然是基本体形状（如图 4-6 中底板上的两个小圆孔），这类孔、槽的三视图与其对应的实体三视图基本一致或差别不大（如有虚线），故一般是按形体分析法处理；如果挖切出的形体不完整，则留下的孔、槽形状属于对基本体截切的截断体形状，故应按照第三章截断体的作图方法处理，只是此处强调利用平面形投影特性（类似性、实形性、积聚性）求解，这就是线面分析法作图。

绘制挖切型组合体的作图步骤为先画出挖切前的完整基本体视图，再画挖切出的完整孔或槽基本体视图，最后应用线面分析法绘制截断面的投影，擦去多余线条完成全图。

**【例 4-2】** 根据实物模型或如图 4-8（a）所示的轴测图，绘制三视图。

**解**

（1）形体分析出五棱柱和挖切四棱柱。

（2）画五棱柱和四棱柱三视图，如图 4-8（b）、（c）所示。

（3）线面分析法画图 4-8（d）中的 $P$ 面投影图。先找出表面 $P$ 在 $V$ 面的积聚线和 $W$ 面的 8 边形图，再按平面形投影类似性和三等关系画出其在 $H$ 面的 8 边形图。

（4）最后修去多余线条，完成全图。

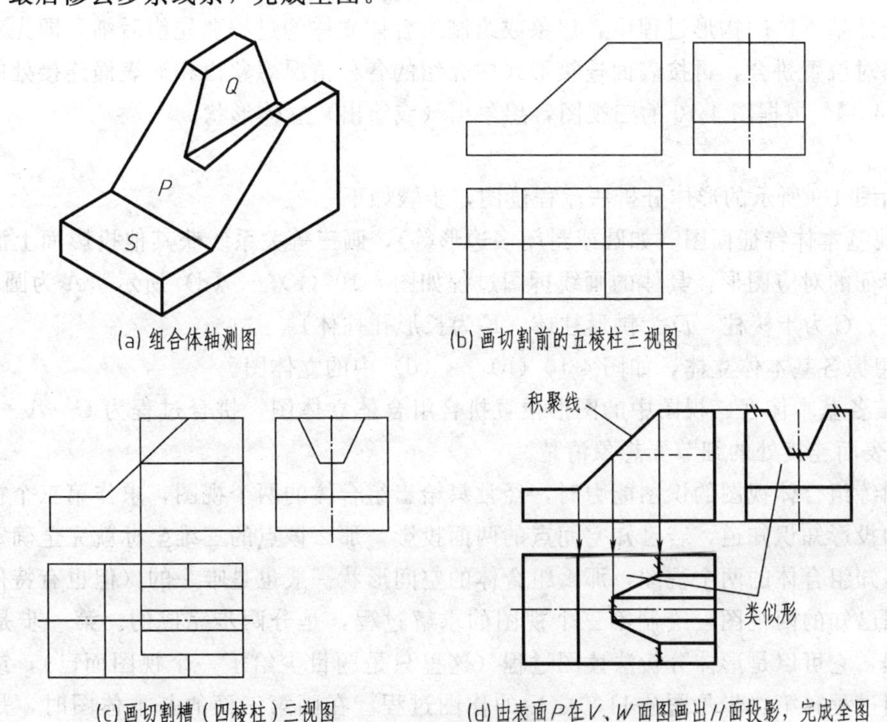


(a) 组合体轴测图　(b) 画切割前的五棱柱三视图

(c) 画切割槽（四棱柱）三视图　(d) 由表面 $P$ 在 $V$、$W$ 面图画出 $H$ 面投影，完成全图

图 4-8　线面分析法绘制挖切型组合体三视图

# 第三节 识读视图

在看组合体视图时，首先要应用形体分析法读图，当用形体分析法看不懂视图中某些局部的图线时，才采用线面分析法读图。

## 一、形体分析法读图

形体分析法读图是形体分析法作图的逆过程，即根据基本体视图特征把给出的组合体三视图拆分成若干组基本体三视图，并分别想象出这些基本体形状，然后，依据这些基本体在组合体视图中的相对位置进行构形，想象或绘出组合体立体。为了保证想象出的立体形状的正确性，应当把想象出的组合体立体假设向三投影面投影，重新获得三视图，并与原三视图对比，如完全一致则读图正确，如有小的细节差别则要对细节处再作修改，并再作验证。

上述过程用流程图说明，如图 4-9 所示。

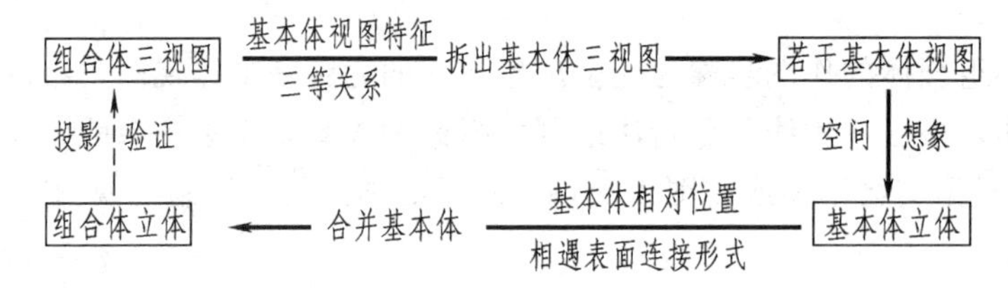


图 4-9 形体分析法流程

拆分基本体三视图组的过程是最关键的一步，要借助三角板、分规等绘图工具，按三等关系合理地从组合体视图中找出具有符合基本体三视图特征（或接近基本体的三视图特征）的图块，最终要把组合体视图划分成几个基本体视图组。

在合并基本体的构形过程中，想象或绘制组合体立体的过程要先粗后细，即先对基本体立体按相对位置拼合，再按表面连接形式中介绍的各种情况想象出相遇表面连接处的细节。

**【例 4-3】** 根据图 4-10 的三视图，想象出（或绘出）立体形状。

**解**

按如图 4-9 所示的形体分析法流程读图，步骤如下。

① 找基本体特征面图（如圆或封闭多边形等），画三等关系线获其他投影面上满足基本体视图特征的对应图形，具体的画线拆图过程如图 4-10（b）～（d）所示（$A$ 为圆柱筒、$B$ 为四棱柱、$C$ 为十棱柱、$D$ 为拱形柱体、$E$ 为长形孔柱体）。

② 想像各基本体立体，如图 4-10（b）～（d）中的立体图。

③ 按各基本体在三视图中的图形位置拼合组合体立体图，拼合过程为 $C \to A \to B \to D \to E$，相遇表面连接处的细节要想象清楚。

在训练组合体视图的识图能力时，经常只给出组合体的两个视图，求作第三个视图。从空间点的投影知识知道，若已知空间点的两面投影，那么该点的三维坐标就完全确定了；同样，若已知组合体的两个视图，那么组合体的空间形状一般也是唯一的（但也有特例）。

根据已知的两视图，绘制第三个视图的求解过程，是分两步完成的。第一步是图 4-11 中①过程，它可以是形体分析法读图过程（这里只是题目少给了一个视图而已），或线面分析法读图过程；第二步是图 4-11②之后的作图过程。在画第三面的基本体图时，是依据该基本体的空间形状和已知的两基本体视图作出。在增加各基本体视图的作图过程中，要正确

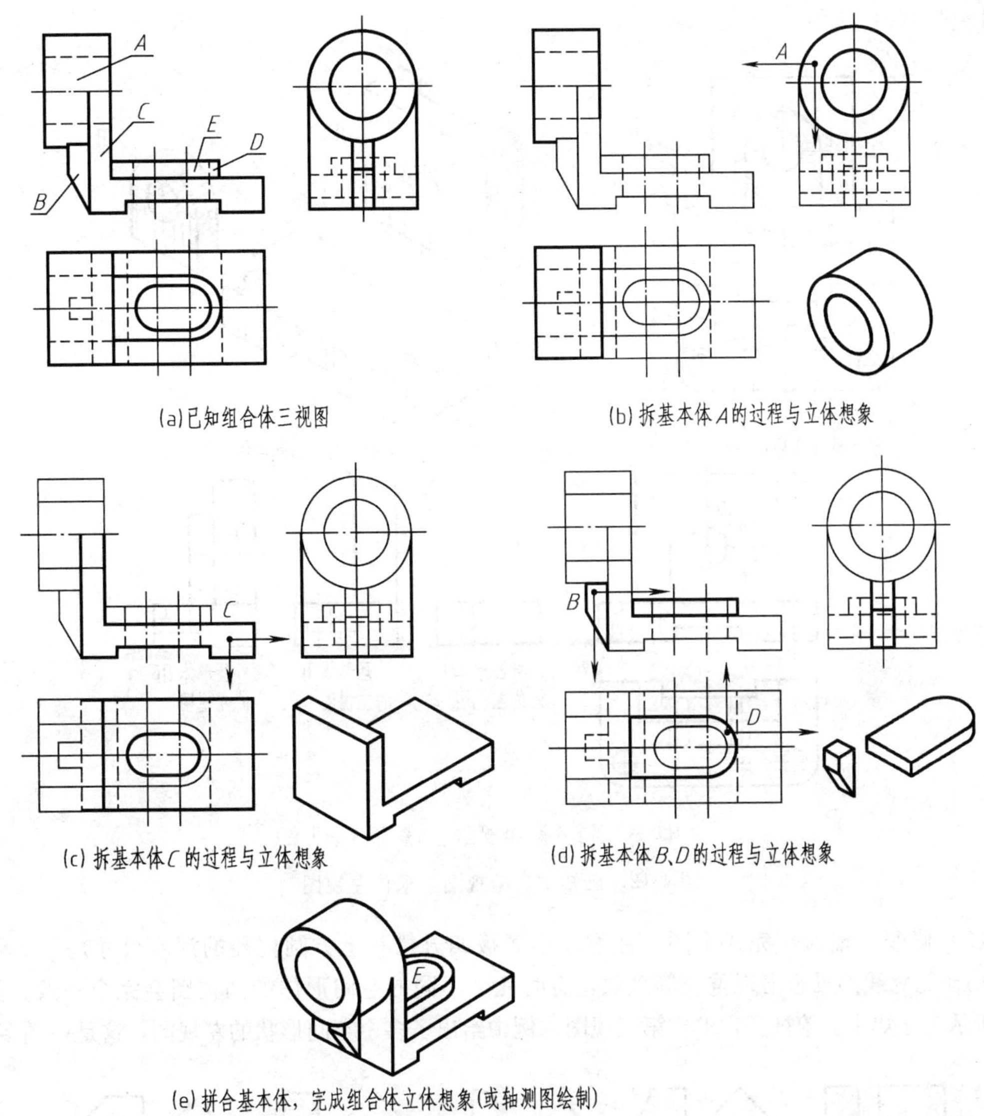


图 4-10 形体分析法识读组合体三视图

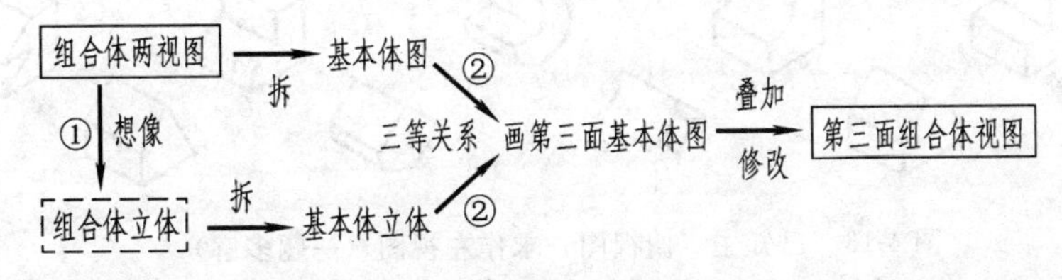


图 4-11 补画第三视图的画图流程（第一步做①，第二步同时做②）

处理相遇表面连接处图线。

**【例 4-4】** 根据图 4-12（a）给出的两视图，绘制第三个视图。

**解**

（1）如同例 4-3 那样进行形体分析法读图，想象出立体形状，如图 4-12（b）所示。

（2）根据想出的立体形状和给出的两个视图，用形体分析法逐一绘制出各基本体视图，如图 4-12（c）所示。

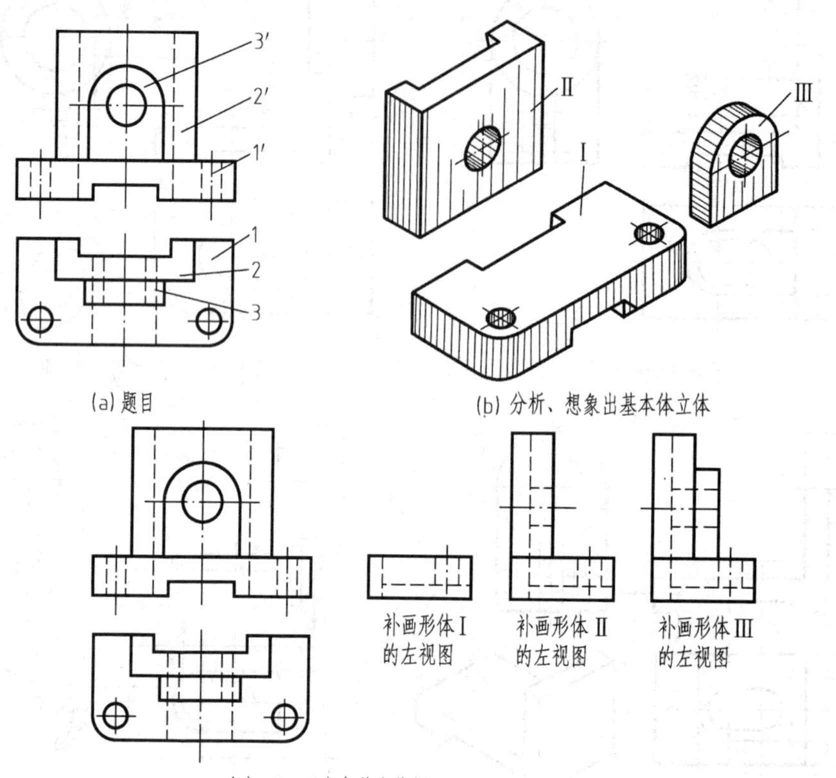


图 4-12 已知主、俯视图，求作左视图

（3）修改、描深，完成全图（注意图中底板四方槽和上方圆柱孔的深度尺寸）。

由于轮廓线的投影出现重合等现象，有时几个不同的空间形体的两视图会完全一致。如图4-13所示为已知主、俯视图，求作第三视图。例中给出了多个空间形状的左视图，这是一题多解。

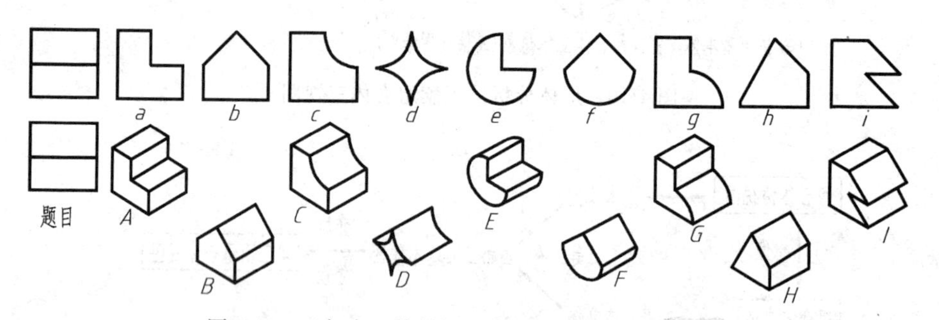


图 4-13 已知主、俯视图，求作左视图（一题多解）

## 二、线面分析法读图

对于挖切型组合体视图的识读，首先要应用截断体中补缺口的方法合理地补上组合体上的缺口，应用形体分析法进行基本体形状的空间想象。同时，对挖切出的孔、缺口能当作基本体形状看待的，按基本体形状处理。对难看懂的局部形状，先单独找出其上某一表面的一个图形（一般为封闭的多边形），再应用三等关系和平面形投影特性找出其他投影面上的类似形（或积聚线、真实形），当一个表面在两个或三个投影面上的图形确定后，这个表面的

空间形状和空间的位置也就能想清楚，然后，把该表面贴于前面分析出的形体上，逐步构建该局部的空间形状，这种识图过程称为线面分析法读图。

图 4-14 中的Ⅰ面分析与其在基本体上的贴图，体现了该方法在解题中的作用。

**【例 4-5】** 如图 4-14（a）所示，已知组合体的主、左视图，完成俯视图。

**解**

(1) 补左视图切口，完成五棱柱基本体想象，作五棱柱俯视图；由 1″八边形对应主视图中 1′高度尺寸，想象出Ⅰ平面空间形状与位置，然后在（b）图对应位置上贴上Ⅰ表面。

(2) 从Ⅰ贴图位置与主、左视图，想象出切槽四棱柱Ⅱ形状，并从柱体投影图特征知基本体Ⅱ（槽）的俯视图为矩形，按三等关系作出，如图 4-14（c）所示。

(3) 在立体图上贴 3′图形，同（2）分析画出去五棱柱Ⅲ的切口，如图 4-14（d）所示。

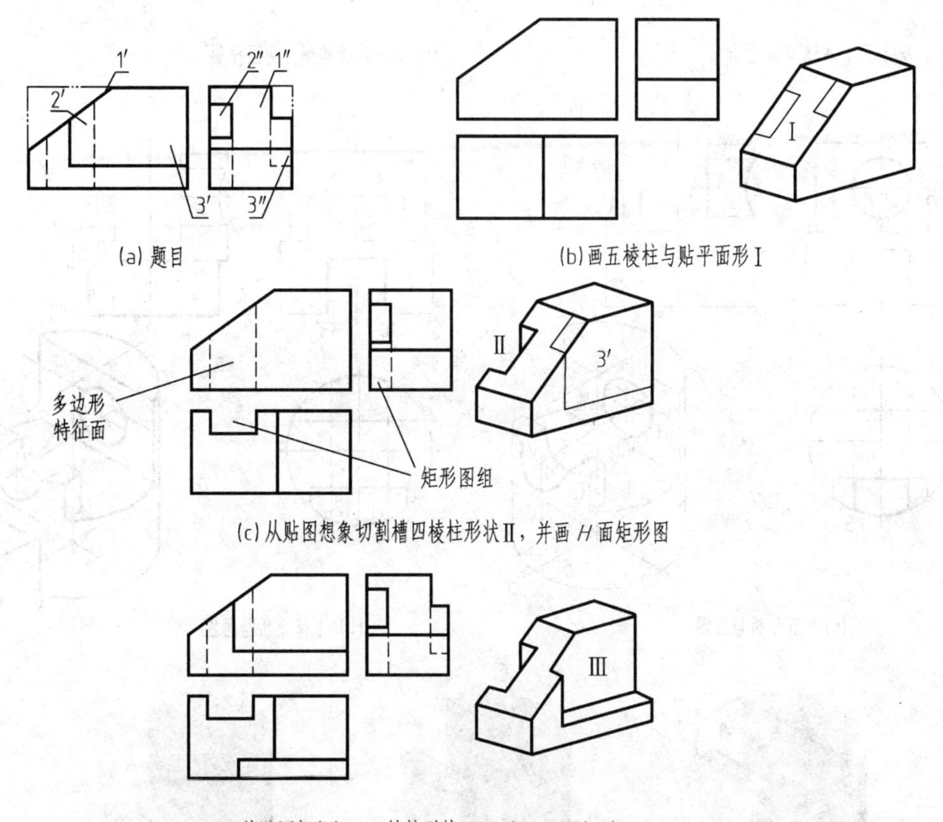


(a) 题目

(b) 画五棱柱与贴平面形Ⅰ

(c) 从贴图想象切割槽四棱柱形状Ⅱ，并画 $H$ 面矩形图

(d) 从贴图想象切口五棱柱形状Ⅲ，并画 $H$ 面矩形图

图 4-14　形体、线面分析法补第三视图

**【例 4-6】** 如图 4-15（a）所示，已知组合体的主、俯视图，完成左视图。

**解**

(1) 形体分析作图。补主视图切口，判定为圆柱体，画出基本体左视图及画圆柱体轴测图。线面分析法贴图。忽略主视图上方小圆对正于俯视图上的图线，则俯视图为三个粗实线封闭多边形，把它们贴于圆柱体轴测图上端面，如图 4-15（a）立体图。

(2) 线面分析三平面形 $A$、$B$、$C$ 在主、俯视图上的位置，然后把它们拉到实际高度位

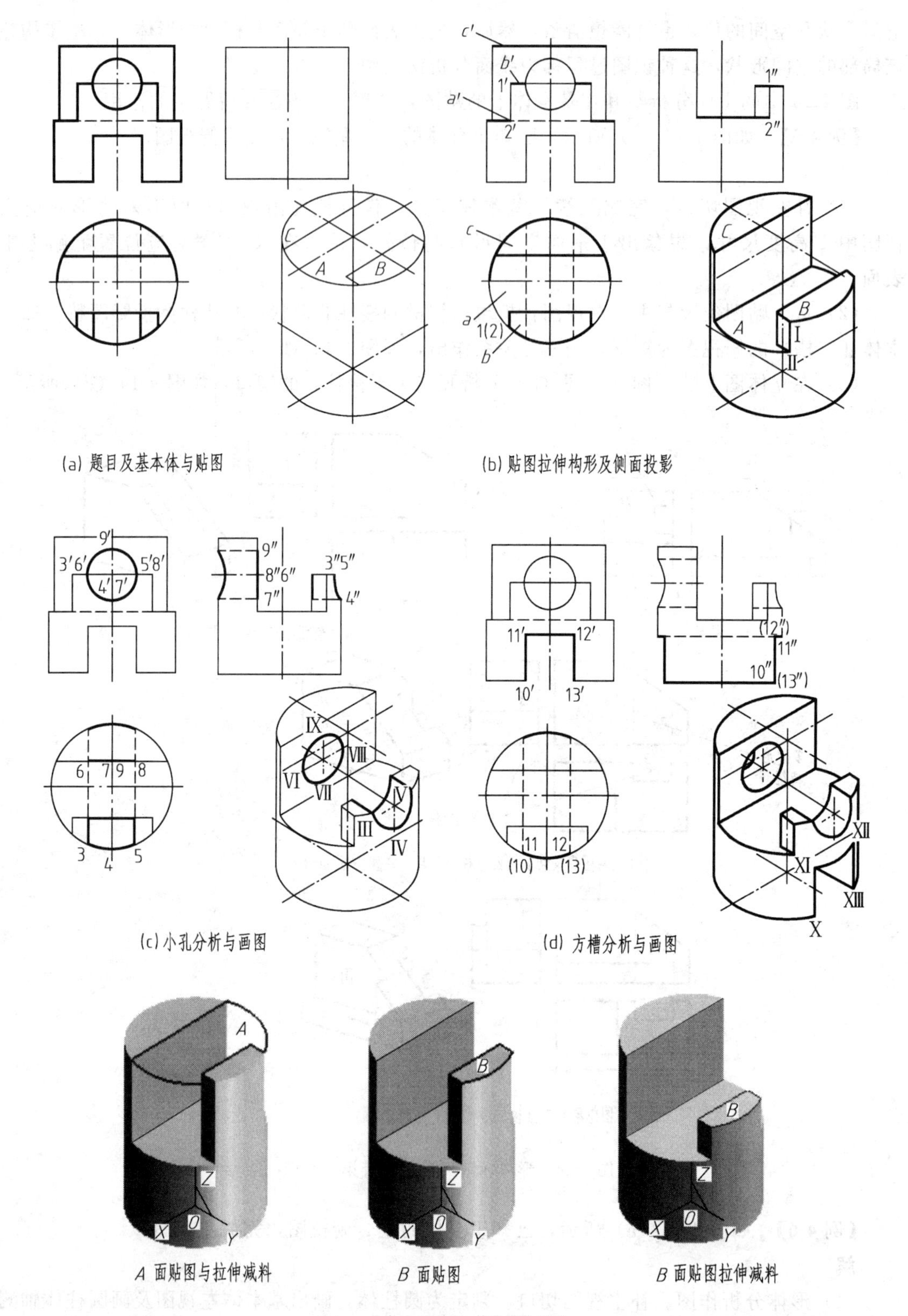


(a) 题目及基本体与贴图　　(b) 贴图拉伸构形及侧面投影

(c) 小孔分析与画图　　(d) 方槽分析与画图

(e) CAD中的“贴图”拉伸三维造型

图 4-15　形体、线面分析法补第三视图

置，想象立体形状或画出轴测图，在此基础上再绘制各表面在侧投影面的投影，如图 4-15 (b) 所示。注意 2″点对面 $A$ 积聚线的限制。

(3) 在上一步的基础上分析主视图中的小圆及其对应于俯视图中的图线，这时很容易想象到是挖去了一个小圆柱体，在后板块上留下圆孔、在前板块上留下半圆槽。分别画出圆孔和半圆槽侧面投影图，并对相贯线采用近似画法绘制，如图 4-15 (c) 所示。

(4) 下方方槽为两个矩形断面和一个具有圆弧线段的四边形断面，按截断面求解方法作出，如图 4-15 (d) 所示。把图 4-15 (d) 中可见轮廓线加粗，即获完整三视图。

上例中的贴图拉伸构形，体现了 CAD 三维造型的过程，如图 4-15 (e) 所示。

形体分析法读图与线面分析法读图相比，形体分析法读图常把一个封闭的多边形看成是某类基本体的一个视图（如特征面视图），线面分析法读图则把一个封闭的多边形图看成是一个空间平面形的投影。只有在采用形体分析法找不出对应的基本体视图或分析起来较困难时，才采用线面分析法进行辅助读图。对组合体构形中的基本体相遇表面连接处图线的分析与处理，应在作图与读图练习中认真思考、逐步领会。

形体分析是组合体作图与读图的基本方法，是把各基本体视图于一定位置进行叠加并作“加减”处理。因此，组合体作图与读图一定要紧紧抓住基本体视图。

## 第四节　注写尺寸

要做到正确地注写组合体尺寸，首先要能看懂组合体的视图，具有从组合体中分离出基本体视图的能力，才可能理解组合体的尺寸注法，因此，本节中基本体尺寸的注写是基础，在注写组合体的尺寸时要注意体现出这些基本体的尺寸。如果从制作组合体实物的角度考虑，工人最关注如下三类尺寸。

① 制作时所需的原材料尺寸，它不能小于组合体总长、总高、总宽尺寸。确定组合体总长、总高、总宽的尺寸称为总体尺寸，如图 4-16 中的总长 54、总高 38、总宽 30。

② 做组合体是从制作上面的基本体开始的，故需要（组合体上）基本体的尺寸。组合体上的基本体尺寸称为定形尺寸，如图 4-16 中三棱柱尺寸为 12、10、5。

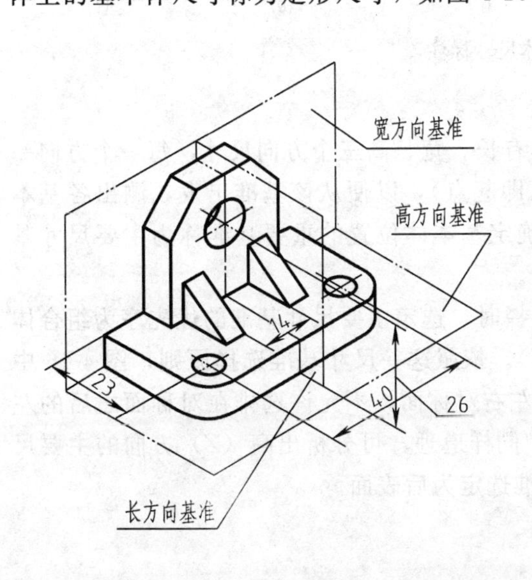


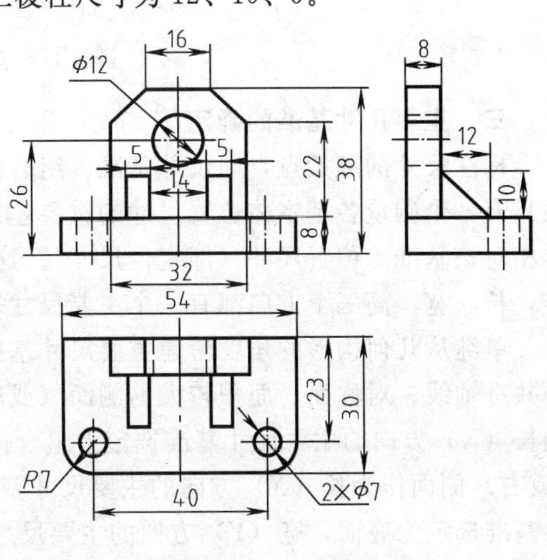


图 4-16　轴承座尺寸

③ 在做组合体时还要定好各基本体的位置。组合体上基本体间的相对位置尺寸称为定位尺寸，如图 4-16 中三棱柱位置尺寸 8、8、7（即 14/2）。

工人关注这三类尺寸，也就要求设计人员在进行组合体尺寸注写时，要分三类尺寸考虑，逐一完成每类尺寸的注写。一般要求沿 $X$、$Y$、$Z$ 投影轴方向注写和测量尺寸。

## 一、基本要求

① 尺寸数字、尺寸界限、尺寸线要符合第一章介绍的国家标准尺寸注法规定。一般不从虚线引出尺寸界线。

② 尺寸注写要清晰。从尺寸布置上看，尺寸一般注写在视图外，且较大的尺寸注写在外侧，当视图内有较大空间时尺寸就近注写；尺寸线不要与其他尺寸的界限或尺寸线相交；同方向的相邻尺寸尽量对齐在一条直线上。从尺寸类型上看，组合体上基本体的定形尺寸主要注在反映形体特征（如柱体端面实形图）的图上；定位尺寸也以注出形体特征图的位置为主，不能在特征图上注写的尺寸应在其他视图上注出。

③ 尺寸注写要完整。在组合体制作过程中所必需的尺寸不能漏注，也不要重复注写。

## 二、基本体尺寸

柱体尺寸一般是标注特征面（端面）尺寸及两特征面的距离尺寸；锥体尺寸一般是标注底面尺寸及锥顶距底面的距离尺寸，非直棱锥还需确定锥点位置的尺寸。圆柱、圆台直径尺寸数字前有 $\phi$ 符号，一般在非圆视图上注写；圆球直径尺寸数字前有 $S\phi$ 符号。如图 4-17 所示。

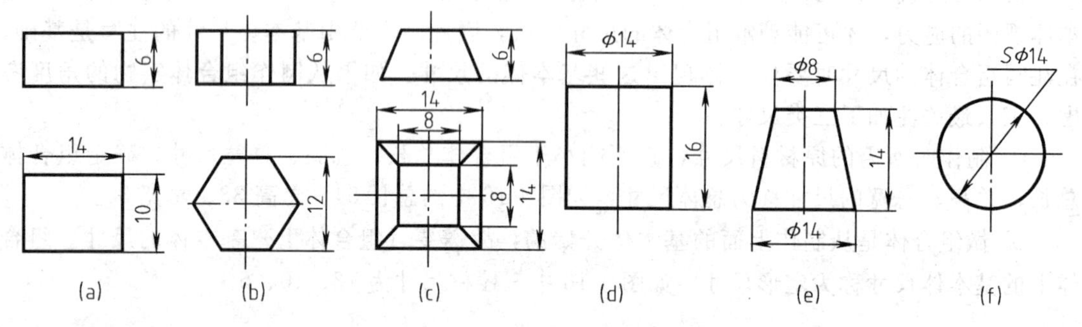


图 4-17　基本体尺寸标注

## 三、主要尺寸基准的确定

标注尺寸的起始点，即尺寸基准。组合体具有长、宽、高三个方向尺寸，每一个方向一般只有一个测量各基本体位置尺寸的重要基准（即起点），以便从该基准出发，测出各基本体相对该基准的位置尺寸（即定位尺寸）。这个确定基本体位置的重要基准称为主要尺寸基准，长、宽、高三个方向都有一个主要尺寸基准。

单纯从几何构形的角度考虑主要尺寸基准选择时，选定主要尺寸基准的优先序为组合体的共有轴线、对称面、面积较大的侧面（或底面）。依照这一尺寸基准选择原则，图 4-16 中的长（$X$）方向的主要尺寸基准选定为组合体的左右对称面，不允许选排在对称面之后的左（或右）侧面作为长（$X$）方向的主要尺寸基准；同样道理，可分析出高（$Z$）方向的主要尺寸基准选定为底面，宽（$Y$）方向的主要尺寸基准选定为后表面。

## 四、标注尺寸的方法和顺序

### 1. 标注尺寸的方法

标注组合体尺寸时，要把组合体分解为若干基本形体，逐个地标注出这些基本体的定位尺寸和定形尺寸。这种把复杂形体分解为简单形体的标注尺寸方法，称为标注尺寸的形体分析法。

2. 标注尺寸的一般顺序

先标注总体尺寸，其次标注定位尺寸，最后标注定形尺寸。这种注写尺寸的顺序，思路清晰、修改量少，体现了组合体制作过程所需尺寸的先后顺序。

**五、注写尺寸举例**

**【例 4-7】** 注写如图 4-18 所示组合体的尺寸。

**解**

(1) 看懂组合体视图。主要基本体为四棱柱底板（挖槽、孔）、圆柱筒、四棱柱支撑板、五棱柱肋板。为了分析方便，此处把实际形状作简化处理，如底板有圆角暂不计较。

(2) 主要尺寸基准选取。按“选定主要尺寸基准的优先序”的原则确定 $X$、$Y$、$Z$ 三个方向的主要尺寸基准位置，如图 4-18 (a) 所示。其中，宽度方向尺寸基准选大面积的后表面。

(3) 注总体尺寸。如图 4-18 (a) 中的总长 60 直接注出。因总高尺寸的上端为曲面，该类尺寸一般不许直接注写，而是注写为该曲面半径或直径尺寸和其轴线距底面尺寸的组合形式。又因上、下基本体在宽度方向错位，且尺寸基准位于中间，故总宽尺寸注写为从基准出发的 6＋22 的组合形式。

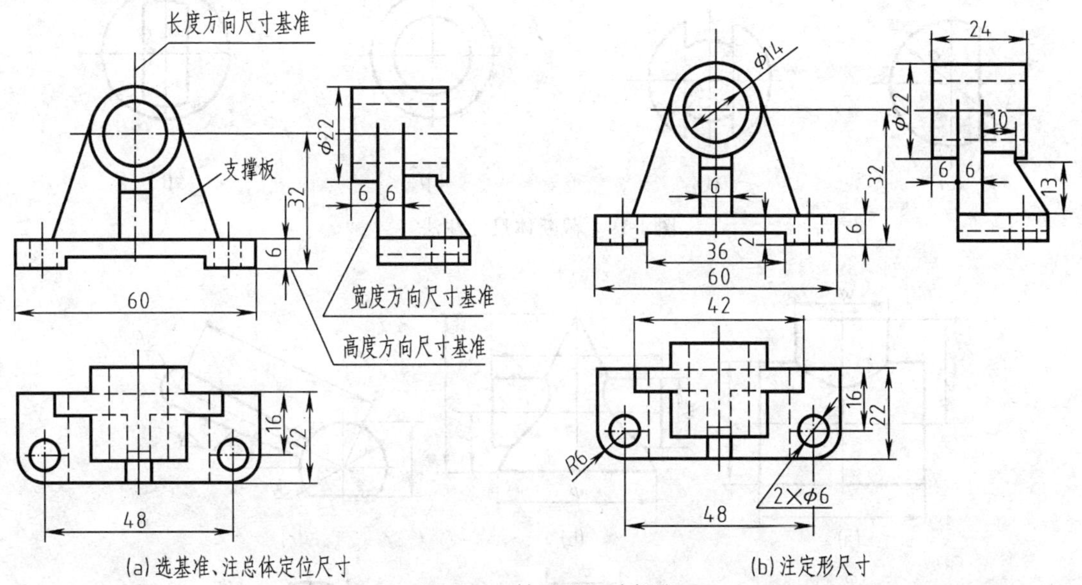


图 4-18 轴承座尺寸标注

(4) 定位尺寸注写。对基本体三个方向的定位尺寸要逐个分析、注写。定位尺寸的起点是在主要尺寸基准或辅助尺寸基准线上，终点应在基本体某一要素上，如圆柱体、圆锥体的轴线或端面，平面体的端面、侧面或对称面。如图 4-18 中支撑板的定位尺寸 $X=0$，就是从支撑板的对称面到 $X$（长）方向尺寸基准的距离为 0（两者重合），不需（也无法）注出。

如图 4-18 中的后方支撑板的定位尺寸为 $X=0$、$Y=0$、$Z=6$，其中为 0 的尺寸无须表达，故在视图上只注写了 $Z=6$ 的定位尺寸。对称分布的两小孔在 $X$ 方向的定位尺寸，本来应注写小孔到基准的距离 24，由于在其对称位置分布有一个完全相同的小孔，工程图上通常直接注写该两个对称结构的距离尺寸 48（此处是安装该组合体时对两孔中心距尺寸有要求)；底板小孔的 $Y$ 向定位尺寸为 16，$Z$ 向定位尺寸为 0（不注）。其它基本体的定位尺寸分析与注写，请读者按上述过程思考。

(5) 注写定形尺寸。定形尺寸就是基本体的尺寸。注写时还要注意四个问题：

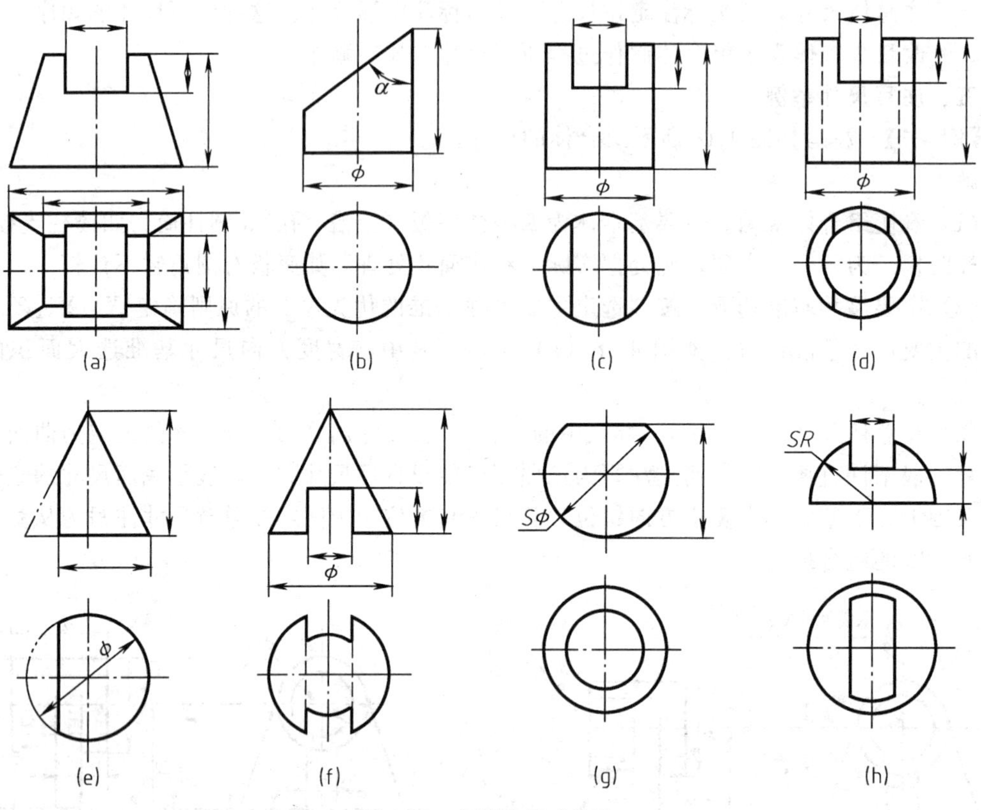


图 4-19 截断体尺寸注法

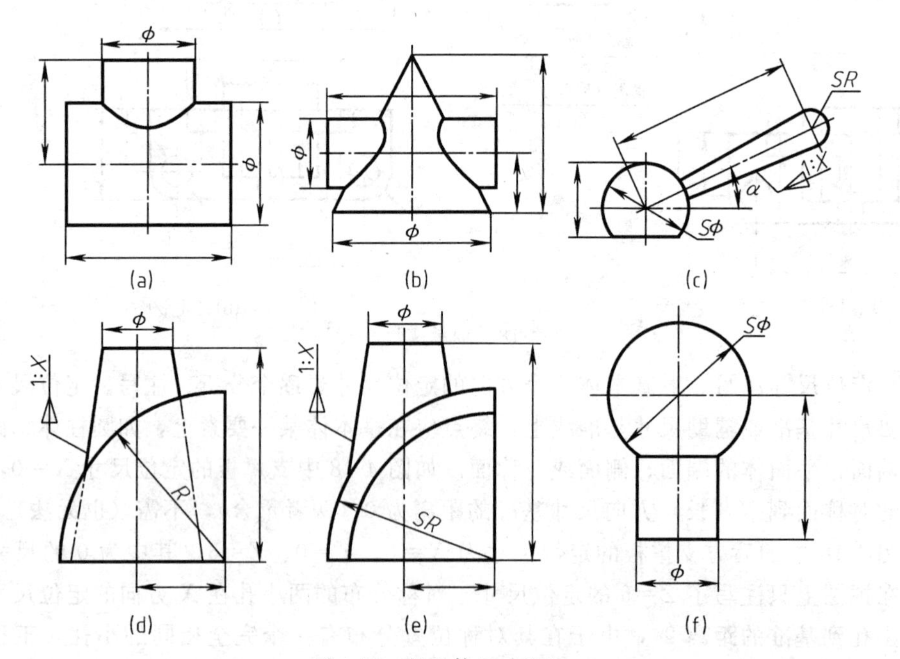


图 4-20 相贯体尺寸注法

① 定形尺寸已在注写定位尺寸或总体尺寸时已标上，就不要再注写，如图 4-18 中的底板高度尺寸 6，已在注定位尺寸时注明该定形尺寸（双重含义尺寸）；

② 定形尺寸已间接获得，这类尺寸不能再注出，如肋板下方宽度尺寸为已注尺寸（22－6）的值；

③ 定形尺寸的起点在截交线或相贯线上，这类尺寸一般不许注写（其他基本体的尺寸会限定它的尺寸），如图 4-18 中肋板高度尺寸不注（上方为截交线）。

④ 同一基本体上挖出有规律分布的相同孔，一般只在其中的一个孔上注写定形尺寸“孔数×$\phi$”，如图 4-18 中“2×$\phi$6”；同一基本体上相同的 1/4 圆柱面（称为圆角）若是对称布置，只注写其中的一个圆弧半径，如图 4-18 中的 $R6$，一般不注为 2×$R6$。

常见尺寸注法示例见图 4-19、图 4-20、图 4-21。

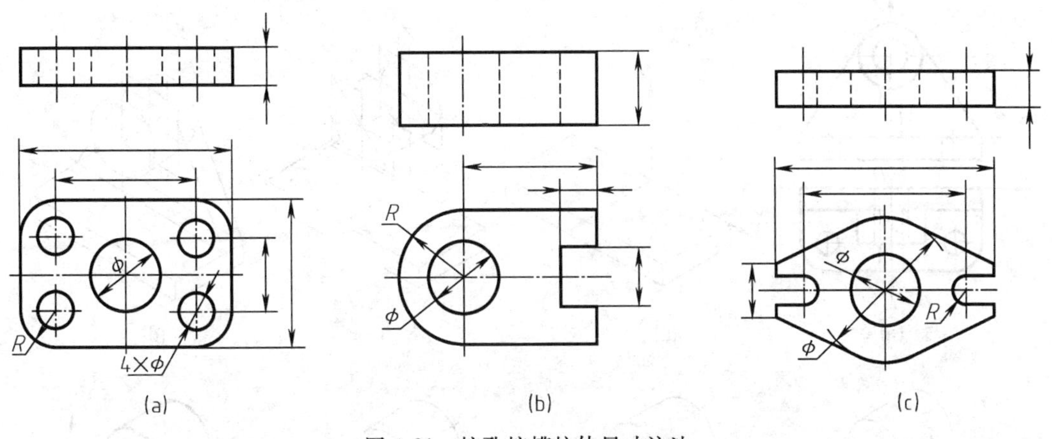


图 4-21 挖孔挖槽柱体尺寸注法

# 第五节 轴测图画法

## 一、正等测轴测图画法

首先应分析构成组合体的各基本体及相对位置、相遇表面连接形式，然后画轴测图。画图时，是逐个基本体绘制，先画基础基本体，再画其他基本体。画其他基本体的轴测图时，要相对基础基本体的轴测轴系建立一个新轴测轴系，然后才绘制该基本体轴测图，最后要按两基本体相遇表面连接形式进行修理。依此过程逐步完成组合体轴测图。

## 二、正等测轴测图画法举例

**【例 4-8】** 画出如图 4-22（a）所示轴承架的正等测轴测图。

**解**

（1）分析视图，确定 $X$、$Y$、$Z$ 轴的方向和原点 $O$ 的位置，如图 4-22（a）所示。

（2）画轴测轴，并画出底板，如图 4-22（b）所示。

（3）以圆柱后端面中心点 $O_1$ 建立新的轴测轴 $O_1'X_1'Y_1'Z_1$，画出圆柱，如图 4-22（c）所示。

（4）作出与圆柱相切的支撑板，如图 4-22（d）所示。

（5）作出肋板，如图 4-22（e）所示。

（6）作出底板上两个圆角，如图 4-22（f）所示。

(7) 作出底板上两个圆柱孔及圆柱体上的圆柱孔，如图 4-22 (g) 所示。

(8) 整理、加深，完成轴承架的正等测作图，如图 4-22 (h) 所示。

其中，圆角的正等侧图画法说明如下。

平行于坐标面的圆角，实质上是平行于坐标面的圆的 1/4 部分，即是绘制椭圆的 4 段圆弧中的某一段弧。如图 4-23 (a) 所示底板的正等测图的画图步骤如下。

① 先画出长方体的正等测图，如图 4-23 (b) 所示。

② 在底板上平面过两角顶（钝角和锐角）沿相应轮廓边量取 $R$ 得四个连接点 1、2 和 3、4，过此四点分别作轮廓边的垂线，相交于 $O_1$ 和 $O_2$，以 $O_1$ 和 $O_2$ 为圆心作半径为 $O_1 2$、$O_2 3$ 的圆弧相切于 1、2 点和 3、4 点，完成底板上平面的圆角，如图 4-23 (b) 所示。

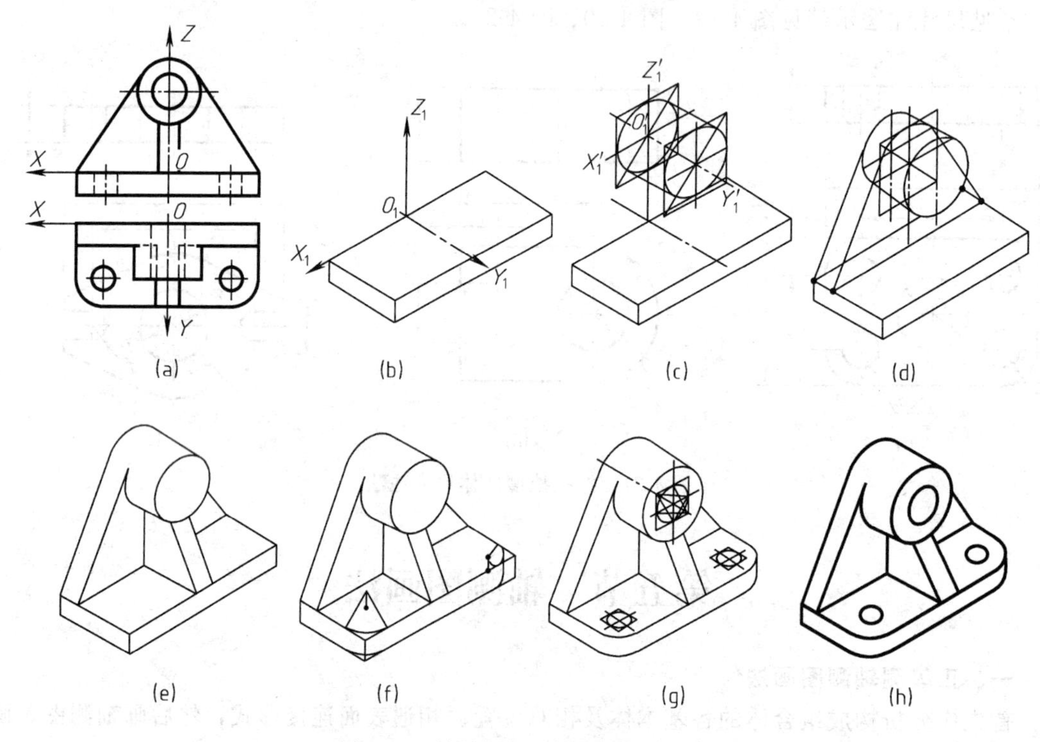


图 4-22 轴承架的正等测轴测图画法

③ 用平移法或同②方法画出与上平面的圆角相同的下平面的圆角，并在右前方锐角处画出上、下两个小圆弧的公切线，擦去多余图线，即完成底板的正等测图，如图 4-23 (c) 所示。

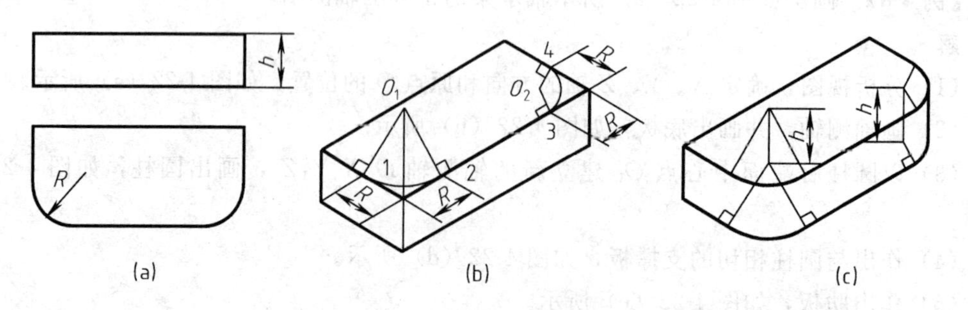


图 4-23 圆角的正等测轴测图画法

# 第五章　图 样 画 法

图样画法是制图标准的重要组成部分。各种工程图样如机械、电气、土木、建筑、化工等均有图样画法的标准，而每一种工程图样又包括了表达机件的各种方法，既有绘制图样的基本方法，又有表达机件的一般方法和特殊方法。其中国家标准《机械制图》是一项涉及面广、影响面大的重要基础标准，对统一工程语言起到了积极的作用，如统一各行业共同性内容制定的国家标准《技术制图　图样画法》，主要依据《机械制图》制定。《技术制图　图样画法》标准中所包括的技术内容有视图、剖视图、断面图、剖面区域的表示法、简化表示法等。前面已对视图作了部分内容的介绍，本章将全面地介绍这些内容。

## 第一节　视　　图

视图（GB/T 17451—1998、GB/T 4458.1—2002）是机件投射到投影面上的图形。视图分基本视图、向视图、局部视图和斜视图四种。

### 一、基本视图

以正六面体的六个面作为绘制机件图样时所采用的基本投影面。位于正六面体中的机件

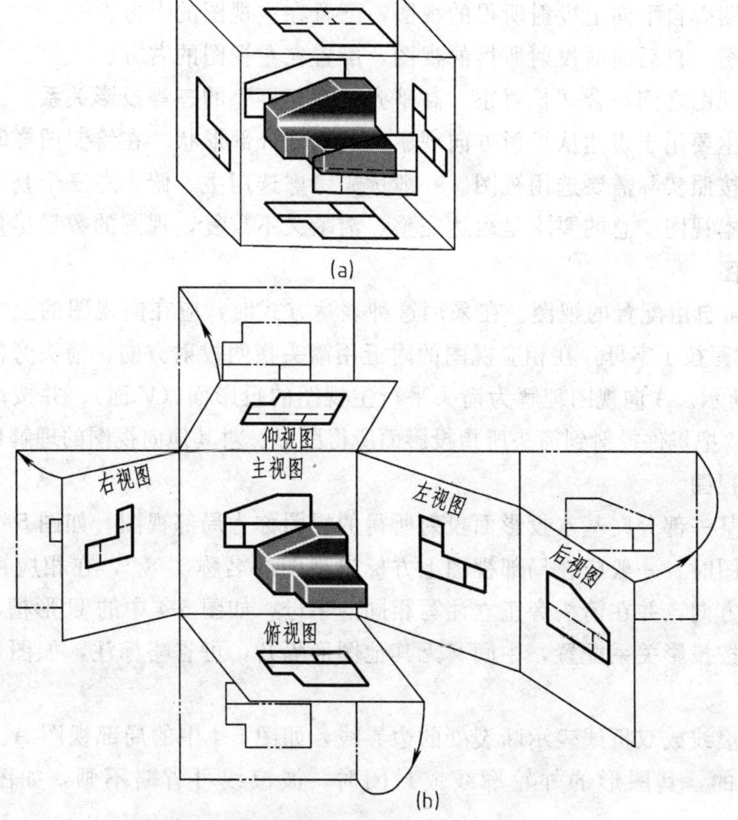


图 5-1　六个基本视图的形成和展开

分别向六个基本投影面投射，得到六个基本视图，再按图 5-1 的展开方法展开，即正立投影面保持不动，其余投影面如图所示旋转到与正立投影面共面的位置。

国家标准规定，在同一张图纸上绘制的六个基本视图要符合图 5-1 的展开位置，且一律不标注视图的名称，如图 5-2 所示。

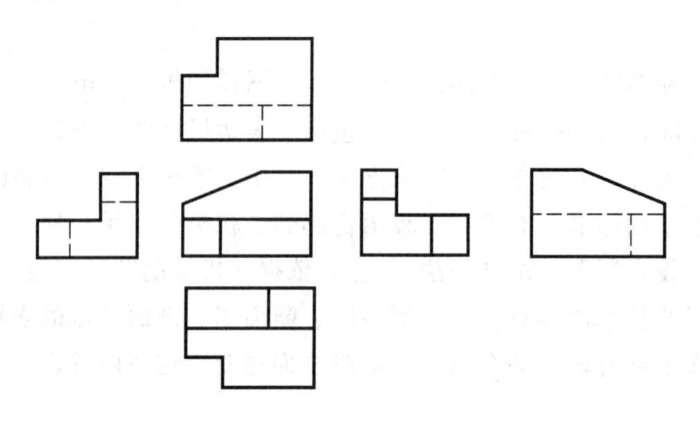

图 5-2 基本视图的配置关系

六个基本视图名称及其投射方向的规定如下。

(1) 主视图 自前向后投射所得的视图。

(2) 左视图 自左向右投射所得的视图，配置在主视图的右方。

(3) 右视图 自右向左投射所得的视图，配置在主视图的左方。

(4) 俯视图 自上向下投射所得的视图，配置在主视图的下方。

(5) 仰视图 自下向上投射所得的视图，配置在主视图的上方。

(6) 后视图 自后向前投射所得的视图，配置在左视图的右方。

六个基本视图之间符合“长对正、高平齐、宽相等”的三等投影关系。

基本视图主要用于表达从投射方向观察到的机件外部形状。在绘制图样时，应根据机件的结构特点，按照实际需要选用视图。一般优先考虑选用主、俯、左三个基本视图，然后再考虑其他的基本视图。总的要求是表达完整、清晰又不重复，视图的数量尽量少。

## 二、向视图

向视图是可自由配置的视图。在采用这种表达方式时，应在向视图的上方标注“×”字样，“×”为大写拉丁字母，在相应视图的附近用箭头指明投射方向，箭头旁需标注相同的字母，如图 5-3 所示。$A$ 向视图理解为箭头平行主视图的投影面（$V$ 面）、并按箭头方向指向正六面体中机件，把机件投射到箭头所指投影面所得图形。对其他向视图的理解也是如此看待。

## 三、局部视图

将机件的某一部分向基本投影面投射所得的视图称为局部视图，如图 5-4 所示。

画局部视图时，一般应在局部视图上方标出视图的名称“×”，在相应视图的附近，用箭头指明投射方向，并在箭头旁正立注写相同的字母，如图 5-4 中的 U 形槽局部视图。

局部视图按投影关系配置，中间又无其他图形隔开，可省略标注，如图 5-4 中凸缘局部视图。

一般以波浪线或双折线表示断裂处的边界线，如图 5-4 中的局部视图 $A$。当被表达部分的结构是完整的，其图形的外轮廓线成封闭时，波浪线可省略不画，如图 5-4 凸缘局部视图。

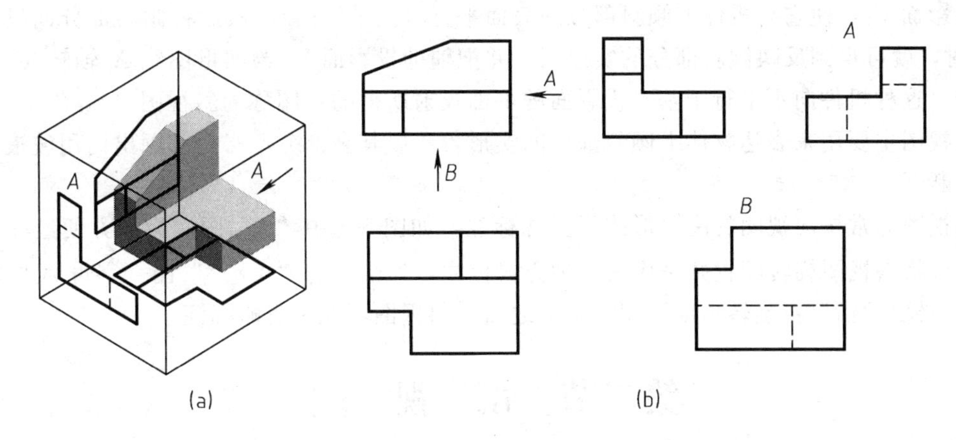


图 5-3 向视图

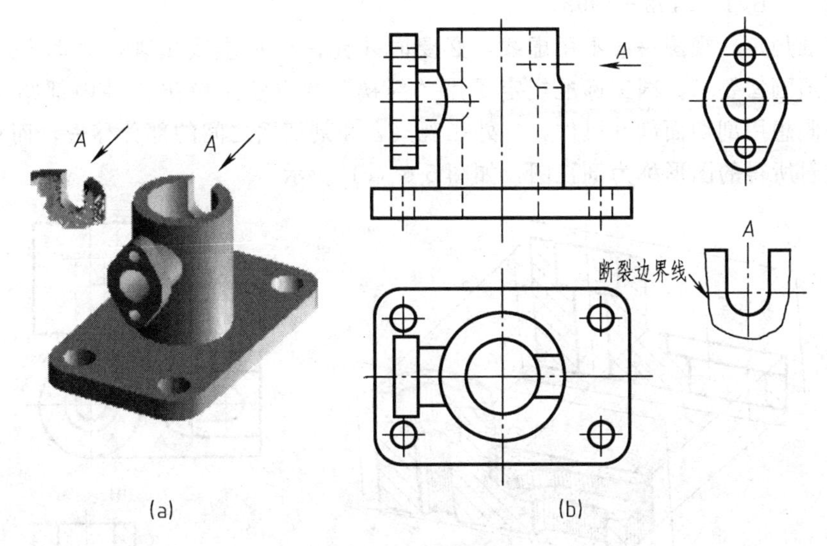


图 5-4 局部视图

## 四、斜视图

如图 5-5（a）所示机件，在俯视图中不能反映倾斜部分的实形，这时可选用一个新的

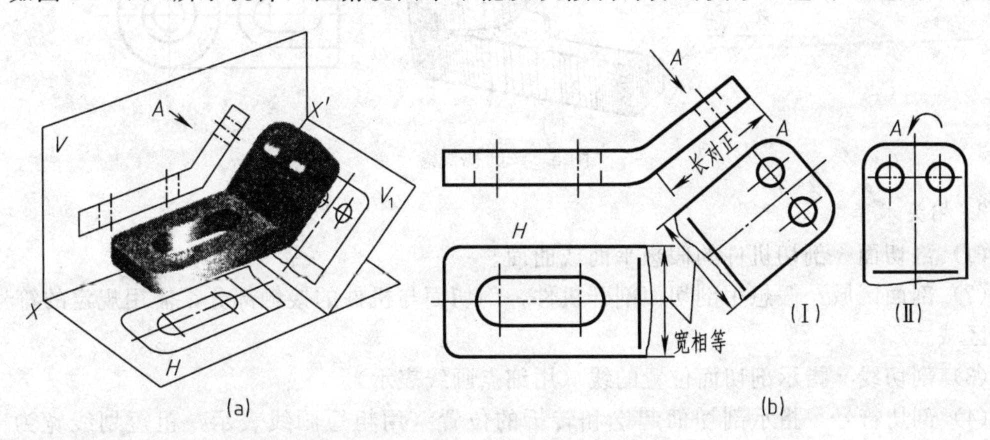


图 5-5 斜视图

辅助投影面 $V_1$，使它与机件上倾斜部分的表面平行（且⊥$V$ 面），然后将倾斜部分向投影面 $V_1$ 投射，就可得到反映倾斜部分的实形图，并把辅助投影面 $V_1$ 与实形图绕 $X'$轴转 90°与 $V$ 面重合。这种机件向不平行于基本投影面的平面投射所得的视图称为斜视图。

斜视图主要用来表达物体上倾斜部分的实形，所以其余部分不必全部画出而用波浪线或双折线断开。

斜视图通常按向视图的配置形式配置并标注，如图 5-5 中“$A$”图；为了方便绘图，必要时允许将斜视图旋转配置并采用另一种方式标注，如图中的“$A$ ↗⌒”图（字母 $A$ 应靠近箭头），必要的话可将旋转角度注写在字母之后。斜视图不允许省略标注。

# 第二节 剖 视 图

## 一、基础知识

1. 概念（GB/T 17452—1998）

国家标准规定，视图一般不用虚线，必要时才允许少量虚线出现，故图 5-6（b）的表达不符合视图画法要求。国家标准规定了用“剖视”的方法来解决机件内部结构的表达问题。剖视是假想用剖切面剖开机件，将处在观察者和剖切面之间的部分移去，而将余下部分向投影面投射所得的图形称为剖视图，如图 5-6（c）所示。

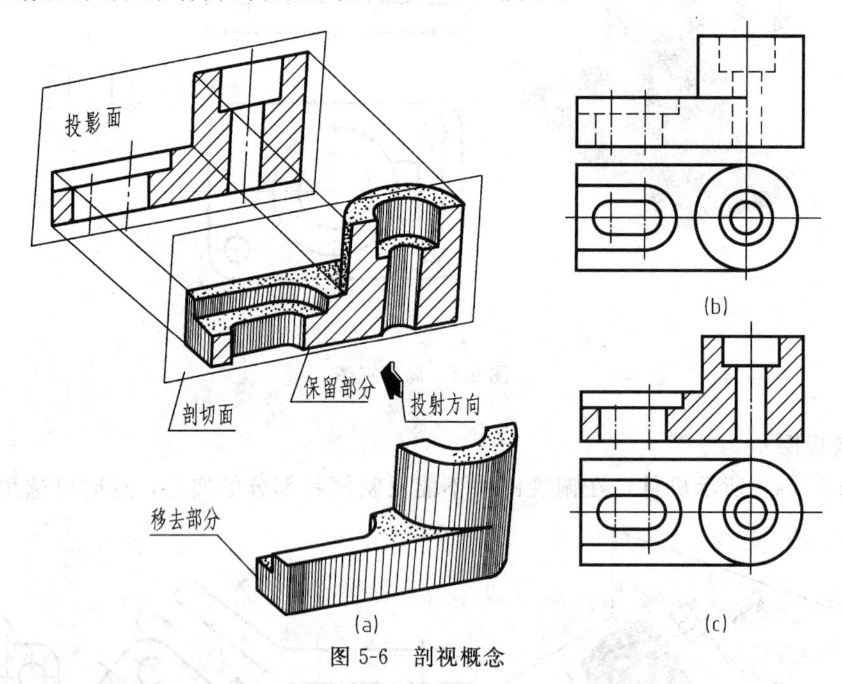


图 5-6 剖视概念

2. 相关术语

（1）剖切面 剖切机件的假想平面或曲面。

（2）剖面区域 假想用剖切面剖开机件，剖切面与机件的接触部分，需用规定的符号表达该区域。

（3）剖切线 指示剖切面位置的线（用细点画线表示）。

（4）剖切符号 指示剖切面起讫和转折的位置（用粗短画线表示，粗短划线宽为 1～1.5$b$，长约 5～10mm）及投射方向（用箭头表示）的符号，如图 5-7 所示。

3. 剖面区域的表示法（GB/T 17453—1998）

（1）通用剖面线　不需表示材料的类别时，在剖面区域画通用剖面线。通用剖面线是一组间隔相等、方向一致、相互平行的细实线，一般与主要轮廓线或剖面区域的对称线成45°。同一机件的所有剖面区域所画剖面线的方向及间隔要一致；如果图形中的轮廓线与通用剖面线走向一致，可将该图形的剖面线画成与主要轮廓线或剖面区域的对称线成30°或60°，但其倾斜方向仍应与其他图形的剖面线一致，如图5-7所示。剖面区域也可用点阵或涂色代替剖面线。

（2）剖面符号　画剖视图时，当需表示清楚材料的类别时，剖面区域应画上特定的剖面符号。机件材料不同，其剖面符号画法也不同。GB 4457.5—1984规定的部分机件材料的剖面符号见表5-1。

4. 单一剖切面位置与剖视图标注

一般应在剖视图上方用大写拉丁字母注出剖视图的名称“×—×”；在相应的视图上用剖切符号在剖切面积聚线的位置标记，用以表明剖切位置和投射方向，并在旁边正立注写同样的大写字母，如图5-7所示。也可用剖切线（为点画线图线）表示剖切位置。单一剖切平面一般要通过机件内部结构的对称面或轴线，以便反映出内部结构的实形。

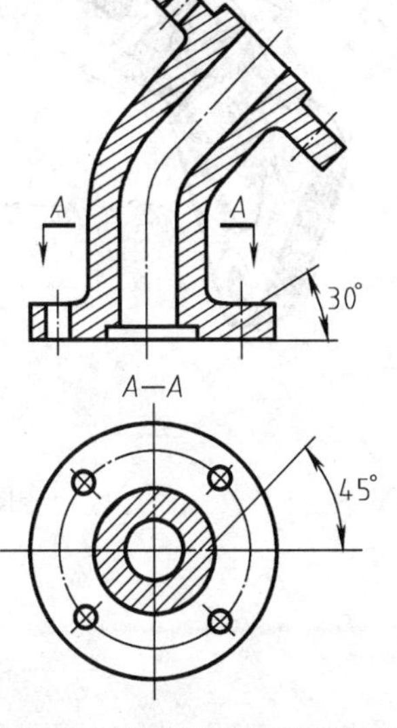

图5-7　通用剖面线画法特例

**表5-1　不同材料的剖面符号**（GB 4457.5—1984）

| 材　　料 | 剖面符号 | 材　　料 | 剖面符号 |
|---|---|---|---|
| 金属材料（已有规定剖面符号者除外） | | 木质胶合板（不分层数） | |
| 线圈绕组元件 | | 基础周围的泥土 | |
| 玻璃及供观察用的其他透明材料 | | 混凝土 | |
| 非金属材料（已有规定剖面符号者除外） | | 钢筋混凝土 | |
| 型砂、填砂、粉末冶金、砂轮、陶瓷刀片、硬质合金刀片等 | | 砖 | |

## 二、剖视图种类

剖视图有全剖视图、半剖视图和局部剖视图三种。

1. 全剖视图

用一个或几个剖切面完全地剖开机件所得剖视图称全剖视图。剖切面一般是平面。

① 单一剖切平面剖开机件后得到的全剖视图，如图5-6（c）、图5-7、图5-8所示。在图5-8中为了表达倾斜结构的实形，*B—B*剖切面不平行基本投影面，*B—B*剖视图类似于斜视图的表达方法，在注写字母时要正立书写。

② 几个平行的剖切平面剖开机件后得到的全剖视图，如图5-9、图5-10所示。剖切平面起讫和转折处要画出剖切符号并注出与剖视图“×—×”相同的字母，在起讫剖切符号外端画箭头（垂直剖切符号）表示投射方向。

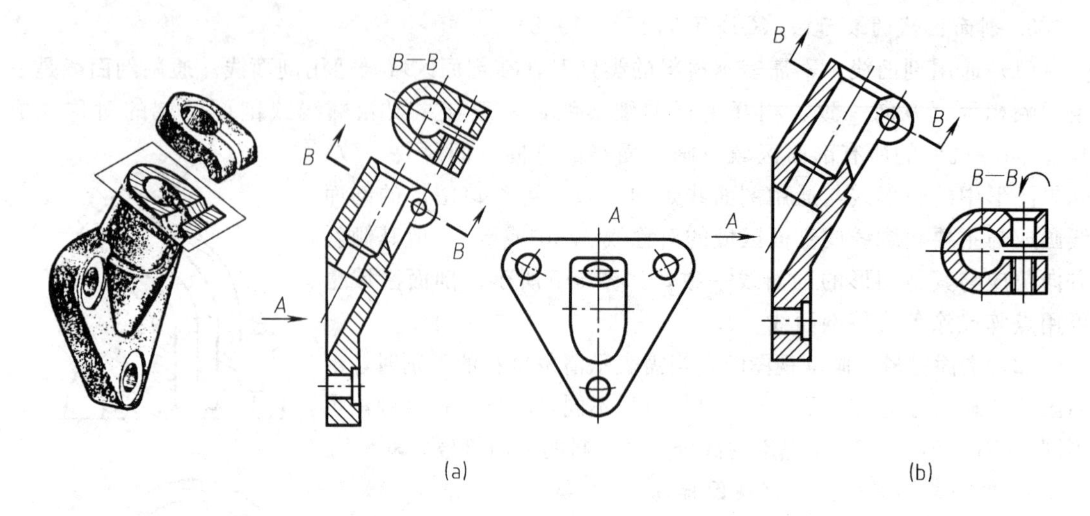


图 5-8 单一剖切面不平行基本投影面的全剖视图

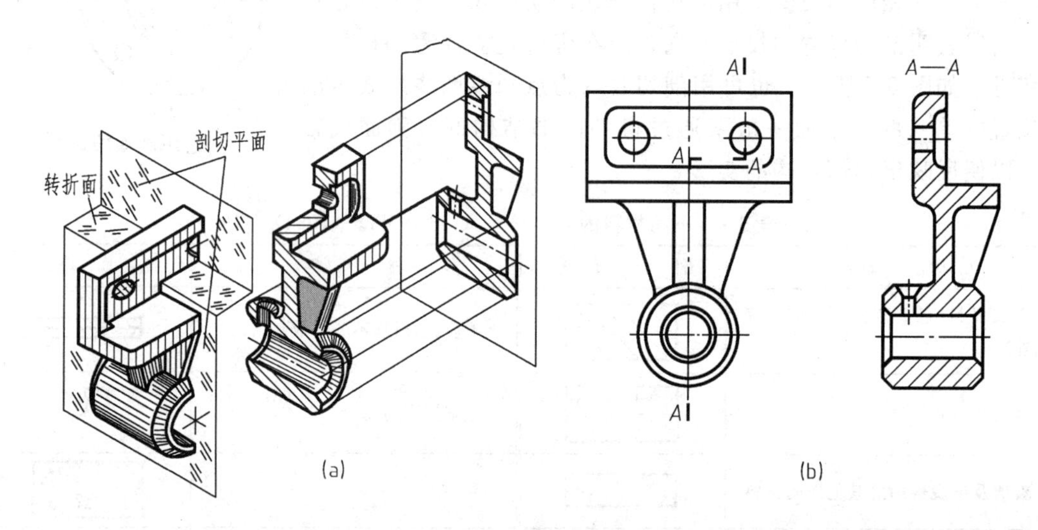


图 5-9 两个平行的剖切平面剖开机件所获全剖视图

注意：两平行的剖切平面间的转折面垂直剖切面，就像切割机件产生了转折断面，但国家标准规定不允许在剖视图中表示出该转折断面，但在相应视图上需用剖切符号标注出剖切位置。剖视图应体现出完整要素，故不允许转折面与轮廓线重合，但允许转折面处于两个孔槽要素的对称面上，使所画剖视图各画出一半，如图 5-10 所示。

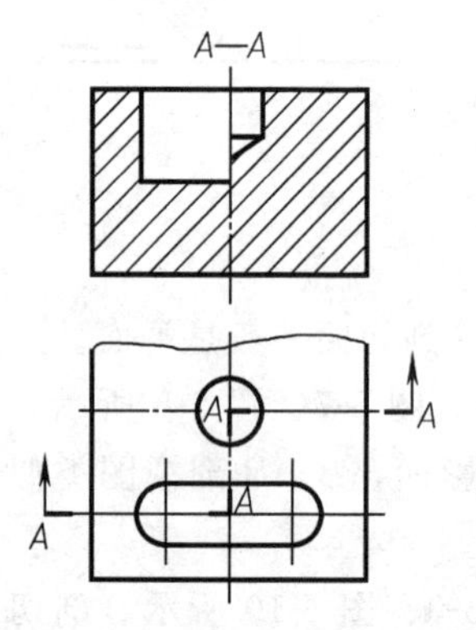


图 5-10 允许转折面处于两个孔槽要素的对称面上

③ 几个相交的剖切平面（其交线垂直于某一投影面）剖开机件后得到的全剖视图，如图 5-11（a）所示。采用这种方法画剖视图时，先假想按剖切位置剖开机件，然后将剖切平面剖开的倾斜部分结构及其相关部分，假想绕两剖切平面交线（旋转轴）旋转到与选定的投影面平行后再进行投射，画成反映实形的剖视图。无关部分的结构（包括仅剖到这些结构的局部时），按原来位置（即不作旋转）进行投射，画成视图，如图 5-11（b)所示。

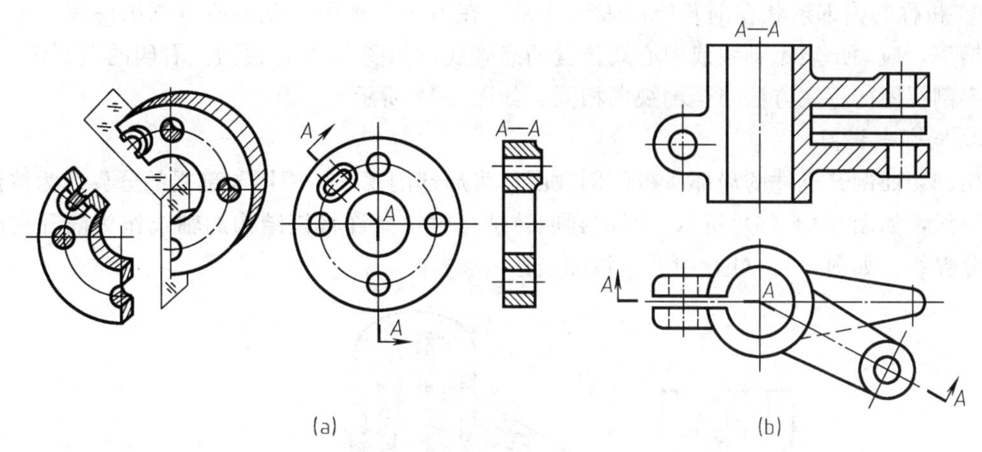


图 5-11 两个相交的剖切平面剖开机件所获全剖视图

这种剖切适用于具有明显旋转轴的机件。在起讫剖切符号外端与其垂直的箭头不能误认为是旋转方向。

以上各种剖切方法可以综合应用，剖切中的多个剖切平面可理解为最终要处在一个平面上，且平行某一投影面，使绘制的剖视图能反映各结构的实形或各结构间的实际距离，不是真实投射位置。

全剖视图一般适用于表达内形比较复杂，外形比较简单或外形已在其他视图上表达清楚的机件。

2. 半剖视图

当机件具有对称平面时，将其投射到垂直于对称平面的投影面上，所得图形以对称中心线为界，一半画成剖视图，另一半画成视图，这种组合的图形称为半剖视图，如图 5-12 所示，该机件左右对称，前后也是对称的。

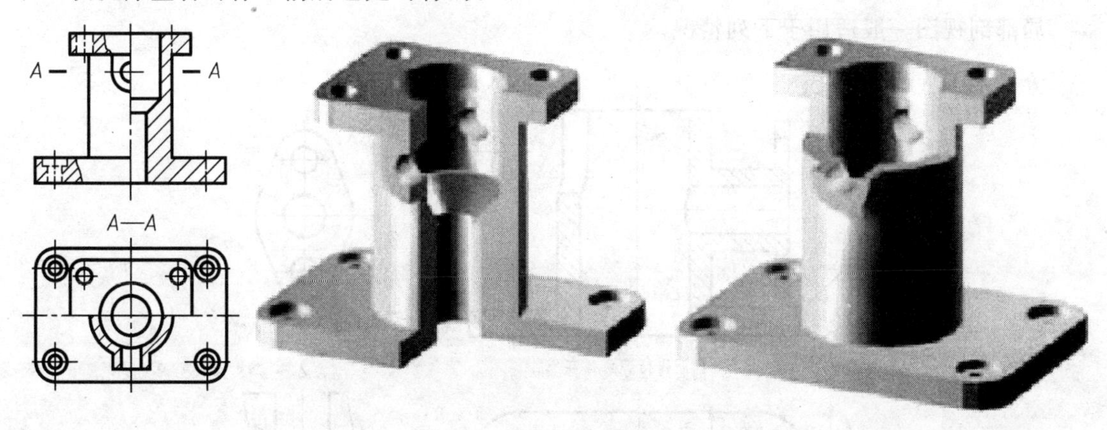


图 5-12 半剖视图（主视图中含局部剖）

如机件的形状接近于对称，而不对称部分已另有图形表达时，也可画成半剖视图。

半剖视图既充分地表达了机件的内部形状，又保留了机件的外部形状，所以常用它来表达内外形状都比较复杂的对称机件。

画半剖视图时应注意如下两点。

① 半剖视图中的视图与剖视图的分界线一定是点画线，不允许使用其他线型。

② 机件的内部形状在剖开处已表达清楚，在另一半视图上就不应再画出虚线，但对于孔或槽等，应画出表示轴线或中心线位置的点画线，如图 5-12 主视图上右侧的点画线。

半剖视图的标注方法与全剖视图相同，如图 5-12 所示。

3. 局部剖视图

用剖切面剖开机件的局部所得的剖视图称为局部剖视图，视图与剖视的分界线为波浪线或双折线，如图 5-13（a）所示。当剖到回转结构时，允许将该结构的轴线作为隔开视图部分的分界线，如图 5-13（b）中的主视图表达。

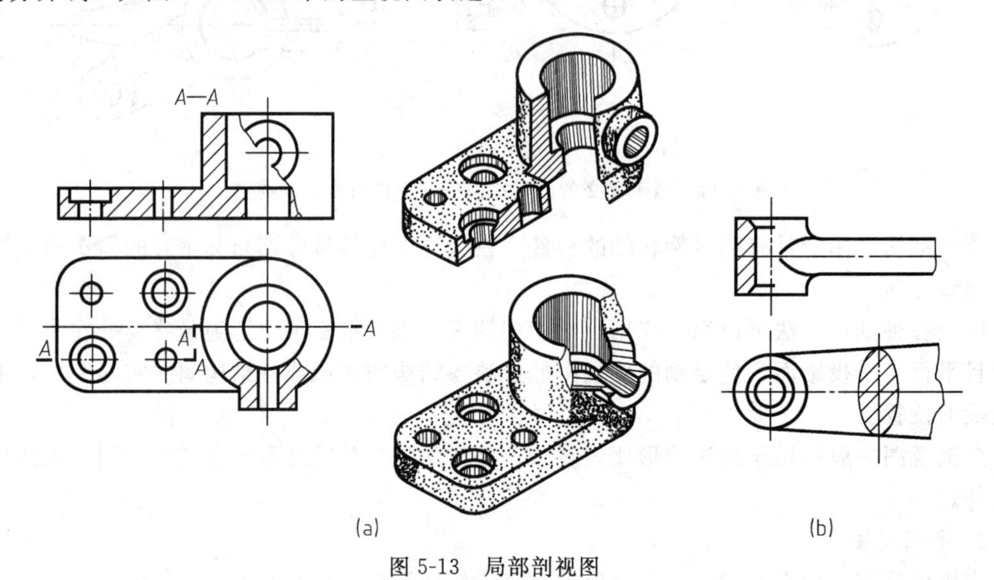


图 5-13 局部剖视图

如有需要，允许在剖视图中再作一次局部剖，该局部剖的剖面线方向、间隔保持不变，但剖面线要与原位置错开，如图 5-14 所示（当剖切位置清楚时一般省略“*B*—*B*”标注）。

局部剖视图一般适用于下列情况。

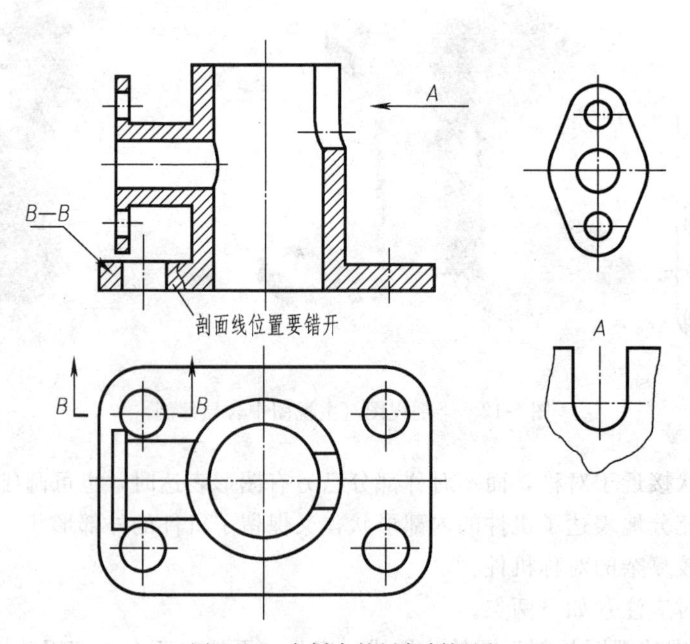


图 5-14 全剖中的局部剖视图

① 机件上有部分内部结构形状需要表达，不必或不宜采用全剖视图，或要兼顾内外结构形状时，适合采用局部剖表达，如图 5-13 所示。

② 对称机件的对称线重合在轮廓线上时不宜用半剖，适合用局部剖表达。

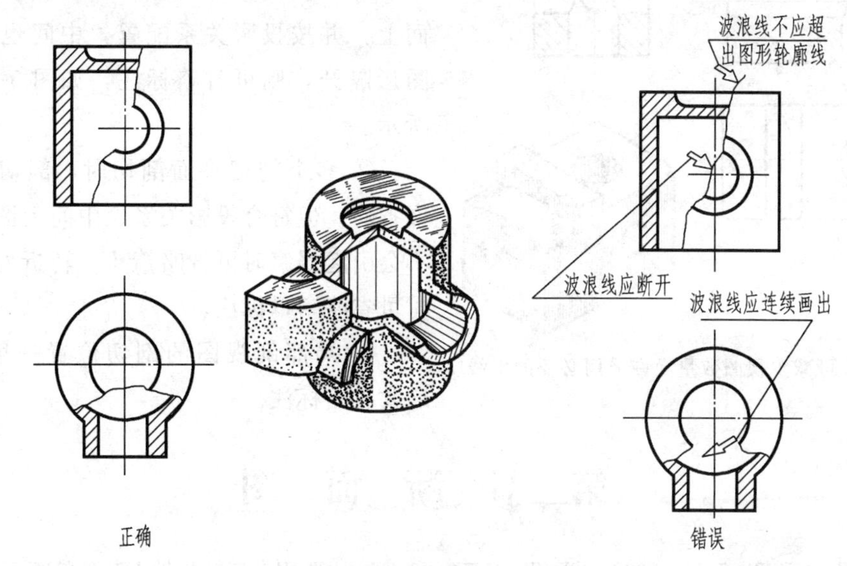


图 5-15 波浪线画法正误对照

波浪线是假想掰下物块时产生的断裂线，故无材料断裂处不能画出波浪线。如图 5-15 所示为波浪线画法正误对照。

**三、作图注意事项**

（1）剖开机件是假想的，是针对剖视图这一表达方法提出的，机件始终是完整形体。

（2）画剖视图时，是画剖切面后留下的剖开机件之投影图，而不仅仅是剖面区域的轮廓投影图，要做到不漏画也不多画图线。如图 5-16 所示为两种常见孔、槽的正、误对比图。

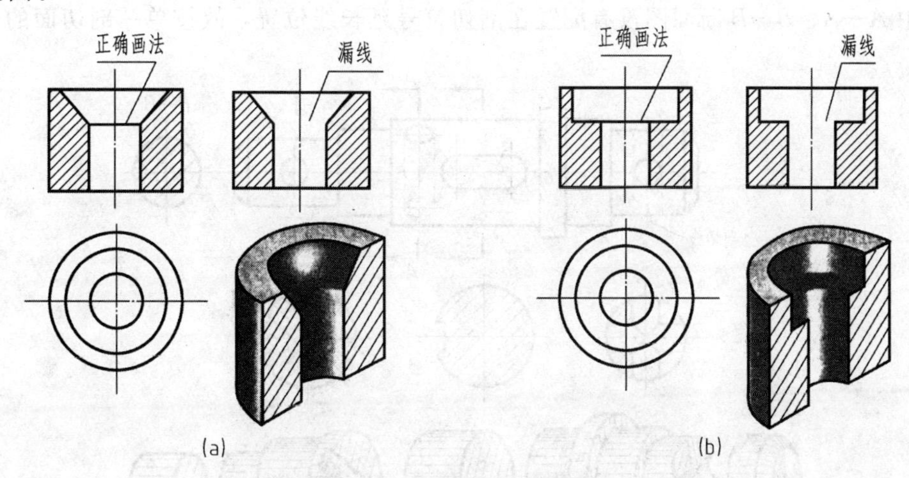


图 5-16 常见孔槽画法正、误对比

（3）剖视图上一般不画虚线，但如画出少量虚线可减少视图数量时，允许画出必要的虚线，如图 5-17 所示。

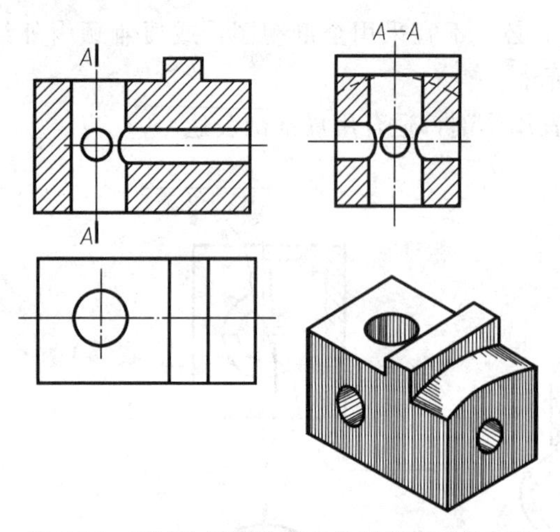

图 5-17 可减少视图数量允许采用必要的虚线

(4) 一些可以省略标注的情况。

① 单一剖切平面通过机件的对称（或基本对称）面剖切，所得剖视图若在基本投影面上，并按投影关系配置，中间也没有其他图形隔开，则可省略标注，如图 5-6、图 5-8 所示。

② 多个剖切平面剖切时，剖切符号不允许省略，但符合投影关系、中间无图形隔开且不会引起误解时可省略箭头，转折处位置较小时可省略字母标注。

③ 局部剖视图的剖切位置一般较明显，通常省略标注。

## 第三节 断 面 图

断面图（GB/T 17452—1998、GB/T 4458.6—2002）主要用来表达机件上某处的断面实形形状。

### 一、概念和种类

假想用剖切面将机件某处切断，仅画出剖面区域的实形图，称为断面图。断面图分为移出断面图和重合断面图。

### 二、画法及标注

1. 移出断面图

断面图画在视图外的，称移出断面。移出断面的轮廓线规定用粗实线绘制，优先配置在剖切符号或剖切线的延长线上，也可按单一剖切面的全剖视图的配置规定与标注形式配置在其他位置，如图 5-18 所示。

图中 $A$—$A$、$B$—$B$ 断面图没有配置在剖切符号延长线位置，故按单一剖切面的全剖视

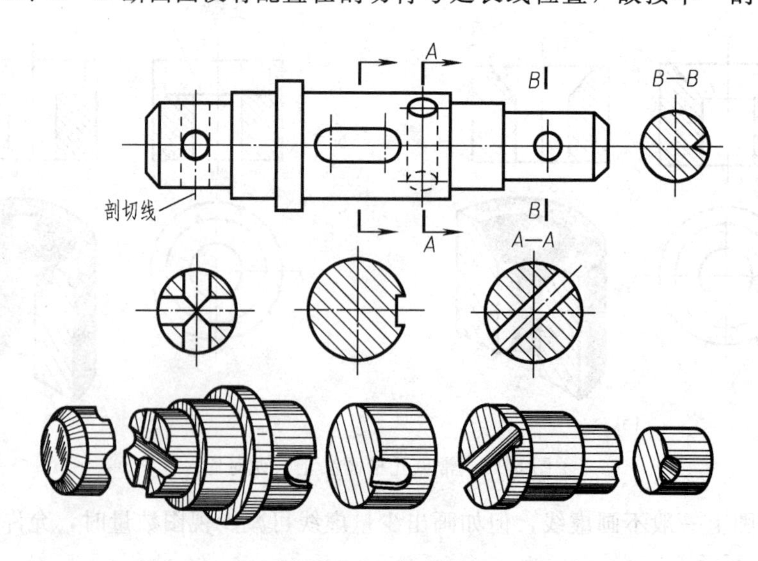

图 5-18 轴断面图及位置配置与标注

图标注规则注写；左侧两相交孔的断面图配置在剖切位置的延长线上，且左右对称，故采用剖切线符号标注（它仅用于对称断面的标注）；主视图下方中间挖槽的断面图配置在剖切符号延长线位置，但该图必须注明投射方向（因为反方向投射所得断面图与该断面图有差异）。

国家标准还另有规定，当剖切平面通过由回转面形成的孔轴线时，这些圆孔结构应按画剖视图的规则绘制，如图 5-18 中 *A*—*A*、*B*—*B* 断面图；或因剖切面通过非圆孔结构而使断面图变成完全分离的两个图形时，该非圆孔结构按剖视图的画法规则绘制，如图 5-19 所示。故在画断面图时要特别留意剖切到的孔槽结构是否需投影表达，如图 5-20 所示为断面图的正误比较。

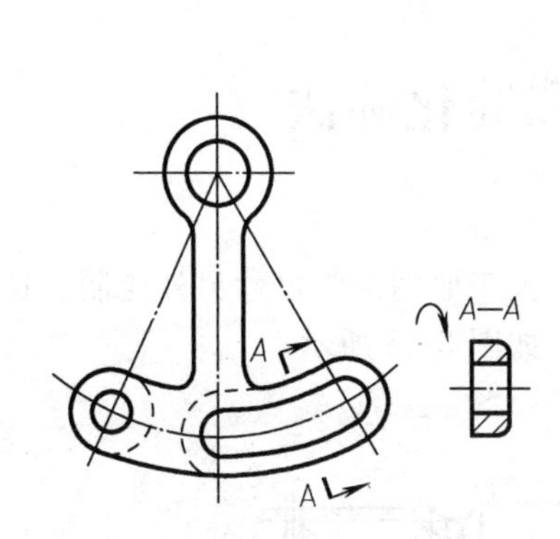


图 5-19 孔结构按剖视规则绘制的图例

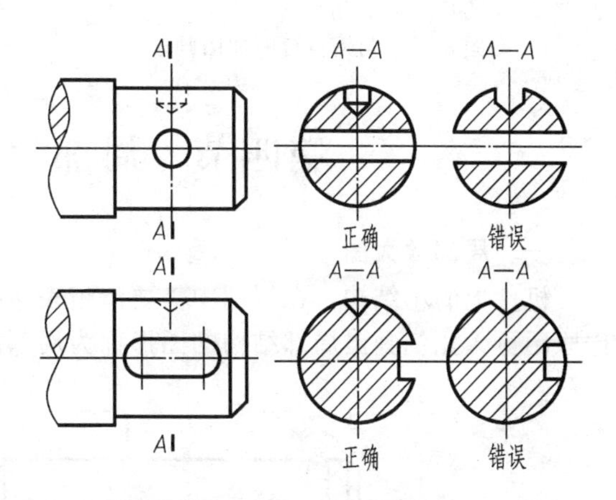


图 5-20 断面图的正误比较

若断面图的图形对称时，也可画在视图的中断处，如图 5-21 所示。两个或多个相交的剖切平面剖切得到的移出断面，中间一般应以波浪线断开，如图 5-22 所示。

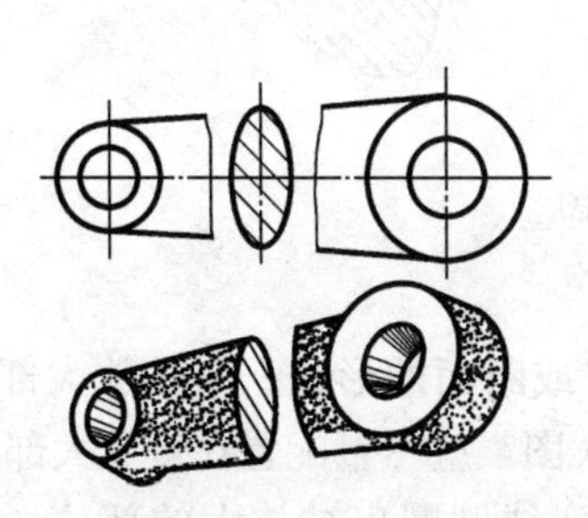

图 5-21 在视图的中断处画断面

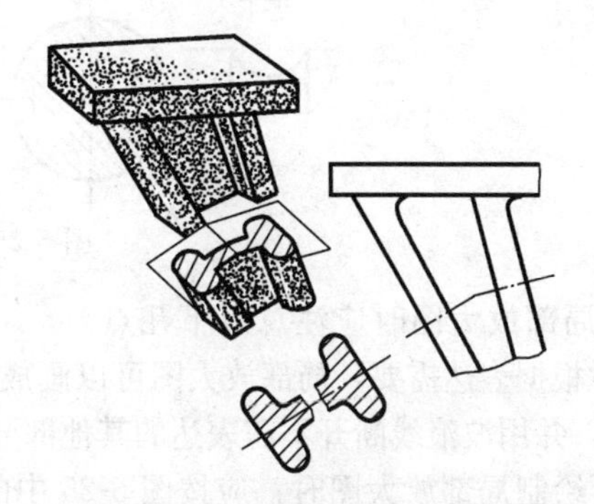

图 5-22 两个相交的剖切平面剖切得到的移出断面

2. 重合断面图

断面图画在剖切符号处的视图之内，称为重合断面图。重合断面图的轮廓线用细实线绘制，如图 5-23、图 5-24 所示。当视图中的轮廓线与重合断面的图线重叠时，视图中的轮廓线优先画出。

对称的重合断面图采用剖切线符号标注。不对称的重合断面应配置在剖切符号旁，并画箭头指出投射方向，但当不会引起误解时，也可省略剖切符号。

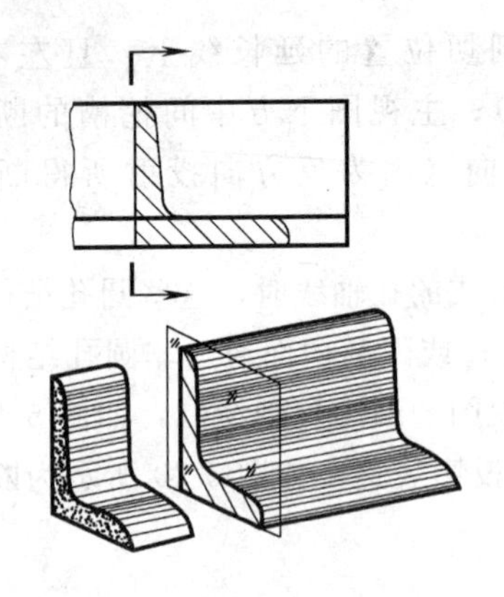

图 5-23 角钢重合断面图画法

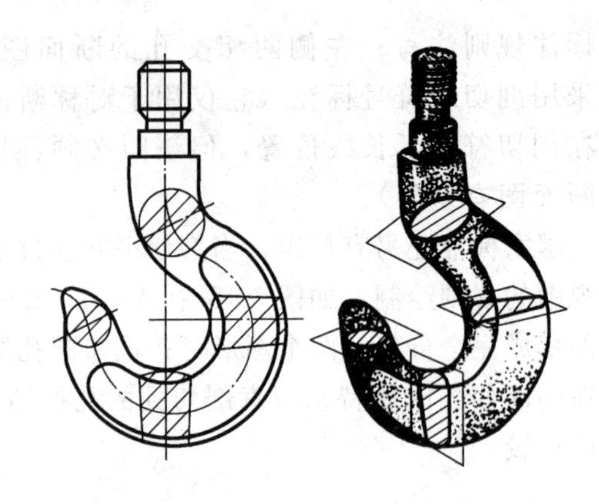

图 5-24 吊钩重合断面图画法

# 第四节 局部放大图和简化画法

## 一、局部放大图

机件上的小结构，在视图中需要清晰表达时，可用大于原图形的尺寸另外绘制。这种用比原图更大比例画出局部结构的图形称为局部放大图，如图 5-25 所示。

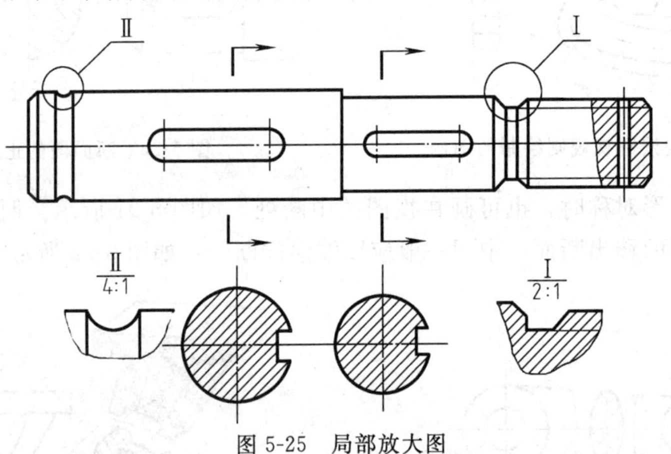


图 5-25 局部放大图

画局部放大图时应注意以下几点。

① 根据表达需要，局部放大图可以画成视图、剖视或断面的形式，与被放大部分的表达形式无关，并用波浪线断开不需表达的其他部分。局部放大图，应尽量配置在被放大部位的附近。

② 绘制局部放大图时，应按图 5-25 中的方式用细实线圆圈出被放大的部位。同一机件上有几个被放大的部位时，必须用罗马数字依次标明被放大的部位，并在局部放大图的上方以分数形式标注出相应的罗马数字及采用的比例，各个局部放大图的比例根据表达需要给定，不要求统一。若机件上仅有一个被放大的部位，则在局部放大图的上方只需注明采用的比例。

③ 同一机件上不同部位的相同结构，若它们的局部放大图相同或为对称图形时，只需画出一个，如图 5-26 所示。

## 二、简化画法

简化图形必须保证不致引起误解和不会产生理解的多意性，在此前提下，应力求制图简便。国家标准 GB/T 16675.1—1996 中规定了某些简化画法，这里仅介绍一些常见的简化画法，见表 5-2。

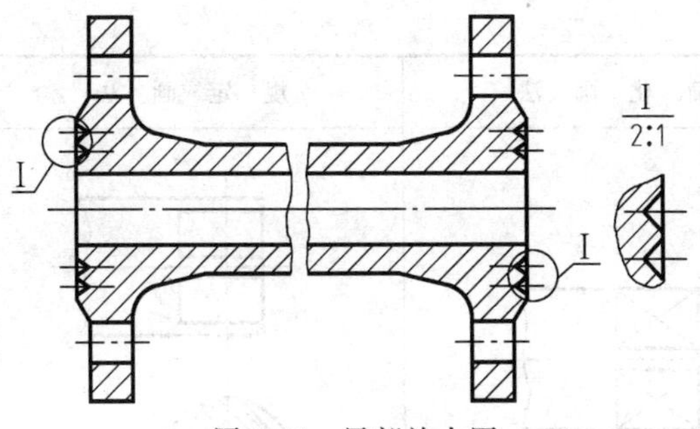


图 5-26　局部放大图

**表 5-2　简化画法示例**

| 序号 | 简化对象 | 简化画法 | 规定画法 | 说明 |
| --- | --- | --- | --- | --- |
| 1 | 对称结构 | 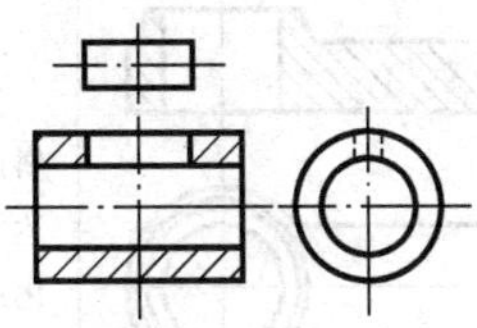  | 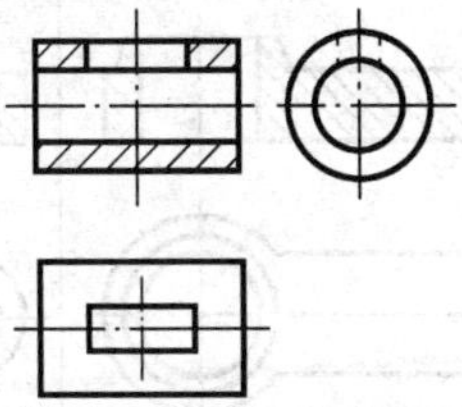  | 机件上对称结构的局部视图，可按左图所示方法简化绘制 |
|  |  | 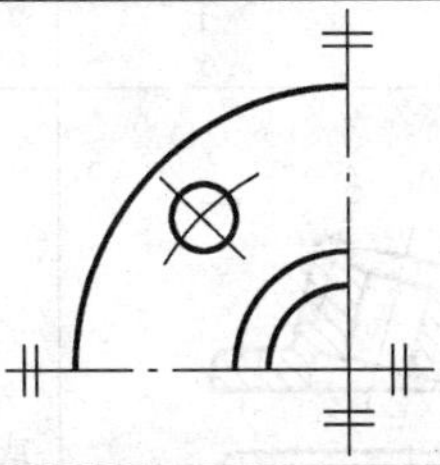  |  | 在不致引起误解时，对于对称机件，可只画一半或四分之一，并在对称中心线的两端画出两条与其垂直的平行细实线 |
| 2 | 剖面符号 | 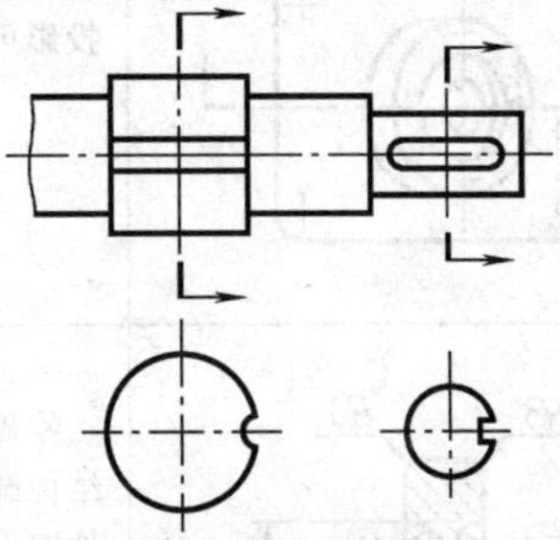  | 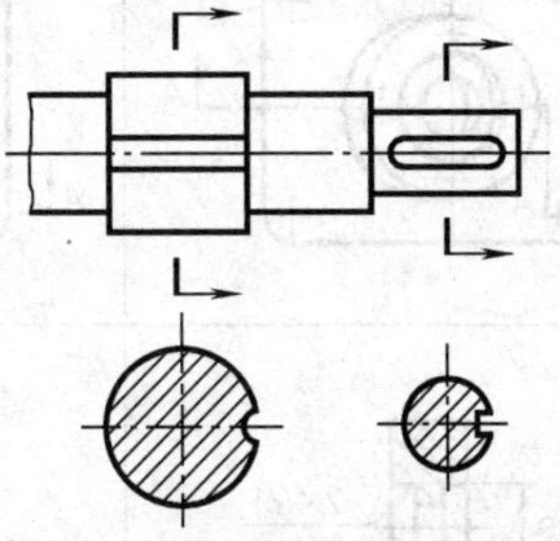  | 在不致引起误解的情况下，剖面符号可省略 |
| 3 | 相同要素 | 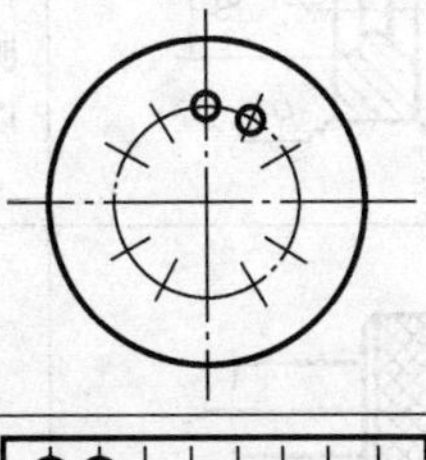  | 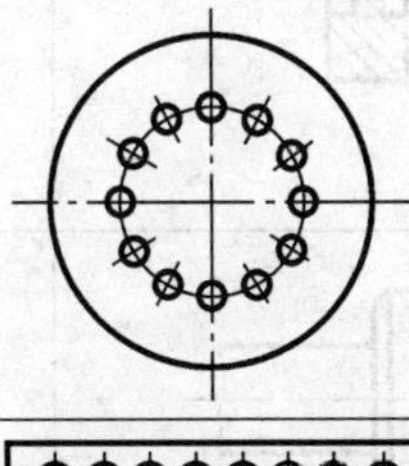  | 若干直径相同且成规律分布的孔，可以仅画出一个或几个，其余只需用细点画线或“十”表示其中心位置 |

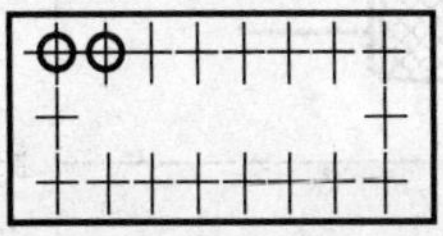

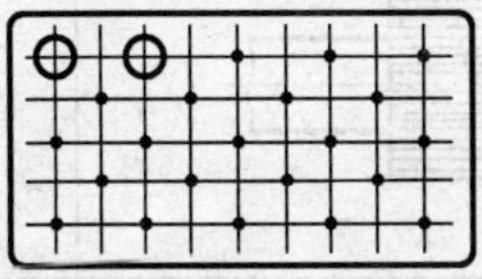

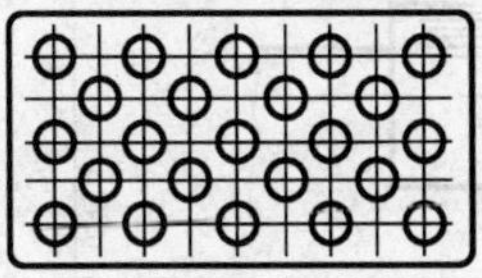

续表

| 序号 | 简化对象 | 简化画法 | 规定画法 | 说明 |
|---|---|---|---|---|
| 4 | 符号表示 | 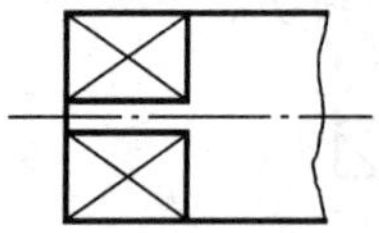 | 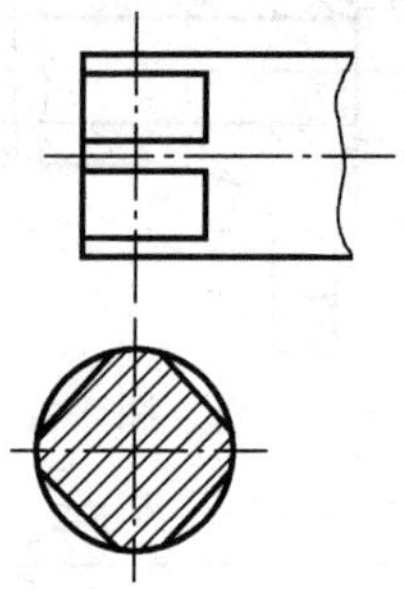 | 当回转体机件上的平面在图形中不能充分表达时，可用两条相交的细实线表示这些平面 |
| 5 | 较小结构及倾斜要素 | 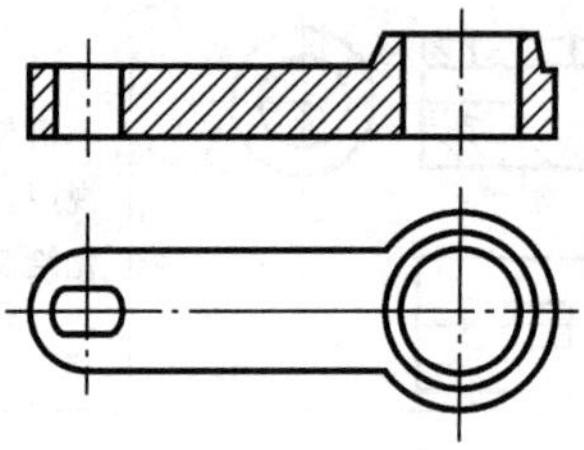 | 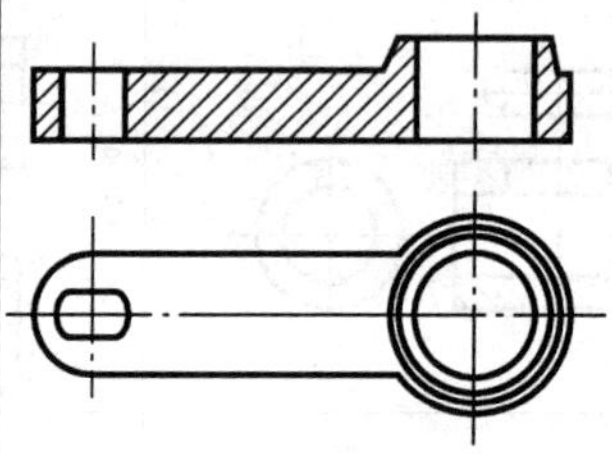 | 当机件上较小的结构及斜度等已在一个图形中表达清楚时，其他图形应当简化或省略 |
| | | 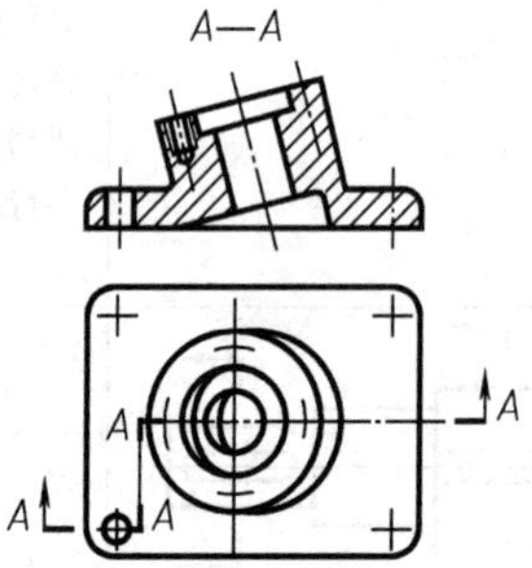 A—A<br>A A A A | 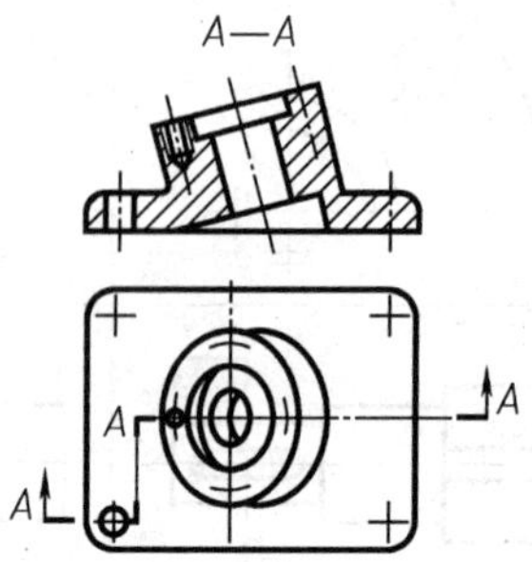 A—A<br>A A A | 与投影面倾斜角度小于或等于30°的圆或圆弧，其投影可用圆或圆弧代替 |
| | | 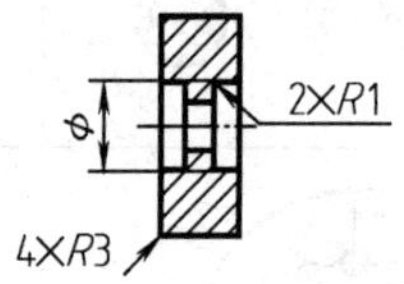 2×R1<br>ϕ<br>4×R3 | 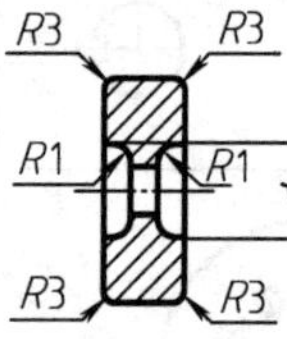 R3 R3<br>R1 R1<br>ϕ<br>R3 R3 | 除确属需要表示的某些结构圆角外，其他圆角在机件图中均可不画，但必须注明尺寸，或在技术要求中加以说明 |
| 6 | 滚花结构 | 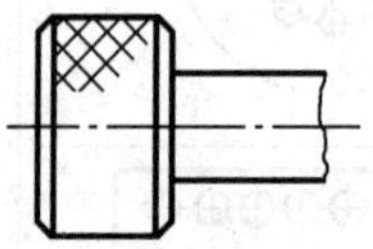 | 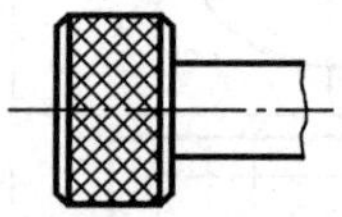 | 滚花一般采用在轮廓线附近用细实线局部画出的方法表示 |

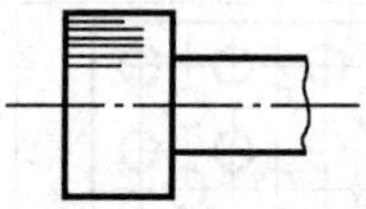

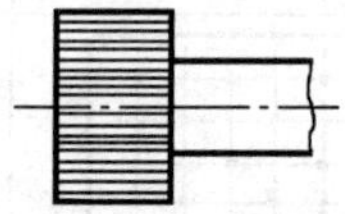

续表

| 序号 | 简化对象 | 简化画法 | 规定画法 | 说明 |
|---|---|---|---|---|
| 7 | 肋、轮辐及薄壁结构 | 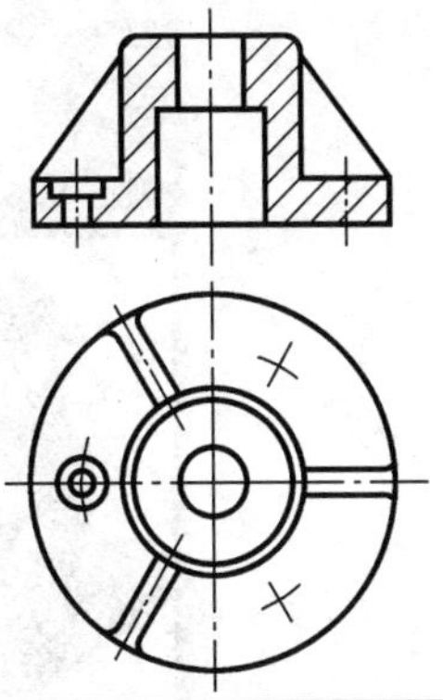 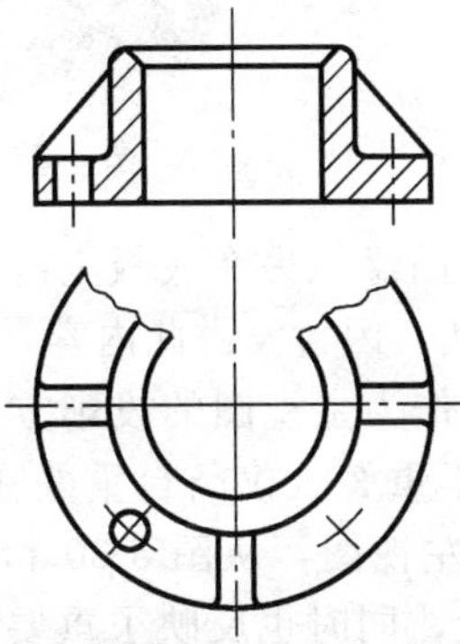 | | 对于机件的肋、轮辐及薄壁等，如按纵向剖切，这些结构都不画剖面符号，而用粗实线将它与其邻接部分分开。当回转体上均匀分布的肋、轮辐、孔等结构不处于剖切平面上时，可将这些结构旋转到剖切平面上画出 |

另外，较长机件沿长度方向的形状按一定规律变化时，可断开后缩短绘制，如图 5-21 所示。实心轴的断裂画法常采用图 5-20 主视图中左端表示形式。

# 第五节　图样画法应用举例

在绘制机件图样时，首先，应从看图方便的角度出发，选用适当的表达方法，把机件的结构特点完整、清晰地表达出来；其次，要力求制图简便。

以下用 CAXA 三维图板举例说明（也可用实物模型在普通教室讲解）。

**一、观察实体**（实物）

打开一个管座三维实体造型（图 5-27），随后，在显示旋转命令操作下从不同角度观察该管座整体形状和各结构形状，如图 5-28 所示。

**二、确定表达方案**

在确定（或评选）表达方案时，应抓住以下四个方面。

(1) 基本视图尽量少　机件上主要结构的位置（含形状），在基本视图上表达清楚了即可，基本视图数量尽可能少。机件的主视图是最重要的视图，要依照主视图的选择原则放置机件，即符合机件自然放置位置，机件上主要结构的投影尽可能不重叠于同一位置，且重要结构最好为形状特征图。

根据“基本视图尽量少”的表达要求，分析所要表达的管座必需的基本视图数量。该管座的主要结构共有七个，如图5-27所示，分别是直立的大、小两个圆柱筒以及底板、拱形

图 5-27 管座（一）

图 5-28 管座（二）

柱体（含孔）、水平位置的圆柱筒和凸台、上方倾斜凸缘。另在底板上有四个安装孔、水平位置的圆柱筒端面上有四个均布的小孔（应为螺纹孔，因暂没讲此内容，看成是光孔）。

如图 5-29 所示为按主视图选择原则放置位置，作为主视图的投影方向，其主要结构的上下、左右位置清楚，各结构图的位置独立、基本不重叠（仅凸台重叠在大圆柱图上）。体现这些主要结构前后位置的基本视图可用俯视图或左视图，从图 5-30 和图 5-31 比较可知，图 5-30 反映了底板的形状特征和其上四小孔的位置，同时也反映了重要结构大圆柱筒的形状特征，以及大圆柱筒上三水平方向通孔结构的分布位置，而图 5-31 中大圆柱筒处是三结构图重叠，不利于看图。可见，图 5-30 明显好于图 5-31。主、俯视图完全把主要结构的位置（含一定形状）表达清楚了，即仅需两个基本视图。

图 5-29 观察主视图的方向

图 5-30 观察俯视图的方向

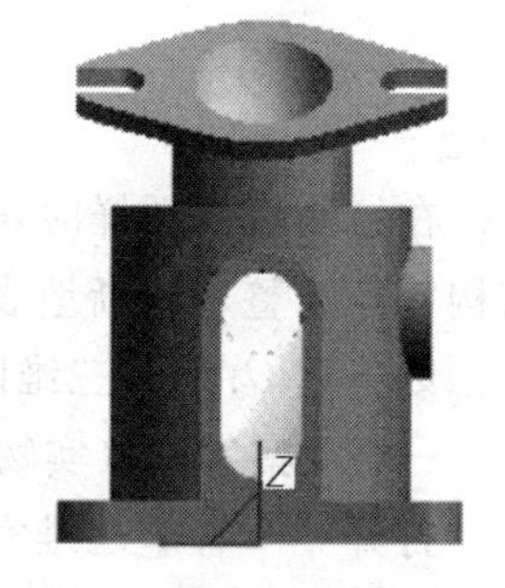


图 5-31 观察左视图的方向

(2) 图形要用实形样 各视图要选用合适的图样画法，尽可能是不含虚线的实形图。

该管座内有多个通孔，如图 5-29 所示位置得到的主、俯视图可在 CAXA 二维图板中生成，如图 5-32 所示。图中主视图有较多的虚线，俯视图因凸缘倾斜水平投影面不是实形图，根据“图形要用实形样”的表达要求，应对该两基本视图进行画法上的调整，即主视图采用全剖视图，俯视图以剖视的方法设法去掉凸缘形状，再另用其他画法对凸缘特征形状进行补充表达。主视图作全剖处理后，凸台的形状和位置在主视图上不存在了，解决此问题的方法是把图 5-29 管座实体的前方转到后方，使凸台出现在正后方位置，即在全剖的主视图中能体现凸台孔的高度位置，而管座所处的这一新位置不会影响俯视图的表达效果。

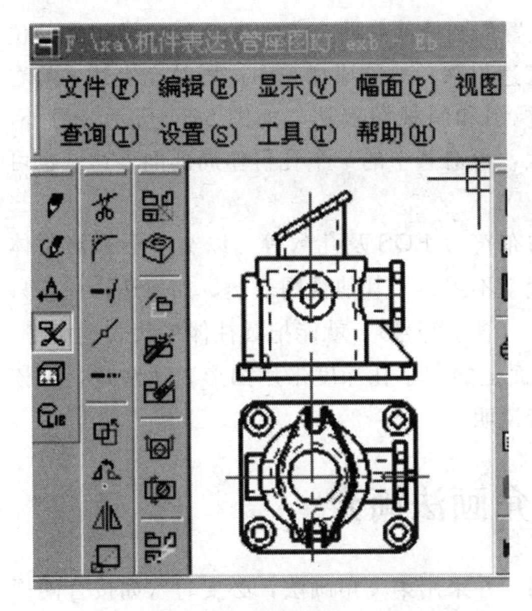


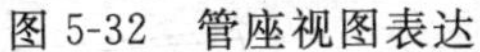
图 5-32 管座视图表达

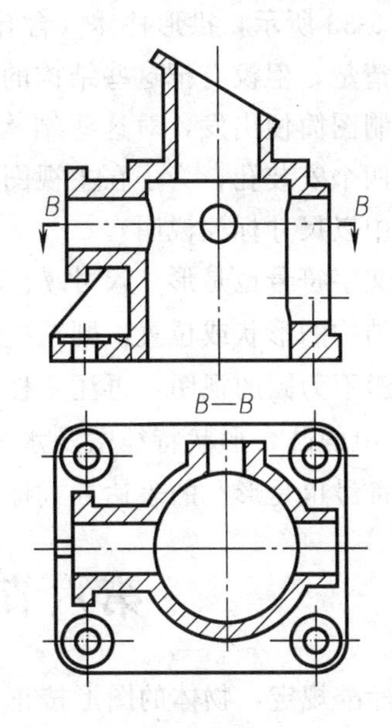


图 5-33 管座剖视图表达

如图 5-33 所示为按调整后的新位置在 CAXA 二维图板中获得的基本视图，两图均采用了全剖。其中主视图中剖到的肋板为纵向剖切，肋板范围按国标规定不画剖面线。俯视图已确定采用剖视画法表达，在图中 *B—B* 位置剖切最合适。

(3) 形体表达要完全　有些结构的形状与位置，若在基本视图上没表达清楚，则通过增加必要的其他视图（含剖视、断面等）进行补充表达，使机件形状完全表达清楚。

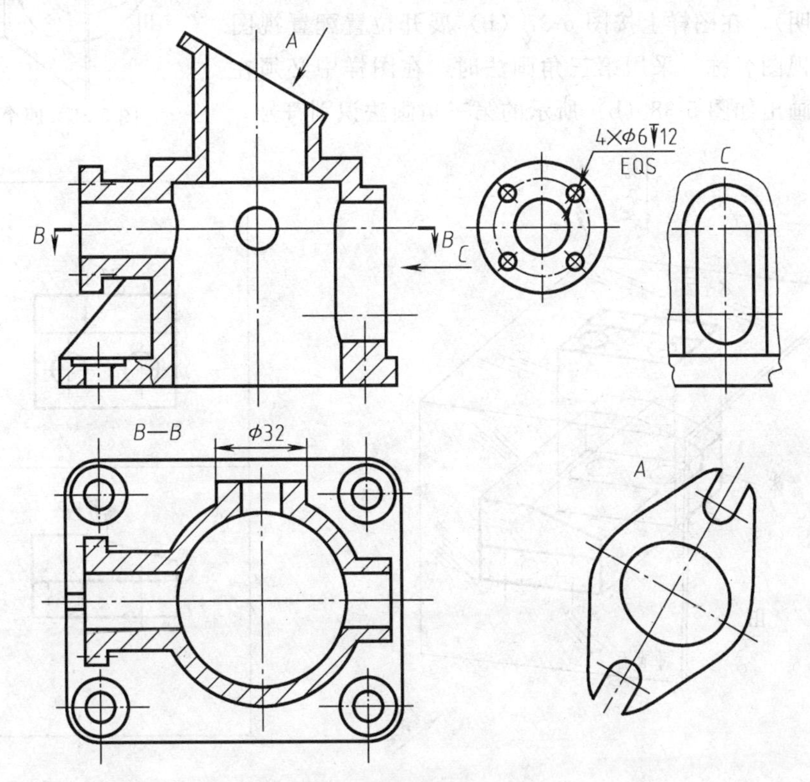


图 5-34 管座表达方案

如图 5-33 所示，拱形柱体（含孔）、水平位置的圆柱筒和凸台、上方倾斜凸缘结构的位置已表达清楚，但没有把这些结构的形状特征表达出来，故需增加视图进行补充表达。从看图方便、制图简便出发，对这些结构采用局部视图和斜视图表达，如图 5-34 所示。另外，底板上的四个安装孔，为了在主视图上反映形状，可对其中的一个孔再作局部剖表达（也可在俯视图中以尺寸标注说明）。

（4）文字符号也是形　尺寸 $\phi$、$R$ 符号、均布符号 EQS 及孔数等，以文字形式清楚体现了某些结构的形状或位置，则这些形状或位置就不需再用其他视图表达。如表达圆柱体只需一个投影不为圆的视图，再注写柱面直径尺寸（含 $\phi$ 符号），就能把圆柱体形状表达清楚。如图 5-34 中的凸台形状特征图及水平圆柱筒端面上的四小孔深度未用图形表达清楚，可依据“文字符号也是形”的表达方式标注尺寸进行说明。

## 第六节　第三角画法简介

国家标准规定，物体的图形按正投影法绘制，并采用第一角画法，必要时（如按合同规定或国际间技术交流）允许使用第三角画法。前面介绍的视图画法都是第一角画法，即是将物体置于第一分角内，保持着“人→物→图”的关系进行投影。

第三角画法是将物体置于第三分角内，保持着“人→图→物”的关系进行投影，如图 5-35、图 5-36 所示。物体位于正六面体中，六个投影面展开过程如图 5-37（a）（视图名称如图中说明），在图样上按图 5-37（b）展开位置配置视图时不需注明视图名称。采用第三角画法时，在图样中必须在标题栏附件画出如图 5-38（b）所示的第三角画法识别符号。

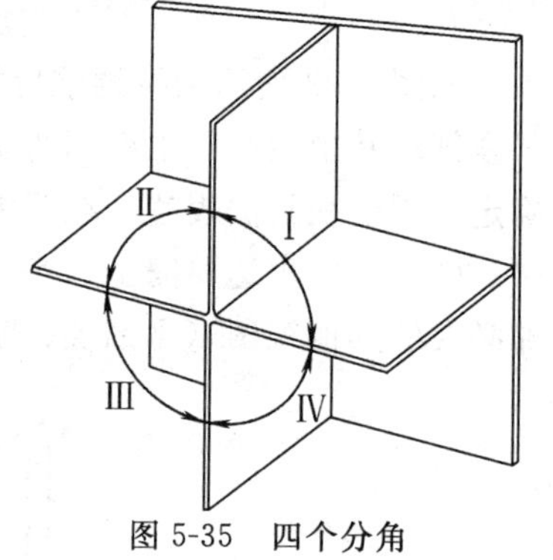

图 5-35　四个分角

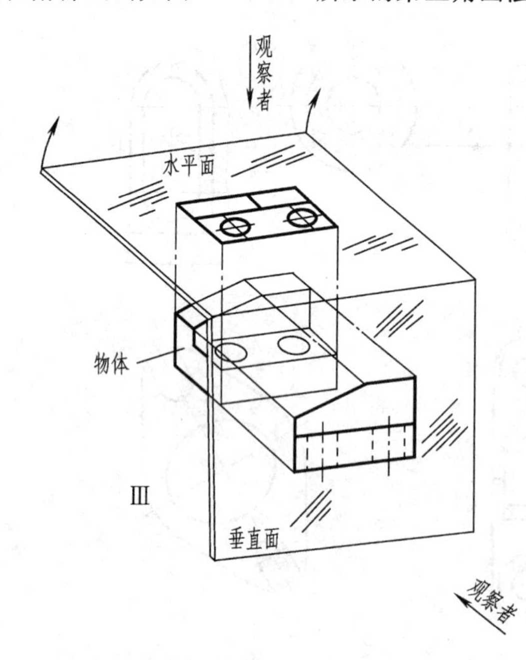


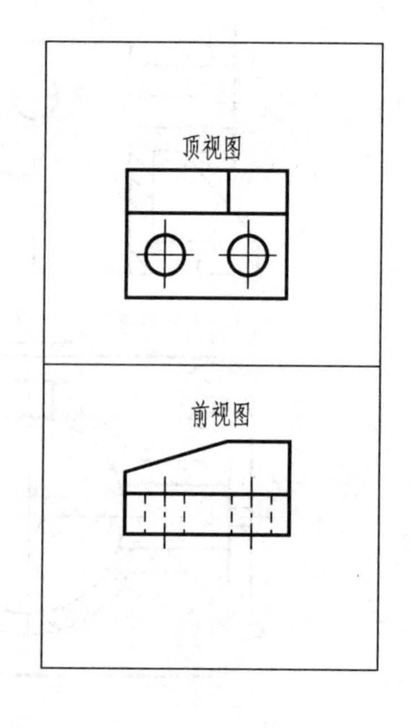


图 5-36　第三分角的画法及展开

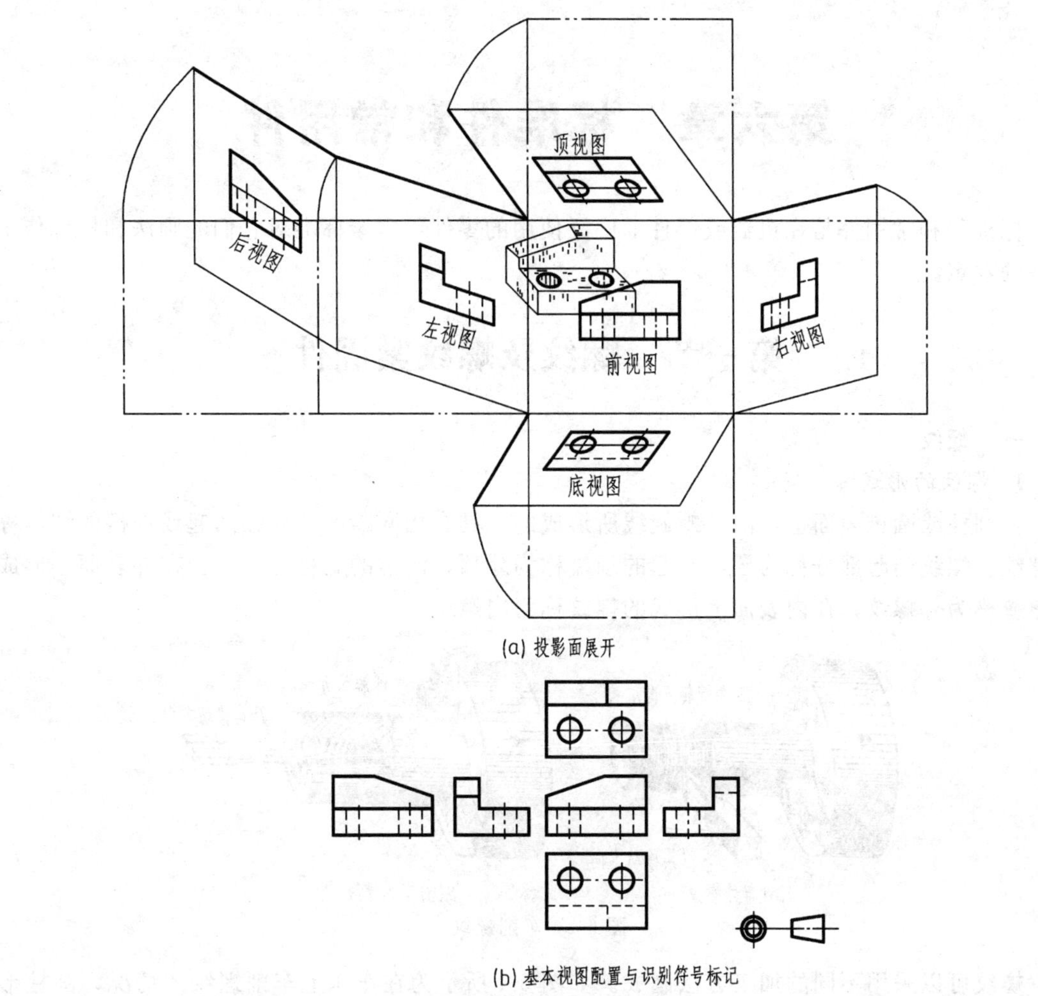


(a) 投影面展开

(b) 基本视图配置与识别符号标记

图 5-37　第三角画法

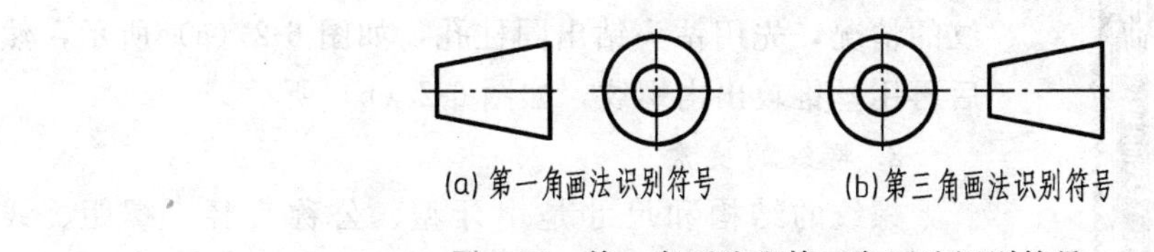

(a) 第一角画法识别符号　　(b) 第三角画法识别符号

图 5-38　第一角画法和第三角画法识别符号

# 第六章　标准件和常用件

标准件和常用件是在机器或部件上广泛使用的零件，国家标准对它们的画法和标记作了统一的规定。

## 第一节　螺纹及螺纹紧固件

### 一、螺纹

1. 螺纹的形成

在圆柱或圆锥表面上，沿着螺旋线所形成的、具有相同断面的连续凸起或沟槽的结构称为螺纹。螺纹凸起部分称为牙，凸起的顶端称为牙顶，沟槽的底称为牙底。在外表面上形成的螺纹称为外螺纹；在内表面上形成的螺纹称为内螺纹。

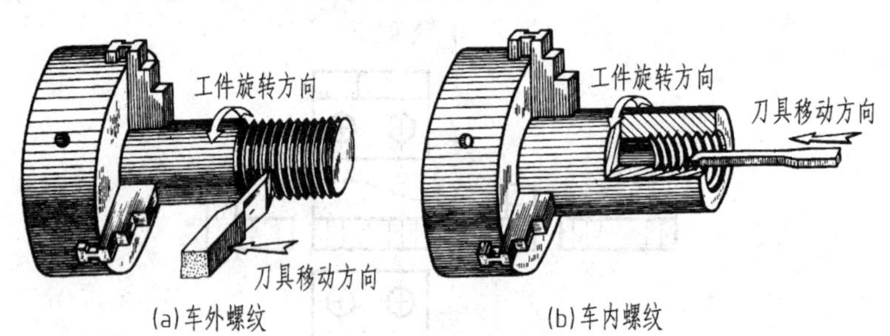


图 6-1　车削螺纹

螺纹可以采用不同的加工方法制成。如图 6-1 所示为在车床上车削螺纹的情况，圆柱形工件作等速回转运动，刀具沿工件轴向作等速直线移动，两运动的合成形成螺纹。如图 6-2 所示为用丝锥加工内螺纹的情况，先用钻头钻出圆柱孔，如图 6-2（a）所示，然后再用丝锥攻出内螺纹，如图 6-2（b）所示。

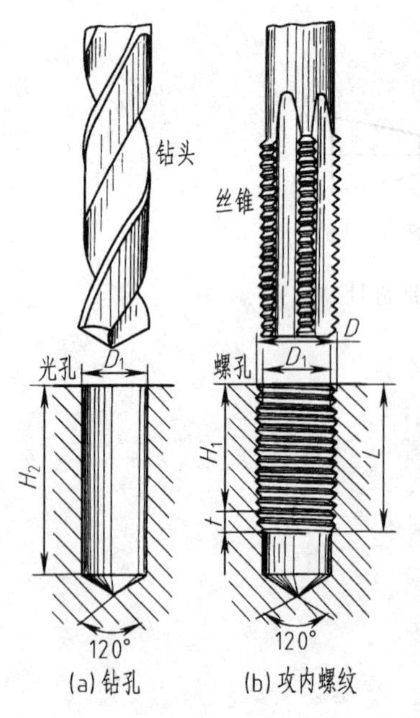


图 6-2　丝锥加工内螺纹

2. 螺纹的要素

螺纹的结构和尺寸是由牙型、公称直径、螺距、线数、旋向五个要素确定的。当内外螺纹正常旋合时，两者的要素必须相同。

（1）牙型　在通过螺纹轴线的断面上，螺纹的轮廓形状称为螺纹牙型。不同的螺纹牙型，有不同的用途，并由不同的代号表示。常用的牙型见表 6-1。

（2）公称直径　代表螺纹要素尺寸的直径称公称直径，一般是指螺纹的大径尺寸。与外螺纹牙顶或内螺纹牙底相重合的假想圆柱面的直径称为大径。与外螺纹牙底或内螺纹牙顶相重合的假想圆柱面的直径称为小径。在大径与小径的中间，即螺纹牙型的中部沿轴向找到一个凸起宽

**表 6-1　螺纹的牙型、代号和标注示例**（2002 年底前发布的螺纹标准）

| 螺纹种类 | | 牙型放大图 | 螺纹特征代号 | 标注示例 | 说　明 |
|---|---|---|---|---|---|
| 联接螺纹 | 粗牙普通螺纹 | 60° | M | M12−5g6g | 粗牙普通螺纹不注螺距，细牙普通螺纹应注螺距，中等旋合长度不注“N”，短“S”和长“L”旋合长度则需注出，左旋螺纹注“LH”，右旋不注（以下同） |
| | 细牙普通螺纹 | | M | M12×1.5LH−6g | |
| | 非螺纹密封的管螺纹 | 55° | G | G1/2B−LH | 外螺纹公差等级分 A 级和 B 级两种，内螺纹公差等级仅一种，故不注公差代号 |
| | 用螺纹密封的管螺纹 | 55° | $R_1$<br>$R_2$<br>Rc<br>Rp | R3/8 | 只有一种公差带故不注公差带代号<br>R—圆锥外螺纹，$R_1$ 与 Rp 配合，$R_2$ 与 Rc 配合；Rc—圆锥内螺纹；Rp—圆柱内螺纹 |
| 传动螺纹 | 梯形螺纹 | 30° | Tr | Tr40×14(P7)−8e−L | 多线螺纹螺距和导程都须标注。“P”为螺距代号（以下同） |
| | 锯齿形螺纹 | 3° 30° | B | B40×6 LH−7c | |

尺寸和沟槽宽尺寸相等的假想圆柱面，该圆柱面对应的螺纹直径称为中径。外螺纹的大径、小径和中径用符号 $d$、$d_1$、$d_2$ 表示，内螺纹的大径、小径和中径用符号 $D$、$D_1$、$D_2$ 表示，如图 6-3 所示。

（3）线数　沿一条螺纹线所形成的螺纹称为单线螺纹，沿两条或两条以上、在轴向等距离分布的螺旋线所形成的螺纹称为多线螺纹。如图 6-4 所示为线数 $n=1$ 和 $n=2$ 的情况。

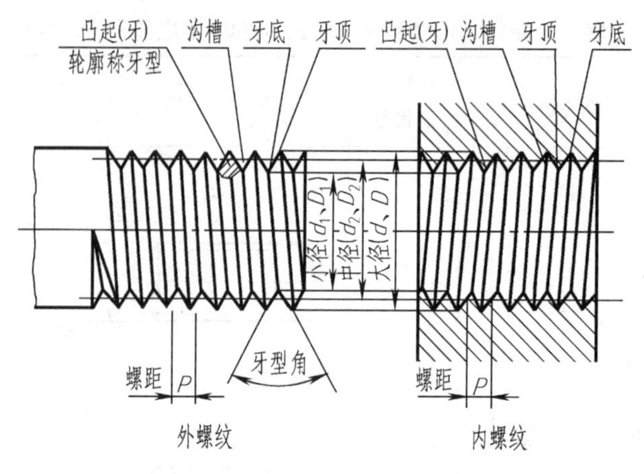


图 6-3　螺纹的各部分名称

（4）螺距和导程　相邻两牙在中径线上对应两点间的轴向距离称为螺距，用字母 $P$ 表示，而在同一条螺旋线上相邻两牙在中径线上对应两点间的轴向距离称为导程，用 $P_h$ 表示。螺距、导程、线数的关系为 $P=P_h/n$，图 6-4 为这种关系的示意。

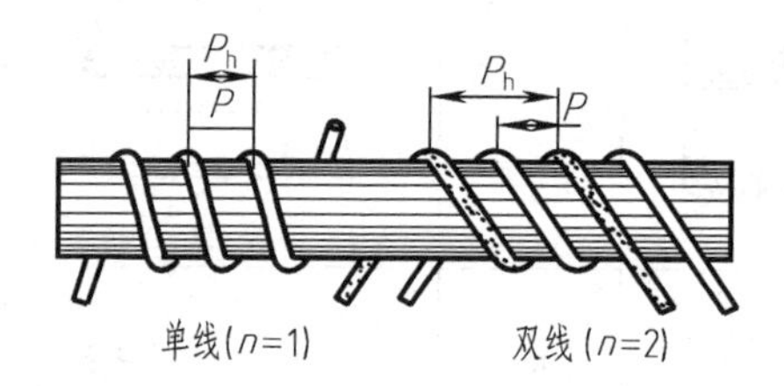


图 6-4　螺纹线数示意

（5）旋向　旋向分左旋和右旋两种，工程上常用的是右旋螺纹。顺时针旋转时沿轴向旋入的为右旋，逆时针旋转时旋入的为左旋。

3. 螺纹分类

为了便于设计和制造，国家标准对螺纹的五个要素中的牙型、大径和螺距作了一系列的规定。按三要素（牙型、大径、螺距）是否标准分为标准螺纹、特殊螺纹（牙型符合标准，直径和螺距不符合标准）、非标准螺纹（牙型不符合标准）。

若按螺纹的用途分类，有联接螺纹（如普通螺纹、管螺纹）和传动螺纹等，见表 6-1。

4. 螺纹的规定画法

（1）外螺纹　如图 6-5 所示，画图时小径尺寸可近似地取 $d_1\approx0.85d$。在投影为非圆的视

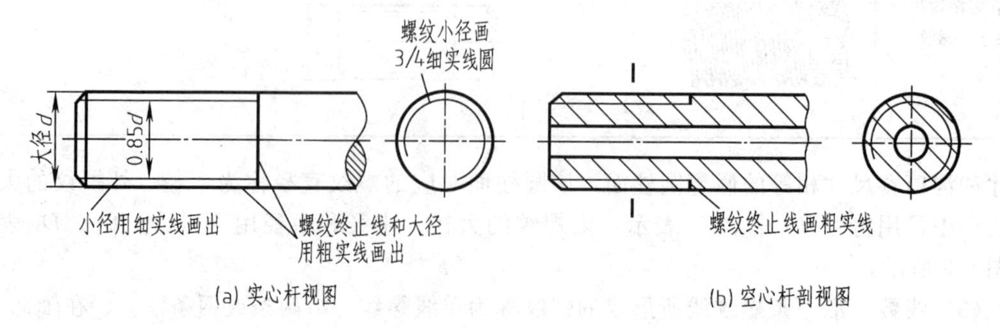


(a) 实心杆视图　　(b) 空心杆剖视图

图 6-5　外螺纹的画法

图中，螺杆的倒角或倒圆部分也应画出细实线；在投影为圆的视图中，表示牙底的细实线圆只画约 3/4 圈，此时螺杆上表示倒角的圆省略不画；剖视图中的剖面线应画到粗实线为止。

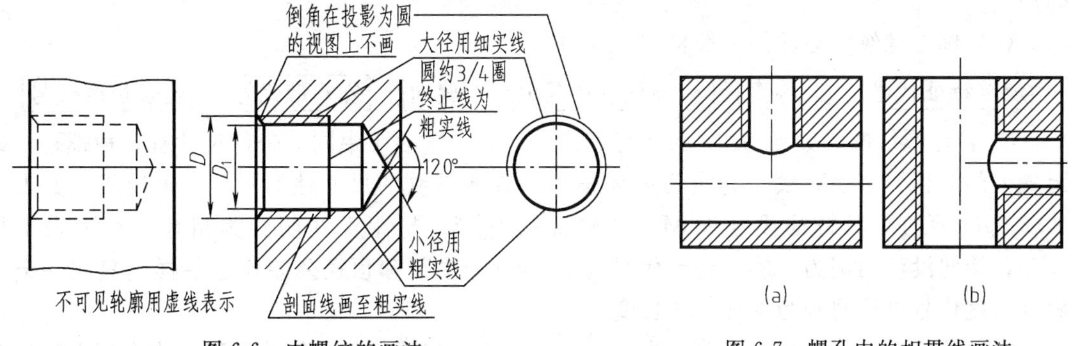


图 6-6　内螺纹的画法

图 6-7　螺孔中的相贯线画法

（2）内螺纹　如图 6-6 所示，在投影为非圆的剖视图中，螺纹的小径 $D_1$ 用粗实线表示，大径 $D$ 用细实线表示，螺纹终止线用粗实线表示；在投影为圆的视图中，表示牙顶的圆是用粗实线绘制，表示牙底的细实线圆只画约 3/4 圈，表示倒角的圆省略不画。剖面线应画到粗实线为止。

当螺纹不可见时，所有图线用虚线绘制。螺纹一般不表示螺纹的收尾部分（简称螺尾），当需要表示时，螺尾部分的牙底用与轴线成 30°的细实线表示，如附表 3 中图例。如图 6-7 所示为螺孔中相贯线画法。

（3）内、外螺纹联接　如图 6-8 所示，在剖视图中，内外螺纹旋合的部分应按外螺纹的画法绘制，其余部分按各自画法表示。需要注意的是，表示内螺纹大径的细实线和表示外螺纹大径的粗实线必须对齐，小径线也要对齐。

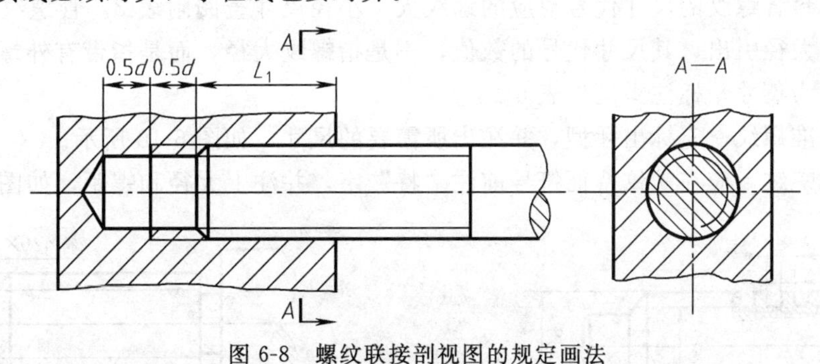


图 6-8　螺纹联接剖视图的规定画法

（4）牙型表示法　标准螺纹牙型一般在图形中不作表示。当需要表示时（非标准螺纹必须表示牙型），可按如图 6-9 所示的形式绘制。

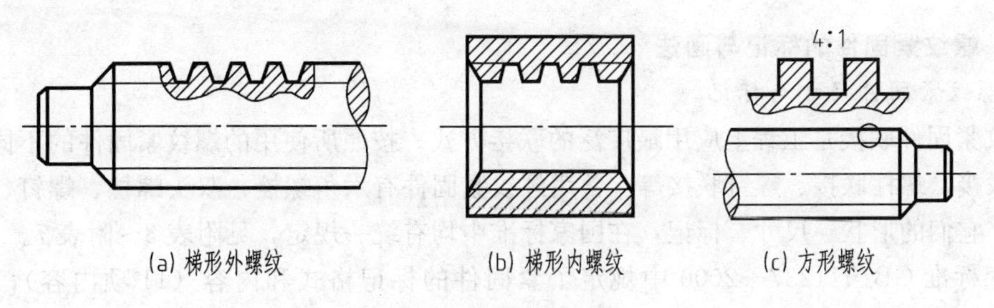


图 6-9　牙型表示方法

5. 螺纹的标注

由于各种螺纹的画法都是相同的，为区别不同种类的螺纹，必须按规定格式进行标注。

（1）标准螺纹　标注的一般格式与项目为

[螺纹特征代号]　[公称直径]×[导程（P螺距）]　[旋向]—[公差带代号]—[旋合长度代号]

① 普通螺纹的线数均为1，有粗牙和细牙之分。附表1中同一公称尺寸有几种螺距，螺距最大的为粗牙普通螺纹，其余为细牙螺纹。普通螺纹的尺寸注写见表6-1说明。如表中M12-5g6g尺寸，其特征代号为M，公称直径为12，螺距没注明则为粗牙，查附表1得1.75，旋向没注明则为右旋，公差代号为5g6g（如中径和顶径公差代号一样则只注一个），旋合长度代号没注明则为中等旋合长度。

螺纹的旋合长度分为短（S）、中（N）、长（L）三组，在一般情况下，均采用中等旋合长度，规定不标注明旋合长度的即为N。

② 梯形螺纹、锯齿形螺纹的标记示例，见表6-1举例。如表中Tr40×14（P7）-8e-L的尺寸，导程14是螺距7的二倍，故为双线梯形螺纹。

③ 管螺纹的尺寸注法独特，说明如下。

a. 非螺纹密封管螺纹的标注格式与项目为

[螺纹特征代号G]　[尺寸代号]　[公差等级代号]—[旋向]

b. 用螺纹密封的管螺纹标注格式与项目为

[螺纹特征代号R或Rc或Rp]　[尺寸代号]—[旋向]

其中，Rc表示圆锥内螺纹，Rp表示圆柱内螺纹，R表示圆锥外螺纹。

非螺纹密封管螺纹的尺寸代号对应的螺纹大、小径尺寸查阅附表2。管螺纹的标注用指引线由螺纹的大径引出，其尺寸代号的数值，不是指螺纹大径，而是指带有外螺纹管子的内孔直径，单位为英寸。标注举例见表6-1。

（2）非标准螺纹　应标出牙型，并注出所需要的尺寸，如图6-10所示。

（3）特殊螺纹　应在螺纹特征符号前注“特”字，并注上大径和螺距，如图6-11所示。

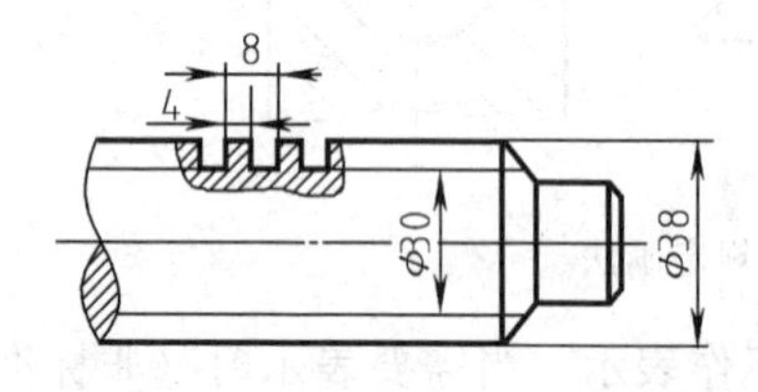

图6-10　非标准螺纹的标注

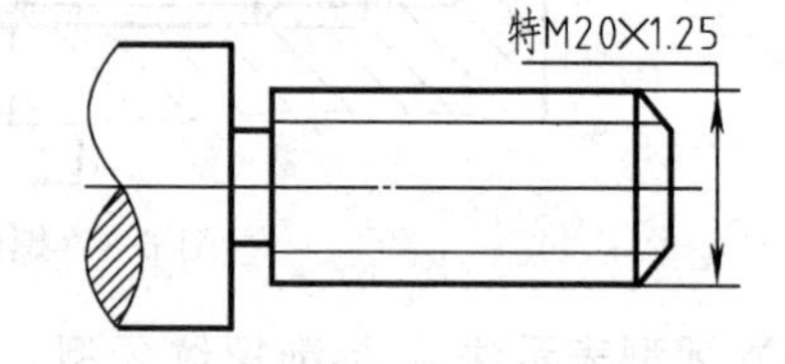

图6-11　特殊螺纹的标注

## 二、螺纹紧固件的标记与画法

1. 螺纹紧固件尺寸与标记

螺纹紧固件联接是工程上应用最广泛的联接方式。按照所使用的螺纹紧固件的不同，可分为螺栓联接、螺柱联接、螺钉联接等。常用螺纹紧固件有六角螺栓、双头螺柱、螺钉、螺母和垫圈等。它们的形状、尺寸、标记，在国家标准中均有统一规定，见附表3～附表7。

国家标准GB/T 1237—2000中规定了紧固件的标记格式和内容（11项内容），在设计和生产中一般采用紧固件的简化标记，形式如下。

产品名　标准编号（可省年号）　螺纹规格尺寸×公称长度（必要时）

例如，螺母 GB/T 6170 M12，螺钉 GB/T 67　M12×35。

2. 螺纹紧固件的比例画法

设计机器时，经常会用到螺栓、螺柱、螺钉、螺母、垫圈等螺纹紧固件，其各部分尺寸可以从相应的国家标准中查出。为了简化作图，这些紧固件通常由螺纹大径尺寸 $d$（或 $D$），按比例折算得出各部分尺寸后绘制，见表 6-2。

**表 6-2　常用紧固件的比例画法**

| 名　称 | 比例画法图例 |
| --- | --- |
| 螺栓、螺母 | 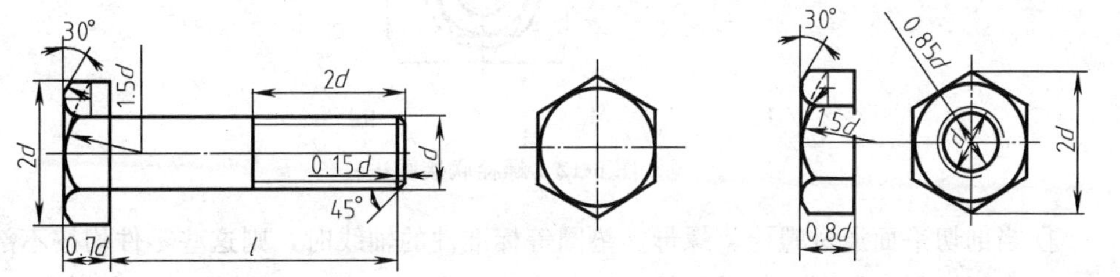 |
| 螺柱、垫圈 | 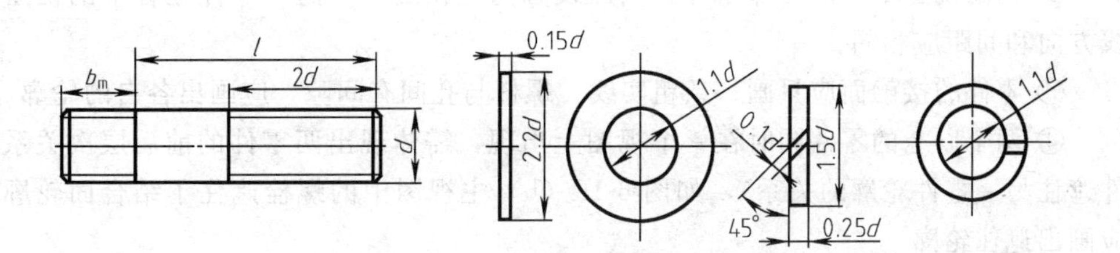 |
| 开槽圆柱头螺钉、紧定螺钉 | 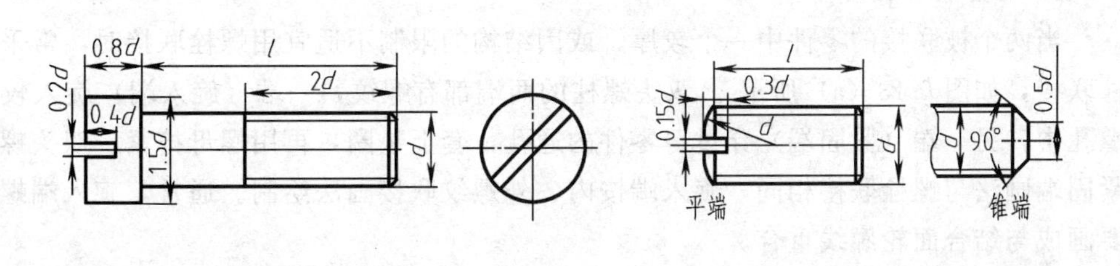 |
| 沉头螺钉、半圆头螺钉 | 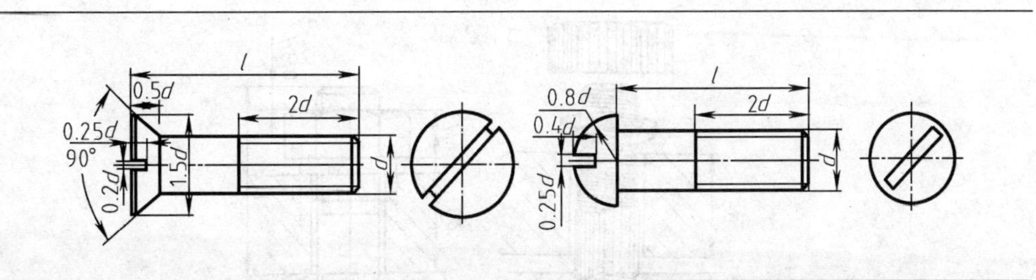 |

## 三、螺纹紧固件的联接画法

1. 螺栓联接

螺栓常用来联接两个不太厚的零件。如图 6-12 所示为螺杆穿过两个零件的通孔，再套上垫圈，然后旋紧螺母的螺栓联接方式。一般采用比例画法，其中，螺栓杆身长度 $L$ 的算法为 $L \geqslant \delta_1 + \delta_2 + s + H + a(a \approx 0.3d)$。然后从附表 3 中选出最接近标准长度的 $L$ 值。

在画螺栓联接的装配图时，应遵守下列基本规定。

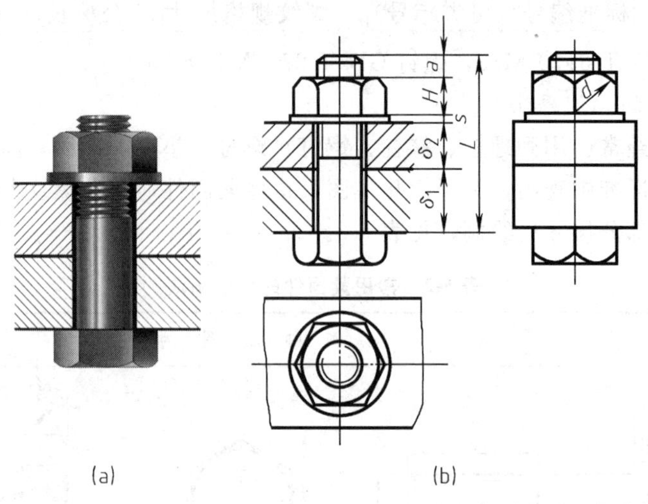


图 6-12　螺栓联接画法

① 当剖切平面通过螺栓、螺母、垫圈等标准件的轴线时，则这些零件均按不剖绘制。

② 在剖视图中，两相邻零件的剖面线方向应相反，但同一零件在各个剖视图中其剖面线方向和间距应相同。

③ 零件的接触面应只画一条粗实线，螺杆与孔间有间隙，应画出各自的轮廓。

④ 两个以上的零件同时在一个视图上出现，需体现出两零件的前后层次关系（即一零件遮住另一零件轮廓的关系），如图 6-12（b）主视图中的螺栓遮住了结合面轮廓段，故不应画出遮住轮廓。

2. 双头螺柱联接

当两个被联接的零件中一个较厚，或因结构的限制不适宜用螺栓联接时，常采用双头螺柱联接，如图 6-13（a）所示。双头螺柱的两端都有螺纹，一端（旋入端）旋入较厚零件的螺孔中，另一端（紧固端）穿过薄零件的通孔，套上垫圈，再用螺母拧紧。双头螺柱联接的紧固端画法与螺栓联接相同，旋入端按内、外螺纹联接画法绘制。通常，旋入端螺纹终止线要画成与结合面轮廓线重合。

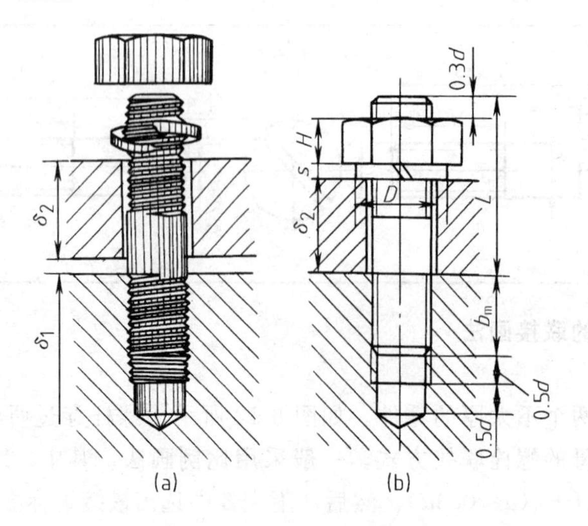


图 6-13　螺柱联接画法

螺柱联接的比例画法，如图 6-13（b）所示，螺柱的公称长度为 $L \geqslant \delta_2 + 0.3d + H + s$（$\delta_2$ 为已知，$H$、$s$ 值见表 6-2，$b_m$ 由设计确定），然后，查附表 7 选取最接近标准长度的值。

在装配图中，对于螺栓联接和螺柱联接也可采用如图 6-14 所示的简化画法。即螺栓、螺柱末端的倒角、螺栓头部和螺母的倒角部分省略不画；未钻通的螺孔可以不画圆柱光孔段图形，仅按螺纹部分深度画出（不包括螺尾）。弹簧垫圈的缺口可以涂黑表达。

3. 螺钉联接

螺钉的种类很多，按其用途可分为联接螺钉和紧定螺钉两类。

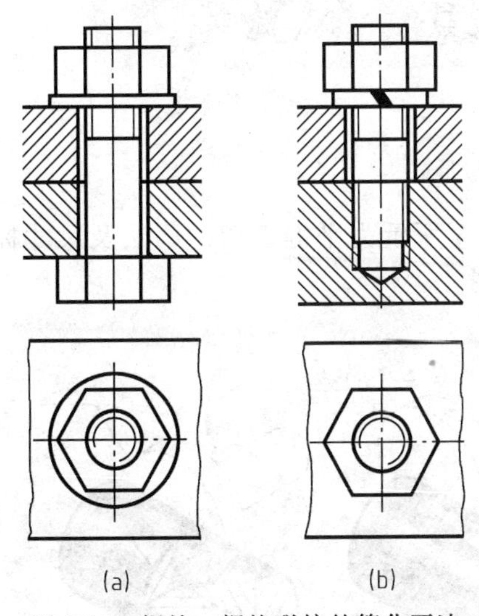


图 6-14　螺栓、螺柱联接的简化画法

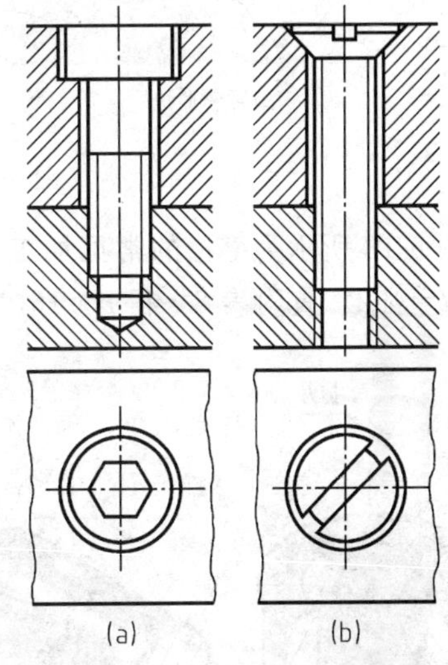


图 6-15　螺钉的联接画法

（1）联接螺钉　用以联接两个零件，它不需与螺母配用，常用在受力不大和不经常拆卸的场合。如图 6-15 所示为圆柱内六方螺钉和开槽沉头螺钉联接的装配画法。螺钉联接是将螺杆穿过一个零件的通孔（孔径≈$1.1d$），旋入另一个零件的螺孔，使螺钉头部支承面压紧另一零件而固定在一起。旋入端的长度一般为（1.5～2）$d$，而螺孔的深度一般可取（2～2.5）$d$。但必须注意，螺杆上的螺纹终止线应在螺孔端面以上画出。对于开槽螺钉，在投影为圆的视图上，国标规定一字槽画成与水平方向倾斜 45°，如图 6-15（b）所示。

（2）紧定螺钉　紧定螺钉是用于防止两个相邻部件产生相对运动。如图 6-16 所示为用开槽锥端紧定螺钉固定轮和轴的相对位置。

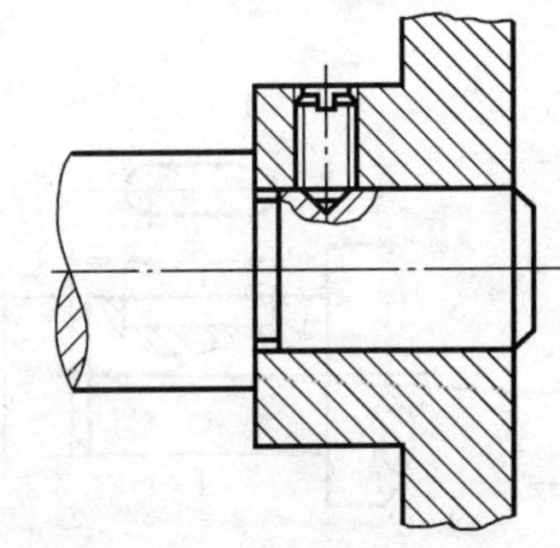

图 6-16　紧定螺钉的联接画法

# 第二节　键、销及滚动轴承

## 一、键与花键联接

为使轴与轮联接在一起并一同转动，通常在轴和轮孔中分别加工出键槽，将键嵌入槽中，或将轴加工成花键轴，轮孔加工成花键孔，这种联接称为键联接。键联接是可拆联接。

1. 键联接

常用的键有普通平键、半圆键和钩头楔键三种。其中最常用的是普通平键，如图 6-17 所示，其标准尺寸可查附表 8。键槽的形式和尺寸也随键的标准化而有相应的标准。

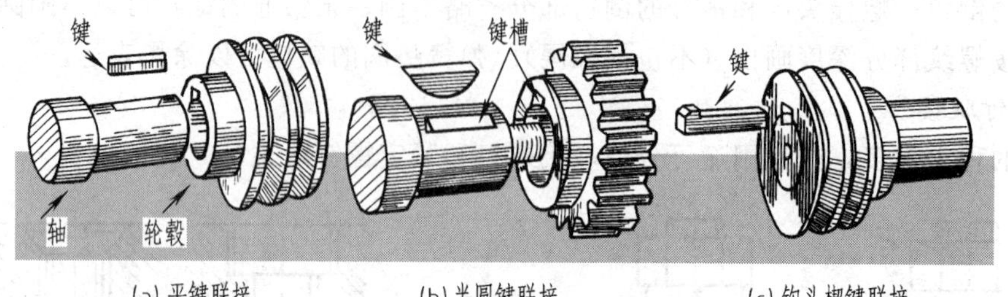


图 6-17 常用键的联接形式

如图 6-18 所示为键槽的常见加工方法。如图 6-19 所示为平键键槽的画法及尺寸标注，如轴径 $d=\phi52$，查附表 8，得 $b=16$，$t_1=6$，$t_2=4.3$。

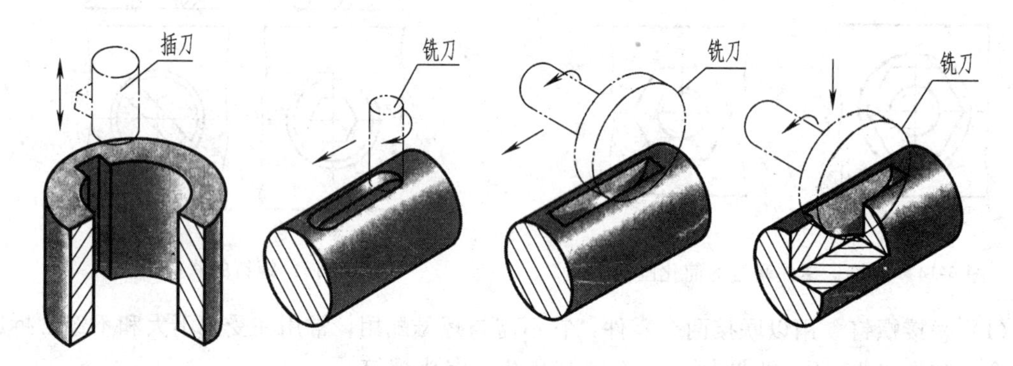


图 6-18 键槽加工示意

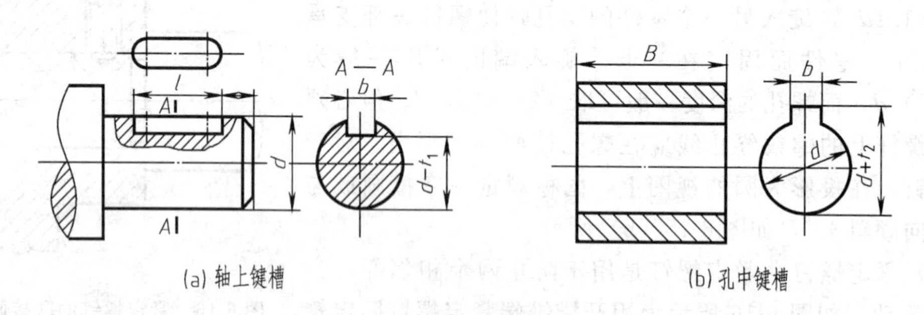


图 6-19 平键槽的图示及尺寸标注

(1) 键联接画法

① 普通平键联接 普通平键有 A 型（圆头）、B 型（方头）和 C 型（单圆头）三种，见附表 8。联接时它的两个侧面是工作面，上顶面和下底面是非工作面。接触面只画一条线。键的上顶面与轮毂槽的顶面之间存在一定间隙，要画两条线，如图 6-20 所示。

② 半圆键联接 半圆键常用在载荷不大的传动轴上，联接情况与普通平键相似，即键的两侧面与键槽侧面接触，画一条线。上顶面留有间隙，画两条线。如图 6-21 所示。

③ 钩头楔键联接 它的顶面有 1∶100 的斜度，联接时沿轴向把键打入键槽内，依靠键

的顶面和底面在轴和轮孔之间挤压的摩擦力而联接。故上下面为工作面，画一条线。而侧面为非工作面，但只画一条线。如图 6-22 所示。

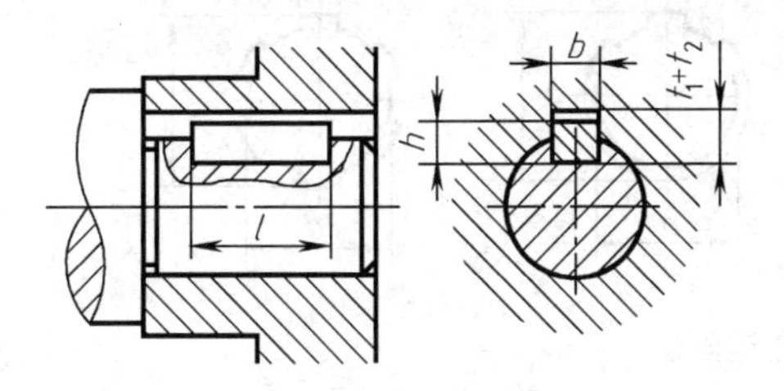


图 6-20 平键联接

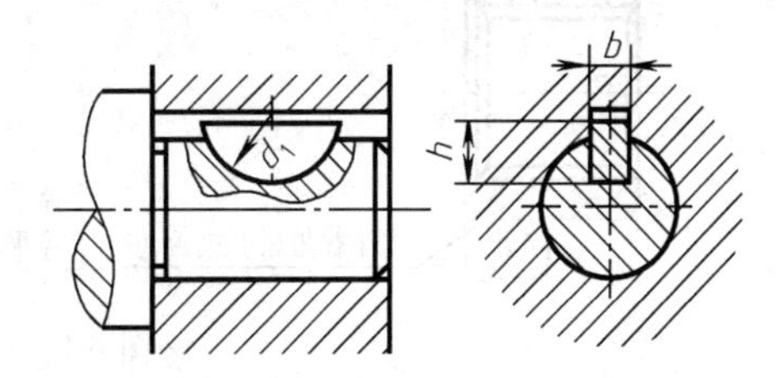


图 6-21 半圆键联接

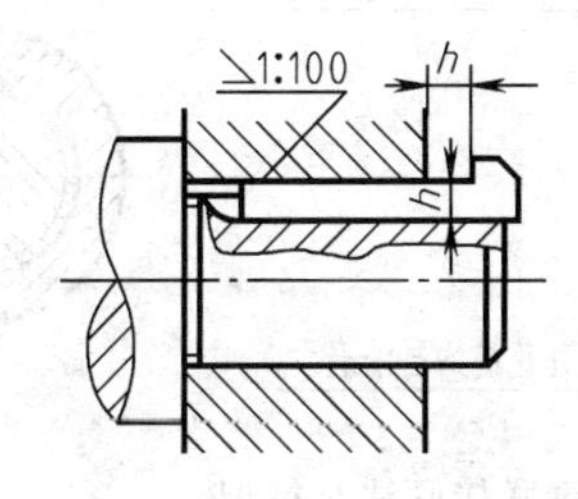


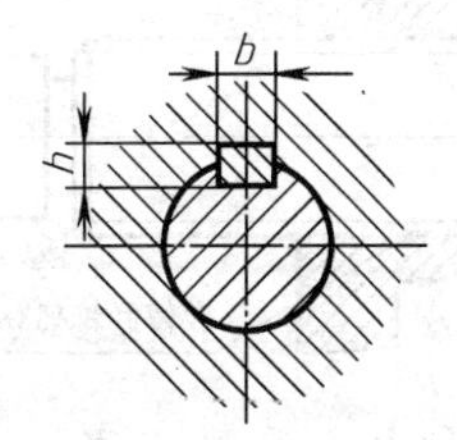


图 6-22 钩头楔键联接

(2) 各种键的规定标记示例

① B 型普通平键，宽 $b$=12mm，高 $h$=8mm，长 $l$=50mm。其标记为：GB/T 1096 键 B×12×8×50。其中 A 型的 A 字省略不注，而 B 型、C 型分别标注 B、C。

② 半圆键，宽 $b$=6mm，高 $h$=10mm，直径 $d_1$=25mm，长 $l$=24.5mm。其标记为：GB/T 1099 键 6×10×25。

③ 钩头楔键，宽 $b$=18mm，高 $h$=10mm，长 $l$=100mm。其标记为：GB/T 1564 键 18×10×100。

2. 花键联接

花键本身的结构尺寸都已标准化，得到了广泛的应用，它的特点是键和键槽的数目较多，轴和键制成一体，适用于重载或变载定心精度较高的联接上，花键按齿形可分为矩形花键和渐开线花键，其中矩形花键应用最广。

① 矩形外花键画法示例，如图 6-23 所示。

② 矩形内花键画法示例，如图 6-24 所示。

③ 矩形花键联接画法与标记示例如图 6-25 所示。矩形花键联接画法与螺纹联接画法类似。

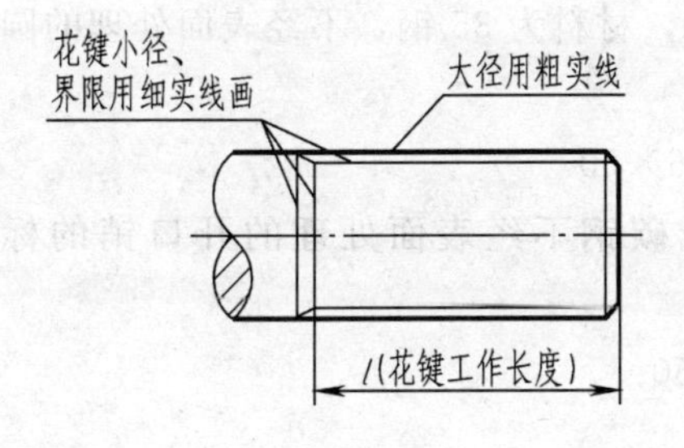


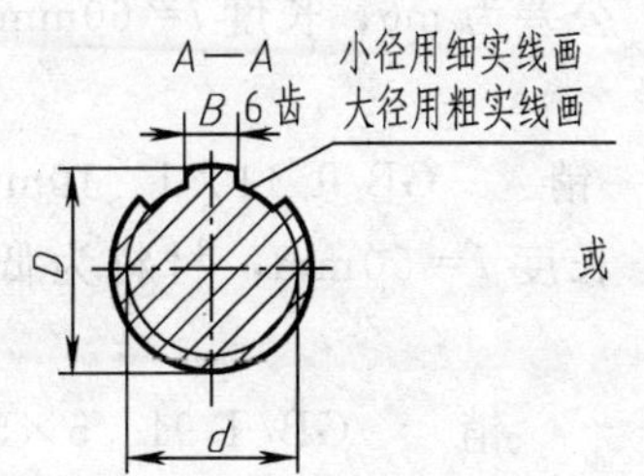


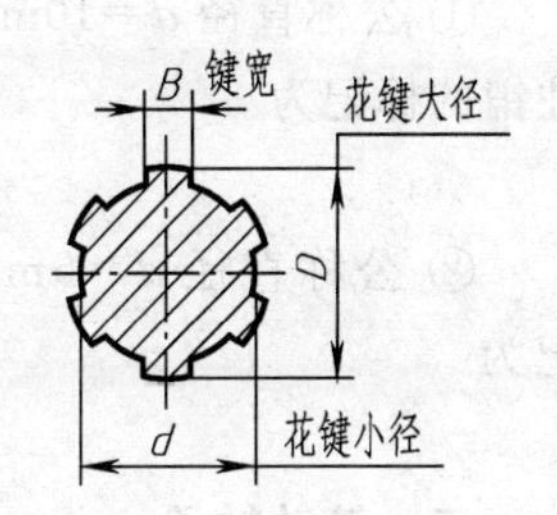


图 6-23 矩形外花键画法

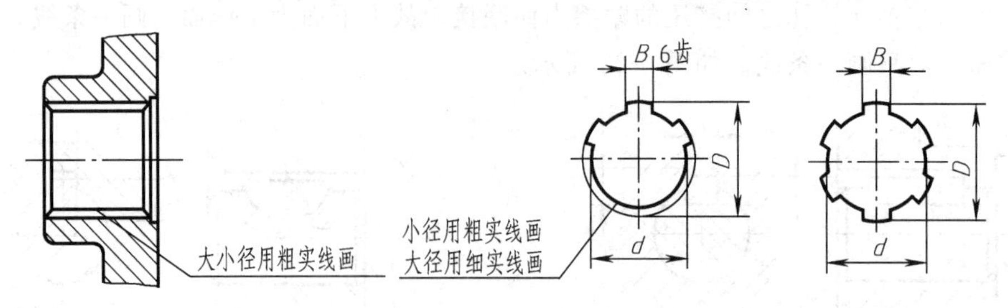


图 6-24 矩形内花键画法

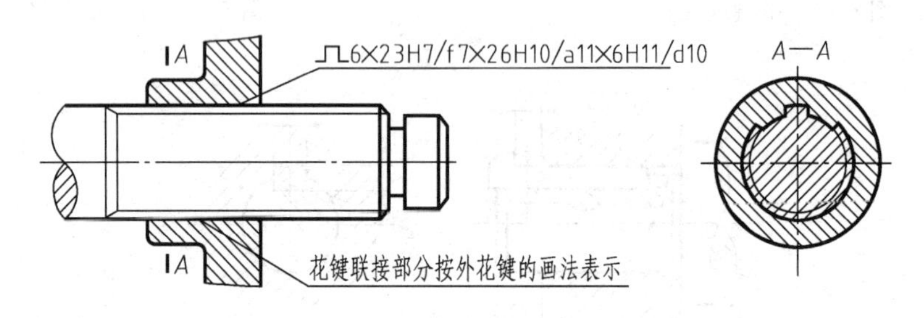


图 6-25 矩形花键联接画法与标记

**二、销联接**

常用销有圆柱销、圆锥销、开口销等，它们都是标准件。销在机器中可起定位和联接作用，而开口销常与开槽螺母配合使用，它穿过螺母上的槽和螺杆上的孔，以防止螺母松动，三种销及其联接画法，如图 6-26～图 6-28 所示。

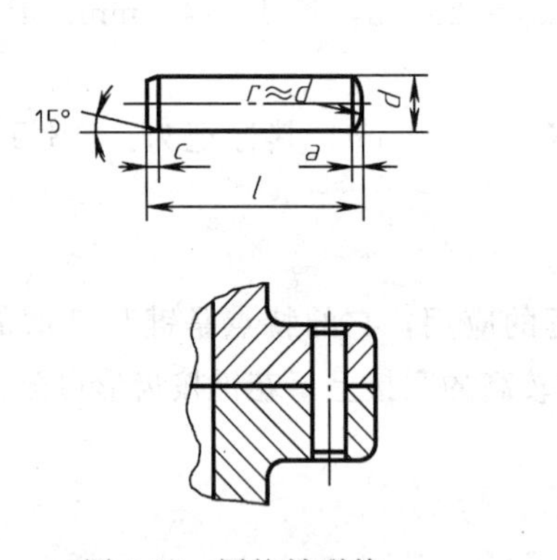


图 6-26 圆柱销联接

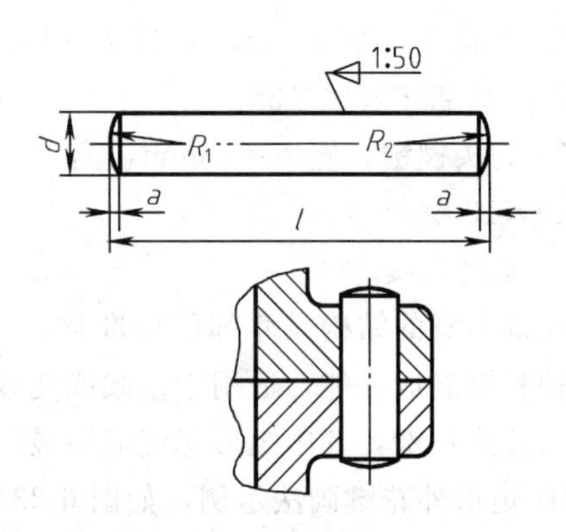


图 6-27 圆锥销联接

销的标记示例如下。

① 公称直径 $d$=10mm，公差为 m6，长度 $l$=60mm，材料为 35 钢，不经表面处理的圆柱销的标记为

销 GB/T 119.1 10m6×60

② 公称直径 $d$=5mm，长度 $l$=50mm，材料为低碳钢不经表面处理的开口销的标记为

销 GB/T 91 5×50

**三、滚动轴承**

滚动轴承是用来支撑轴的标准部件，它由内圈、外圈、滚动体、保持架构成，如图6-29

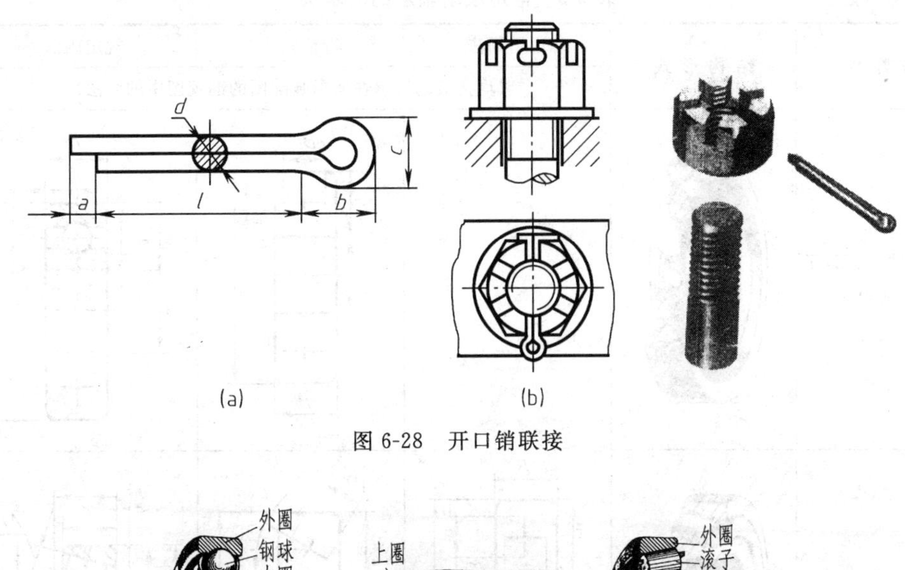


图 6-28 开口销联接

外圈
钢球
内圈
保持架
(a) 深沟球轴承

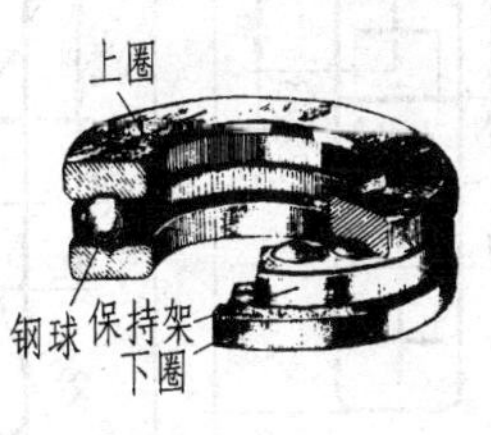

(b) 推力球轴承

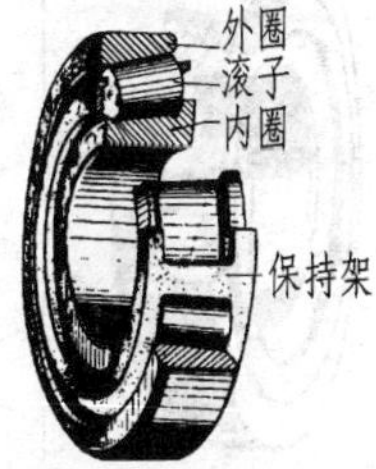

(c) 圆锥滚子轴承

图 6-29 滚动轴承种类

所示。滚动轴承由于摩擦阻力小，结构紧凑等优点，在机器中被广泛使用。

1. 分类

按可承受载荷的方向，滚动轴承分为三类，即主要承受径向载荷的向心轴承，只承受轴向载荷的推力轴承，同时承受径向和轴向载荷的向心推力轴承。

根据滚动体的形状可分为两类，即滚动体为钢球的球轴承，滚动体为圆柱形、圆锥形或针状的滚子轴承。

2. 画法

滚动轴承是标准部件，由专门的工厂生产。在装配图中，国标规定了三种画法，见表6-3。同一图样中应采用其中一种画法，表中 $B$、$D$、$d$ 分别是滚动轴承宽度、外径、内径尺寸，$A=(D-d)/2$ 。

在规定画法中，轴承的滚动体不画剖面线，各套圈画成方向和间隔相同的剖面线。

装配图中滚动轴承的画法如图 6-30 所示，滚动轴承轴线垂直于投影面的特征画法如图 6-31 所示。

3. 代号和标记

(1) 代号 滚动轴承代号由字母加数字来表示，该代号由前置代号、基本代号、后置代号构成，排列形式为

前置代号 基本代号 后置代号

一般只需注写基本代号。基本代号由轴承类型代号、尺寸系列代号、内径代号构成。表

**表 6-3　常用滚动轴承的表示法**

| 轴承类型 | 结构形式 | 通用画法 | 特征画法 | 规定画法 | 承载特征 |
|---|---|---|---|---|---|
| | | （均指滚动轴承在所属装配图的剖视图中的画法） | | | |
| 深沟球轴承(GB/T 276—1994)6000 型 | | | | | 主要承受径向载荷 |
| 圆锥滚子轴承(GB/T 297—1994)30000 型 | | | | | 可同时承受径向和轴向载荷 |
| 推力球轴承(GB/T 301—1995)51000 型 | | | | | 承受单方向的轴向载荷 |
| 三种画法的选用 | | 当不需要确切地表示滚动轴承的外形轮廓、承载特性和结构特征时采用 | 当需要较形象地表示滚动轴承的结构特征时采用 | 滚动轴承的产品图样、产品样本、产品标准和产品使用说明书中采用 | |

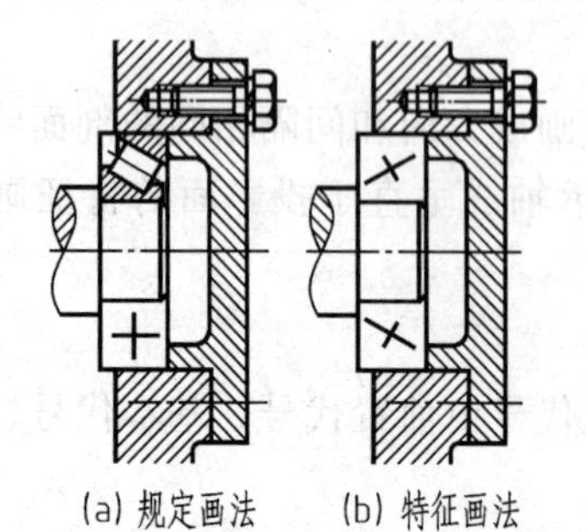


图 6-30　装配图中滚动轴承的画法

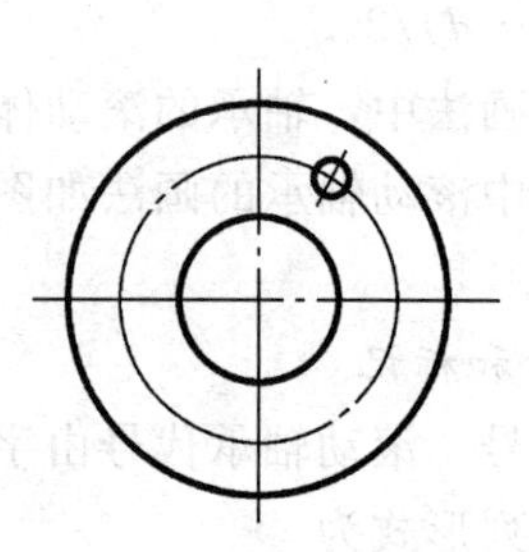

图 6-31　滚动轴承轴线垂直于投影面的特征画法

6-4 为滚动轴承类型代号；尺寸系列代号为两位数形式，宽度系列代号占左位，直径系列代号占右位，当宽度系列代号为 0 时不注出 0；内径代号表示轴承公称内径，一般为两位数值。基本代号的排列形式为

类型代号　尺寸系列代号　内径代号

**表 6-4　滚动轴承类型代号**（摘自 GB/T 272—1993）

| 代号 | 轴承类型 | 代号 | 轴承类型 |
|---|---|---|---|
| 0 | 双列角接触球轴承 | 6 | 深沟球轴承 |
| 1 | 调心球轴承 | 7 | 角接触球轴承 |
| 2 | 调心滚子轴承和推力调心滚子轴承 | 8 | 推力圆柱滚子轴承 |
| 3 | 圆锥滚子轴承 | N | 圆柱滚子轴承（双列或多列用字母 NN 表示） |
| 4 | 双列深沟球轴承 | U | 外球面球轴承 |
| 5 | 推力球轴承 | QJ | 四点接触球轴承 |

注：在表中代号后或前加字母或数字表示该类轴承中的不同结构。

（2）标记与查表　滚动轴承的标记由三部分组成，即轴承名称、轴承代号、标准编号。

标记示例：滚动轴承　6305　GB/T 276—1994

查表 6-4 知，该滚动轴承类型代号为 6，是深沟球轴承。尺寸系列代号为 3，即宽度系列代号为 0，直径系列代号为 3。查附表 10 知，该滚动轴承内径代号 05 对应的内径尺寸 $d$ 为 25，还可查到其他尺寸，如简化画法中的 $D$、$B$ 尺寸分别为 62、17。

# 第三节　齿　轮

齿轮是机器上常用的传动零件，它可以传递动力，改变转速和旋转方向。齿轮种类很多，按其传动情况可分为三类，如图 6-32 所示。

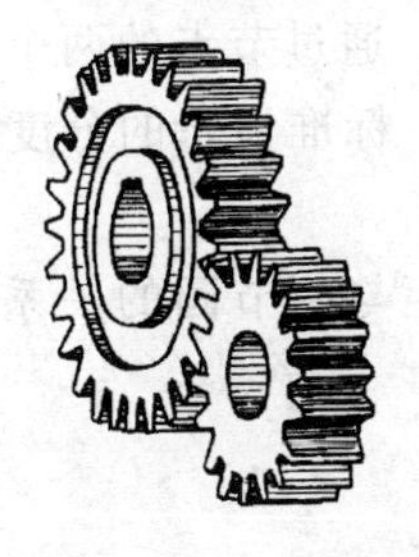

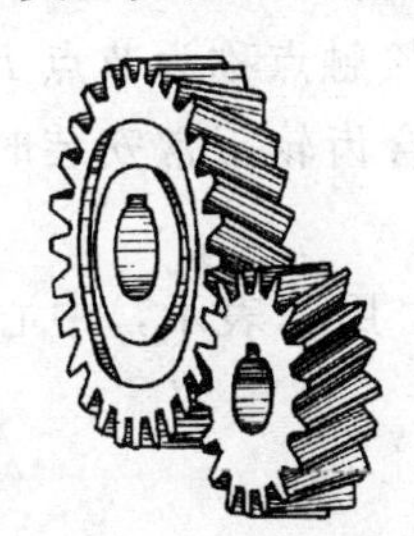

(a) 圆柱齿轮

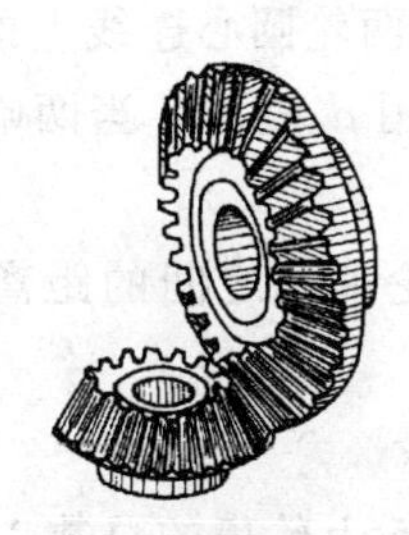

(b) 圆锥齿轮

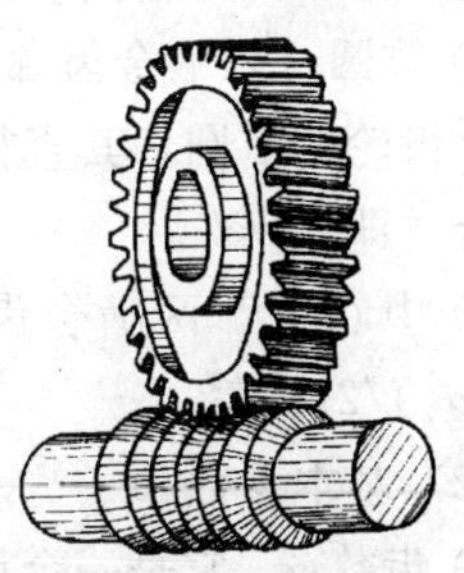

(c) 蜗轮蜗杆

图 6-32　常见的传动齿轮

（1）圆柱齿轮　用于两平行轴的传动。

（2）圆锥齿轮　用于两相交轴的传动。

（3）蜗轮蜗杆　用于两交叉轴的传动。

齿轮有标准齿轮和非标准齿轮，具有标准齿形的齿轮称为标准齿轮。下面介绍的均为标准齿轮的基本知识和规定画法。

## 一、圆柱齿轮

圆柱齿轮主要用于两平行轴的传动，轮齿的方向有直齿、斜齿和人字齿等。

### 1. 直齿圆柱齿轮

（1）各部分名称及代号　如图 6-33 所示。

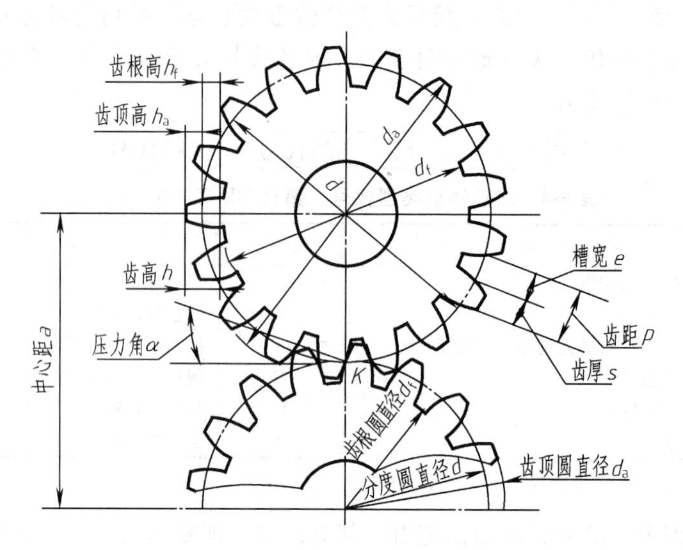


图 6-33 直齿圆柱齿轮各部分名称及代号

① 齿顶圆 通过齿轮齿顶的圆，其直径用 $d_a$ 表示。

② 齿根圆 通过齿轮齿根的圆，其直径用 $d_f$ 表示。

③ 分度圆 设计、计算和制造齿轮的基准圆，其直径用 $d$ 表示。它在齿顶圆与齿根圆之间。

④ 齿距 分度圆上相邻两齿对应点之间的弧长，用 $p$ 表示。齿距分为两段，一段称为齿厚，用 $s$ 表示，一段称为槽宽，用 $e$ 表示。分度圆上齿厚、槽宽与齿距的关系为 $s=e=p/2$。

⑤ 齿高 齿顶圆和齿根圆之间的径向距离，用 $h$ 表示。齿高分为两段，一段叫齿顶高，用 $h_a$ 表示，一段叫齿根高，用 $h_f$ 表示。$h_a$ 是分度圆与齿顶圆的径向距离；$h_f$ 是分度圆与齿根圆的径向距离。齿高、齿顶高和齿根高的关系为 $h=h_a+h_f$。

⑥ 节圆 两啮合齿廓在两轮圆心连线上的接触点称为节点 $K$，通过节点的两个圆分别为两个齿轮的节圆，其直径用 $d'$ 表示。当两啮合齿轮正常安装时，标准齿轮的分度圆与节圆重合，即 $d=d'$。

⑦ 中心距 两啮合齿轮轴线之间的距离，用 $a$ 表示，中心距与两节圆的关系为 $a=(d'_1+d'_2)/2$。

(2) 基本参数

① 齿数 $z$ 它是一个齿轮上轮齿的总数。

② 模数 $m$ 齿轮的齿数 $z$、齿距 $p$ 和分度圆直径 $d$ 之间的关系为分度圆周长 $d\pi=zp$，即 $d=(p/\pi)z$，其中将 $p/\pi$ 称为模数，用 $m$ 表示。它是设计、制造齿轮的重要参数。制造齿轮时依据 $m$ 值选择刀具；设计齿轮时 $m$ 值大，则齿厚 $s$ 大，齿轮承载能力强。模数 $m$ 的数值已系列化，见表 6-5。一对相互啮合的齿轮模数必须相等。

**表 6-5 齿轮模数系列**（GB/T 1357—87） 单位：mm

| 系列 | 模数 |
|---|---|
| 第一系列 | 1 1.25 1.5 2 2.5 3 4 5 6 8 10 12 16 20 25 32 40 50 |
| 第二系列 | 1.75 2.25 2.75 (3.25) 3.5 (3.75) 4.5 5.5 (6.5) 7 9 (11) 14 18 22 28 36 45 |

③ 压力角 $\alpha$ 在节点 $K$ 处两齿廓的公法线（正压力方向）和两节圆的公切线方向（瞬时运动方向）之夹角称为压力角。我国规定标准齿轮的压力角 $\alpha=20°$。

④ 传动比 $i$　主动齿轮转速 $n_1$(r/min) 与从动齿轮的转速 $n_2$ 之比，同时也等于从动齿轮齿数 $z_2$ 与主动齿数 $z_1$ 之比，用 $i$ 表示，$i = n_1 / n_2 = z_2 / z_1$。

(3) 各部分尺寸的计算公式　见表 6-6。

**表 6-6　直齿圆柱齿轮的尺寸计算公式**

| 基本参数：模数 $m$、齿数 $z$ | | | 已知：$m=2$，$z=29$ |
|---|---|---|---|
| 名　　称 | 符　号 | 计　算　公　式 | 计　算　举　例 |
| 齿距 | $p$ | $p=\pi m$ | $p=6.28$ |
| 齿顶高 | $h_a$ | $h_a=m$ | $h_a=2$ |
| 齿根高 | $h_f$ | $h_f=1.25m$ | $h_f=2.5$ |
| 齿高 | $h$ | $h=2.25m$ | $h=4.5$ |
| 分度圆直径 | $d$ | $d=mz$ | $d=58$ |
| 齿顶圆直径 | $d_a$ | $d_a=m(z+2)$ | $d_a=62$ |
| 齿根圆直径 | $d_f$ | $d_f=m(z-2.5)$ | $d_f=53$ |
| 中心距 | $a$ | $a=\frac{1}{2}m(z_1+z_2)$ | |

设计齿轮时，首先确定模数、齿数、压力角，主要尺寸可按表 6-6 中的公式求出。

(4) 画法

① 单个齿轮　在投影为圆的视图上，齿顶圆用粗实线绘制，分度圆用细点画线绘制，齿根圆用细实线绘制或省略不画。如图 6-34 (d) 所示。

在投影为非圆的视图上，齿顶线用粗实线绘制，分度线用点画线绘制并超出轮廓线 2～4mm，齿根线用细实线绘制或省略不画。当画成剖视图时，齿根线用粗实线绘制，轮齿范围内不画剖面线。如图 6-34 (b)、(c) 所示。

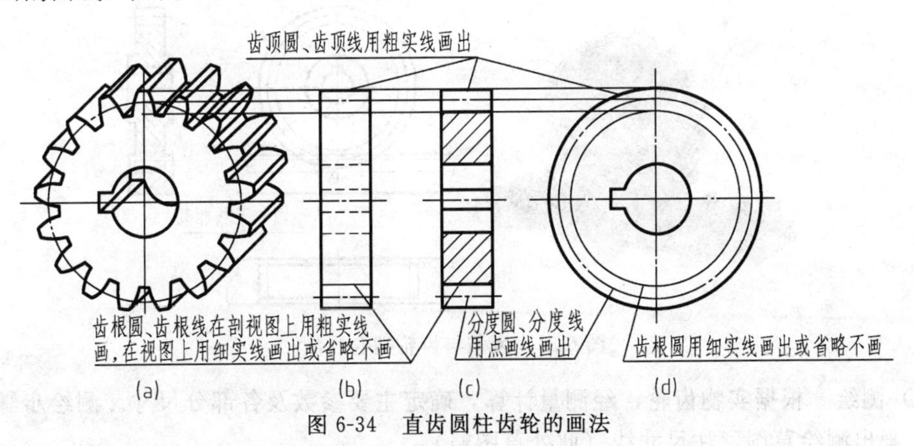

图 6-34　直齿圆柱齿轮的画法

② 齿轮啮合　在投影为圆的视图上，节圆（或分度圆）相切，用细点画线绘制；齿顶圆用粗实线绘制，而在啮合区内的齿顶圆可画出或不画，如图 6-35 (b)、(d) 所示；齿根圆用细实线绘制（一般省略不画）。

在投影为非圆的剖视图中，啮合区范围的两齿轮节圆线（或分度线）重合，共一条点画线，并看成一轮齿遮住另一轮齿，即两齿轮齿根线画成粗实线，两齿轮齿顶线，一条画粗实线（主动轮），另一条画虚线（从动轮）。其他处的画法同单个齿轮的画法。如图 6-35 (a) 所示。在不剖的视图中，啮合区内齿顶线和齿根线不画，而在节圆（或分度）线位置用粗实线画出齿轮圆柱面交线，如图 6-35 (c) 所示。

③ 单个轮齿齿形　采用圆弧代替渐开线齿廓的画法，如图 6-36 所示。

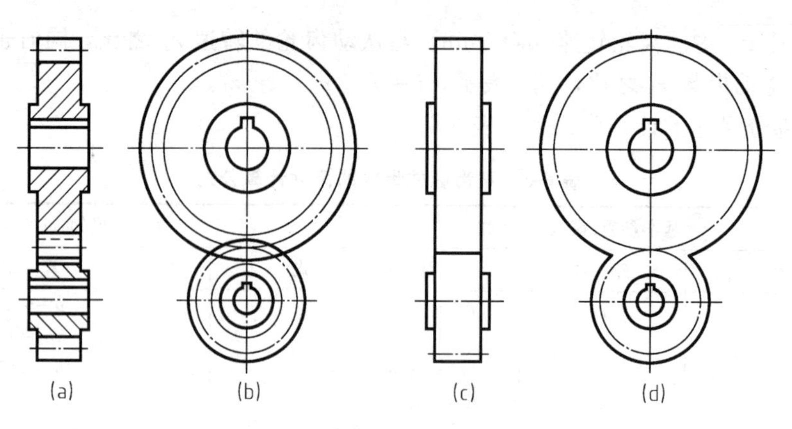


图 6-35 直齿圆柱齿轮啮合画法

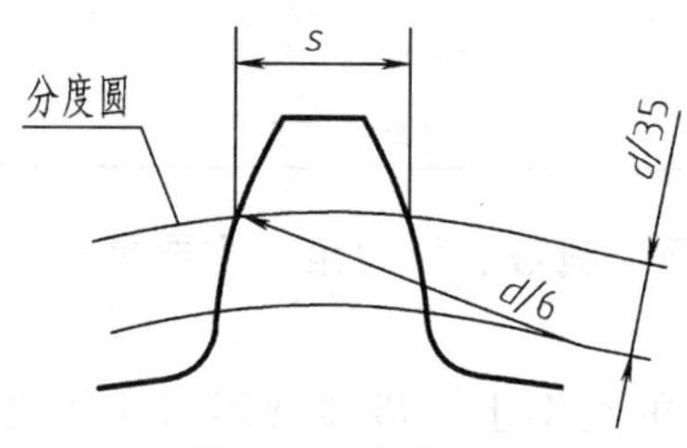


图 6-36 齿形画法

④ 齿轮、齿条啮合 齿条可看成是直径无限大的齿轮，这时齿顶圆、齿根圆、分度圆都是直线。它的模数与其啮合的齿轮模数相同。画法与圆柱齿轮啮合画法相同，如图 6-37 所示。

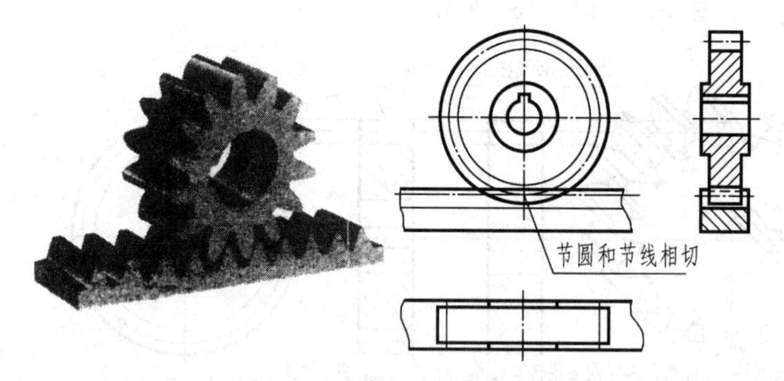


图 6-37 齿条与齿轮啮合画法

(5) 测绘 根据实物齿轮，经测量计算，确定主要参数及各部分尺寸。测绘步骤如下。

① 画出测绘草图，注尺寸线（此处草图略）。

② 数出被测齿轮的齿数 $z$，如 $z=18$。

③ 测量出齿顶圆直径 $d'_a$。当齿轮的齿数是偶数时，$d'_a$可用游标卡尺直接量出，如图 6-38 (a)；当齿数为奇数时，$d'_a$要通过测量 $e$ 和 $D$ 的尺寸，然后根据 $d'_a=D+2e$ 算出，如图 6-38 (c)。其中，$e$ 为齿顶到轴孔边缘的距离，$D$ 为齿轮的轴孔直径。如图 6-38 (b) 所示的直接测法不准确。假如测得 $d'_a=\phi 50.804$。

④ 根据表 6-6 中的 $d_a$ 公式计算 $m$ 值得 2.54，再查表 6-5 选取与其最近的标准模数，取 $m=2.5$。

⑤ 根据标准模数，利用表 6-6 中的公式，算出各公称尺寸 $d$、$h$、$h_a$、$h_f$、$d_a$、$d_f$。

⑥ 测量其他各部分尺寸。把以上获得的尺寸填入草图中对应的尺寸线上。

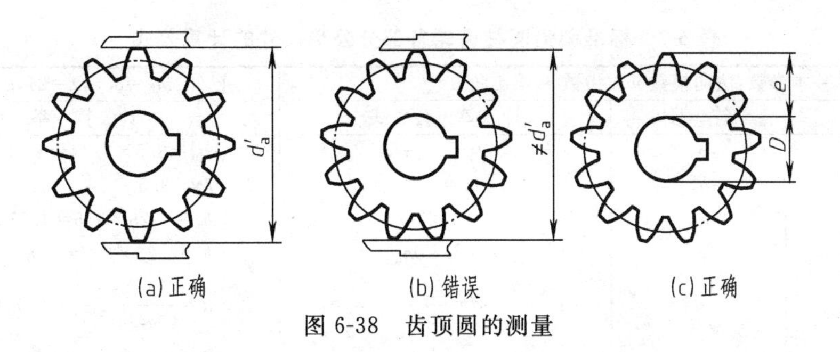


(a) 正确　(b) 错误　(c) 正确

图 6-38 齿顶圆的测量

⑦ 根据草图绘制齿轮零件图。如图 6-39 所示为一标准直齿圆柱齿轮零件图的内容。

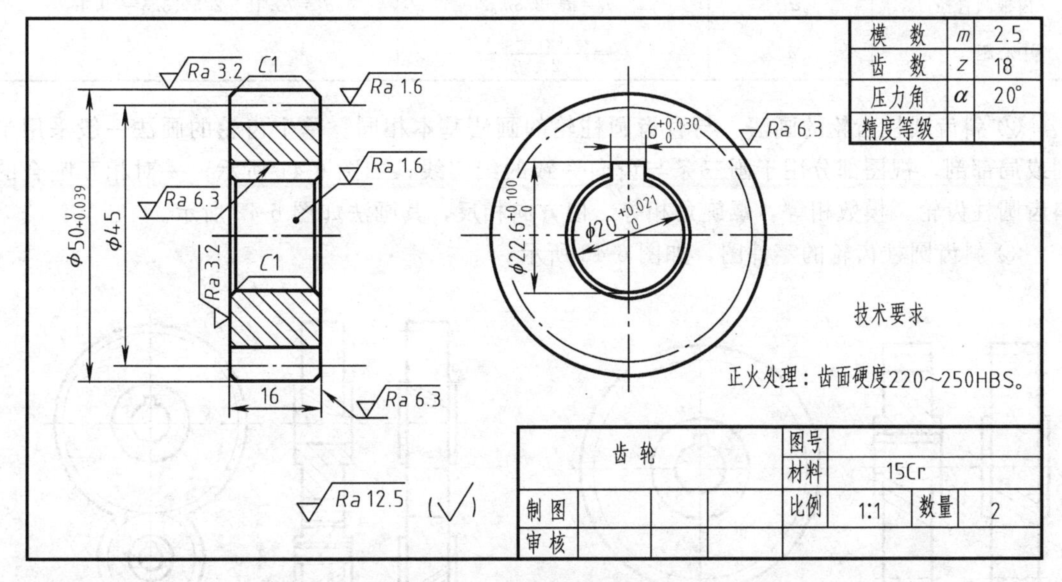


图 6-39 直齿圆柱齿轮零件图

2. 斜齿圆柱齿轮

斜齿圆柱齿轮的轮齿与轴线倾斜一个角度，该夹角称为螺旋角，用 $\beta$ 表示，如图 6-40 所示。由于轮齿与轴线倾斜，因此，它的端面齿形和垂直轮齿方向的法向齿形不同，其端面齿距 $p_t$ 与法向齿距 $p_n$ 也不同，如图 6-40（b）所示，故端面模数 $m_t$ 与法向模数 $m_n$ 不同。斜齿圆柱齿轮的加工，是沿轮齿的方向进行的，为了与直齿圆柱刀具通用，规定法向模数 $m_n$ 取表 6-5 中的标准模数。

① 标准斜齿圆柱齿轮各部分公称尺寸的计算公式见表 6-7。

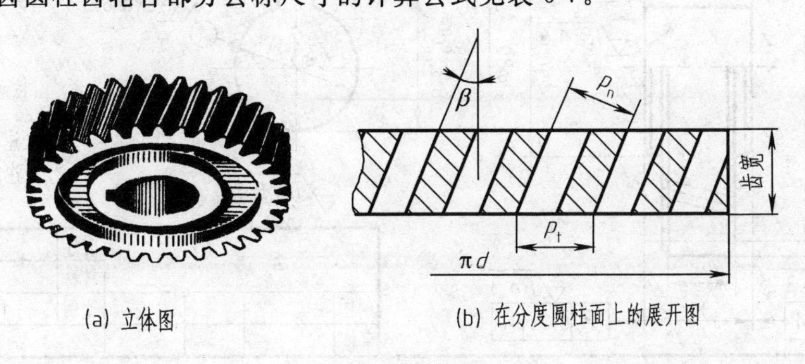


(a) 立体图　(b) 在分度圆柱面上的展开图

图 6-40 斜齿圆柱齿轮的齿距关系

**表 6-7 标准斜齿圆柱齿轮各部分公称尺寸的计算公式**

| 基本参数:法向模数 $m_n$、齿数 $z$、螺旋角 $\beta$ | | | 已知:$m_n=3.5, z=21, \beta=21°47'12''$ |
|---|---|---|---|
| 名称 | 符号 | 计算公式 | 计算举例 |
| 法向齿距 | $p_n$ | $p_n=m_n\pi$ | $p_n=3.5\times3.14=10.99$ |
| 齿顶高 | $h_a$ | $h_a=m_n$ | $h_a=3.5$ |
| 齿根高 | $h_f$ | $h_f=1.25m_n$ | $h_f=1.25\times3.5=4.375$ |
| 齿高 | $h$ | $h=2.25m_n$ | $h=2.25\times3.5=7.875$ |
| 分度圆直径 | $d$ | $d=\dfrac{m_n z}{\cos\beta}$ | $d=\dfrac{3.5\times21}{\cos21°47'12''}=79.15$ |
| 齿顶圆直径 | $d_a$ | $d_a=d+2m_n$ | $d_a=79.15+2\times3.5=86.15$ |
| 齿根圆直径 | $d_f$ | $d_f=d-2.5m_n$ | $d_f=79.15-2.5\times3.5=70.4$ |
| 中心距 | $a$ | $a=\dfrac{m_n(z_1+z_2)}{2\cos\beta}$ | |

② 斜齿圆柱齿轮的画法　与直齿圆柱轮的画法基本相同。单个齿轮的画法一般采用半剖或局部剖，视图部分用于画三条与齿向一致的细实线，如图 6-41 所示；一对相互啮合的斜齿圆柱齿轮，模数相等，螺旋角相等、但方向相反，其画法如图 6-42 所示。

③ 斜齿圆柱齿轮的零件图，如图 6-43 所示。

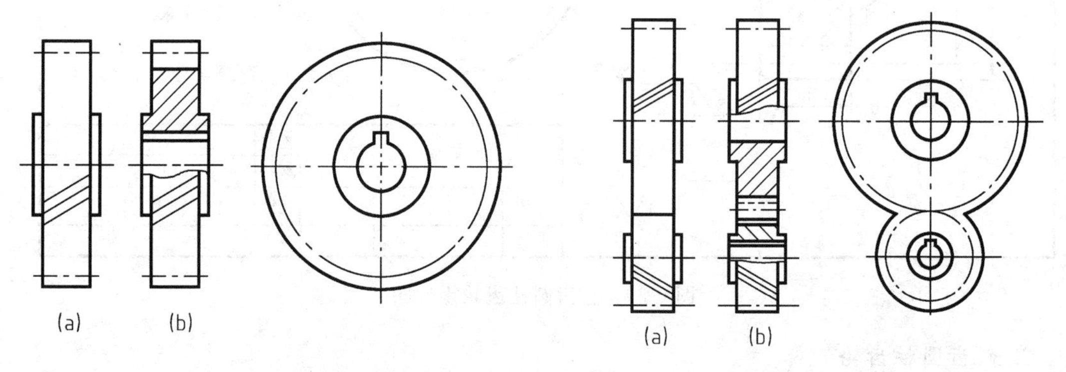


图 6-41　斜齿圆柱齿轮的画法

图 6-42　斜齿圆柱齿轮的啮合画法

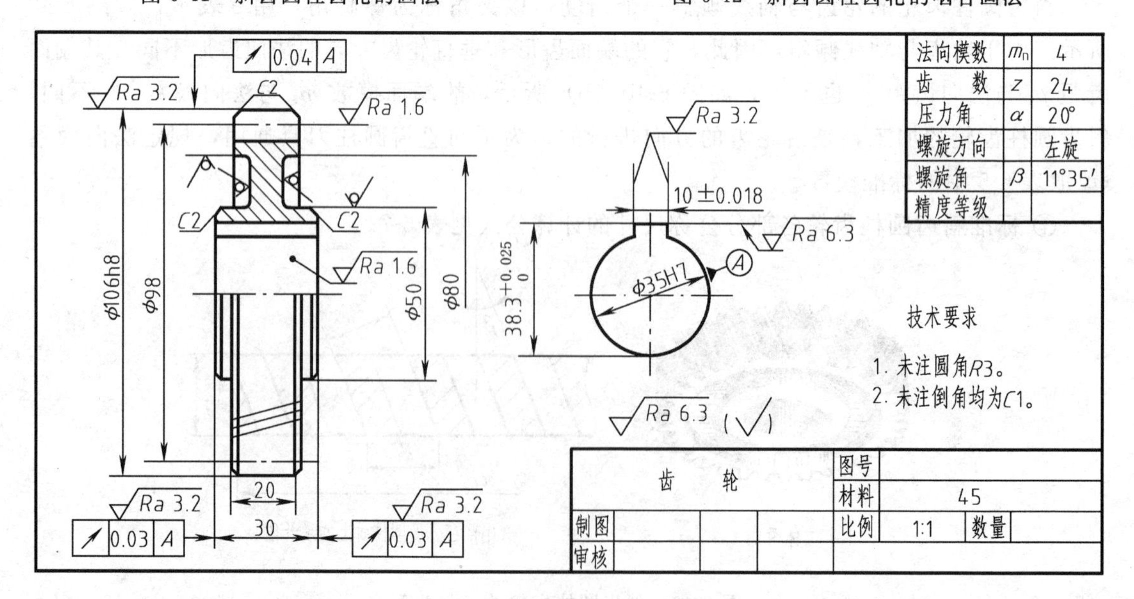


图 6-43　斜齿圆柱齿轮零件图

## 二、直齿圆锥齿轮

圆锥齿轮是用来传递两相交轴之间的运动，通常情况下，两轴相交 90°，如图 6-32（c）所示。圆锥齿轮的齿形是在圆锥面上加工而成的，从大端到小端，其齿形由大逐渐变小，如图 6-44 所示。为了设计和制造方便，国家标准规定以大端模数为标准模数来确定其他尺寸，如齿顶圆、分度圆和齿根圆尺寸。

圆锥齿轮各部分名称如图 6-44 所示。表 6-8 为圆锥齿轮各部分名称及尺寸的计算公式。

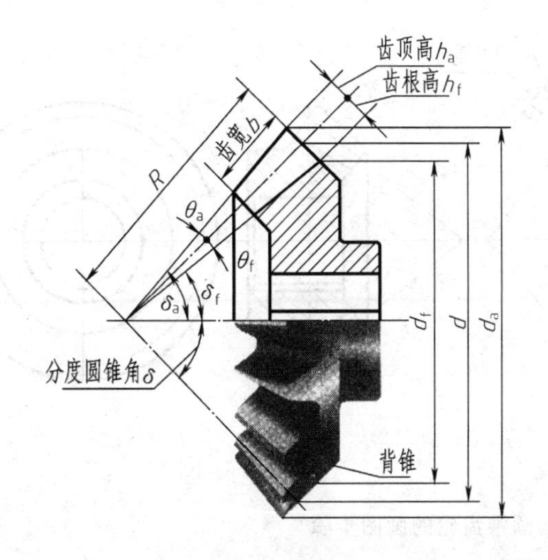

图 6-44　圆锥齿轮各部分的名称

**表 6-8　圆锥齿轮各部分名称及尺寸的计算公式**

| 基本参数：模数 $m$、齿数 $z$、分度圆锥角 $\delta$ | | | 已知：$m=3.5, z=25, \delta=45°$ |
|---|---|---|---|
| 名　称 | 符　号 | 计　算　公　式 | 计　算　举　例 |
| 齿顶高 | $h_a$ | $h_a=m$ | $h_a=3.5$ |
| 齿根高 | $h_f$ | $h_f=1.2m$ | $h_f=4.2$ |
| 齿高 | $h$ | $h=2.2m$ | $h=7.7$ |
| 分度圆直径 | $d$ | $d=mz$ | $d=87.5$ |
| 齿顶圆直径 | $d_a$ | $d_a=m(z+2\cos\delta)$ | $d_a=92.45$ |
| 齿根圆直径 | $d_f$ | $d_f=m(z-2.4\cos\delta)$ | $d_f=81.55$ |
| 外锥距 | $R$ | $R=\dfrac{mz}{2\sin\delta}$ | $R=61.88$ |
| 齿顶角 | $\theta_a$ | $\tan\theta_a=\dfrac{2\sin\delta}{z}$ | $\tan\theta_a=\dfrac{2\times\sin\delta45°}{25}$，故 $\theta_a=3°14'$ |
| 齿根角 | $\theta_f$ | $\tan\theta_f=\dfrac{2.4\sin\delta}{z}$ | $\tan\theta_f=\dfrac{2.4\times\sin\delta45°}{25}$，故 $\theta_f=3°53'$ |
| 分度圆锥角 | $\delta$ | 当 $\delta_1+\delta_2=90°$ 时，$\delta_1=90°-\delta_2$ | |
| 顶锥角 | $\delta_a$ | $\delta_a=\delta+\theta_a$ | $\theta_a=45°+3°14'=48°14'$ |
| 根锥角 | $\delta_f$ | $\delta_f=\delta-\theta_f$ | $\theta_f=45°-3°53'=41°07'$ |
| 齿宽 | $b$ | $b\leqslant\dfrac{R}{3}$ | |

圆锥齿轮的背锥素线与分度圆锥素线垂直，圆锥齿轮轴线与分度圆锥素线间的夹角称为分度圆锥角，是圆锥齿轮的一个基本参数。若一对圆锥齿轮轴线垂直相交，则 $\delta_1+\delta_2=90°$。当一个圆锥齿轮的齿数 $z$、模数 $m$、分度圆锥角 $\delta$ 确定后，就可按表 6-8 计算其他尺寸。

单个圆锥齿轮的画法如图 6-45（c）所示。主视图通常采用全剖视图，左视图中要用粗实线画出齿轮大端和小端的齿顶圆，用细点画线画出大端分度圆，而齿根圆不画出。画图步骤如图 6-45（a）、(b)、(c) 所示。

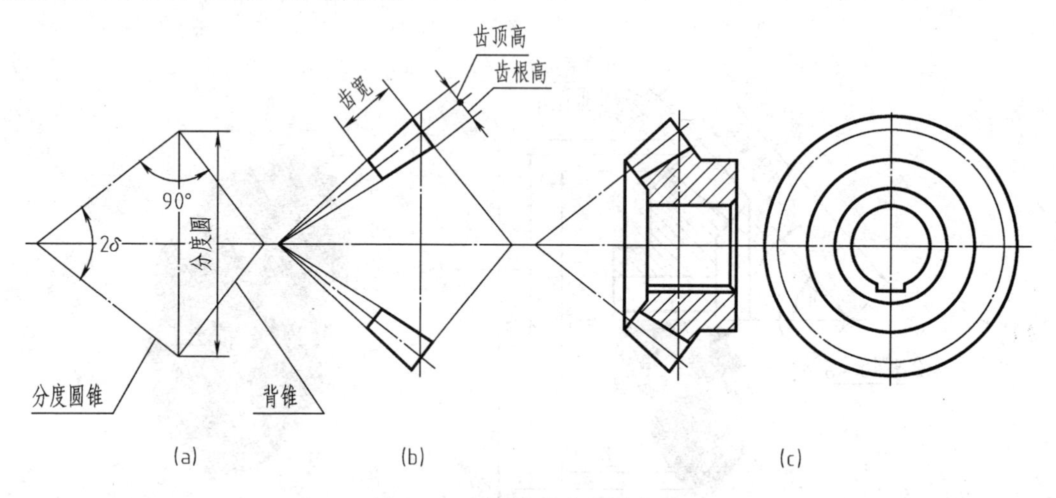


图 6-45 圆锥齿轮的画图步骤

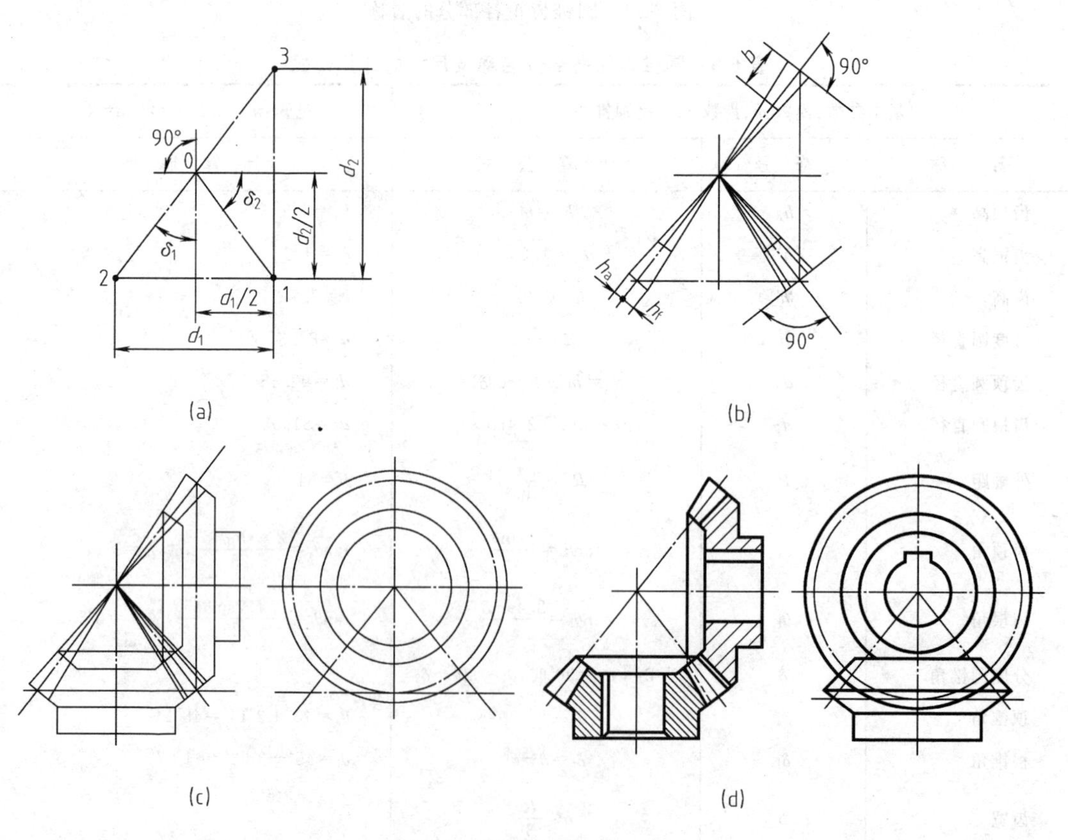


图 6-46 圆锥齿轮啮合画法

圆锥齿轮啮合的作图步骤如图 6-46 所示，其啮合区的关系表达与圆柱齿轮画法相同。如图 6-47 所示为圆锥齿轮的零件图。

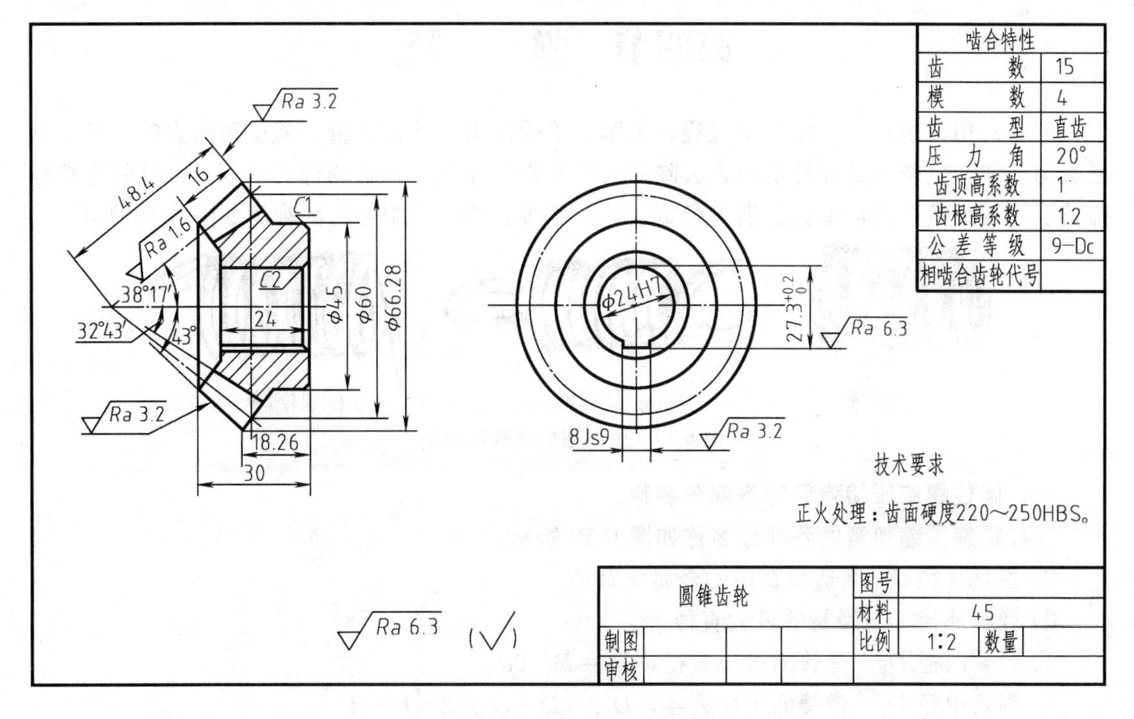


图 6-47　圆锥齿轮零件图

## 三、蜗杆与蜗轮

蜗杆与蜗轮用于垂直交叉轴之间的传动，如图 6-48 所示。它具有结构紧凑、传动平稳、传动比大等优点，但摩擦力大，传动效率较低。工作时蜗杆带动蜗轮旋转。蜗杆的头数相当于传动螺纹的线数，称为齿数（$z_1$ 表示）。蜗杆常用单头或双头，如单头蜗杆转一圈，与其

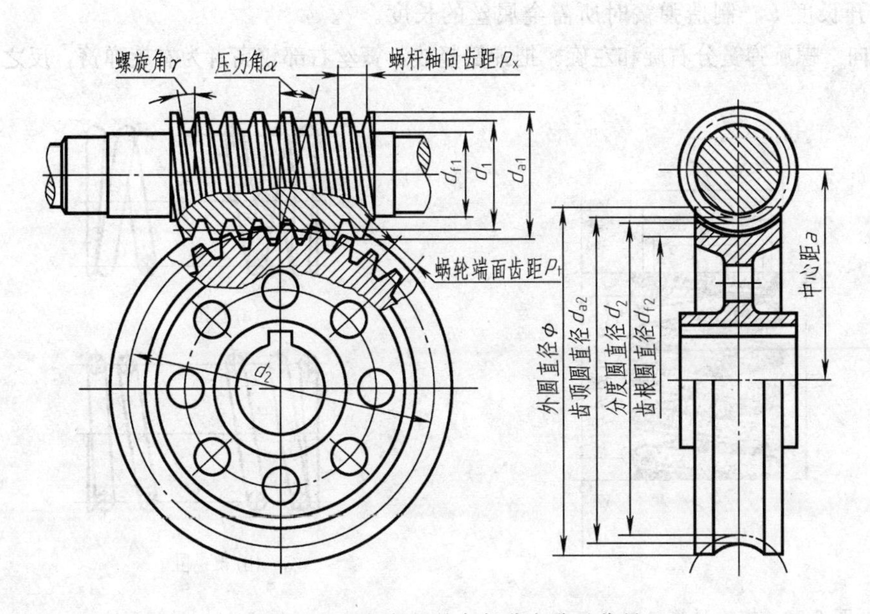


图 6-48　蜗杆与蜗轮各部分名称及代号

啮合的蜗轮只转过一个齿，因此，可得到较大的传动比 $i$（$i=z_2/z_1$，$z_2$ 为蜗轮的齿数）。一对啮合的蜗杆和蜗轮，具有相同的模数和螺旋角。

# 第四节　弹　　簧

弹簧的用途很广，主要用于减震、夹紧、承受冲击、储存能量、复位和测力等。其特点是受力后能产生较大的弹性变形，去除外力后又恢复原状。弹簧的种类很多，常见的有螺旋弹簧、弓形弹簧、碟形弹簧、涡卷弹簧、片弹簧等。圆柱螺旋弹簧的种类如图 6-49 所示。

(a) 压缩弹簧　　(b) 拉伸弹簧　　(c) 扭转弹簧

图 6-49　圆柱螺旋弹簧的种类

## 一、圆柱螺旋压缩弹簧的各部分名称

圆柱螺旋压缩弹簧的各部分名称如图 6-50 所示。

① 簧丝直径 $d$　制造弹簧用的金属丝直径。

② 弹簧外径 $D$　弹簧的最大直径。

③ 弹簧内径 $D_1$　弹簧的最小直径，$D_1=D-2d$。

④ 弹簧中径 $D_2$　弹簧的平均直径，$D_2=(D+D_1)/2=D-d$。

⑤ 有效圈数 $n$、支承圈数 $n_0$ 和总圈数 $n_1$　为使压缩弹簧工作平稳，端面受力均匀，制造时将弹簧两端的部分圈数并紧磨平，这些并紧磨平的圈称为支承圈，其余圈称为有效圈。支承圈和有效圈的圈数之和称为总圈数。$n_1=n+n_0$，$n_0$ 一般为 1.5 圈、2 圈、2.5 圈。

⑥ 节距 $t$　有效圈上相邻两对应点间的轴向距离。

⑦ 自由长度 $H_0$　未受负荷时的弹簧长度，$H_0=nt+(n_0-0.5)d$ 。

⑧ 展开长度 $L$　制造弹簧时所需金属丝的长度。

⑨ 旋向　螺旋弹簧分右旋和左旋。把弹簧竖放，簧丝右部较高者为右旋弹簧，反之为左旋。

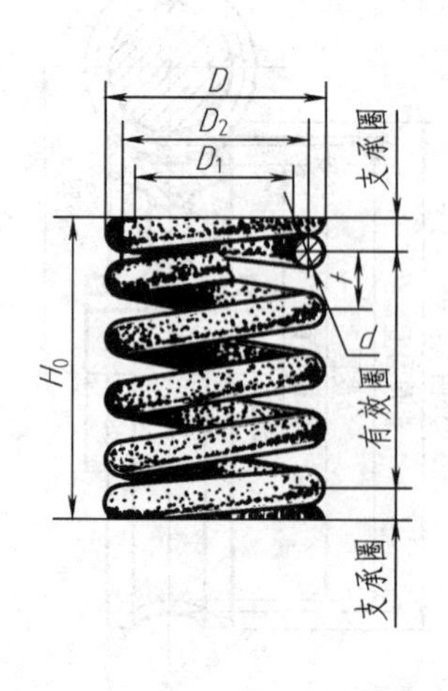


图 6-50　螺旋弹簧各部分名称

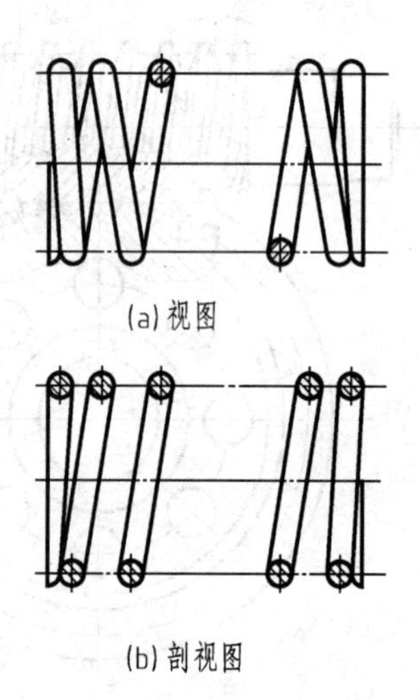

(a) 视图

(b) 剖视图

图 6-51　弹簧画法

GB/T 2098—80 中对普通圆柱螺旋压缩弹簧的 $d$、$D_2$、$t$、$H_0$、$n$、$L$ 等尺寸、力学性能及标记等作了规定，在使用、制造和绘图时，都应以标准中所列数值为依据。

**二、圆柱螺旋压缩弹簧的规定画法和标记**

弹簧的真实投影很复杂，因此，国标（GB/T 4459.4—84）规定了弹簧的画法。弹簧既可画成视图［图 6-51（a)］，也可画成剖视图［图 6-51（b)］。

1. 螺旋弹簧的画法

① 弹簧在平行其轴线的投影面视图中，其各圈轮廓应画成直线。

② 有效圈数在四圈以上的弹簧，可以在每一端只画出 1～2 圈（支承圈除外），中间只需通过簧丝断面中心的细点画线连起来，如图 6-51 所示，且可适当缩短图形长度。

③ 螺旋弹簧均可画成右旋。但左旋弹簧不论画成左旋或右旋，一律注出旋向“左”字。

④ 对于螺旋压缩弹簧，如要求两端并紧且磨平时，不论支承圈数多少和末端贴紧情况如何，可取支承圈为 2.5 圈（有效圈是整数）的形式绘制，必要时可按支承圈的实际结构绘制。

⑤ 在装配图中，被弹簧挡住的结构一般不画出，可见部分从弹簧的外轮廓线或从通过簧丝断面中心的细点画线画起，如图 6-52（a）所示。

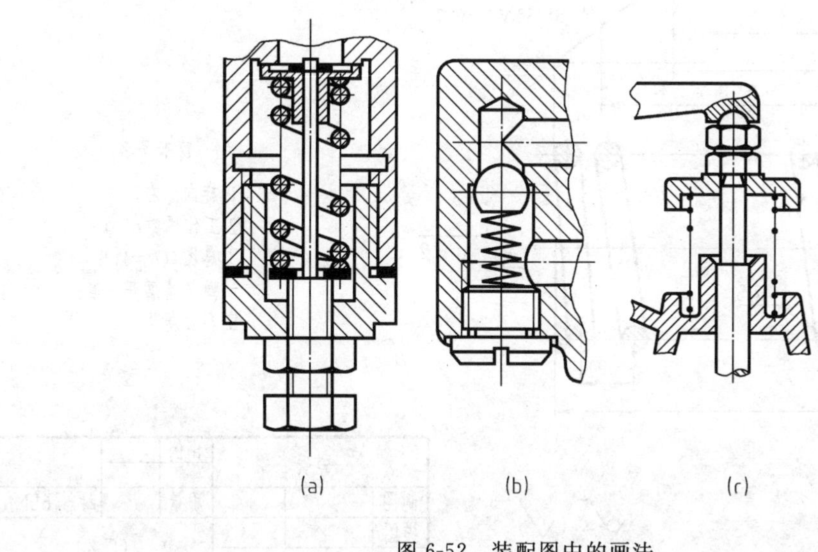


图 6-52　装配图中的画法

⑥ 在装配图中，簧丝直径或厚度在图形上等于或小于 2mm 时，螺旋弹簧允许用示意图绘制，如图 6-52（b）所示。当弹簧被剖切，也可涂黑表示，且各圈的轮廓线不画，如图 6-52（c）所示。

2. 螺旋弹簧的画图步骤

画圆柱螺旋压缩弹簧时，可按图 6-53 所示分四步进行。

图 6-53 中的弹簧是按支承圈为 2.5 圈绘制，这样并不影响加工制造，制造时是按图所注圈数加工。

弹簧的参数应直接标注在图形上，当直接标注有困难时可在“技术要求”中说明，力学性能曲线均画成直线，用粗实线绘出，并标注在主视图上方，如图 6-54 所示。

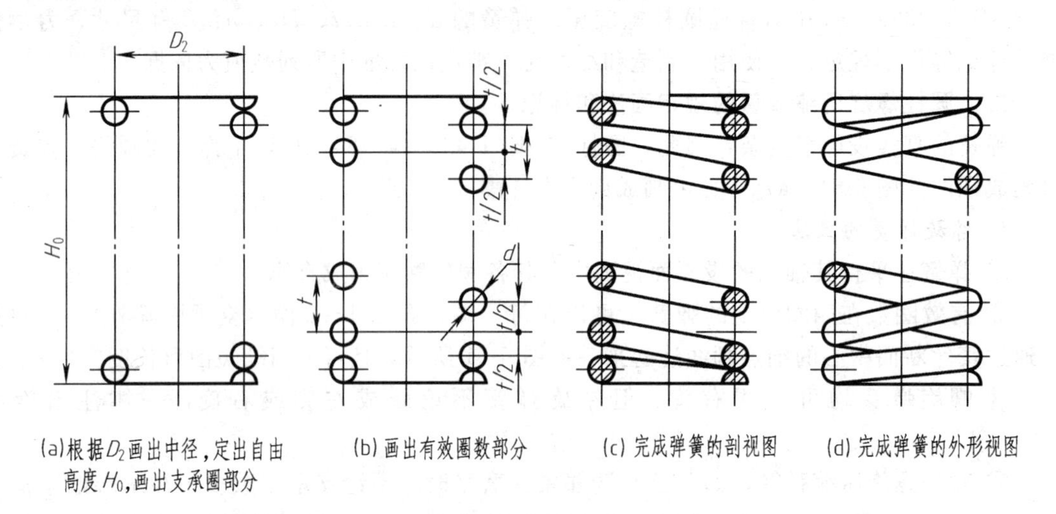


图 6-53 圆柱螺旋压缩弹簧的画法

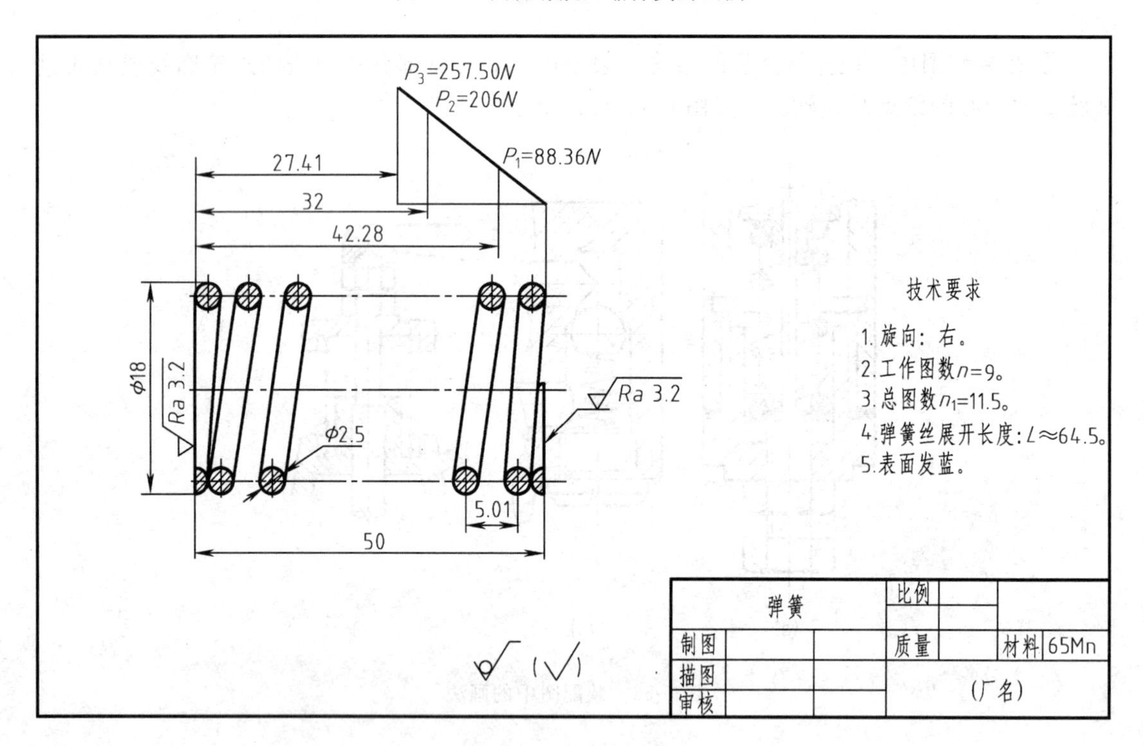


图 6-54 弹簧零件图

3. 普通圆柱螺旋压缩弹簧的标记

GB/T 2098—80 中规定了普通圆柱螺旋压缩弹簧的标记，格式如下。

名称 $d\times D_2\times H_0$—精度、旋向 标准编号．材料牌号—表面处理

例如 压簧 4×30×95—2 左 GB/T 2089—80. Ⅱa—D. Zn

# 第七章　零　件　图

组成机器或部件的最小单元，称为零件，表达零件形状、大小、制造要求的图样即为零件图。

## 第一节　作用和内容

**一 、作用**

机器或部件都是由许多零件组成的，要制造机器或部件，就要先制造零件。在制造零件的过程中必须提供用来制造和检验零件的技术文件，它包括了表达零件形状的视图、控制零件大小的尺寸及表面质量要求等内容，这就是零件图。同时，它是进行技术交流的重要文件。

**二、内容**

如图 7-1 所示，一张完整的零件图应具备下列内容。

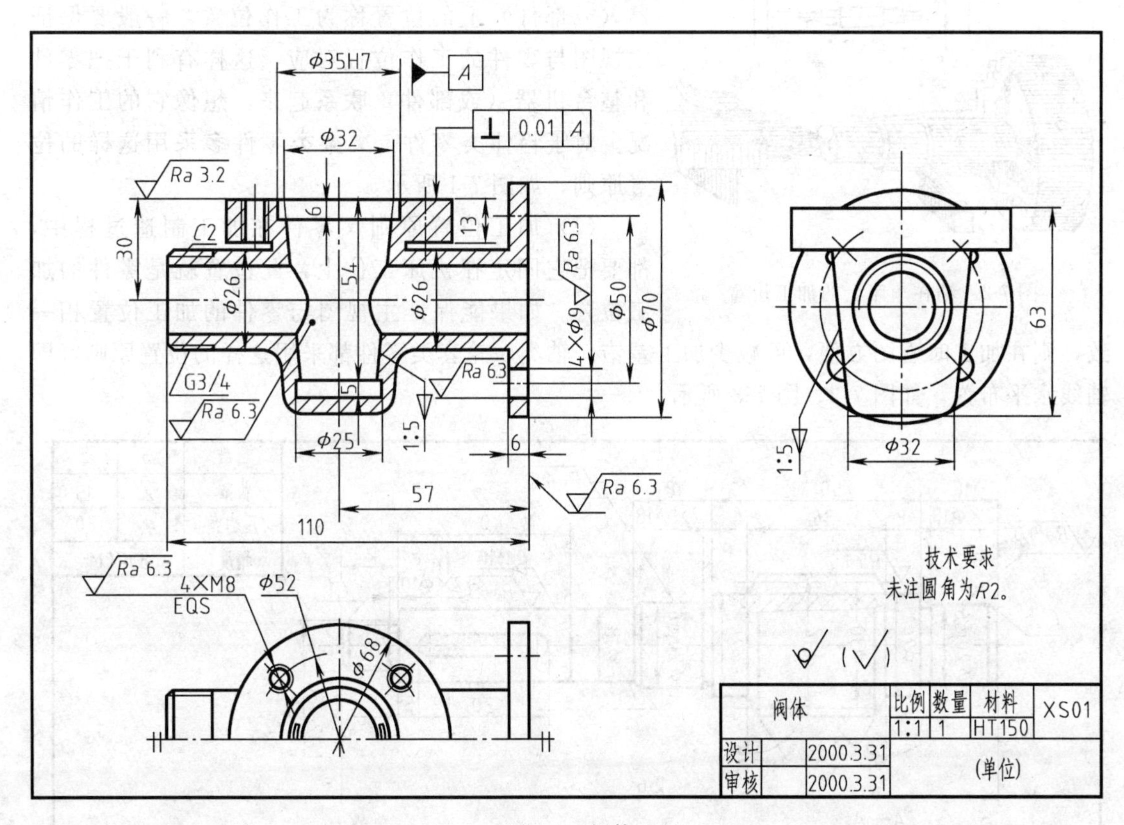


图 7-1　阀体

(1) 一组视图　它包括视图、剖视、断面等表达方法，准确、清晰地表达零件内、外各部分的结构形状。

(2) 全部尺寸　要正确、完整、清晰、合理地注出零件在制造和检验时所需要的全部尺寸。

(3) 技术要求　用规定的代号、符号或文字，注出零件在制造、检验、装配和使用时应达到的要求，如表面粗糙度、尺寸公差、形状和位置公差、热处理等。

(4) 标题栏　说明零件的名称、数量、材料、比例、图号、制图人和审核人的姓名、制图和审核日期的栏目。

## 第二节　视图选择与表达方案

零件的视图选择，是要求选用适当的视图、剖视、断面等的表达方法，在完整、清晰地表达零件各部分结构形状的前提下，力求画图简便，便于看图。本书在第五章第五节已涉及这一内容，下面针对零件的视图表达方案作进一步的说明。

### 一、主视图的选择

主视图是最重要的视图，主视图选择得是否合理会影响读图和画图。在选择主视图时，应考虑以下两个方面的问题。

1. 确定零件的放置位置

在主视图上所体现的零件位置，一般按照以下两种位置原则加以确定。

(1) 工作位置（或自然位置）原则　零件在机器（或部件）上的位置称为工作位置，一般要保证主视图与零件的工作位置对应，这样有利于把零件和整台机器（或部件）联系起来，想像它的工作情况。对于箱体类零件、叉架类零件多采用这样的位置原则，如图 7-1 所示。

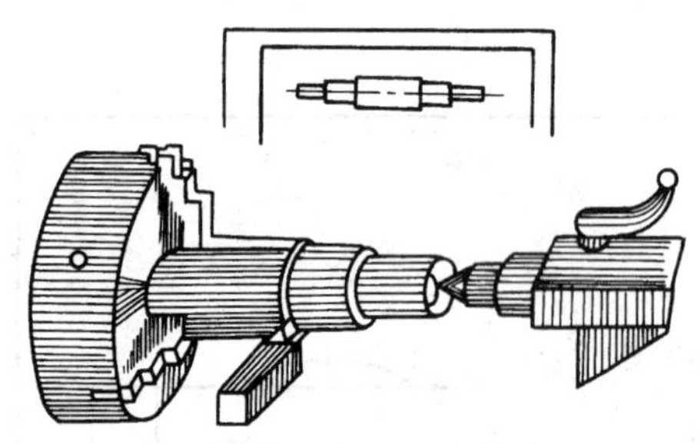

图 7-2　轴在车床上的加工位置

(2) 加工位置原则　零件在加工制造过程中，都要把它固定在机床工位上，此位置就是零件的加工位置。如果能保证主视图与零件的加工位置相一致，则在加工时看图方便，可减少加工差错。轴类、轮套类零件都采用这样的位置原则，即轴线水平布置，如图 7-2、图 7-3 所示。

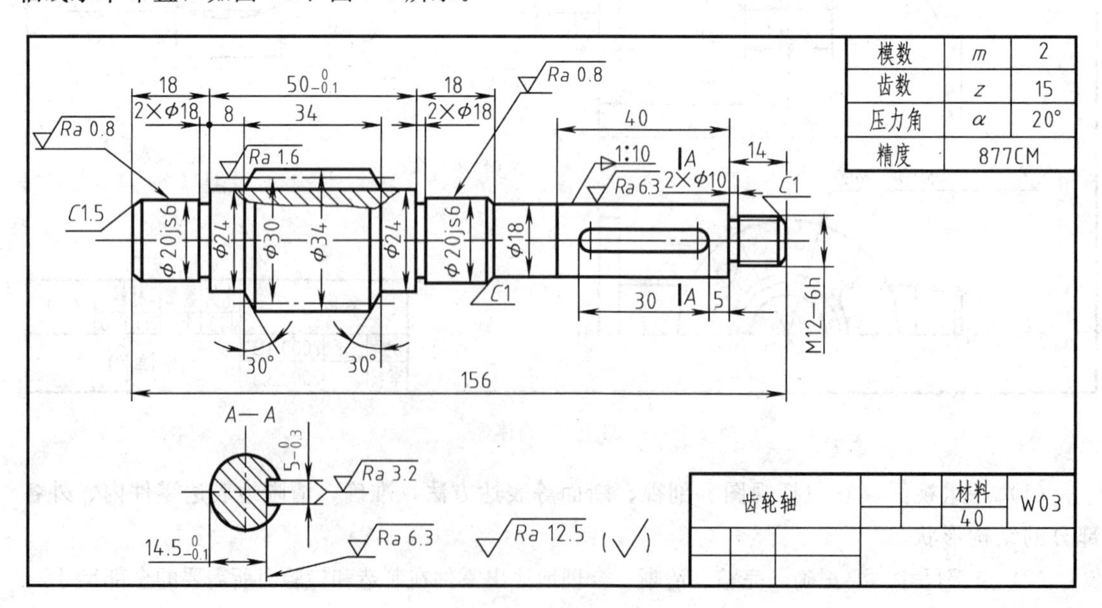


图 7-3　齿轮轴（一般按加工位置放置）

某些零件按工作位置或加工位置放置都不合适，则根据其形状特征，尽量使零件上更多的线、面处于与基本投影面平行或垂直的位置。

2. 确定主视图的投射方向

确定主视图的投射方向，主要依据形状特征原则选定，即主视图的投射方向，要最能反映零件形状特征及主要结构相互间的位置关系。

在选择如图 7-1 中主视图的投射方向时，考虑了以下几种情况。在反映零件主要结构间的位置关系上，采用图 7-4 中 $B$ 投射方向没有 $A$ 投射方向清楚，$A$ 投射方向能把阀体上进出流体的管孔、锥孔等结构的位置表达得十分清楚；在反映形状特征的问题上，采用图中 $B$ 投射方向作为主视图方向更好些（因有管孔和法兰盘结构的特征形状）。由于尺寸标注中有形状符号 G、$\phi$ 等间接反映出了零件主要结构的形状特征，故选定 $A$ 向为主视图方向是最合适的。

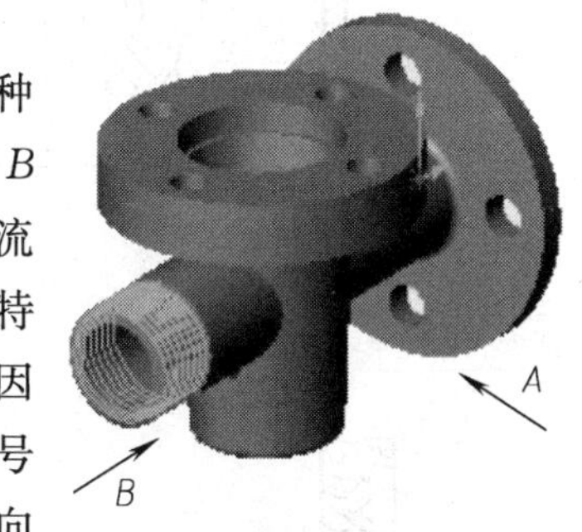


图 7-4 阀体零件的主视图投影方向选择

如图 7-3 所示，只采用了一个主视图（按加工位置布置）。因为轴的主要结构都是圆柱体，它们的形状特征是以直径尺寸符号 $\phi$ 来体现的，这样一个投影不为圆的基本视图再加上直径符号的尺寸标注，就把轴的主要结构表达清楚了。

**二、其他视图与表达方法的选择**

主视图确定以后，其他视图与表达方案的确定，可参照第五章“图样画法应用举例”中的选择原则确定。轴、套类零件常采用一个主视图和适当的断面图或局部视图进行表达。

在考虑其他基本视图的表达时，极少数情况下，可能对已确定的主视图投射方向作反方向的调整，以使其他基本视图上的虚线更少，或表达的可见结构更多些。

## 第三节 常见工艺结构

零件的结构是根据它在机器或部件中的作用而设计的，这一类属性能结构；但还有一类结构是考虑到零件在制造时的方便、合理性而设计的，这一类属工艺结构。此前提到的形体结构主要是性能结构，由于工艺结构不仅影响零件的加工难度、加工成本，还影响零件在机器或部件中的装配关系、工作时的承载能力等，因此，除了要表达清楚所有性能结构外，还一定要把这些工艺结构表达出来或以某种注写形式表达。以下介绍几种常见的工艺结构。

**一、铸造结构**

1. 铸造圆角与过渡线

铸件转角处应有圆角，如图 7-5 所示。由于圆角的出现，铸件表面的相贯线变得不太明显，这种轮廓线称为过渡线，它的画法与相贯线一样，但两曲面相交处的过渡线不应与圆角轮廓线接触并用细实线绘制，如图 7-6 所示。铸造圆角的作用是防止在砂型的尖角处发生落砂和浇注时破坏砂型，如图 7-5（a）所示；为了避免铸件壁厚过渡不均而在冷却收缩时于尖角处产生裂纹和缩孔，也需做出圆角，如图 7-5（b）所示。同一基本体结构上的铸造圆角半径相同时，一般只需注出其中一个圆角的半径；若铸件有多处相等圆角，一般会在技术要求中写明，如图 7-1 中“未注铸造圆角 $R2$”；铸件表面经机加工切去圆角后会成为尖角，如

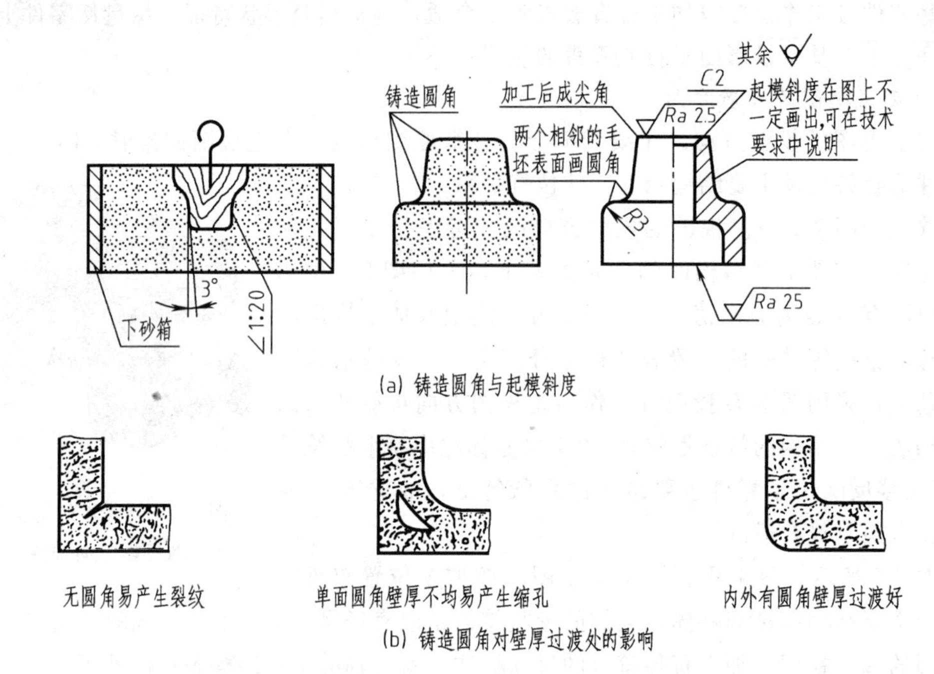


(a) 铸造圆角与起模斜度

无圆角易产生裂纹　单面圆角壁厚不均易产生缩孔　内外有圆角壁厚过渡好

(b) 铸造圆角对壁厚过渡处的影响

图 7-5　铸造圆角、起模斜度及对壁厚过渡的影响

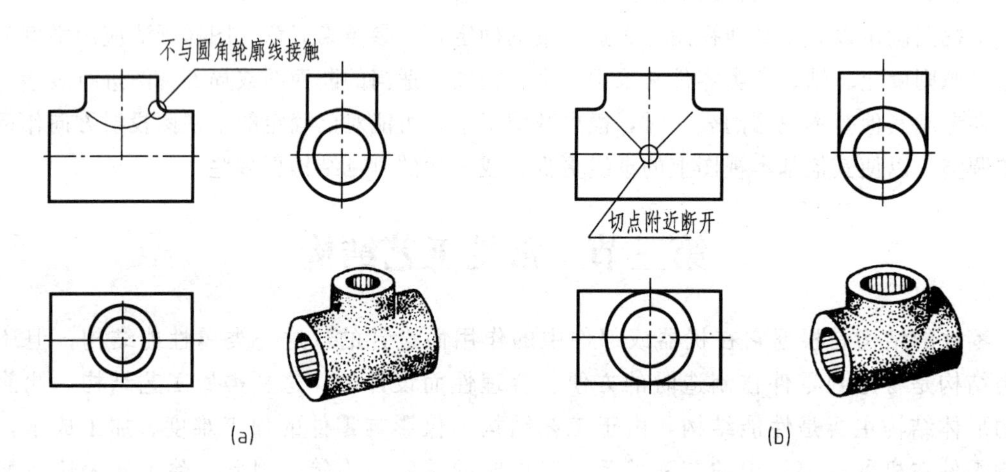


图 7-6　两曲面相交的过渡线

图 7-5（a）右图的上方尖角。

2. 起模斜度

为了起模方便，铸件的内外壁上应设计必要的起模斜度，如图 7-5（a）所示。起模斜度一般较小，木模为1°～3°，金属模为0.5°～2°，在图样上不一定画出，必要时可在技术要求中说明。

**二、机械加工结构**

1. 倒角和圆角

为了便于装配和防止锐边伤人，常在轴端、孔端和台阶处加工出小锥面，这种结构就是倒角。常用的倒角为45°，也可为60°或30°，其尺寸注法如图 7-7（a）所示（右图为45°倒角简化注法，$C$代表45°倒角，2为倒角轴向尺寸。）为了避免应力集中，轴肩、孔肩转角处常加工成圆角，其画法与尺寸注写如图 7-7（b）所示。

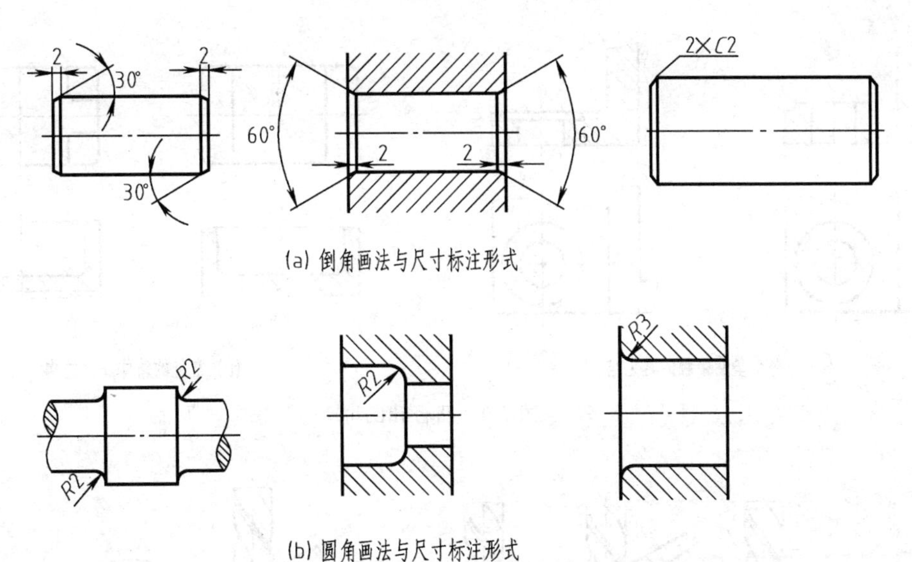


图 7-7　倒角与圆角

2. 退刀槽和越程槽

在车削螺纹和内孔时，为了便于退出刀具和保证切削质量，常在待加工面末端先切出退刀槽；在磨削加工中，也预先切出越程槽，以保证加工表面全长都能被磨削到，如图 7-8 所示。

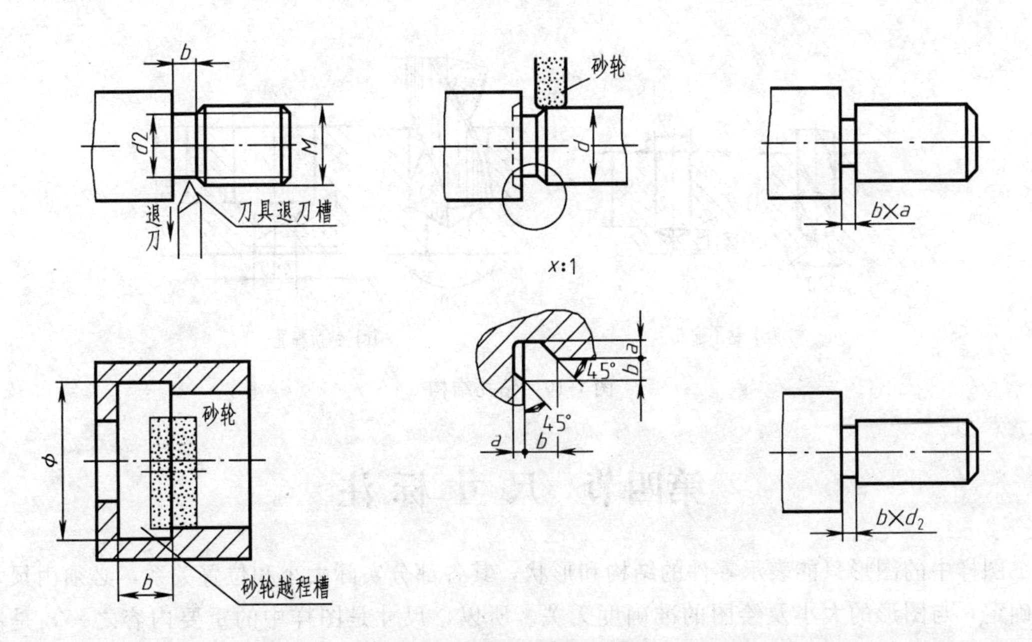


图 7-8　退刀槽和越程槽（$a$ 为槽深度，$d_2$ 为直径）

3. 凸台和凹坑

为了减少加工面积，并保证零件间接触面的良好接触，常把要加工的部分设计成凸台或凹坑，如图 7-9 所示。

4. 钻孔结构

为了保证钻孔位置准确和避免钻头折断，在孔的外端面应设计成与钻头行进方向垂直的平面结构，如图 7-10 所示。注意，钻孔末端为 120°（实际为 118°）的锥角。

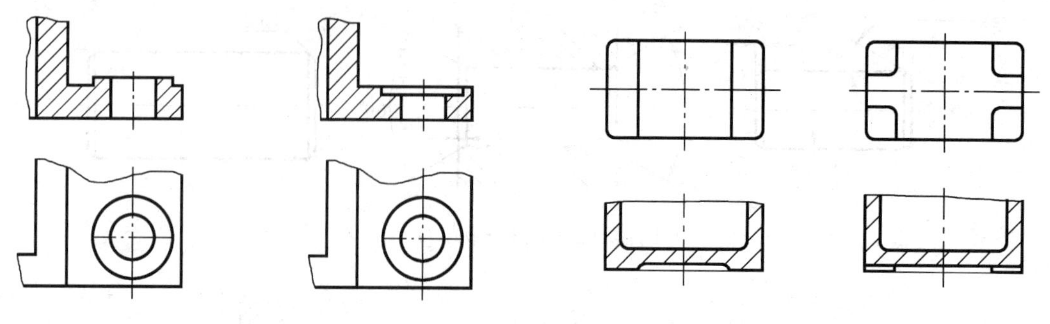

(a) 与螺母垫圈接触的常见结构　　(b) 常见的箱体底面结构

图 7-9　凸台和凹坑

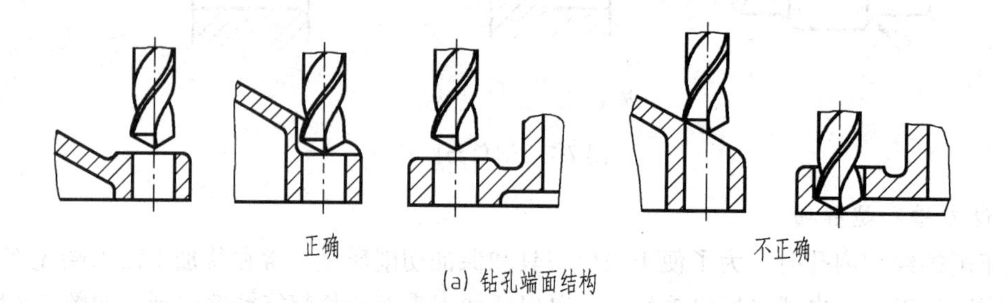


(a) 钻孔端面结构

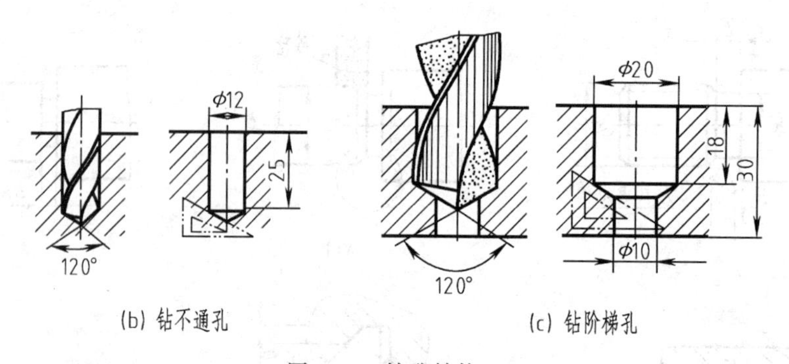


(b) 钻不通孔　　(c) 钻阶梯孔

图 7-10　钻孔结构

# 第四节　尺寸标注

图样中的图形只能表示零件的结构和形状，其各部分实际大小和位置关系，必须由尺寸来确定，与图形的大小及绘图的准确度无关。所以，尺寸是图样中的重要内容之一，是制造、检验的依据，它是图样中指令性最强的部分。

在技术工程领域中，虽因各行业的特点和要求不同，致使在图样中标注尺寸和尺寸公差的具体问题上有些差异，但其基本方法和原则是一致的。本节简要介绍零件图基准的选取、尺寸标注形式及尺寸注写的合理性问题。

## 一、基本知识

### 1. 常用术语

在此前已用到了很多尺寸术语，为了更好地理解尺寸注法，对常用尺寸术语进行如下说明。

(1) 线性尺寸和角度尺寸　尺寸是说明物体的长短、大小的量，而这个量是用特定单位的数字来表示的，在技术图样中用到的尺寸有线性尺寸和角度尺寸。

① 线性尺寸　物体上某两点间的距离，如物体的长、宽、高、直径、半径、中心距、弦长等。

② 角度尺寸　两相交直线所形成的夹角或两相交平面所形成的二面角中任一正截面的平面角的大小。

在图样中所标注的线性尺寸和角度尺寸，都意味着对整个形体表面处处有效，绝不仅是限于某一处的两点间所形成的尺寸。例如，宽度尺寸适用于构成该宽度的整个表面，直径尺寸适用于构成该直径的整个圆柱面，中心距尺寸适用于两要素的整个轴线，角度尺寸也同样适用于构成该平面角的两要素的整个范围。如果图样中的尺寸有另外的含义，则应另加说明，如弧长尺寸应在尺寸数值前方画上弧长符号“⌒”等。

(2) 功能尺寸和非功能尺寸

① 功能尺寸　指对于零件的工作性能、装配精度及互换性起重要作用的尺寸。这些尺寸是尺寸链中重要的组成环，为了满足设计要求需直接注出。例如，齿轮中心距、有装配要求的配合尺寸、有联接关系的定位尺寸等，它们对零件的装配位置或配合关系有着决定性的作用，因此常具有较高的精度（如图 7-11 中的 $B$、$C$ 环尺寸）。

② 非功能尺寸　指不影响零件的装配关系和配合性能的一般结构尺寸。例如，无装配关系的外形轮廓尺寸（如图 7-11 中 $L$ 环尺寸）、不重要的工艺结构尺寸（如倒角、退刀槽、凹槽、凸台、沉孔、漏空孔、倒圆等尺寸），这些尺寸一般精度不高。

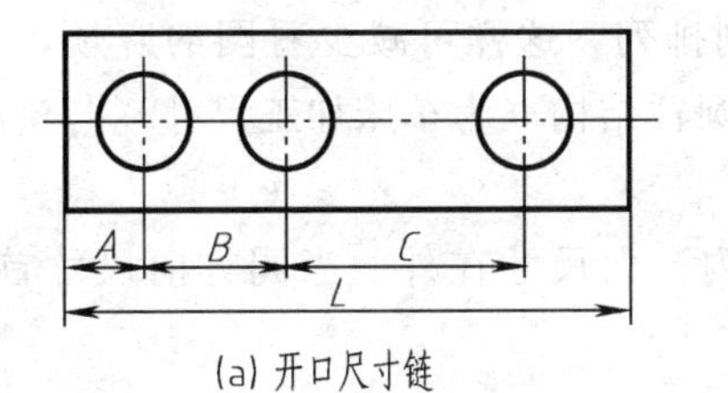

(a) 开口尺寸链

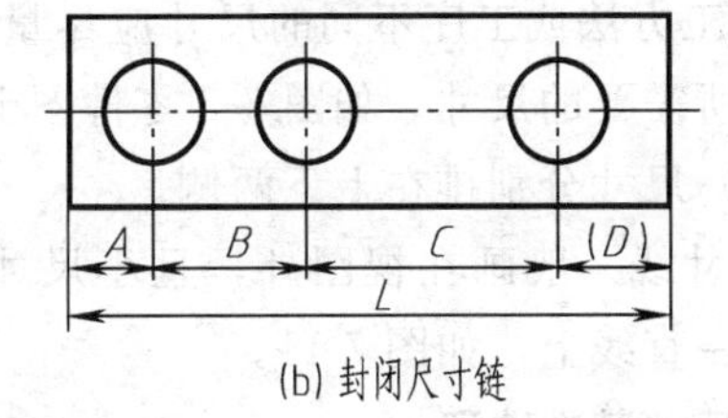

(b) 封闭尺寸链

图 7-11　尺寸链及其尺寸环

(3) 公称尺寸和实际尺寸

① 公称尺寸　设计规范确定的理想要素尺寸。如图 7-13 (b) 中所注尺寸。

② 实际尺寸　测量实际零件所得尺寸。它是实际要素真实尺寸的测量值，该值会受到测量工具等因素的影响。

(4) 参考尺寸和重复尺寸

① 参考尺寸　指在图样中不起指导生产和检验作用的尺寸，它仅仅是为了辅助生产或提供看图方便而给出的参考性尺寸，这类尺寸要写在圆括号内。

② 重复尺寸　指某一尺寸在图样中重复注出，或对零件的结构尺寸注成封闭的尺寸链[如图 7-11 (b)]。在机械行业中是不允许重复标注同一要素尺寸或注成封闭的尺寸链，但为了强调某一尺寸，在特殊情况下也允许重复出现该尺寸，但须加圆括号表示。

*2. 尺寸标注的基本原则和要求*

(1) 基本原则

① 尺寸单位　零件图中，线性尺寸以毫米为单位，角度尺寸以度、分、秒为单位。其中，毫米单位不需在尺寸数值后表明，即使在图样的文字说明中也不必写明毫米单位。若采

用其他单位则必须在尺寸数值后表明单位，但某些与特定符号一起注出的数值，如管螺纹尺寸代号、表面粗糙度代号中的参数值等，是随同它们的特定符号而规定了单位的。

② 最后完工尺寸　零件图的尺寸是该零件交付装配时的尺寸，毛坯图的尺寸是毛坯的最后完工尺寸。

③ 几何关系尺寸与自明尺寸　几何关系尺寸，如相切、垂直等关系尺寸，不在图中注明角度尺寸。自明尺寸，如注写了圆孔直径尺寸，而在其他图上或文字中无孔深尺寸说明，均理解为通孔。

(2) 基本要求　尺寸标注得是否正确合理，对提高产品质量和降低制造成本有直接的影响，因此，尺寸必须符合以下基本要求。

① 应符合设计和工艺要求　对于功能尺寸应直接注出，依靠其他尺寸的换算关系是不能保证零件的功能要求的，不能因工艺上的原因而改变功能尺寸的直接标注。对于非功能尺寸一般按工艺的要求标注，以便加工和检验。但工艺方法是多种多样的，所以，这类尺寸应依具体情况来处理，并影响着工艺基准的选择问题。

② 标注尺寸不可重复　零件的每一个尺寸只能标注一次，一般不可重复。

③ 尺寸配置必须合理　尺寸配置的要求较多，现选择一些主要要点说明如下。

a. 尺寸应配置在反映该结构最清晰的图形上。一般首先考虑在结构的形状特征图上注尺寸(如图 7-1 中的尺寸 $\phi68$)，但对于圆的直径常为了避免尺寸线成辐射形而给填写尺寸数字和读图带来不便，一般在投影为非圆的视图上标注圆的直径尺寸（如图 7-1 中的尺寸 $\phi32$、$\phi25$ 等)。

b. 同一结构的尺寸应尽可能集中在一个图上注写。如孔的直径和深度（如图 7-1 中的的尺寸 $\phi25$、5)，槽的宽度和深度（如图 7-3 中的 $A$—$A$ 图）等，便于看图时一目了然。

c. 加工方法或工序不同的尺寸应尽量分别排列，这样可减少看图的麻烦，容易找到该加工工序所需要的尺寸。如图 7-3 零件图上的圆柱结构（为车床加工尺寸）与键槽（为铣床加工尺寸）尺寸分别排在上下两侧。

d. 尺寸线一般画在视图外，且小尺寸在内，大尺寸在外。当同方向尺寸首尾相连时，应对齐于一直线上，如图 7-11。

**二、尺寸基准选取**

尺寸基准概念在组合体尺寸注写的章节中已介绍。零件的尺寸基准是零件在设计、加工、检验时量取尺寸的起点，它是零件实体上的几何要素（面、线或点）。

1. 尺寸基准的分类

(1) 按基准的类别划分　分为设计基准和工艺基准。

① 设计基准　根据零件的结构特点和设计要求选定的基准。如图 7-12 (a) 中阶梯轴的轴线为两个圆柱面和一个截断面的位置的设计基准。

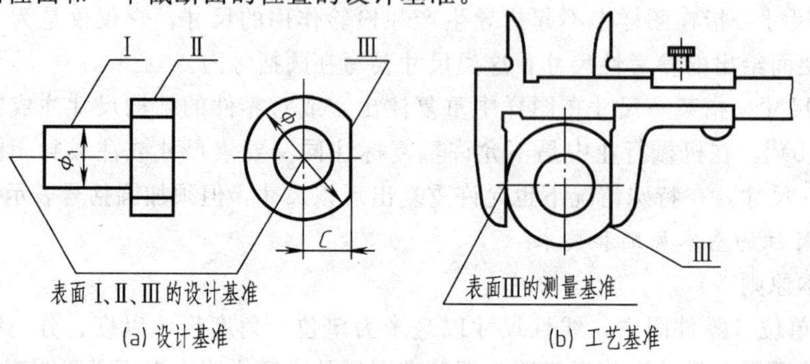


图 7-12　设计基准与工艺基准

② 工艺基准 零件在加工、测量、安装时所选定的基准。如图 7-12（b）中阶梯轴上截断面Ⅲ的测量工艺基准为图中卡尺左脚工作边与圆柱面的接触点所对应的素线。

（2）按基准的重要性划分 每个零件都有长、宽、高三个方向的尺寸要素，因此，每个方向至少应该有一个基准，但根据设计、加工、测量等要求，复杂零件一般还要附加一些基准。决定零件上主要（或重要）结构位置的尺寸基准称为主要基准，同一方向的其他基准称为辅助基准。每一零件的主要尺寸基准有三个，且主要基准与同方向的辅助基准之间有尺寸联系，如图 7-13 所示。

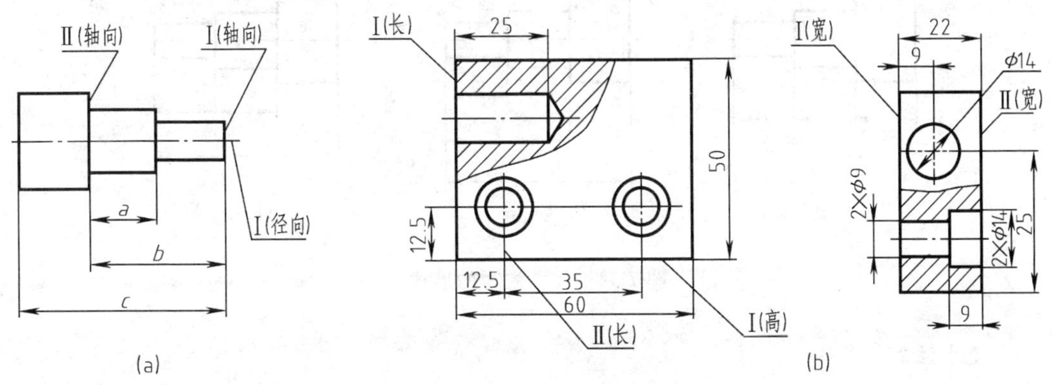


图 7-13 主要基准与辅助基准

Ⅰ—主要基准；Ⅱ—辅助基准

2. 尺寸基准的形式

按构成基准的几何元素不同，尺寸基准有以下几种形式。

（1）线基准 以零件上某些直线作为尺寸基准。如图 7-12（a）中回转面的轴线，如图 7-12（b）中的圆柱面素线。

（2）面基准 以零件上某些较大的平面（如接触面、安装面、对称面等）作为尺寸基准。如图 7-13（b）中零件的底面、后表面、左端面。

（3）点基准 以零件上某些点（如球心、极坐标原点）作为尺寸基准。

3. 主要尺寸基准的选择

从设计基准出发进行尺寸标注，在尺寸上反映了设计要求，能保证设计零件在机器上的使用功能。从工艺基准出发进行尺寸标注，可使零件便于制造加工和测量。

设计基准和工艺基准如果统一在零件的一个几何要素上（即两基准重合），就能做到既满足设计要求，又满足工艺要求，这一几何要素就是主要尺寸基准。

当两基准不能统一时，应以保证设计的零件在机器上的使用功能为首要任务，故一般取确定零件上主要结构位置的设计基准作为主要尺寸基准，然后才兼顾工艺要求。

## 三、尺寸分类与尺寸注写

1. 尺寸分类

零件图的尺寸分为总体尺寸、定位尺寸、定形尺寸，同组合体尺寸的分类。

2. 尺寸的注写形式

（1）链状式 同一方向的尺寸首尾衔接，形似链条，前一尺寸的终点即为后一尺寸的起点，此时尺寸互为基准。如图 7-14（a）所示，这种尺寸标注形式的优点是每段尺寸的精度较高，缺点是每一环的误差累积，使总体尺寸的误差可能很大。

（2）坐标式 同一方向的尺寸从同一基准注起。如图 7-14（b）所示，这种标注形式的优点是尺寸误差互不影响，距基准位置精确，缺点是很难保证每一柱体长度尺寸的精度要求。

（3）综合式 综合式尺寸的标注形式是链式和坐标式的结合，这种尺寸标注形式兼顾了上述两种标注形式的优点，最能适应零件的设计和加工要求，因此被广泛采用，如图 7-14（c）所示。

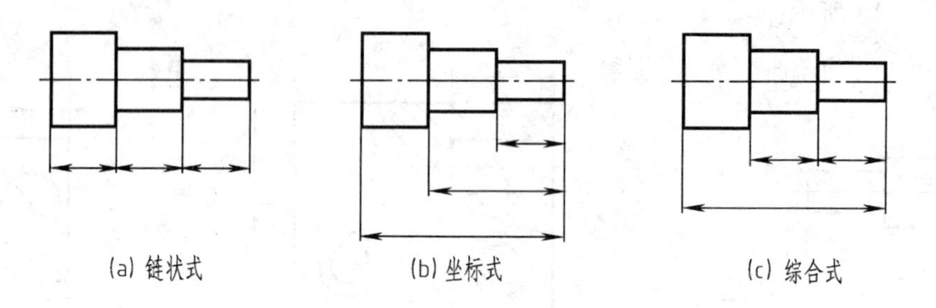


图 7-14 尺寸注写的形式

3. 尺寸注写

（1）注写步骤 注写尺寸的一般步骤如下。

① 分析、确定主要尺寸基准，进行基本体结构拆分。

② 注写尺寸顺序为总体尺寸→定位尺寸→定形尺寸。

（2）注写原则 在零件图上注写尺寸应满足正确（符合国家标准规定）、完整（尺寸全而不多不少）、清晰（尺寸布置合理）、合理（满足设计与制造要求）的要求。初学者在尺寸注写时，最好查阅有类似用途的、形状相近或相同的零件图，应用类比的方法并结合本节所讲的有关要点以及国家标准尺寸注法基本规则，进行基准选取和尺寸注写。

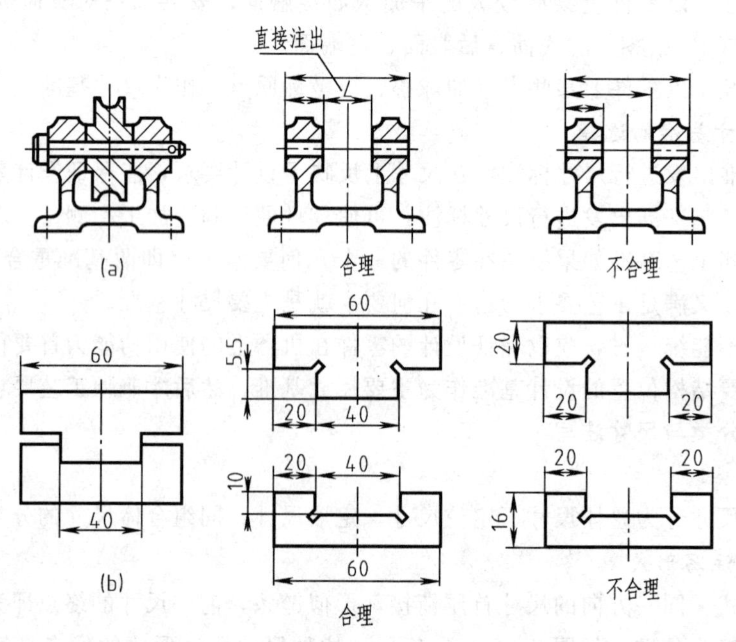


图 7-15 重要尺寸直接注写

如图 7-15（a）中支架上方结构的长度方向尺寸注写，首先要考虑长在中间的轮子定位，故选定左轴承内侧端面为主要基准，并需直接注出功能尺寸 $L$；图 7-15（b）中两零件长度方向的尺寸基准选取及尺寸注写，就是类比（a）图所成。

**表 7-1　零件上常见孔结构尺寸注法**

| 类型 | | 标注方法 | | | 说明 |
|---|---|---|---|---|---|
| | | 旁注法 | | 普通注法 | |
| 螺孔 | 通孔 | 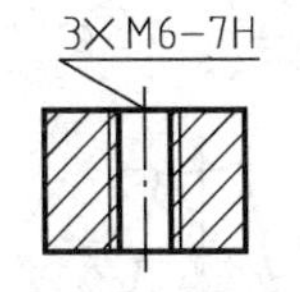 3×M6-7H |  3×M6-7H | 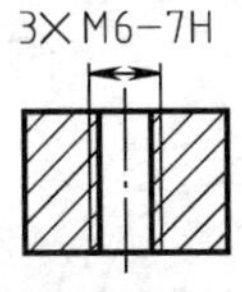 3×M6-7H | 3×M6 表示螺纹大径为6mm,均匀分布的三个螺孔 |
| 螺孔 | 不通孔 | 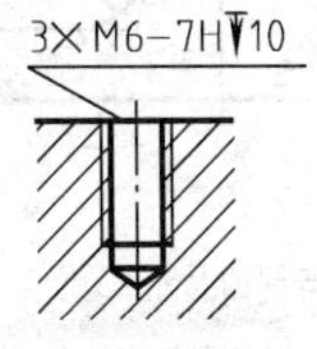 3×M6-7H▼10 |  3×M6-7H▼10 | 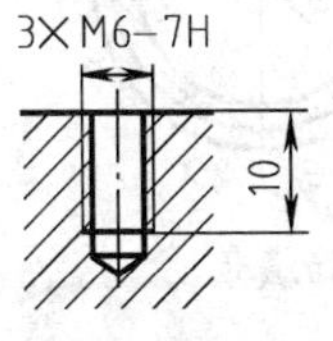 3×M6-7H<br>10 | 螺孔深度可以与螺孔直径连注,也可以分开注出 |
| 螺孔 | 不通孔 | 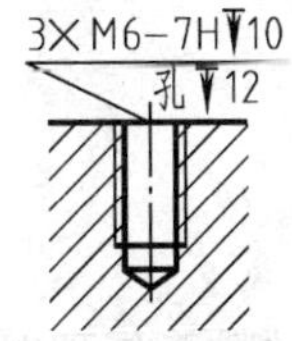 3×M6-7H▼10<br>孔▼12 |  3×M6-7H▼10<br>孔▼12 | 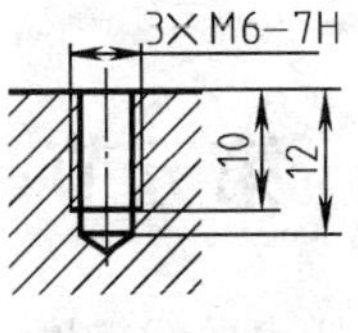 3×M6-7H<br>10<br>12 | 需要注出钻孔深度时,应明确注出孔深尺寸 |
| 光孔 | 一般孔 | 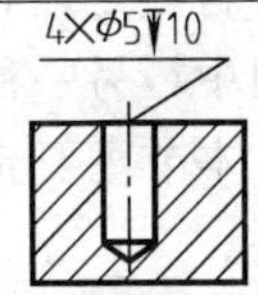 4×φ5▼10 | 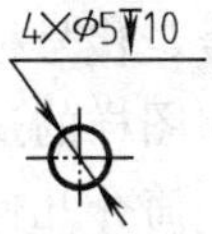 4×φ5▼10 | 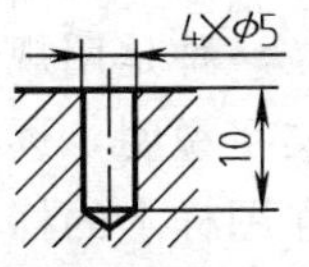 4×φ5<br>10 | 4×φ5 表示直径为5mm均匀分布的四个光孔<br>孔深可与孔径连注,也可以分开注出 |
| 光孔 | 精加工孔 | 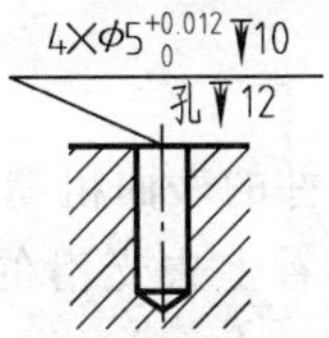 4×$\phi5^{+0.012}_{0}$▼10<br>孔▼12 | 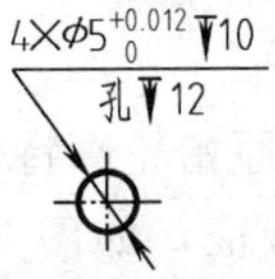 4×$\phi5^{+0.012}_{0}$▼10<br>孔▼12 | 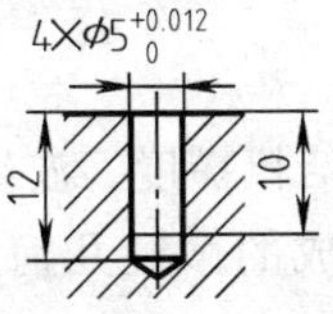 4×$\phi5^{+0.012}_{0}$<br>12<br>10 | 光孔深为12mm,钻孔后需精加工至$\phi5^{+0.012}_{0}$、深10mm |
| 光孔 | 柱形沉孔 | 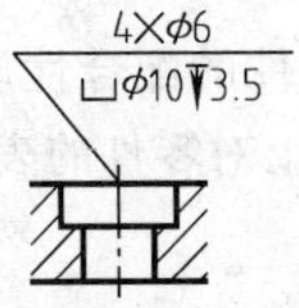 4×φ6<br>⌴φ10▼3.5 | 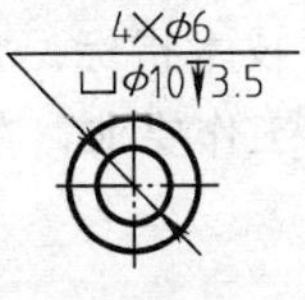 4×φ6<br>⌴φ10▼3.5 | 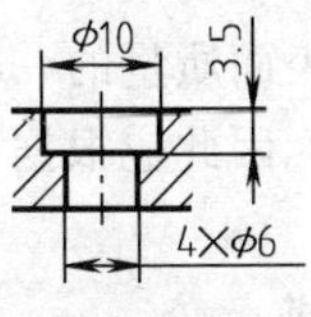 φ10<br>3.5<br>4×φ6 | 柱形沉孔的小直径φ6、大直径φ10、深度3.5mm均需注出 |
| 光孔 | 锪平孔 | 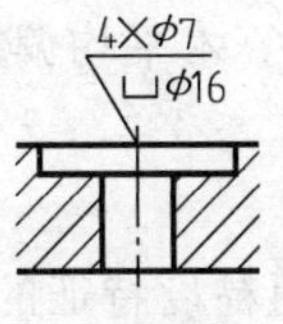 4×φ7<br>⌴φ16 | 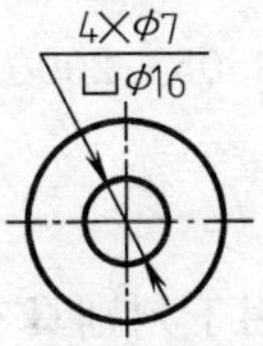 4×φ7<br>⌴φ16 | 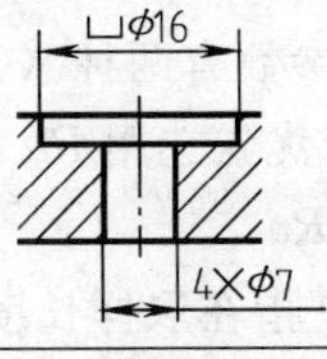 ⌴φ16<br>4×φ7 | 锪平面φ16的深度不需标注,一般锪平到不出现毛面为止 |
| 光孔 | 埋头孔 | 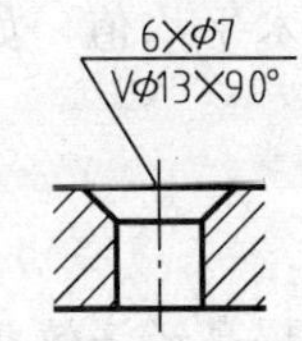 6×φ7<br>⌵φ13×90° |  6×φ7<br>⌵φ13×90° | 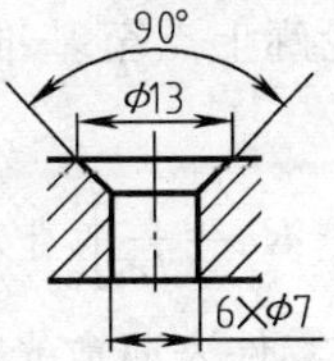 90°<br>φ13<br>6×φ7 | 6×φ7 表示直径为7mm均匀分布的六个孔,锥形部分的尺寸可以旁注,也可以直接注出 |

**四、常见结构尺寸标注**

如图 7-16 所示为典型零件及其结构尺寸注法，表 7-1 为零件上常见孔结构尺寸注法。

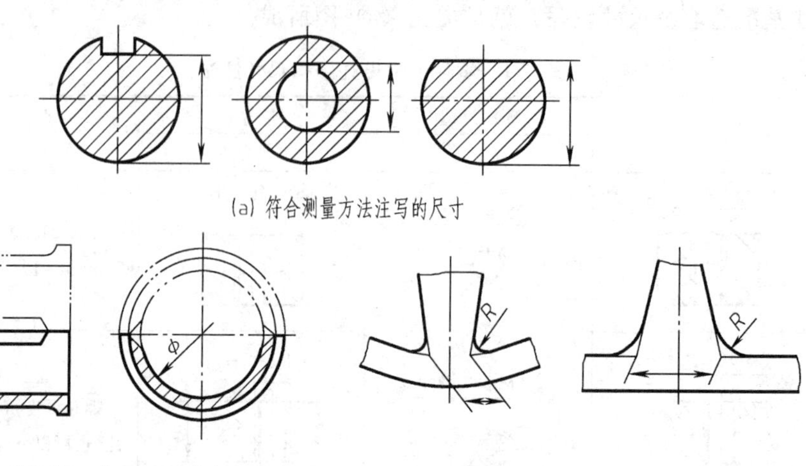


(a) 符合测量方法注写的尺寸

(b) 按零件加工情况注写的尺寸

(c) 圆角处注轮廓延长线交点间的尺寸

图 7-16 典型结构的尺寸注写

# 第五节 技 术 要 求

零件图中的技术要求包括表面粗糙度、尺寸公差、几何公差、材料热处理等。技术要求在图样中的表示方法有两种，一种是用规定的符号、代号标注在视图中，另一种是在“技术要求”的标题下，用简明的文字说明，逐项书写在图样的适当位置。本节主要介绍表面粗糙度及尺寸公差的基本概念和在图样上的标注方法，简介几何公差注法。

**一、表面粗糙度**

*1. 表面粗糙度的概念*

零件的表面结构特性包括粗糙度、波纹度、原始轮廓特性。零件的表面粗糙度是指表面上具有的较小间距和峰谷组成的微观几何形状特征，如图 7-17 中看上去光滑的零件表面，经放大观察发现有微量高低不平的痕迹。

表面粗糙度是衡量零件表面质量的一项重要技术指标。它对零件的配合性质、耐磨性、抗蚀性、密封性等都有影响。因此应根据零件的工作要求，在图样上对零件的表面粗糙度作出相应的要求。

*2. 表面粗糙度的参数及其数值*

评定表面粗糙度的主要参数有两种（GB/T 3505—2000）：轮廓算术平均偏差 $Ra$、轮廓最大高度 $Rz$。两项参数中，优先选用 $Ra$ 参数。

（1）轮廓算术平均偏差 $Ra$

轮廓算术平均偏差 $Ra$ 是指在取样长度 $lr$（用于判别具有表面粗糙度特征的一段基线长度）内，轮廓偏差 $z$（表面轮廓上点至基准线的距离）绝对值的算术平均值，如图 7-17 所示。可用下式表示：

$$Ra=\frac{1}{lr}\int_0^l |z(x)|\mathrm{d}x\approx\frac{1}{n}\sum_{i=1}^{n}z_i$$

很明显，$Ra$ 的值越小，零件表面愈光滑。为统一评定与测量，提高经济效益，$Ra$ 的值

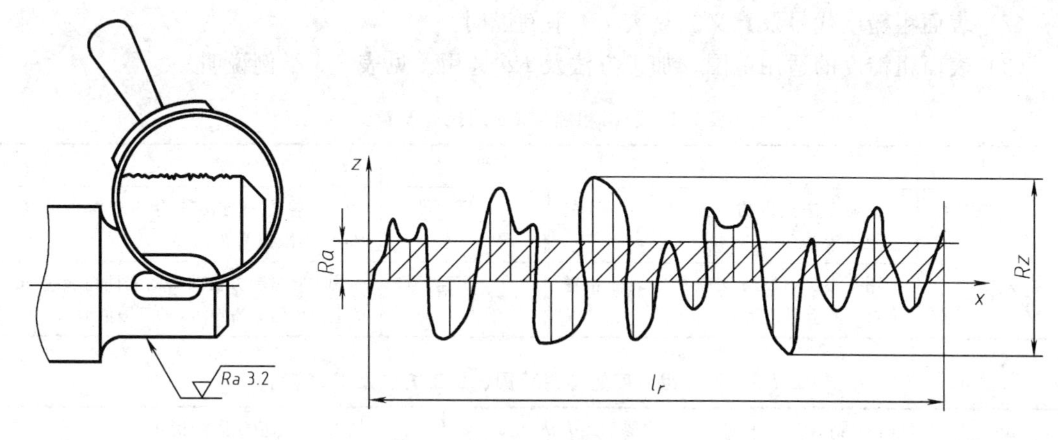


图 7-17　轮廓算术平均偏差 *Ra*

已经标准化，在设计选用时，应按国家标准（GB/T 1031—1995）规定的系列值选取，其第一系列的 *Ra* 数值为表 7-2 中数值。

**表 7-2　轮廓算术平均偏差 *Ra* 的第一系列值**　　单位：μm

| | | | | |
|---|---|---|---|---|
| *Ra* | 0.012<br>0.025<br>0.05<br>0.1 | 0.2<br>0.4<br>0.8<br>1.6 | 3.2<br>6.3<br>12.5<br>25 | 50<br>100 |

（2）轮廓最大高度 *Rz*

在取样长度内，轮廓峰顶线和轮廓谷底线之间的距离即为 *Rz*，如图 7-17 所示。

3. *表面粗糙度的标注*

国家标准（GB/T 131—2006）规定了表面粗糙度的符号、代号及在图样上的标注。表面粗糙度代号由符号及相应粗糙度值构成。

（1）表示零件表面粗糙度的符号及尺寸。见表 7-3 说明。

**表 7-3　表面粗糙度符号及尺寸**

| 符　号 | 意义及说明 | 表面粗糙度要求的注写位置、符号及尺寸 | |
|---|---|---|---|
| | 基本图形符号，表示表面可用任何方法获得。当不加注粗糙度参数值或有关说明时，仅适用于简化代号标注 | c a b e d<br>*a*——注写表面粗糙度的单一要求；<br>*a* 和 *b*——*a* 注写第一表面表面粗糙度要求；*b* 注写第二表面表面粗糙度要求；<br>*c*——注写加工方法、表面处理、涂层等工艺要求，如车、磨、镀等；<br>*d*——加工纹理方向符号；<br>*e*——加工余量(mm)。 | $H_1$ 60° 60° $H_2$<br>字高 3.5 时，$H_1=5$，$H_{2\min}=10.5$，线宽 $d'=0.35$；<br>字高 5 时，$H_1=7$，$H_{2\min}=15$；<br>线宽 $d'=0.5$ |
| | 扩展图形符号，在基本图形符号加一短划，表示表面是用去除材料的方法获得。如车、铣、磨等机械加工 | | |
| | 扩展图形符号，在基本图形符号加一小圆，表示表面是用不去除材料方法获得。如铸、锻、冲压变形等，或者是用于保持原供应状况的表面 | | |
| | 完整图形符号，在上述三个符号的长边上均可加一横线，以便注写对表面结构特征的补充信息 | | |

（2）表面粗糙度代号及意义。见表 7-4 举例说明。

（3）表面粗糙度的适用范围、加工方法及 *Ra* 选用。见表 7-5 举例说明。

**表 7-4 表面粗糙度 *Ra* 的代号及意义**

| 代 号 | 意 义 | 代 号 | 意 义 |
|---|---|---|---|
| √Ra3.2 | 任何方法获得的表面粗糙度，*Ra* 的上限值为 3.2μm | ▽Ra3.2 | 用去除材料方法获得的表面粗糙度，*Ra* 的上限值为 3.2μm |
| ◯√Ra3.2 | 用不去除材料方法获得的表面粗糙度，*Ra* 的上限值为 3.2μm | ▽URa3.2 LRa1.6 | 用去除材料方法获得的表面粗糙度，*Ra* 的上限值为 3.2μm，*Ra* 的下限值为 1.6μm |

**表 7-5 表面粗糙度的适用范围、加工方法及 *Ra* 选用**

| *Ra*/μm | 表面外观情况 | 主要加工方法 | 应用举例 |
|---|---|---|---|
| 50 | 明显可见刀痕 | 粗车、粗铣、粗刨、钻、粗纹锉刀和粗砂轮加工 | 粗糙度值最大的加工面，一般很少应用 |
| 25 | 可见刀痕 | | |
| 12.5 | 微见刀痕 | 粗车、刨、立铣、平铣、钻 | 不接触表面，不重要的接触面，如装螺栓的光孔、倒角、机座底面等 |
| 6.3 | 可见加工痕迹 | 精车、精铣、精刨、铰、镗、精磨等 | 没有相对运动的零件接触面，如箱盖、套筒要求紧贴的表面，键和键槽工作表面；相对运动速度不高的接触面，如支架孔、衬套、带轮轴孔的工作面等 |
| 3.2 | 微见加工痕迹 | | |
| 1.6 | 看不见加工痕迹 | | |
| 0.8 | 可辨加工痕迹方向 | 精车、精铰、精拉、精镗、精磨等 | 要求很好密合的接触面，如滚动轴承配合的表面、销孔等；相对运动速度较高的接触面，如滑动轴承的配合表面、齿轮轮齿的工作表面等 |
| 0.4 | 微辨加工痕迹方向 | | |
| 0.2 | 不可辨加工痕迹方向 | | |
| 0.10 | 暗光泽面 | 研磨、抛光、超级精细研磨等 | 精密量具的表面、极重要零件的摩擦面，如气缸的内表面、精密机床的主轴颈、坐标镗床的主轴颈等 |
| 0.05 | 亮光泽面 | | |
| 0.025 | 镜状光泽面 | | |
| 0.012 | 雾状镜面 | | |

（4）表面粗糙度代号在图样中的标注方法。见表 7-6 举例说明。

**表 7-6 表面粗糙度标注图例**

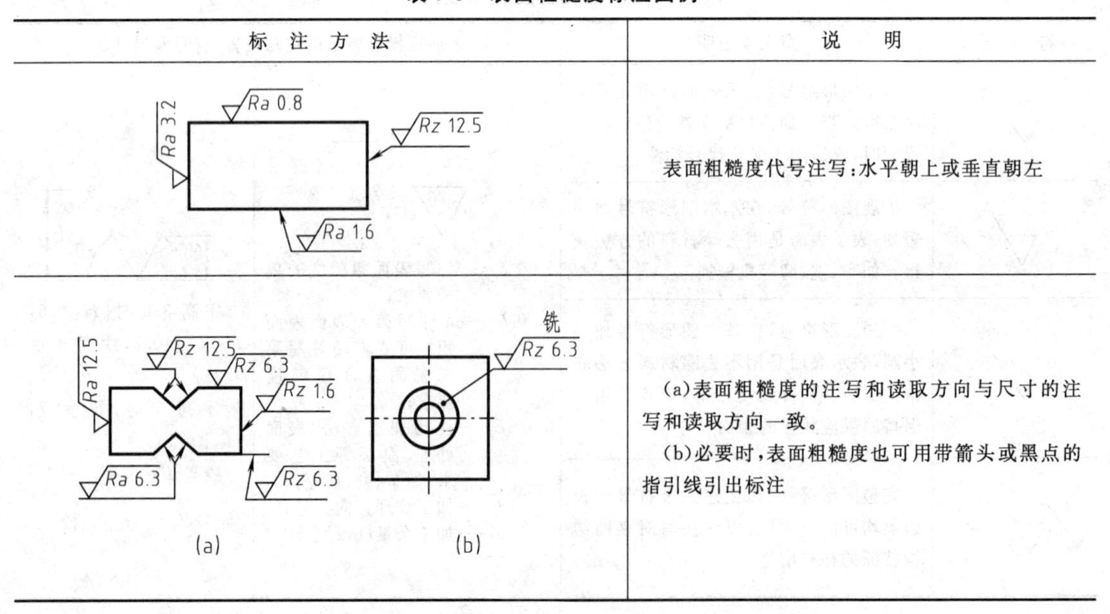


| 标 注 方 法 | 说 明 |
|---|---|
| | 表面粗糙度代号注写：水平朝上或垂直朝左 |
| (a) (b) | (a)表面粗糙度的注写和读取方向与尺寸的注写和读取方向一致。<br>(b)必要时，表面粗糙度也可用带箭头或黑点的指引线引出标注 |

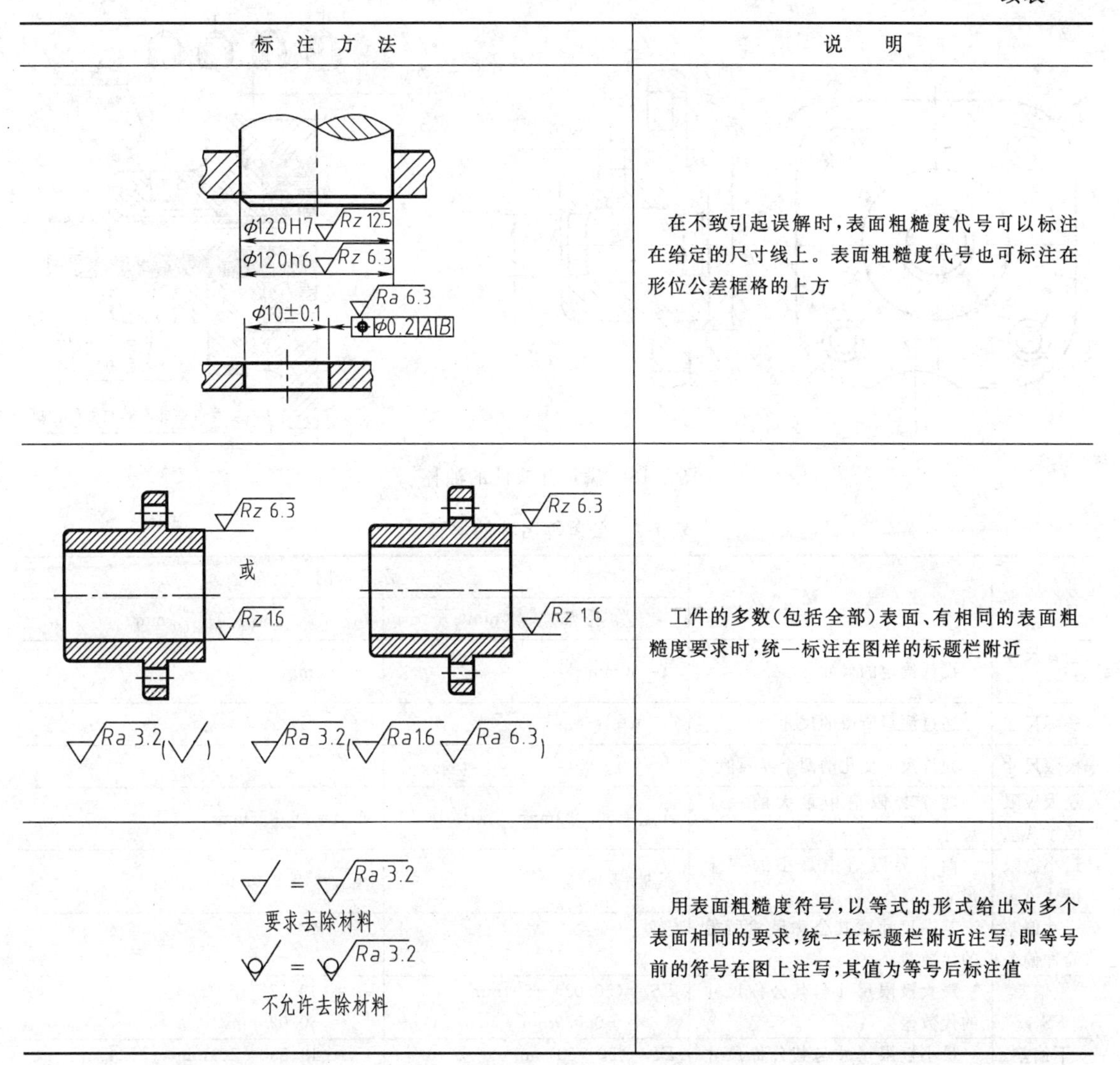


续表

| 标注方法 | 说明 |
| --- | --- |
| φ120H7 Rz 12.5；φ120h6 Rz 6.3；Ra 6.3；φ10±0.1；φ0.2 A B | 在不致引起误解时，表面粗糙度代号可以标注在给定的尺寸线上。表面粗糙度代号也可标注在形位公差框格的上方 |
| Rz 6.3；Rz 1.6；或；Ra 3.2 ( )；Ra 3.2 ( Ra 1.6 Ra 6.3 ) | 工件的多数(包括全部)表面、有相同的表面粗糙度要求时，统一标注在图样的标题栏附近 |
| = Ra 3.2 要求去除材料；= Ra 3.2 不允许去除材料 | 用表面粗糙度符号，以等式的形式给出对多个表面相同的要求，统一在标题栏附近注写，即等号前的符号在图上注写，其值为等号后标注值 |

## 二、极限与配合（GB/T 1800.2—1998）

### 1. 零件的互换性

从成批相同规格的零件中任选一个，不经任何修配就能装到机器（或部件）上去，并能满足使用要求，这种性质称为互换性。如图 7-18 是从一批（4 个）规格为 φ10mm 的油杯中，任取一个装入尾座端盖的油杯孔 φ10mm 中，都能使油杯顺利装入，并能使它们紧密结合，像这样的一批油杯就具有互换性。

在实际生产过程中，由于各种因素（刀具、机床精度、工人技术水平）的影响，实际制成的零件尺寸与理论设计尺寸不会完全一样，这就需要根据零件的工作要求，对零件的尺寸规定不许超出设定的极限值来保证零件的互换性。如上述油杯直径尺寸允许的变动范围为 φ9.999～φ10.010。其中，尺寸 φ10 称为公称尺寸，尺寸 φ10.010 称为最大极限尺寸，尺寸 φ9.999 称为最小极限尺寸，所允许的尺寸变动量[10.010－9.999]＝0.011称为公差。

### 2. 公差的基本概念、术语和定义

以公称尺寸相等的孔和轴为例，对公差等名称的解释见表 7-7。

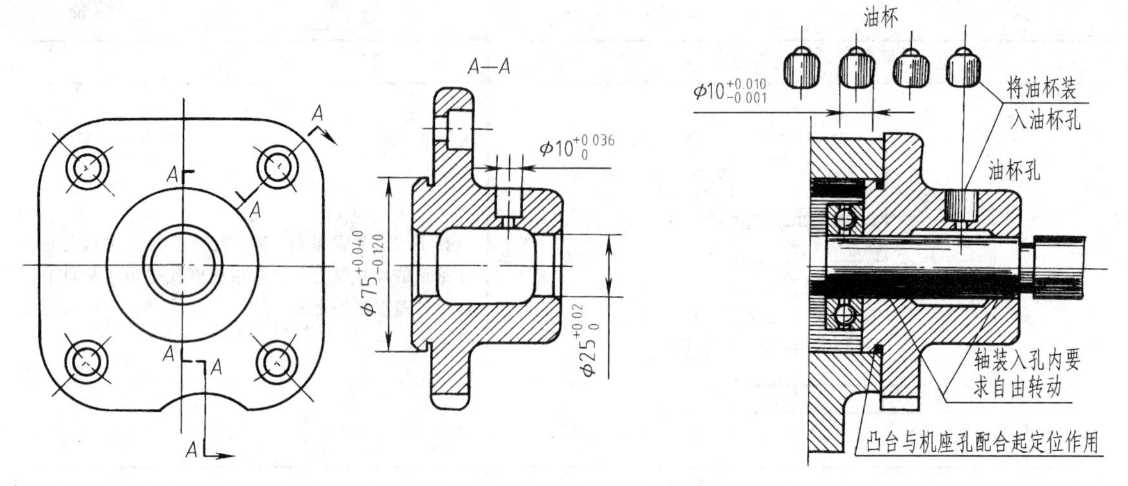


图 7-18 满足互换性的油杯

**表 7-7 公差等名称的解释**

| 名 称 | 解 释 | 示 例 | |
|---|---|---|---|
| | | 孔 $\phi50^{+0.039}_{0}$ mm | 轴 $\phi50^{-0.025}_{-0.050}$ mm |
| 公称尺寸 $A$ | 设计给定的尺寸 | $A$=50mm | $A$=50mm |
| 实际尺寸 | 通过测量所得的尺寸 | | |
| 极限尺寸 | 允许尺寸变化的两个界限值 | | |
| 最大极限尺寸 $A_{max}$ | 两个界限值中最大的一个尺寸 | $A_{max}$=50.039mm | $A_{max}$=49.975mm |
| 最小极限尺寸 $A_{min}$ | 两个界限值中最小的一个尺寸 | $A_{min}$=50mm | $A_{min}$=49.950mm |
| 尺寸偏差（简称偏差） | 某一尺寸减其公称尺寸所得的代数差。 | | |
| 上偏差 $ES$、$es$ | 最大极限尺寸与其公称尺寸的代数差 | $ES$=(50.039−50)mm =+0.039mm | $es$=(49.975−50)mm =−0.025mm |
| 下偏差 $EI$、$ei$ | 最小极限尺寸与其公称尺寸的代数差 | $EI$=(50−50)mm =0 | $ei$=(49.950−50)mm =−0.050mm |
| 尺寸公差（简称公差）$T$ | 允许尺寸的变动量。公差等于最大极限尺寸与最小极限尺寸代数差的绝对值，也等于上偏差与下偏差之代数差的绝对值。 | $T$=\|50.039−50\|mm =\|(+0.039)−0\|mm =0.039mm | $T$=\|49.975−49.950\|mm =\|(−0.025) −(−0.050)\|mm =0.025mm |
| 公差带图 | 为了图示有关公差与配合之间的关系，不画出孔和轴的全形，只将有关部分画出来的图示方法。 | | |
| 零 线 | 公差带图中，表示公称尺寸或零偏差的一条直线。当零线画成水平时，零线之上的偏差为正，零线之下的偏差为负。 | 孔 ES EI +0.039 0 + − es ei −0.025 −0.050 轴 公称尺寸 $\phi50$ 公差带 | 公差 上偏差ES 下偏差EI 孔 上偏差es 下偏差ei 公差 零线 最大极限尺寸 最小极限尺寸 轴 最小极限尺寸 最大极限尺寸 公称尺寸 |
| 尺寸公差带（简称公差带） | 公差带图中，由代表上下偏差的两条直线所限定的一个区域。 | 公差带图 | 轴与孔配合示意 |

除表 7-7 所列内容外，还有一些名称解释如下。

(1) 标准公差与公差等级　标准公差是国家标准规定的公差，见附表 11，它决定了公差带的大小。公差等级表示尺寸精确的程度，标准公差的等级代号依次为 IT01、IT0、IT1…IT18，共 20 个级别，IT 表示标准公差（即 International Tolerance 的缩写），数字表示精度等级，数值大则精度低，如公称尺寸为 50，查附表 11 知，公差等级代号为 IT7 的公差值是 25μm，而公差等级代号为 IT8 的公差值是 39μm，即对于公称尺寸为 50 的尺寸来说，8 级比 7 级所允许的尺寸变动量大些（即精度低些）。

(2) 基本偏差　在公差带图中，用以确定公差带相对于零线位置的上偏差或下偏差，一般是指靠近零线的这个偏差。国标规定了孔、轴各 28 个不同的基本偏差代号，如图 7-19 所示，代号用拉丁字母（一个或两个）表示，大写字母代表孔类，小写字母代表轴类。各公差带只封闭了基本偏差的一端，开口的另一端由公差等级数值确定。表 7-7 中 ϕ50 孔的基本偏差值为 0，查附表 13 知其偏差代号为 H，ϕ50 轴的基本偏差值为－0.025mm，查附表 12 知其偏差代号为 f。

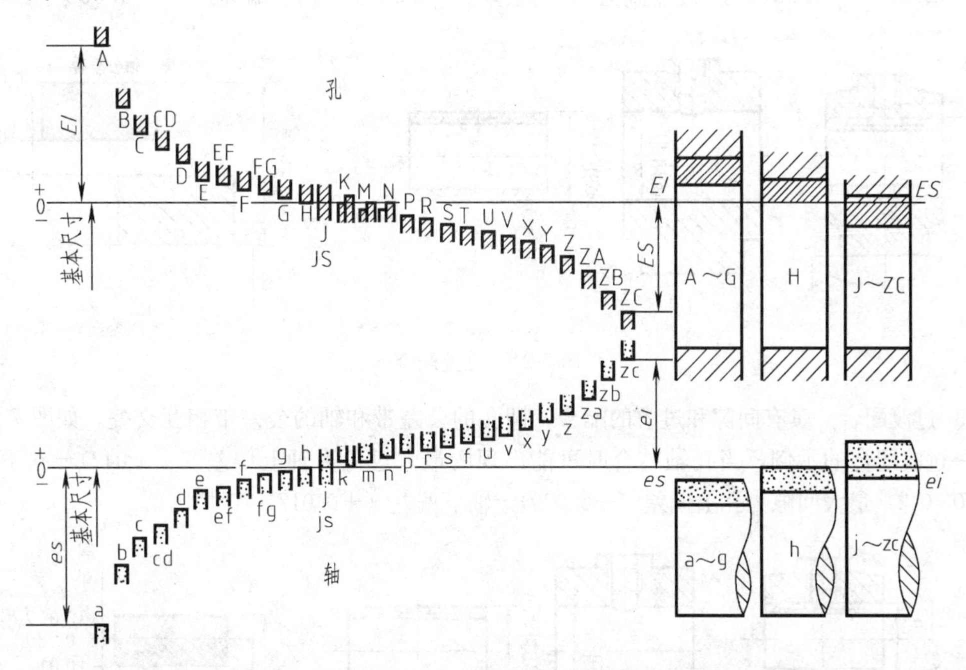


图 7-19　孔、轴基本偏差系列

(3) 公差带代号　由基本偏差代号与公差等级数值组成。例如，H8 表示基本偏差代号为 H，公差等级为 8 级的孔公差带代号；f 7 表示基本偏差代号为 f，公差等级为 7 级的轴公差带代号。反映表 7-7 中的孔轴尺寸和公差带代号的注法为 ϕ50H8、ϕ50f7。

3. 配合种类与配合制度

(1) 配合　指公称尺寸相同、相互结合的孔和轴公差带之间的关系称为配合。根据孔、轴配合松紧程度的不同，可将配合分为间隙配合、过盈配合和过渡配合三类。

间隙或过盈是指孔的实际尺寸减去与之相配合的轴的实际尺寸所得的代数差，若差值为正则称为间隙，若差值为负则称为过盈。

① 间隙配合　间隙≥0 的配合，即孔的公差带总位于轴的公差带之上。如图 7-20 所示为一间隙配合的示例，当孔轴结合时可能出现的最小间隙为孔下偏差（0）－轴上偏差

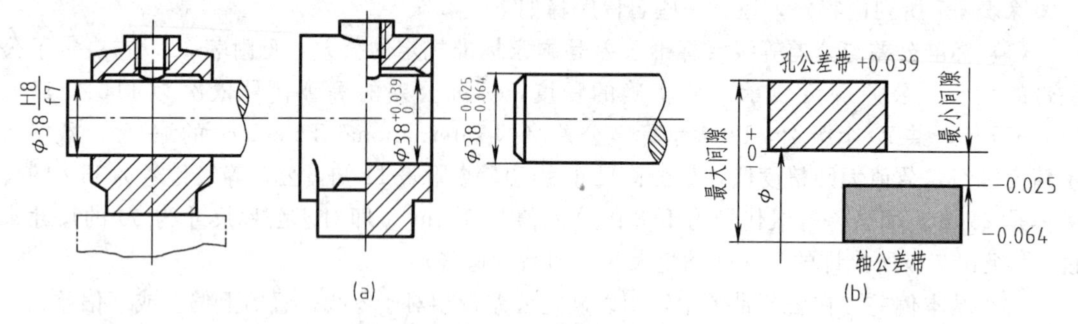


图 7-20 间隙配合

(−0.025)=0.025，最大间隙为孔上偏差（+0.039）−轴下偏差（−0.064)=0.103。

② 过盈配合　过盈≥0 的配合，即孔的公差带总位于轴的公差带之下。如图 7-21 所示为一过盈配合的示例，当孔轴结合时可能出现的最小过盈为轴下偏差（+0.043）−孔上偏差（+0.039）=0.004，最大过盈为轴上偏差（+0.068)−孔下偏差（0)=0.068。

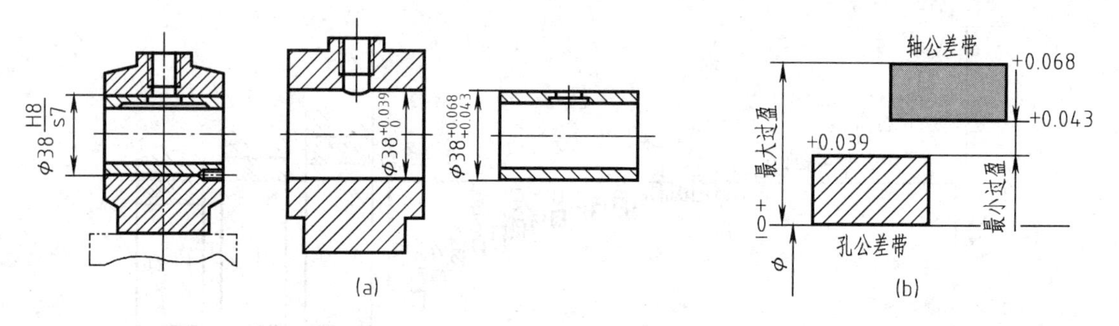


图 7-21 过盈配合

③ 过渡配合　具有间隙和过盈的配合，即孔的公差带和轴的公差带相互交叠。如图 7-22 所示为一过渡配合的示例，当孔轴结合时可能出现的最大过盈为轴上偏差（+0.042)−孔下偏差(0)=0.042，最大间隙为孔上偏差（+0.039)−轴下偏差（+0.017)=0.022。

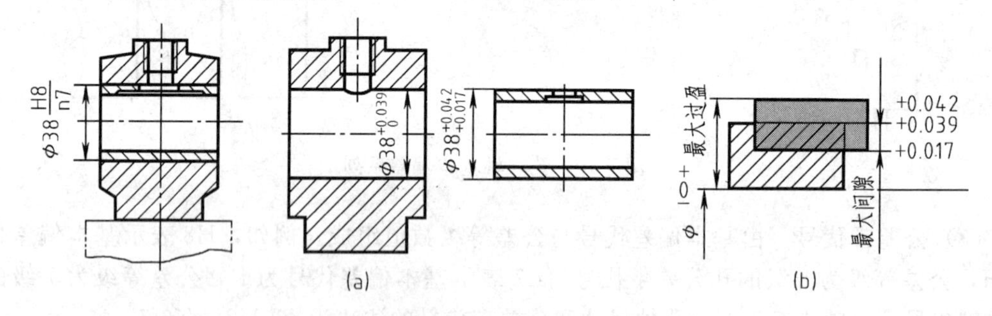


图 7-22 过渡配合

(2) 配合基准制　由标准公差和基本偏差可以组成大量的孔、轴公差带，并形成三种类型的配合。为设计和制造上的方便，以及减少选择配合的盲目性，国标规定了两种配合制。

① 基孔制　基本偏差代号一定的孔公差带，与不同基本偏差代号的轴公差带形成的各种配合称为基孔制。国标规定基本偏差代号是 H 的孔为基准孔（其下偏差为零），固定该孔的公差带位置不变，改变轴的公差带位置就可得到不同松紧程度的配合。含基准孔（H）的配合叫基孔制配合。

② 基轴制　基本偏差代号一定的轴公差带，与不同基本偏差代号的孔公差带形成的各种配合称为基轴制。国标规定基本偏差代号是 h 的轴为基准轴（其上偏差为零），固定该轴的公差带位置不变，改变孔的公差带位置就可得到不同松紧程度的配合。含基准轴（h）的配合叫基轴制配合。

在总结大量实际使用经验的基础上，把孔、轴公差带组成了基孔制常用配合 59 种、基轴制常用配合 47 种，优先配合各 13 种收录零件设计手册中，在产品设计中，应尽量选用优先配合和常用配合，且优先采用基孔制。表 7-8 列举了国标规定的部分常用、优先选用配合的特性和应用。

**表 7-8　部分常用、优先选用配合的特性和应用**（常用配合写在括号内）

| 基孔制配合 | 基轴制配合 | 配合特性及应用 |
|---|---|---|
| $\frac{H11}{c11}$ | $\frac{C11}{h11}$ | 间隙非常大。用于很松的、转动很慢的间隙配合；要求大公差与大间隙的外露组件；要求装配方便的、很松的配合 |
| $\frac{H9}{d9}$ | $\frac{D9}{h9}$ | 间隙很大的自由转动配合。用于精度要求不高、有大的温度变动、高转速或大的轴颈压力时的配合 |
| $\frac{H8}{f7}$ | $\frac{F8}{h7}$ | 间隙不大的转动配合。用于中等转速与中等轴颈压力的精确转动；也用于装配较易的中等精度定位配合 |
| $\frac{H7}{g6}$ | $\frac{G7}{h6}$ | 间隙很小的滑动配合。用于不希望自由旋转，但可自由移动和转动并精确定位时，也可用于要求明确的定位配合 |
| $\frac{H7}{h6}$　$\frac{H8}{h7}$　$\frac{H9}{h9}$　$\frac{H11}{h11}$ | $\frac{H7}{h6}$　$\frac{H8}{h7}$　$\frac{H9}{h9}$　$\frac{H11}{h11}$ | 均为定位的间隙配合，零件可自由装卸，而工作时一般相对静止不动，最小间隙为零 |
| $\frac{H7}{k6}$　$\left(\frac{H7}{m6}\right)$　$\frac{H7}{h6}$ | $\frac{K7}{h6}$　$\frac{N7}{h6}$ | 过渡配合，用于精密定位，对中性很好 |
| $\frac{H7}{p6}$　$\left(\frac{H7}{r6}\right)$ | $\frac{p7}{h6}$ | 小过盈配合，对中性好，不可依靠配合的紧固性传递摩擦负荷 |
| $\frac{H7}{s6}$　$\frac{H7}{u6}$ | $\frac{s7}{h6}$　$\frac{U7}{h6}$ | 压入的过盈配合，其中 $\frac{H7}{u6}$、$\frac{U7}{h6}$ 适用于能承受大压入力的零件的配合 |

4. 尺寸公差与配合代号的注法（GB 4458.5—2003）

(1) 在零件图上标注尺寸公差　有三种形式：标注公差带代号及极限偏差、标注极限偏差、标注公差带代号，如图 7-23 所示。其中，在采用标注极限偏差形式注写尺寸公差时，当上、下偏差值中的一个为 0，则必须注出“0”；当上、下偏差值不为 0 时，则必须在数值前注出“+”、“−”号；当上、下偏差值相等时，可采用如“$\phi 50 \pm 0.012$”简化标法。

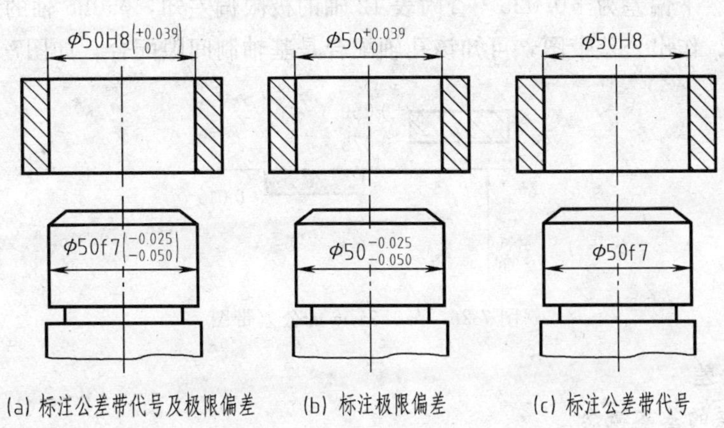


(a) 标注公差带代号及极限偏差　(b) 标注极限偏差　(c) 标注公差带代号

图 7-23　零件图上尺寸公差的标注

（2）在装配图上标注配合　在装配图上常采用在公称尺寸后加注配合代号来说明两零件的配合要求和配合精度（简称配合）。配合代号由孔、轴公差带代号组成，用分数形式表示，分子为孔的公差带代号，分母为轴的公差带代号。几种标注形式如图 7-24 所示，一般采用图（d）、（c）形式。

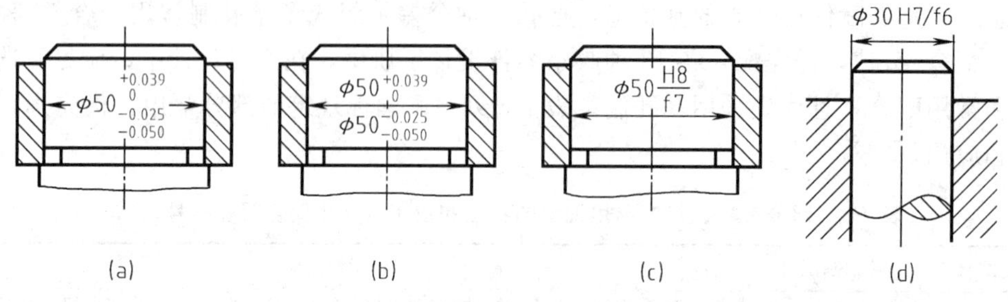


图 7-24　装配图上配合的标注

当标准件和外购件等与自制的零件配合时，由于前者的公差已由有关标准或生产厂所规定，例如，滚动轴承、键等，为了简便而明确，在装配图中标注其配合时，仅标注自制的相配件的公差，而不必标注标准件或外购件的公差，如图 7-25 所示，轴承内、外径尺寸公差不注。

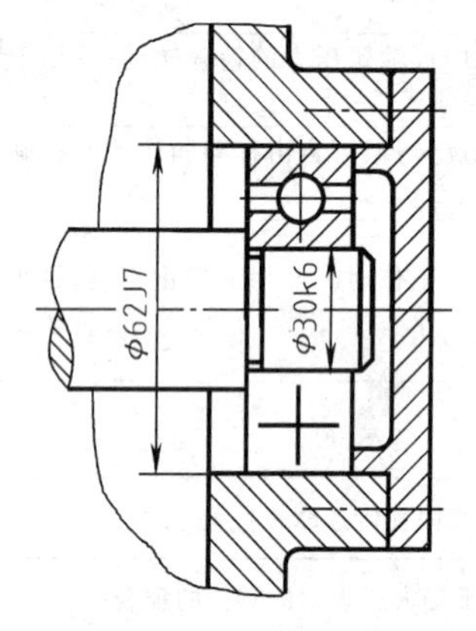


图 7-25　与标准件、外购件结合时只标注自制件配合公差代号

对配合尺寸的解释。例如，ϕ50H8/f7 的含义解释是公称尺寸为 ϕ50 的孔和轴相结合，孔的基本偏差代号为 H，精度等级 8 级，轴的基本偏差代号为 f，精度等级 7，是基孔制间隙配合（见表 7-7 中画的孔轴公差带图）。又如，ϕ50F7/h6 的含义解释是：公称尺寸为 ϕ50 的孔和轴相结合，孔的基本偏差代号为 F，精度等级 7 级，轴的基本偏差代号为 h，精度等级 6，是基轴制间隙配合。

国家标准提供了常用尺寸的标准公差、基本偏差表及优先选用公差带的极限偏差表，三种数据表均是以公称尺寸作为查阅依据的。利用这些表，可以很方便地进行公差带代号与极限偏差之间的换算。如前面提到的配合尺寸 ϕ50F7/h6，查附表 13 孔的极限偏差知，ϕ50F7 孔的上偏差为＋0.050、下偏差为＋0.025，查附表 12 轴的极限偏差知，ϕ50h6 轴的上偏差为 0，下偏差为－0.016。作出公差带图，可知该孔轴配合是基轴制间隙配合，如图7-26所示。

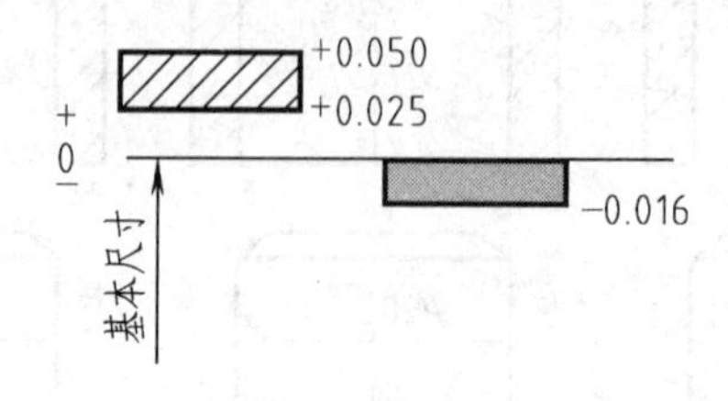


图 7-26　ϕ50F7/h6 的公差带图

## 三、几何公差

### 1. 几何公差的基本概念

在生产实际中，零件尺寸不可能制造得绝对准确，同样也不可能制造出绝对准确的几何

形状和相对位置。因此对零件上精度要求较高的部位，必须根据实际需要对零件加工提出相应的几何误差的允许范围，即必须限制零件几何误差的最大变动量（称为几何公差 $t$，见表 7-9 图示说明。），并在图纸上标出几何公差。

**表 7-9 几何公差带的形状与公差值 $t$**

| 公差带的形状 | 公差值 | 公差带的形状 | 公差值 | 公差带的形状 | 公差值 |
|---|---|---|---|---|---|
| 1. 两平行直线 | $t$ | 4. 一个圆 | $\phi t$ | 7. 两同轴圆柱 | $t$ |
| 2. 两等距曲线 | $t$ | 5. 一个球 | $S\phi t$ | 8. 两平行平面 | $t$ |
| 3. 两同心圆 | $t$ | 6. 一个圆柱 | $\phi t$ | 9. 两等距曲面 | $t$ |

2. 几何公差代号及标注示例

图样中几何公差采用代号标注，应含公差框格、指引线（指向被测要素）和基准代号（仅对有基准要求的要素）三组内容，其画法规定如图 7-27 所示（细实线绘制）。当无法采用代号标注时，允许在技术要求中用文字说明。

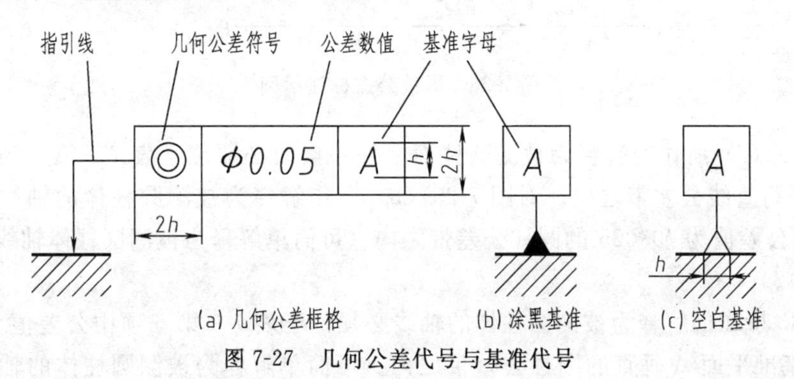


(a) 几何公差框格　(b) 涂黑基准　(c) 空白基准

图 7-27 几何公差代号与基准代号

图家标准 GB/T 1182—2008 将几何公差分为形状公差、方向公差、位置公差及跳动公差四种类型，共计 19 个几何特征，每个几何特征都规定了专用符号，如表 7-10 所示。

在解释图例上标注的几何公差时，要注意指引线箭头与尺寸线箭头是否对正，不对正时，被测要素就是指引线箭头所指轮廓要素；指引线箭头与尺寸线箭头对正时，被测要素是尺寸线所注要素的中心。基准代号中的连线与尺寸线箭头是否对正，所指的基准要素的解释与指引线情况类同。

如在图 7-28 中的 [◎ | φ0.1 | A]，说明被测关联要素 M8×1 的螺纹孔轴线的位置对基准 A（φ16f7 轴线）的位置所允许偏离的距离不能超出给定公差值 φ0.1 的范围（变动全量），即限制该螺纹孔轴线的区域是 φ0.1 的圆柱公差带、且圆柱公差带的轴线与基准 φ16f7 轴线同轴，其公差带图见表 7-9 中的第 6 项“一个圆柱”，位置公差 $\phi t = \phi 0.1$。

**表 7-10 几何公差的分类和符号**

| 公差类型 | 几何特征 | 符号 | 有无基准 |
|---|---|---|---|
| 形状公差 | 直线度 | ⏤ | 无 |
| | 平面度 | ⏥ | |
| | 圆度 | ○ | |
| | 圆柱度 | ⌭ | |
| | 线轮廓度 | ⌒ | |
| | 面轮廓度 | ⌓ | |
| 方向公差 | 平行度 | // | 有 |
| | 垂直度 | ⊥ | |
| | 倾斜度 | ∠ | |
| | 线轮廓度 | ⌒ | |
| | 面轮廓度 | ⌓ | |

| 公差类型 | 几何特征 | 符号 | 有无基准 |
|---|---|---|---|
| 位置公差 | 位置度 | ⌖ | 有或无 |
| | 同心度（用于中心线） | ◎ | 有 |
| | 同轴度（用于轴线） | ◎ | |
| | 对称度 | ⌯ | |
| | 面轮廓度 | | |
| 跳动公差 | 圆跳动 | ↗ | |
| | 全跳动 | ⌰ | |

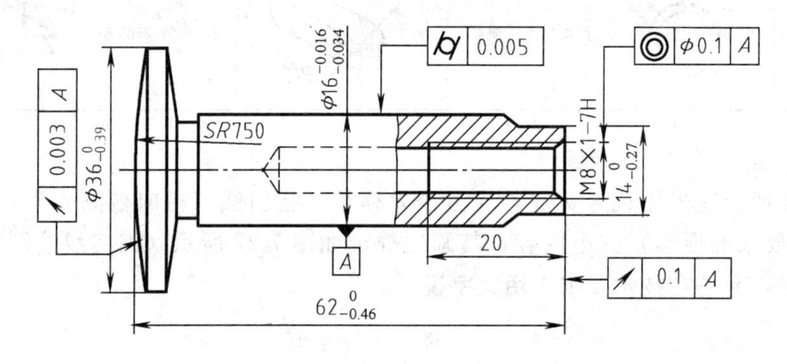


图 7-28 形位公差标注示例

对图 7-29（a）所作的解释为被测圆柱面上任一素线必须位于表 7-9 第 1 项中公差值为 0.025 的两平行直线公差带之内。对图 7-29（b）所作解释为被测圆柱体的轴线必须位于表 7-9 第 6 项中公差值为 $\phi$0.025 的圆柱公差带之内（可简单解释为被测圆柱体轴线的直线度公差为 $\phi$0.025）。

对图 7-30 所作的解释为被测圆柱体的轴线必须位于表 7-9 第 6 项中公差值为 $\phi$0.2 且其轴线与底部基准平面 $A$ 垂直的圆柱公差带之内。可简单解释为被测圆柱体的轴线对基准 $A$ 的垂直度公差为 $\phi$0.2。

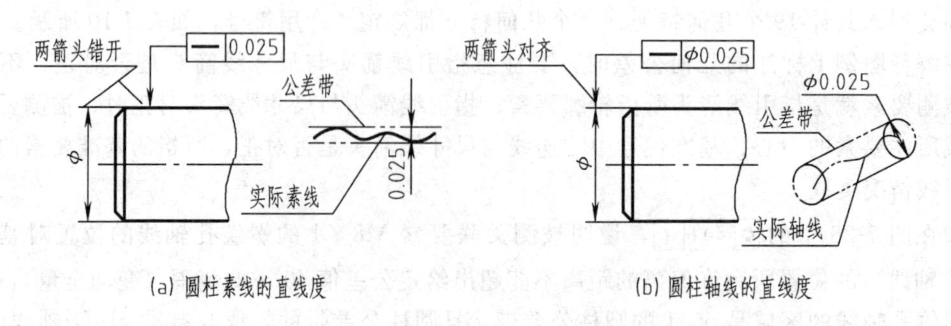


图 7-29 直线度公差及公差带

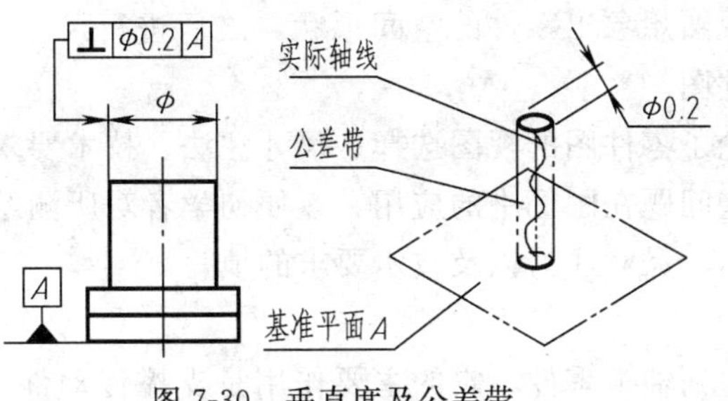


图 7-30　垂直度及公差带

对图 7-31（b）所作的解释为被测键槽两工作面的对称中心面必须位于表 7-9 第 8 项中公差值为 0.012 且与圆柱轴线对称的两平行平面公差带之内。可简单解释为被测键槽的对称中心面对基准 $A$（轴线）的对称度公差为 0.012。

对图 7-31（c）所作的解释为左右两被测圆柱面绕公共基准轴线 $A—B$ 旋转一周时，在垂直基准轴线的任一测量平面内所测得的径向跳动值必须在表 7-9 第 3 项中公差值为 0.012 且圆心在基准轴 $A—B$ 上的两同心圆公差带之内。可简单解释为左右两被测圆柱面对基准轴线 $A—B$ 的径向圆跳动公差为 0.012。

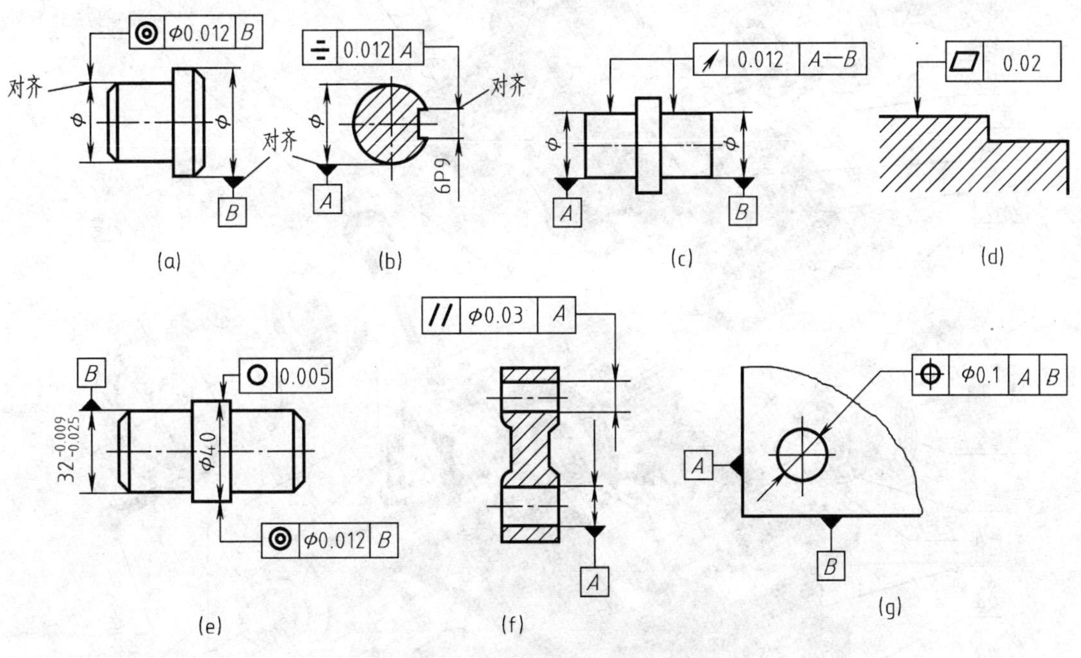


图 7-31　各种形位公差示例

对图 7-28 公差代号 [⌭ 0.005] 所作的简单解释为被测圆柱体 $\phi$16f7 的圆柱度公差为 0.005。

反之，根据提出的几何公差内容也要能按如图 7-27 所示格式在图样上进行公差代号的标注。几何公差标注的完整内容请查阅相关国家标准说明。

## 第六节　典型零件图识读

看零件图时一般先从标题栏了解有关内容，如零件名称、材料牌号、绘图比例、有关责任人等内容，再从各视图想象出零件的空间形状，之后进行尺寸、技术要求等内容的分析，最后完全看懂整张零件图。

前面几节分别讨论了零件图的视图选择、尺寸注法、技术要求等问题，现在结合几种典型零件，综合说明这些问题在图例中的应用，以便初学者对所测绘的零件能用类比的方法比较合理地进行视图表达、尺寸注写以及技术要求的填写。

**一、轴类零件**

各种机器上都会遇到轴类零件，它的主要作用是支撑传动件，并通过传动件（如齿轮、皮带轮等）来实现旋转运动及传递扭矩。下面以图 7-32 所示减速器中的传动轴（小轴）为例，说明轴类零件各项内容的表达。减速器中传动轴（小轴）的零件图如图 7-33 所示。

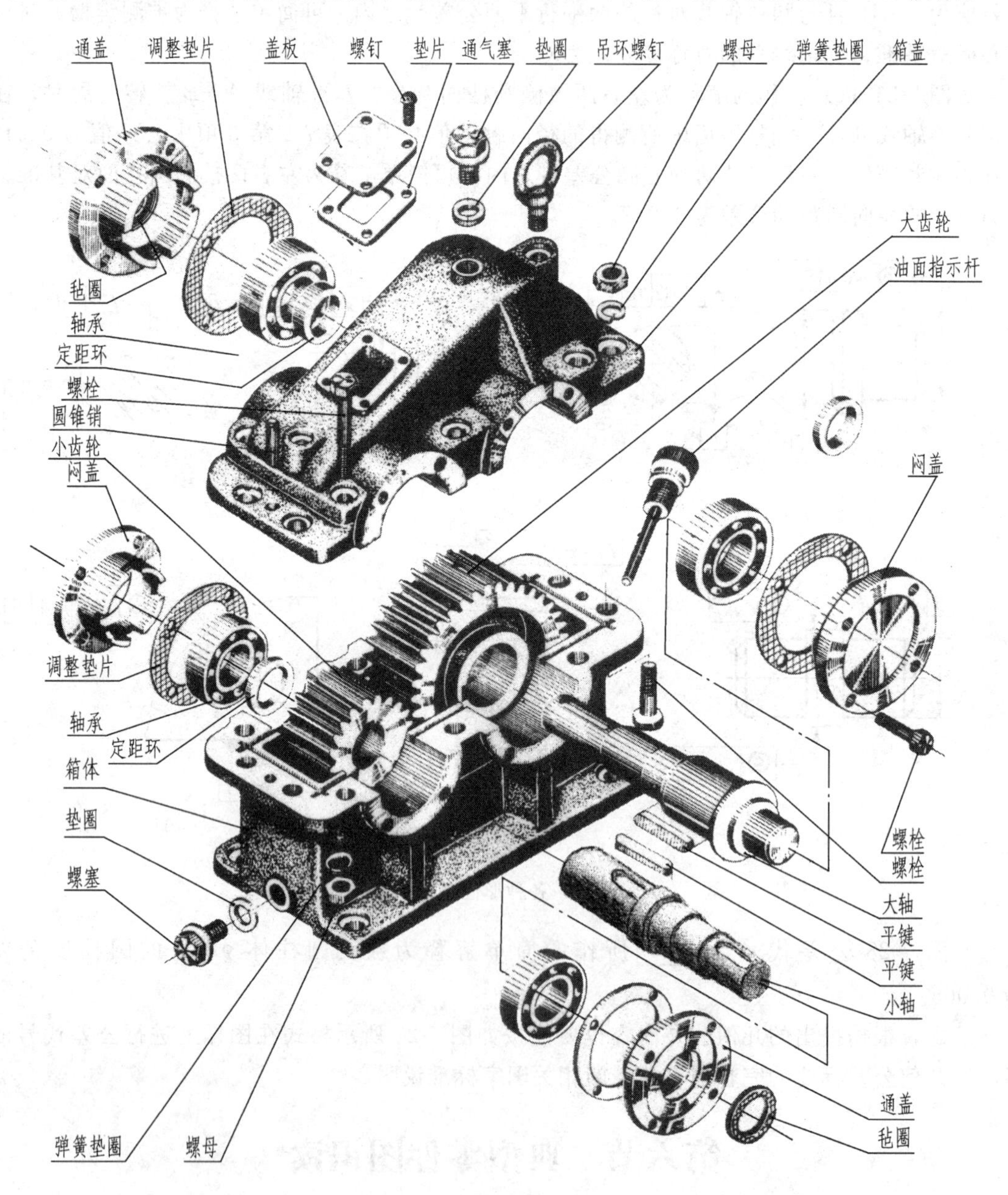


图 7-32 减速器立体图

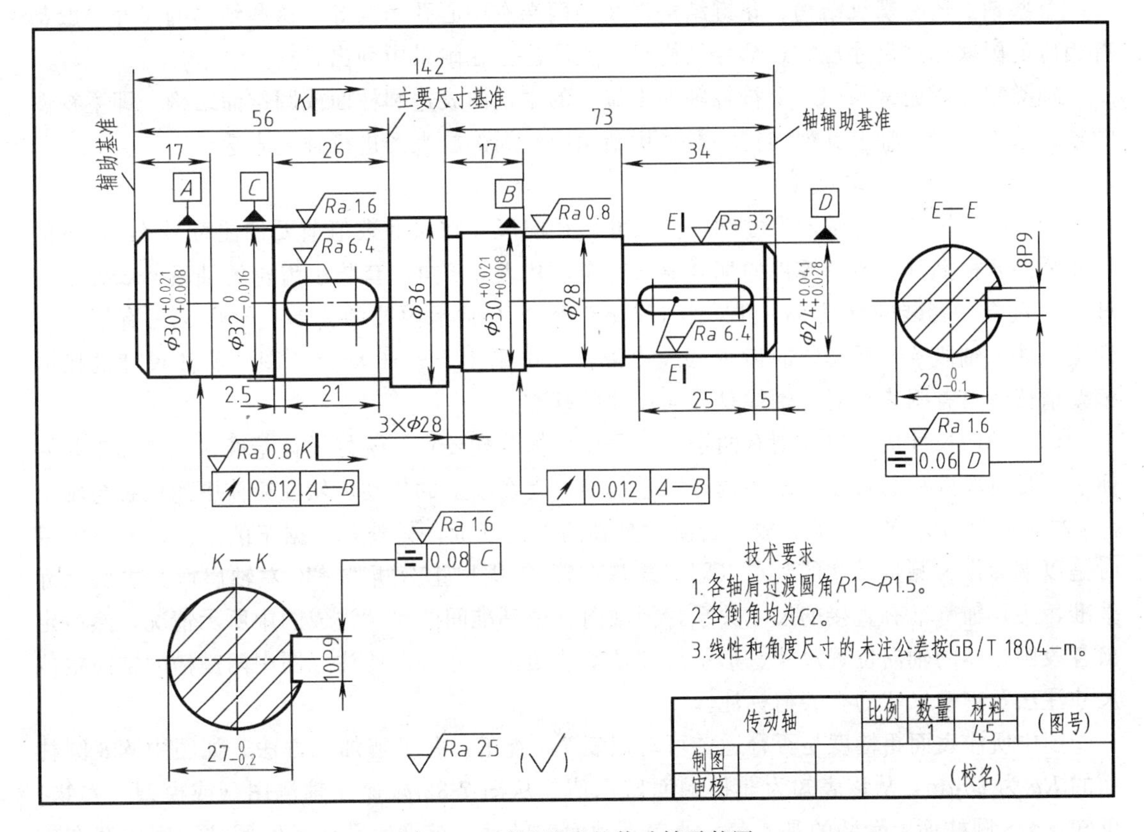


图 7-33 减速器中的传动轴零件图

1. 结构特点和视图分析

轴上常见结构有以下几种。

(1) 轴肩结构　轴的各部分直径尺寸不相等，形成台阶的样子。设计成这种结构主要有两方面的原因，一方面是为了装在轴上零件的轴向定位，如在 $\phi32$ 的圆柱上套上小齿轮，则小齿轮的右侧轮毂端面要与轴 $\phi32$ 右侧台阶面贴紧，实现轴向定位。另一方面为了便于装配和加工，从装配过程看，在套装小齿轮时，要经过 $\phi30$ 的圆柱体结构，因 $\phi30$ 圆柱面小于大齿轮的中心孔 $\phi32$ 直径尺寸，则在套装小齿轮时很容易通过 $\phi30$ 圆柱面且因两柱面不接触不会发生划伤现象；从加工过程看，由于 $\phi30$ 和 $\phi32$ 两处圆柱面的表面粗糙度和尺寸公差要求不一样，为便于加工，最好把该两处圆柱体的直径尺寸做成不一致。

(2) 倒角结构　该轴两端的结构为倒角。一般在完成轴主要结构的加工后通常会在轴端或台阶处形成毛刺，毛刺很易划伤手，故车制倒角结构去掉毛刺；另一方面是在套装轴承等零件时，便于轴与孔对正并把孔逐步挤大而不划伤圆柱表面。图中倒角尺寸注写在技术要求中。

(3) 越程槽结构　图中注有 $3\times\phi28$ 尺寸的结构为磨削加工右侧 $\phi30^{+0.021}_{+0.008}$ 圆柱面所做的越程槽结构。$\phi30$ 圆柱面要与轴承内孔圆柱面配合，表面质量要求高，需磨削加工，因靠近 $\phi30$ 左轴肩处的表面不便磨削加工，故预先加工出了越程槽，槽宽 3，槽中圆柱面为 $\phi28$。左端 $\phi30^{+0.021}_{+0.008}$ 圆柱面的长度为 17，距 $\phi32$ 左轴肩较远，不影响加工，没另设越程槽结构。

(4) 键槽结构　键和键槽的作用是联结轴和轴上的传动件，键槽的尺寸及结构表达（有两种位置）已在第六章介绍。

有些轴上还有螺纹结构、花键结构以及轴两端有中心孔结构等，这些结构的尺寸一般都有相应的国家标准尺寸规定，部分结构尺寸及注法已在附录中列出。

轴类零件图通常采用一个符合轴加工位置的主视图表达圆柱面或圆锥面结构，即主视图的轴线水平放置，轴上其他结构一般采用断面图和局部放大图进行补充表达。

2. 尺寸和技术要求识读

轴类零件尺寸分为轴向尺寸和径向尺寸。径向尺寸在尺寸数值前要加注符号 $\phi$，各段的尺寸公差要根据其上所套零件的配合要求确定，从表 7-8 知，套装小齿轮的轴段 $\phi$32 可采用 H7/h6 配合，套装轴承段 $\phi$30 可采用 H7/m6 配合（轴承内孔的公差代号含义另有规定），伸出箱体外轴段 $\phi$24 所套装的齿轮（或皮带轮）可采用 H7/r6 配合。图中所注尺寸的极限偏差请读者自查附表核对。轴线是径向尺寸的基准。

标注轴向尺寸的主要原则有两条，一是要根据装配要求，选好设计基准；二是加工时要便于测量各段圆柱的长度，故要选好工艺基准。套在轴上的传动齿轮在箱体中的位置与轴上 $\phi$36 左侧台阶面的位置有关，故该台阶面是轴的设计基准；另外，根据车削工艺，一般测量时是以端面作为测量尺寸的起点（即工艺基准）。根据以上分析选 $\phi$36 左轴肩面为主要尺寸基准，主、辅基准有直接的尺寸关系，把轴向三个基准间的尺寸注成图中所示情况，然后定出各段圆柱体的轴向位置尺寸、形状尺寸及工艺结构尺寸等。要注意图中两键槽的轴向定位尺寸注法及键槽尺寸的查表与标注。

图中所注表面粗糙度是否合适，可对照表 7-6 查正，并了解加工方法。如图中 $\phi$28 圆柱面的 $Ra$ 为 25$\mu$m，从该表知为非接触面所用值。从图 7-32 减速器轴测图（或模型、实物）可知，$\phi$28 圆柱面上套装的是通盖，通盖不动而轴转动，该通盖孔与 $\phi$28 圆柱面间应存在较大间隙，故 $\phi$28 圆柱面是非接触面，从表 7-6 知，取表面粗糙度 $Ra$ 为 25$\mu$m 是合适的。

由于套在轴上的传动件要随轴一起转动，而轴是以两轴承支撑的，故要求套装两轴承的两个圆柱体 $\phi 30^{+0.021}_{+0.008}$ 同轴线，即两圆柱体要有同轴度要求，该图例中采用了径向跳动公差来保证两圆柱体的同轴度要求，即提出了该两圆柱面对基准 $A$—$B$ 的径向跳动公差为 0.012。对键槽的位置也提出了对称度的要求。

通过以上分析可知，轴类零件的结构分析较简单，视图表达方案易确定，画图容易，而尺寸标注和技术要求制定比较复杂。在尺寸标注和技术要求制定时，初学者要采用类比的方法完成这些内容。由于工艺方法的多样化，在生产中还要根据实际设备与工人加工习惯等综合考虑。

**二、盘类零件**

盘类零件包括各种手轮、胶带轮、法兰盘及圆形端盖等。下面以图 7-34 所示减速器中的端盖为例（注意，它的形状类同图 7-32 轴测图中的通盖），说明盘类零件图的特点。

1. 结构特点和视图分析

盘类零件的主要结构形状由共轴线的多个圆柱面组成，如图 7-34 所示的端盖主要由 $\phi$115、$\phi$80f8 两个外圆柱面及 $\phi$68、$\phi$35 内圆柱面和密封槽组成。由于这样的结构特点，在选择视图时，一般以单一或相交剖切面过中心轴线的全剖视为主视图，并把中心轴线水平放置，以符合在车床上加工时的工作位置。左视图的主要作用是表示盘上的小孔结构在圆周上的分布情况。若盘上一些较小结构表达不清楚或不便于注写尺寸时，可采用局部放大图处理，如图中所示。

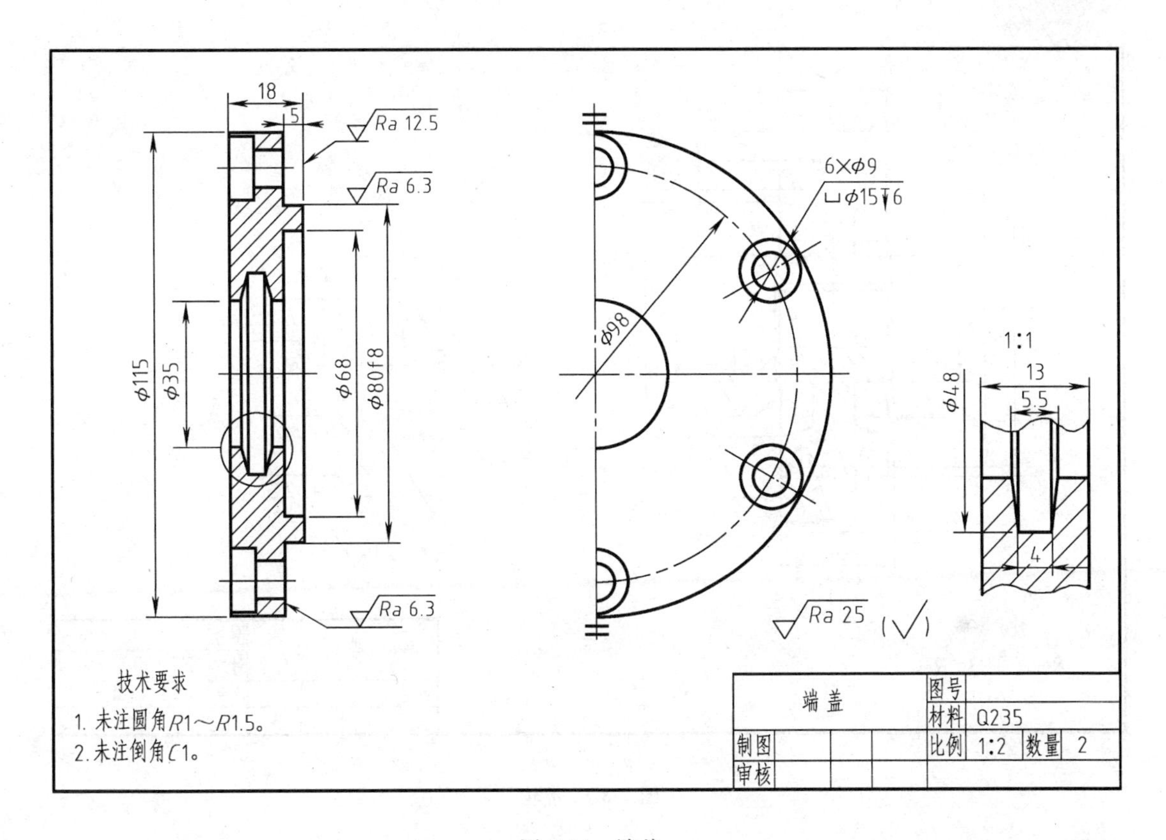


图 7-34 端盖

2. 尺寸和技术要求识读

盘类零件是以轴线为基准注出各圆柱面的直径，一般注写在非圆视图上，而中心轴线方向的尺寸一般以某端面为基准注出。图 7-34 中选主视图 ϕ115 圆盘的右端面为中心轴线方向的尺寸基准，直接注出从该基准到凸缘右端面的重要尺寸 5（该尺寸是确定轴承或轴在箱体中位置的尺寸）。ϕ80f8 圆柱面与箱体孔间一般采用间隙配合，以保证装拆方便及孔 ϕ35 与穿过该孔的轴尽量同轴线。为了使轮盘上的六柱形沉孔（即安装孔）与箱座、箱盖上的螺纹孔对正，一般会提出位置度的要求（该图中没注出）。倒角及圆角工艺结构、表面粗糙度等均应从有关表格中选定数据并在图中注明。

图 7-35 为带轮零件图，省去了左视图，仅留下中心孔的局部视图，使表达简洁。

## 三、叉架类零件

这类零件包括支架、连杆及拨叉等，一般在机器中起支撑作用或在各种机构中用来完成一定的动作。此类零件多由铸造或锻造制成。下面以图 7-36 所示支架为例，说明叉架类零件图的特点。

1. 结构特点和视图分析

图 7-36 所示支架零件的主要结构，按功能不同分为三部分，即安装固定部分、连接部分和工作部分。其主视图以工作位置放置，表达了相互垂直的安装面、支撑肋、工作孔及夹紧用的螺孔等结构；左视图主要表达支架各个部分前后的相对位置及安装板的形状和工作部分的通孔等；表示螺纹夹紧部分的外部结构，采用 A 方向局部视图表达；用移出断面表达支撑肋的截断面形状。由于支架结构相对复杂些，故采用了较多的表达方法。

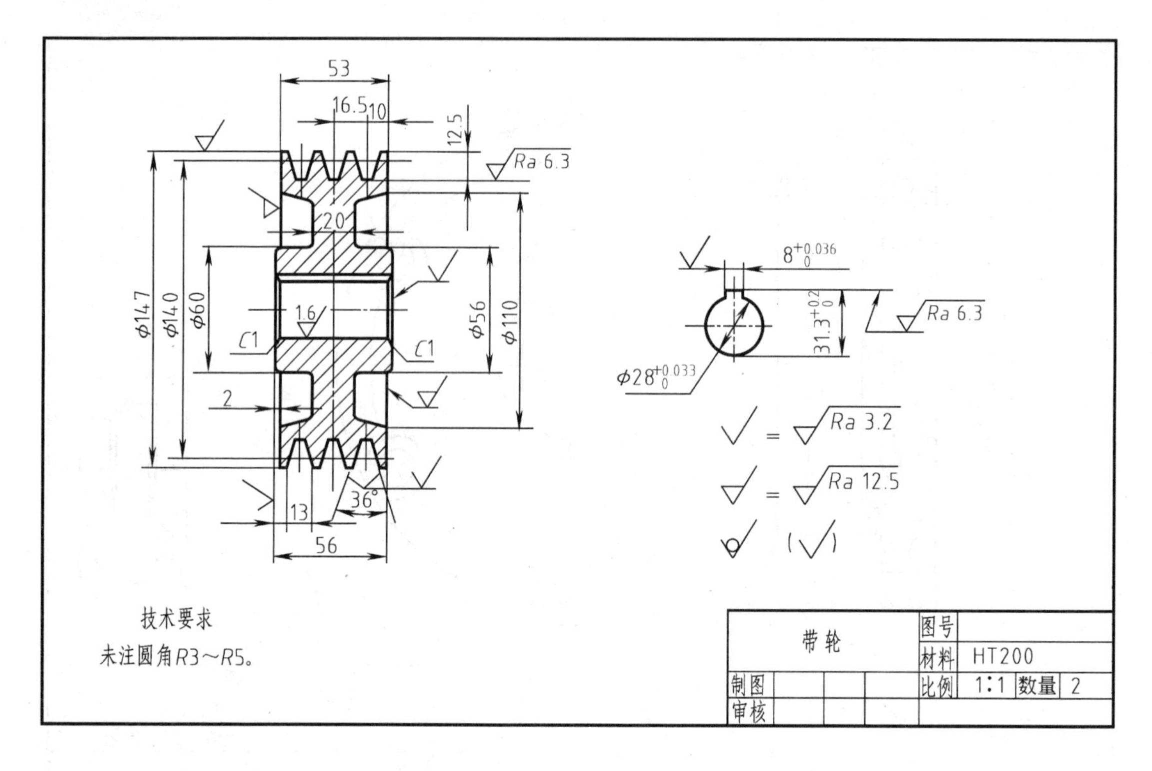


图 7-35 带轮

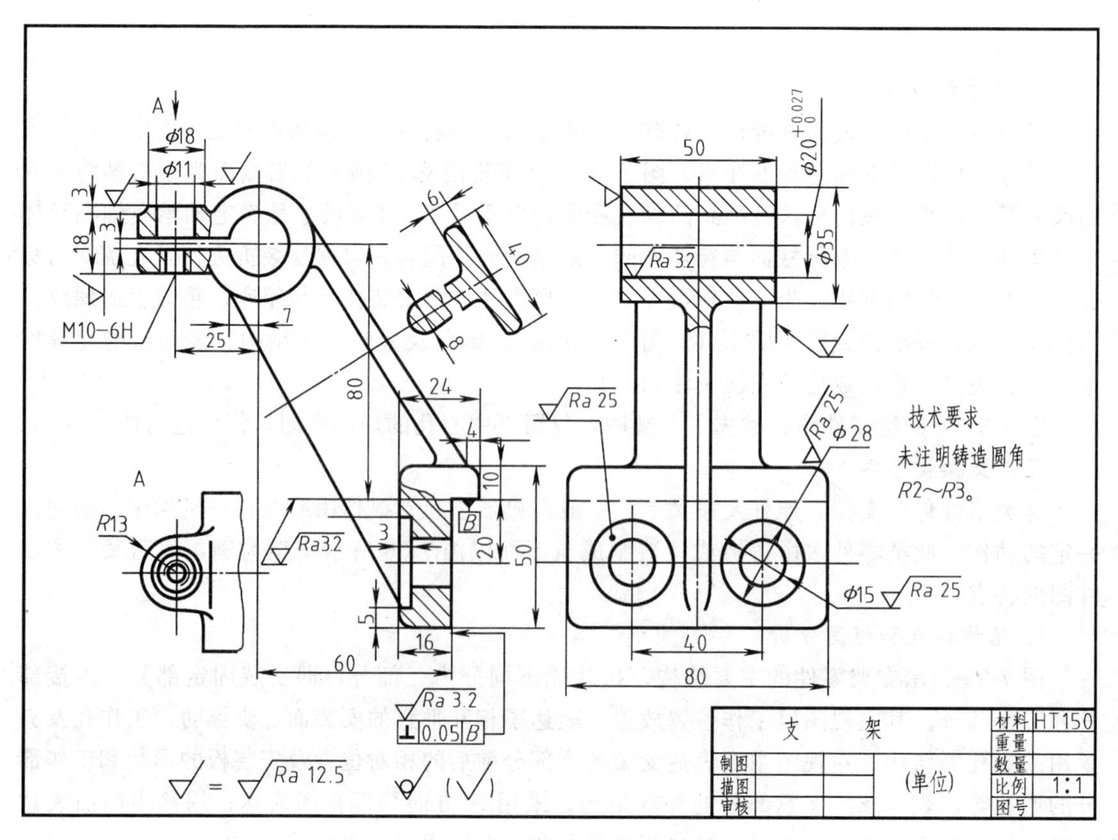


图 7-36 支架

2. 尺寸和技术要求识读

工作孔中心位置直接受安装面位置的影响，因此，选择了相互垂直的两个安装面作为长度和高度方向的尺寸基准，直接注出工作孔在长、高方向的定位尺寸60、80；$\phi$35孔中心轴线作为辅助基准确定夹紧螺纹孔在长、高方向的定位尺寸25、$3/2$。由于该支架是前后对称形体，故宽度方向的尺寸基准选在前后对称面上，只有两安装孔需在宽方向注出定位尺寸，因两孔对称布置而合注定位尺寸为40。各定形尺寸及工艺结构尺寸如图中所示注出。图中对两个安装面、工作孔提出了较高技术要求，而对连接部分结构一般不会提过高的技术要求。

**四、箱体类零件**

箱体类零件的内部要装各种零件，因此，它起支撑和保护这些零件的作用。

1. 结构特点和视图分析

箱体类零件的内、外结构都很复杂，常用薄壁围成不同的空腔，箱体上常有支承孔、凸台、螺纹孔、注油孔、放油孔和安装孔等。箱体类零件是机器的主要零件之一，由于形状复杂，它们多为铸件，并具有许多铸造工艺结构，如铸造圆角、起模斜度等。

由于箱体结构形状复杂，加工位置不尽相同，为便于了解其工作情况，常按工作位置或自然位置放置，并以箱体的主要结构形状特点来确定主视图投射方向。表达方案一般用三个或三个以上的基本视图，并采用适当的补充图形表达基本视图中还不清楚的结构，为减少视图允许保留必要的虚线。

图7-37为减速器箱体，主视图的位置与箱体的工作位置相同。主视图主要表达了箱体的形状与位置特征，它采用了四处局部剖视图，下方局部剖表达箱体壁厚及漏油孔、油面观察孔；上方局部剖则表达箱体上下连接凸台及连接通孔；俯视图主要表达了箱体的凸缘、内腔，局部剖处主要是反映了安装底板的外形，俯视图还表达了连接孔、安装孔、销孔的相互位置。左视图为两个平行剖切面的全剖视图，主要表达箱体前后凸台上的大、小轴承安装孔及内腔形状，以及放油孔、肋板等在宽度方向的位置；凸台的端面形状、吊钩、环形支撑壁等形状在*C*—*C*局部剖上得到表达。

2. 尺寸和技术要求识读

该类零件一般有长、宽、高三个方向的主要尺寸基准及若干个辅助基准。在图7-37中，箱体底面是高度方向的主要尺寸基准，箱体的凸缘上表面是高度方向的辅助基准；从齿轮啮合关系考虑，取$\phi$62J7的轴线（即*R*40圆柱面的轴线）作为长度方向的主要尺寸基准，另一轴承安装孔轴线作为长度方向的辅助基准；宽度方向的尺寸基准是箱体的前、后对称面。

尺寸基准选定后，逐一确定各基本体结构的定位尺寸及定形尺寸。由于宽度方向的尺寸基准是对称面，应注意图7-37中这种尺寸的注写特点（采用对称形式标注）。此外，两轴承安装孔中心距，两相邻安装孔的距离一般直接注出；凸缘结构上的四个圆角和安装板结构上的四个圆角等铸件上相同结构，一般只注写一个圆角尺寸（如*R*23、*R*15）；主视图上左侧的视孔结构旁均布三螺纹孔，采用了“EQS”代替汉字“均布”的最新国标注法；为了让箱体内腔底部的油渣易于流向漏油孔，通常腔孔底部做成一定斜度，如主视图中斜度标注（因斜度小，可简化画成无斜度直线）。

对重要的尺寸要标出尺寸公差要求，有些重要表面及轴线还需标注形位公差。如图7-37中两轴承安装孔中心距等，注写了相应的公差值；对两轴承安装孔中心距还提出了平行度位置公差要求。表面粗糙度根据表7-6及类比法逐一进行了标注。

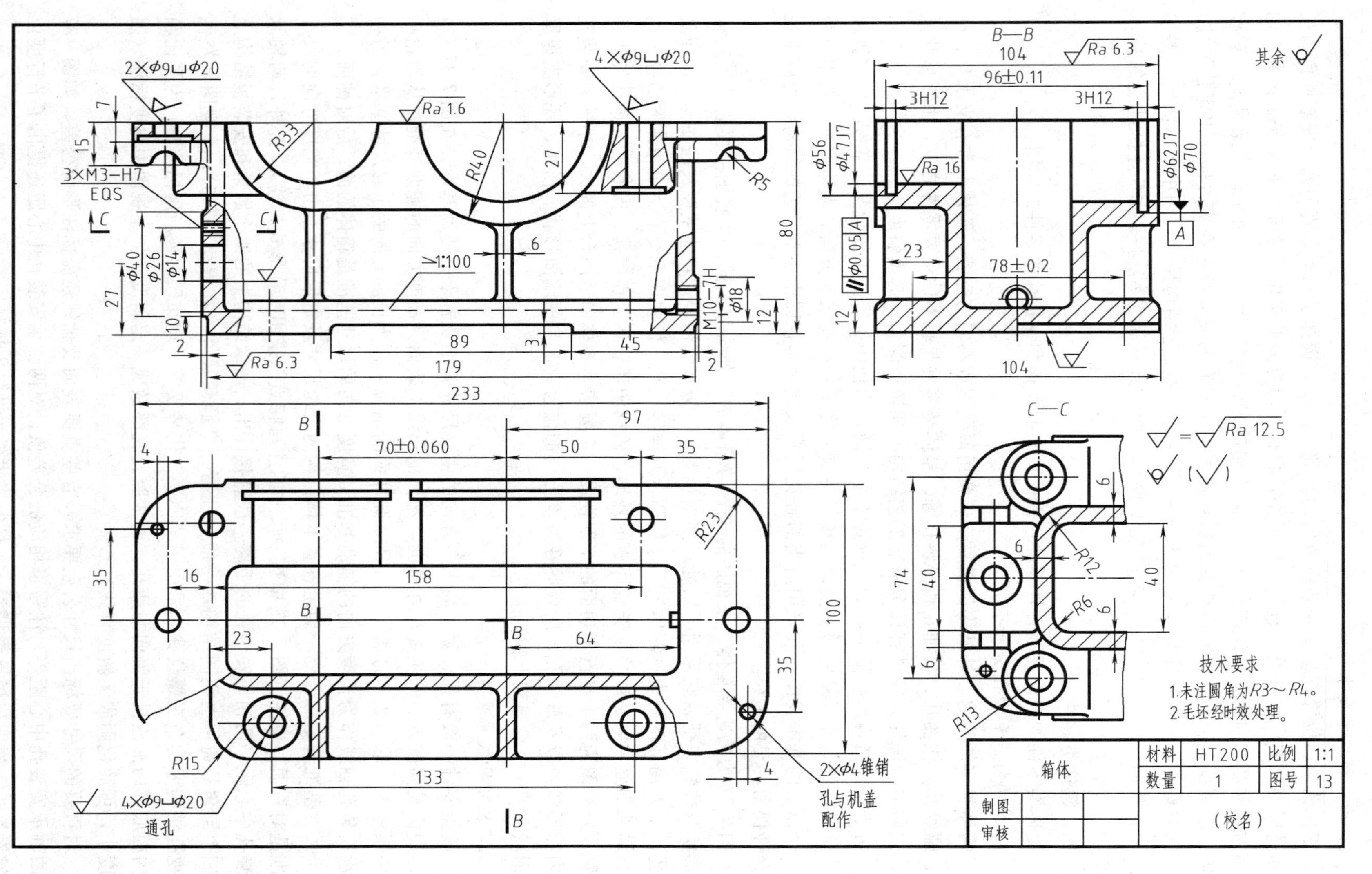
B—B
其余
C—C
技术要求
1.未注圆角为R3～R4。
2.毛坯经时效处理。
2×Φ4锥销
孔与机盖
配作
4×Φ9⊔Φ20
通孔
2×Φ9⊔Φ20
3×M3-H7
EQS
M10-7H
箱体
材料
HT200
比例
1:1
数量
1
图号
13
制图
审核
（校名）

图 7-37 箱体

对于铸造的箱体类零件，常在技术要求中说明时效处理时期，在铸造缺陷方面提出铸件内部不能有气孔、缩孔和裂纹等要求。

在以上各类图例识读中，有许多尺寸没注尺寸公差，国家标准 GB/T 1804—2000《一般公差　没注公差的线性和角度尺寸的公差》规定，凡采用一般公差的尺寸，不必在尺寸数值之后直接注出其极限偏差，而在技术要求或有关技术文件中作出总的要求。这种一般的公差尺寸是在普通工艺条件下，由普通机床设备和通常的加工能力即可保证达到的公差，国家标准 GB/T 1804 规定了四种公差等级，分别是 f（精密级）、m（中等级）、c（粗糙级）、v（最粗级），见附表 14 。如图 7-37 中箱体高度尺寸为 80，若在有关技术文件中的说明是 m 级，则查附表 4-4 可知，其公差为±0.3 ，若注写成含公差的尺寸即为 80±0.3。同样，在 GB/T 1184中规定了形位公差的未注公差值，这些公差值是企业中常规设备所能保证的，故一般在零件图中没有注出。

## 第七节　零件的测绘

零件的测绘就是根据实际零件画出它的图形，并测量出它的尺寸及制定出技术要求，如在机器仿制设计、修配改造等工作中，最重要的一个环节就是零件测绘。测绘过程通常是先画出零件草图，然后，再根据零件草图画出正规零件图（或零件工作图）。

### 一、常用的测量工具及测量方法

1. 常用测量工具

常用的测量工具有测量长度用的直尺、内外卡钳、游标卡尺和千分尺等；测量角度用的角度规，测量圆角用的圆角规，测量螺纹用的螺纹规等。

2. 常用测量方法

在测绘零件中，常用简单量具如直尺、内卡尺和外卡尺测量未注公差值的线性尺寸，用游标卡尺、千分尺、高度游标尺等测量精度要求高的尺寸，用螺纹规测量螺距，用圆角规测量圆角，用曲线尺、铅丝和印泥等测量曲面、曲线，用角度规测量角度。各种测量方法见表 7-11。

### 二、零件测绘的步骤

1. 确定表达方案

在零件测绘以前，必须对零件进行详细分析，这是能否真实可靠测绘好零件的前提，分析的步骤及内容如下。

① 了解该零件的名称和用途。

② 鉴定零件的材料。

③ 对零件进行结构分析。由于零件总是装上机器（部件）后才发挥其功能的，所以分析零件结构功能时应结合零件在机器上的安装、定位、运动方式等进行，这项工作对测绘已破旧、磨损的零件尤为重要。只有在结构分析的基础上，才能确定零件的本来面目。

④ 确定零件的表达方案。在通过上述分析的基础上，按照前述零件图样表达方案的选择方法确定零件的主视图和其他视图数量及表达方法，为绘制零件草图做准备。

⑤ 对零件进行工艺分析。因同一零件，采用不同的制造加工工序，会有不同的尺寸注法、表面质量等。这一过程暂采用同类零件的类比方法处理尺寸注写、尺寸精度要求、形位精度要求、表面质量等，对这些处理结果应列表记录。

**表 7-11 尺寸测量方法**

| 尺寸 | 测量方法 | 尺寸 | 测量方法 |
|---|---|---|---|
| 孔中心距 | 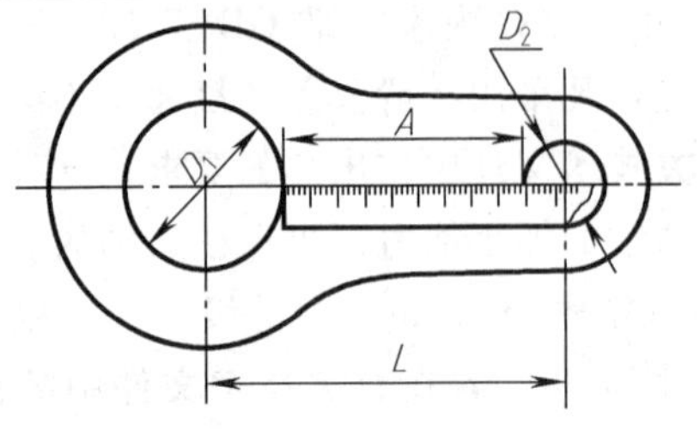 中心距 $L=A+\frac{D_1}{2}+\frac{D_2}{2}$ | 壁厚 | 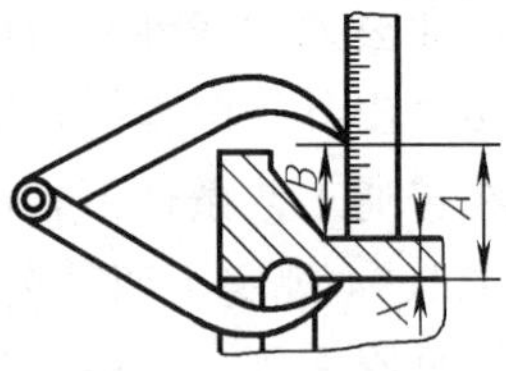 壁厚 $X=A-B$ |
| 直线尺寸 | 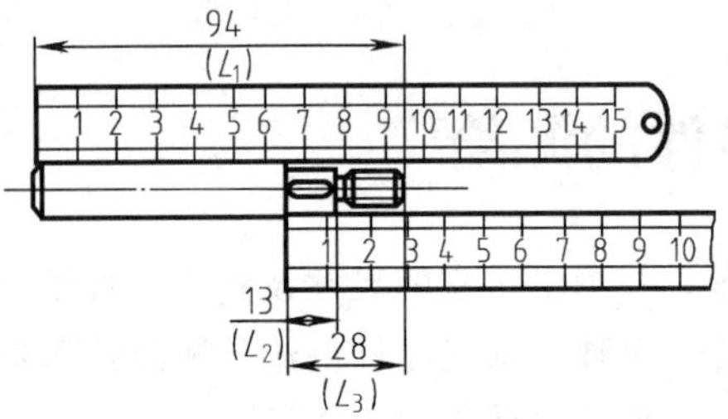 直线尺寸可以用钢直尺直接测量读数，如图中的长度 $L_1(94)$、$L_2(13)$和 $L_3(28)$ | 中心高 | 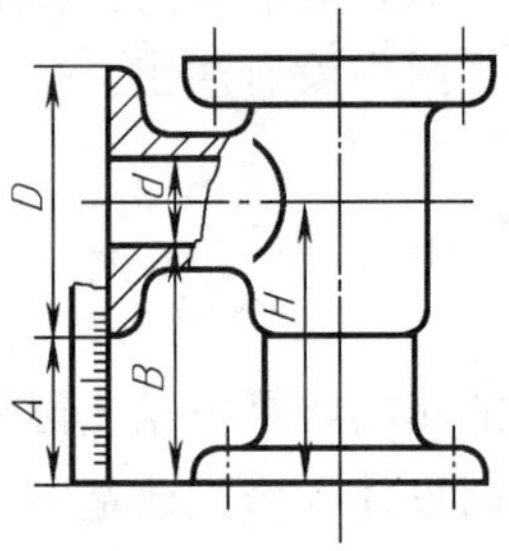 中心高可以用钢直尺测出，如图中 $H=A+\frac{D}{2}=B+\frac{d}{2}$ |
| 直径尺寸 | 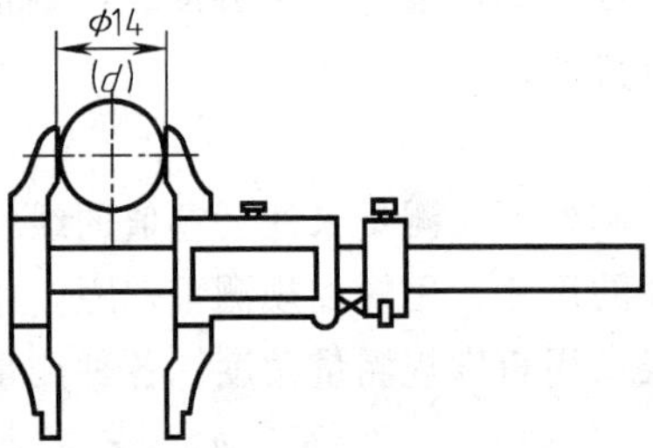 直径尺寸可以用游标卡尺直接测量读数，如图中直径 $d(\phi 14)$ | 螺纹的螺距 | 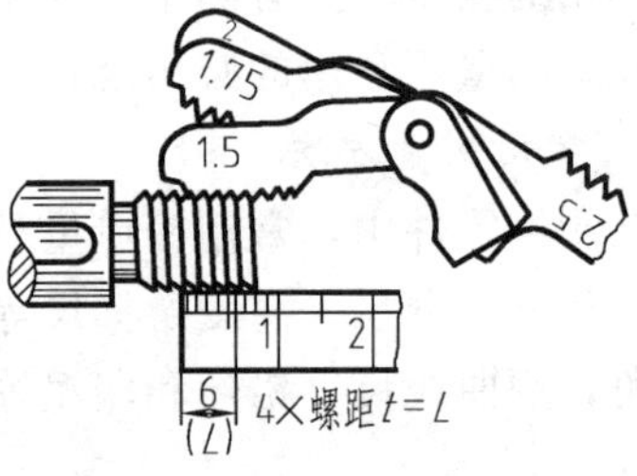 螺距可以用螺纹规或钢直尺测得，如图中螺距$t=1.5$ |
| 齿轮的模数 | 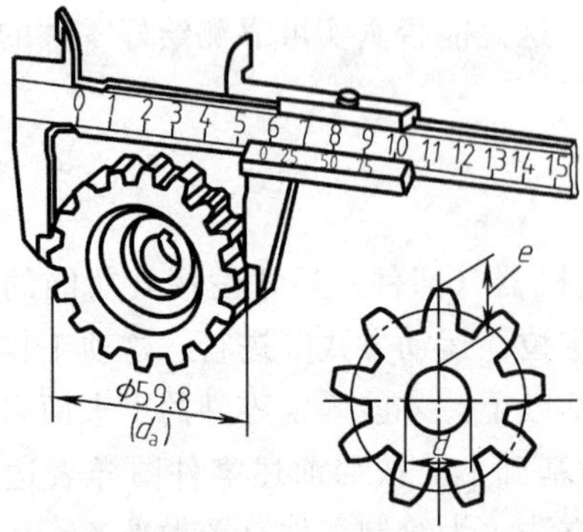 对标准齿轮，其模数可以先用游标卡尺测得 $D_{顶}$，再计算得到模数 $m'=\frac{D_{顶}}{z+2}$，然后查表取标准值；奇数齿的齿顶圆直径$D_{顶}=2e+d$ | 曲面轮廓 | 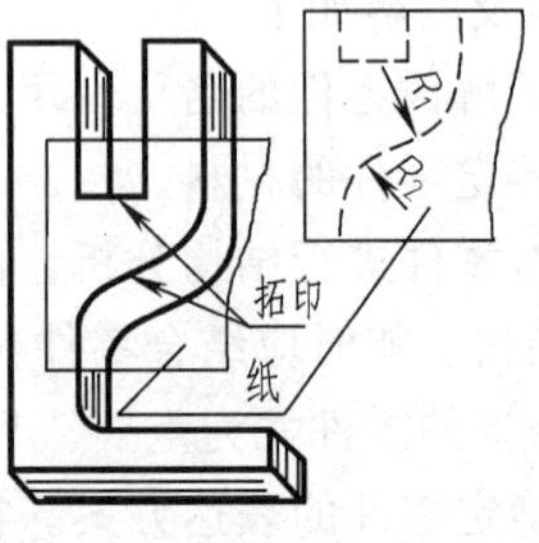 对精确度要求不高的轮廓，可以用拓印法在纸上拓出它的轮廓形状，然后用几何作图的方法求各连接圆弧的尺寸和中心位置 |

2. 画零件草图

零件草图并不是“潦草的图”，它具有与零件工作图一样的全部内容，包括一组视图、完整的尺寸、技术要求和标题栏。它与手工尺规绘图的区别是画图时不使用或部分使用绘图工具，只凭目测确定零件实际形状大小和大致比例关系。然后用铅笔徒手画出图形。它要求做到图形正确，比例匀称，表达清楚，线型分明，字体工整，尺寸完整。当然，草图的作图精度及线型都会比尺规绘图差一些。画零件草图的步骤与画正规图的步骤基本是一样的，只是徒手作图而已。注意，对尺寸注写是先画出尺寸界限、尺寸线，最后把测得的尺寸填入尺寸线上。有些尺寸、技术要求还要结合与之相关的零部件进行复核、校正。绘制零件草图过

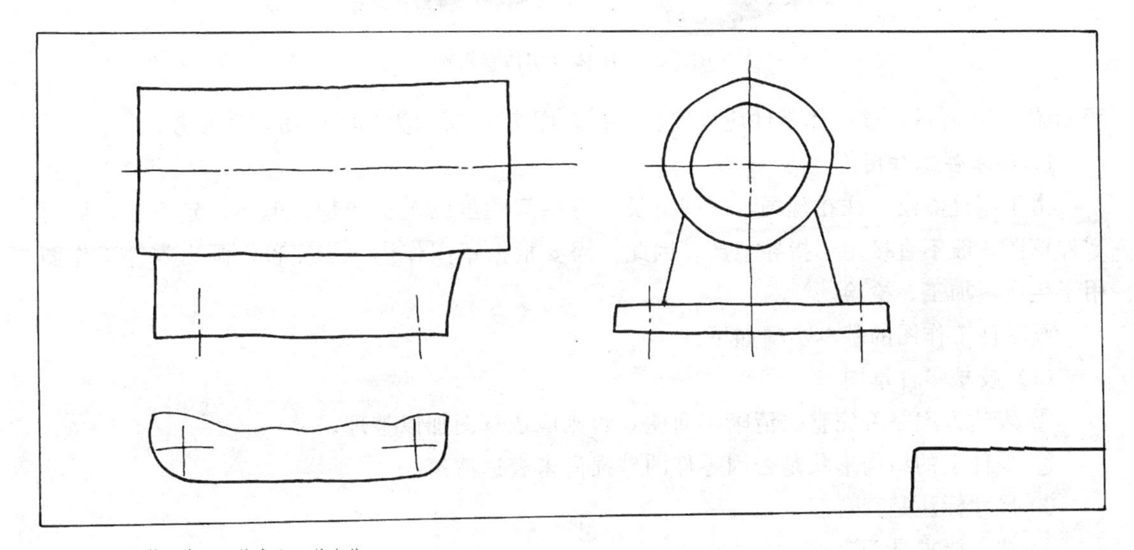

第一步：画基准线、基本体。

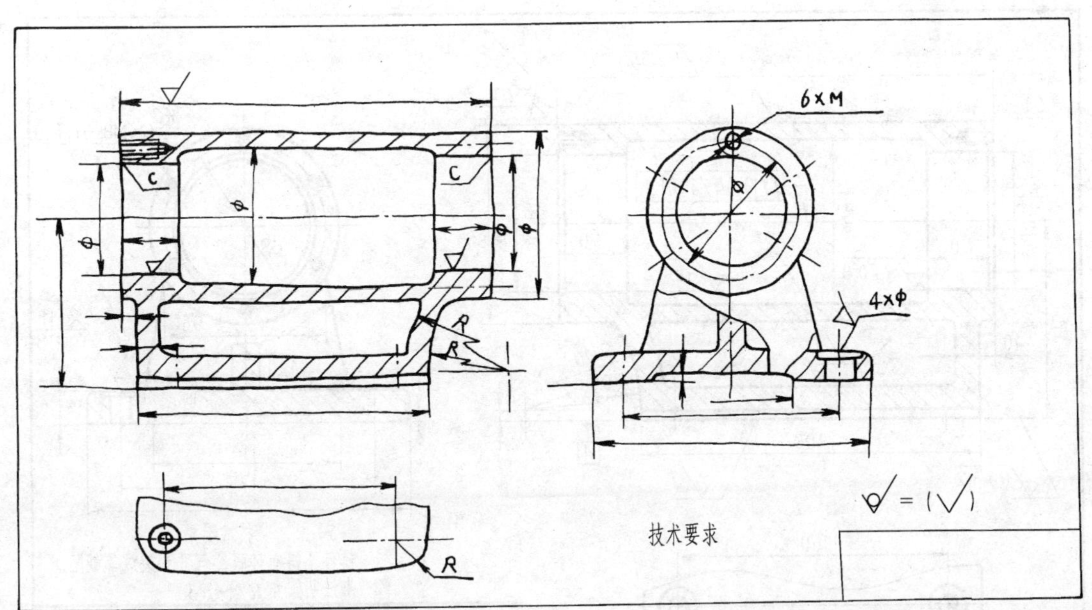


第二步：画详细结构，画尺寸线。

第三步：测尺寸，填写尺寸数据；类比法注技术要求（见图 7-39 中），填写标题栏(略)。

图 7-38 绘制座体草图过程

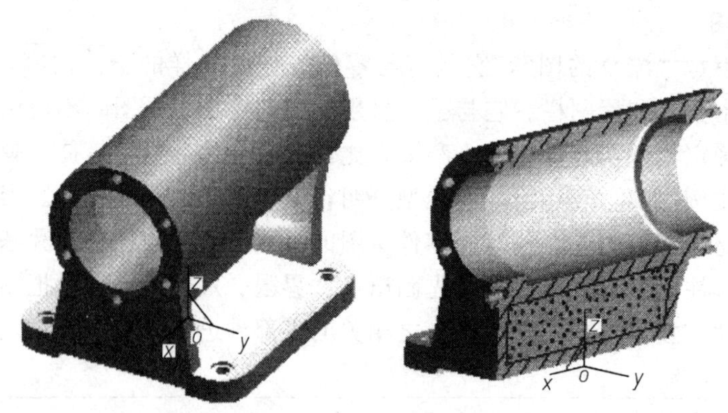


图 7-39 座体（实体参考图）

程如图 7-38 所示，该座体零件应以实物提供，图 7-39 所示为其实体图，供参考。

3. 画零件工作图

由于零件测绘往往在现场，时间不长，有些问题虽已表达清楚，但不一定完善，同时，零件草图一般不直接用于指导生产。因此，需要根据草图作进一步完善，画出零件工作图，用于生产、加工、检验。

画零件工作图的基本步骤如下。

(1) 校核零件草图

① 表达方案是否完整、清晰和简便，否则应依草图加以整理。

② 零件上的结构形状是否因零件的破损尚未表达清楚。

③ 尺寸标注是否合理。

④ 技术要求是否完整、合适。

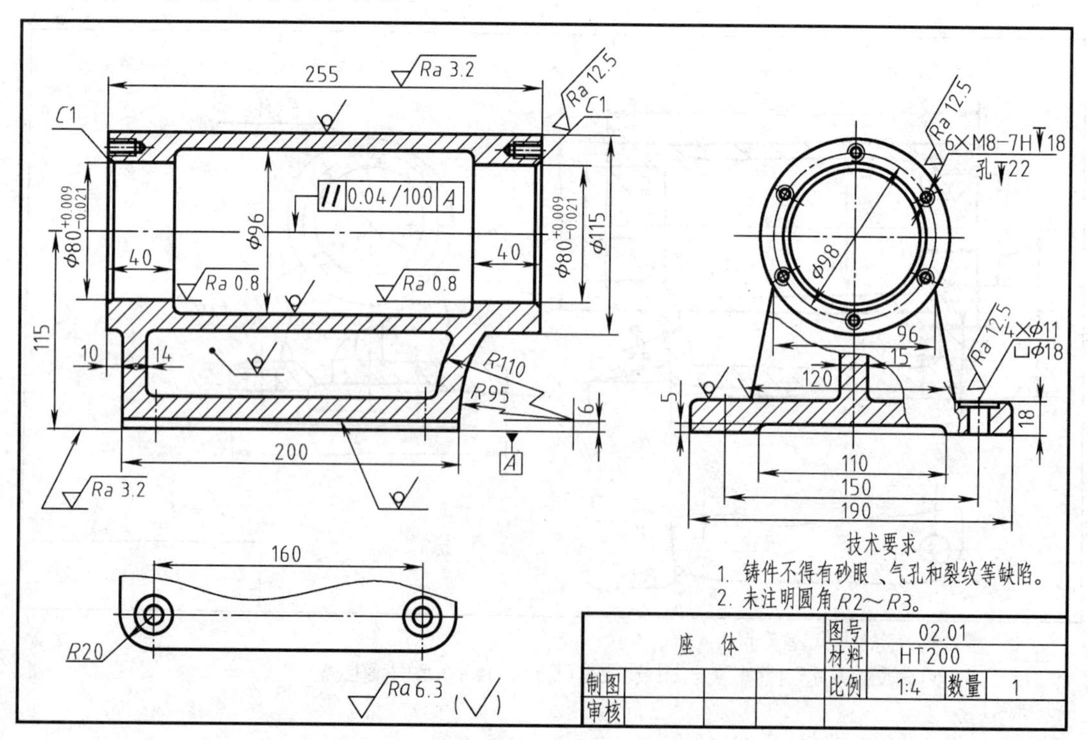


图 7-40 座体零件图

(2) 画零件工作图

① 零件工作图的视图绘制与画组合体视图绘制过程基本相同，表达上采用了图样画法(剖面线一般最后画出)，力求用反映实形、无虚线的图形表达。

② 图形画好后再注写尺寸、技术要求等内容。

③ 检查无误后加深、描粗，并填写标题栏等内容。

最终绘制完成的零件工作图如图 7-40 所示。

# 第八章　装　配　图

装配图是表达机器或部件的图样。表达一台完整机器的装配图，称为总装配图（总图），表达机器中某个部件（或组件）的装配图，称为部件装配图。本章仅介绍部件装配图。

## 第一节　装配图的作用与内容

装配图是机器设计中设计意图的反映，是机器设计、制造以及技术交流的重要技术文件。装配图表达了部件或机器的工作原理、零件间的装配关系和各零件的主要结构形状以及装配、检验和安装时所需的尺寸和技术要求。

图 8-1 为球阀轴测图，它是由 12 种规格的零件所组成的用于启闭和调节流量的部件。图 8-2 为球阀装配图，由该图可知，装配图包括以下四方面内容。

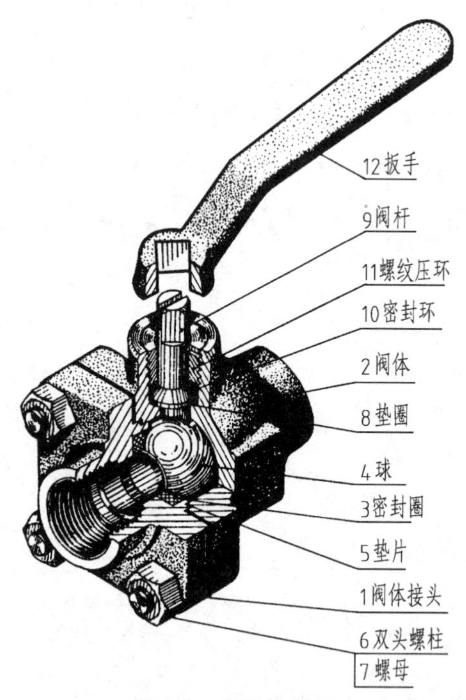


图 8-1　球阀轴测图

(1) 一组图形　用一组图形（包括各种表达方法），正确、完整、清晰和简便地表达机器或部件的工作原理、零件间的装配关系及零件的主要结构形状。

(2) 必要的尺寸　标注出反映机器或部件的性能、规格、外形以及装配、检验、安装时所必需的一些尺寸。

(3) 技术要求　用文字或符号准确、简明地表示机器或部件的性能以及装配、检验、调整的要求，试验使用、维护规则等。

(4) 标题栏、序号和明细栏　根据生产组织和管理工作的需要，在装配图上对每一种规格的零件都要编写序号，并按一定格式填写明细栏、标题栏。

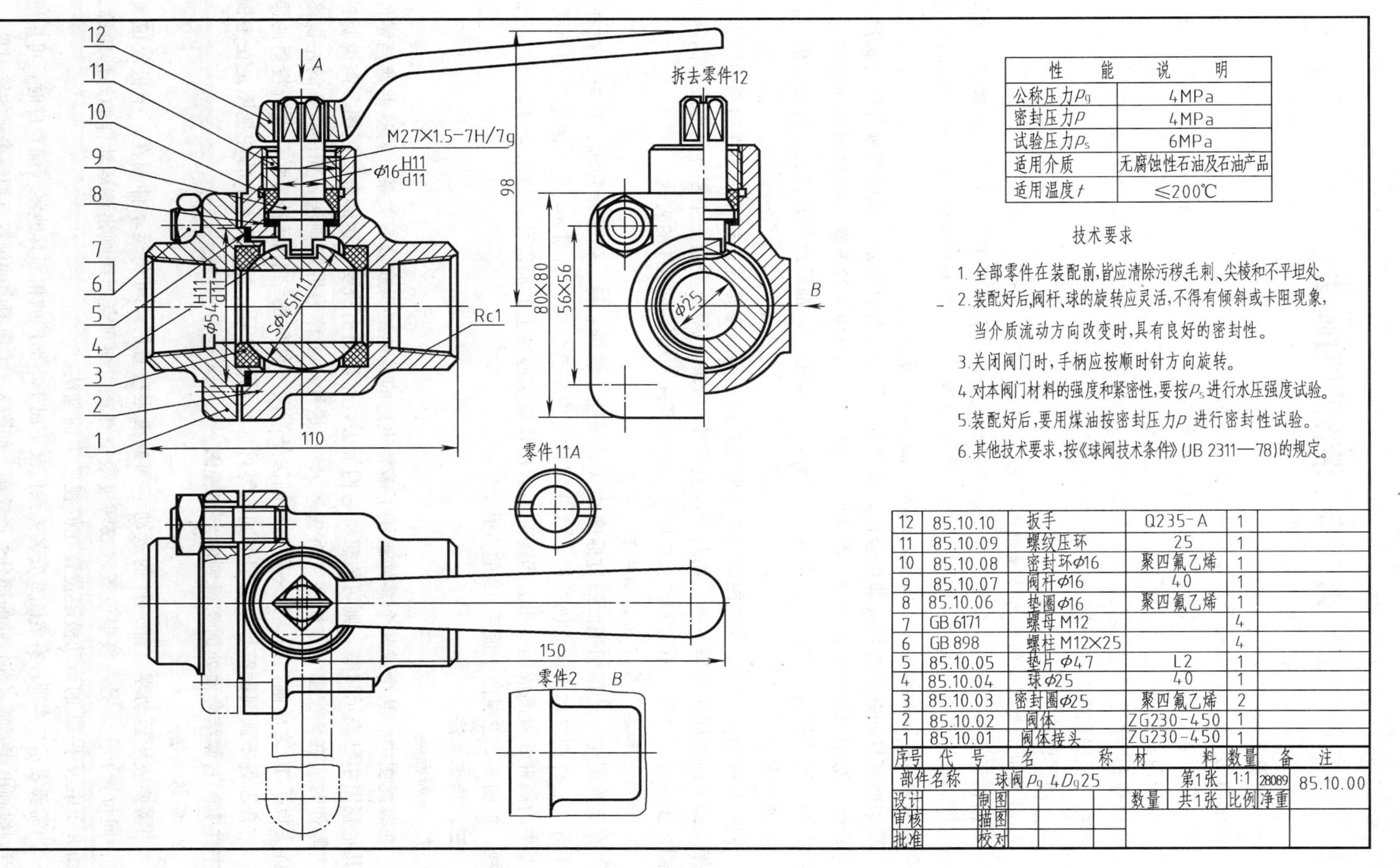
12
11
10
9
8
7
6
5
4
3
2
1
A
M27×1.5-7H/7g
φ16 H11/d11
φ54 H11/d11
Sφ45h11
Rc1
110
98
80×80
56×56
拆去零件12
φ25
B
零件11A
150
零件2　B
性　能　说　明
公称压力$p_g$ | 4MPa
密封压力$p$ | 4MPa
试验压力$p_s$ | 6MPa
适用介质 | 无腐蚀性石油及石油产品
适用温度$t$ | ≤200℃
技术要求
1. 全部零件在装配前，皆应清除污秽、毛刺、尖棱和不平坦处。
2. 装配好后，阀杆、球的旋转应灵活，不得有倾斜或卡阻现象，当介质流动方向改变时，具有良好的密封性。
3. 关闭阀门时，手柄应按顺时针方向旋转。
4. 对本阀门材料的强度和紧密性，要按$p_s$进行水压强度试验。
5. 装配好后，要用煤油按密封压力$p$进行密封性试验。
6. 其他技术要求，按《球阀技术条件》(JB 2311—78)的规定。
12 | 85.10.10 | 扳手 | Q235-A | 1
11 | 85.10.09 | 螺纹压环 | 25 | 1
10 | 85.10.08 | 密封环φ16 | 聚四氟乙烯 | 1
9 | 85.10.07 | 阀杆φ16 | 40 | 1
8 | 85.10.06 | 垫圈φ16 | 聚四氟乙烯 | 1
7 | GB 6171 | 螺母M12 | | 4
6 | GB 898 | 螺柱M12×25 | | 4
5 | 85.10.05 | 垫片φ47 | L2 | 1
4 | 85.10.04 | 球φ25 | 40 | 1
3 | 85.10.03 | 密封圈φ25 | 聚四氟乙烯 | 2
2 | 85.10.02 | 阀体 | ZG230-450 | 1
1 | 85.10.01 | 阀体接头 | ZG230-450 | 1
序号 | 代号 | 名称 | 材料 | 数量 | 备注
部件名称 | 球阀$p_g$4$D_g$25 | 第1张 | 1:1 | 28089 | 85.10.00
设计 | 制图 | 数量 | 共1张 | 比例 | 净重
审核 | 描图
批准 | 校对

图 8-2　球阀装配图

# 第二节 装配图的画法

**一、一般画法**

装配图的一般画法是指采用了零件图的各种画法。

零件图所表达的是单个物体，而装配图所表达的则是由一定数量的零件所组成的机器或部件。由于两种图的表达要求不同，所表达的侧重面也就不同，装配图是以表达机器或部件的工作原理和装配关系为重点，零件图是以表达清楚零件的所有结构形状为主要内容。为此，国标《机械制图》对机器或部件的表达增加了以下画法。

**二、规定画法**

1. 接触面（或配合面）与非接触面画法

两相邻零件的接触面或公称尺寸相等的轴孔配合面，只画一条线表示其公共轮廓。间隙配合即使间隙较大也只能画一条线。图 8-2 主视图中注有尺寸 $\phi$54H11/d11、$\phi$16H11/d11 的配合面及螺母 7 与阀体接头 1 的接触面等，都只画一条线。

相邻两零件的非接触面或非配合面，应画两条线表示各自轮廓。相邻两零件的公称尺寸不相等时，即使间隙很小也必须画两条线。如图 8-2 中阀杆 9 的下端头部与阀芯的槽口间为非配合面，阀体接头 1 与阀体 2 在管孔的轴向为非接触面，都是画两条线表示各自轮廓。

2. 剖面线画法

同一装配图中，同一零件的剖面线方向应相同，间隔应相等；相邻两零件的剖面线方向应相反或方向相同而间隔不等；如两个以上零件相邻时，可改变第三个零件剖面线的间隔或使剖面线错开，以区分不同零件。如图 8-3 中与零件 9 相邻的零件的表达。

3. 标准件和实心件纵向剖切画法

在装配图中，若剖切平面通过标准件（如螺栓、螺母、键、销等）和轴、连杆、拉杆、扳手等实心件的对称平面或轴线时，这些零件均按不剖绘制。如图 8-2 主视图是全剖视图，而图中的阀杆 9 没画成剖视图。当需表明标准件或实心件上的局部孔、槽结构时，可用局部剖视，如图 8-2 主视图中扳手 12 的方孔处。

**三、特殊画法**

1. 拆卸画法

在装配图中，某个或几个零件遮住了需要表达的其他结构或装配关系，若这些遮挡零件在其他视图中已表示清楚，则可假想将它们拆去，然后画出所要表达部分的视图。需说明被拆去零件时应在该视图上方加注“拆去××”，这种画法称为拆卸画法。如图 8-2 的左视图是拆去扳手 12 之后画出的。另一种拆卸画法是沿两零件间的结合面剖切之后进行投射的画法，结合面处不画剖面符号，被剖切到的零件应画剖面符号，如图 8-4 中的左视图是在主视图中件 1 的右侧结合面处剖切得到的半剖视图。

2. 假想画法

当需要表示运动零（部）件的运动范围或极限位置时，可将运动件画在一个极限位置（或中间位置）上，另一极限位置（或两极限位置）用细双点划线画出该运动件的外形轮廓。如图 8-2 中扳手 12 的运动极限位置在俯视图中的画法。

当需要表示与本部件有装配或安装关系但又不属于本部件的相邻其他零（部）件时，可用细双点划线画出相邻零（部）件的部分外形轮廓。如图 8-3 主视图中的细双点划线表示的铣刀盘。

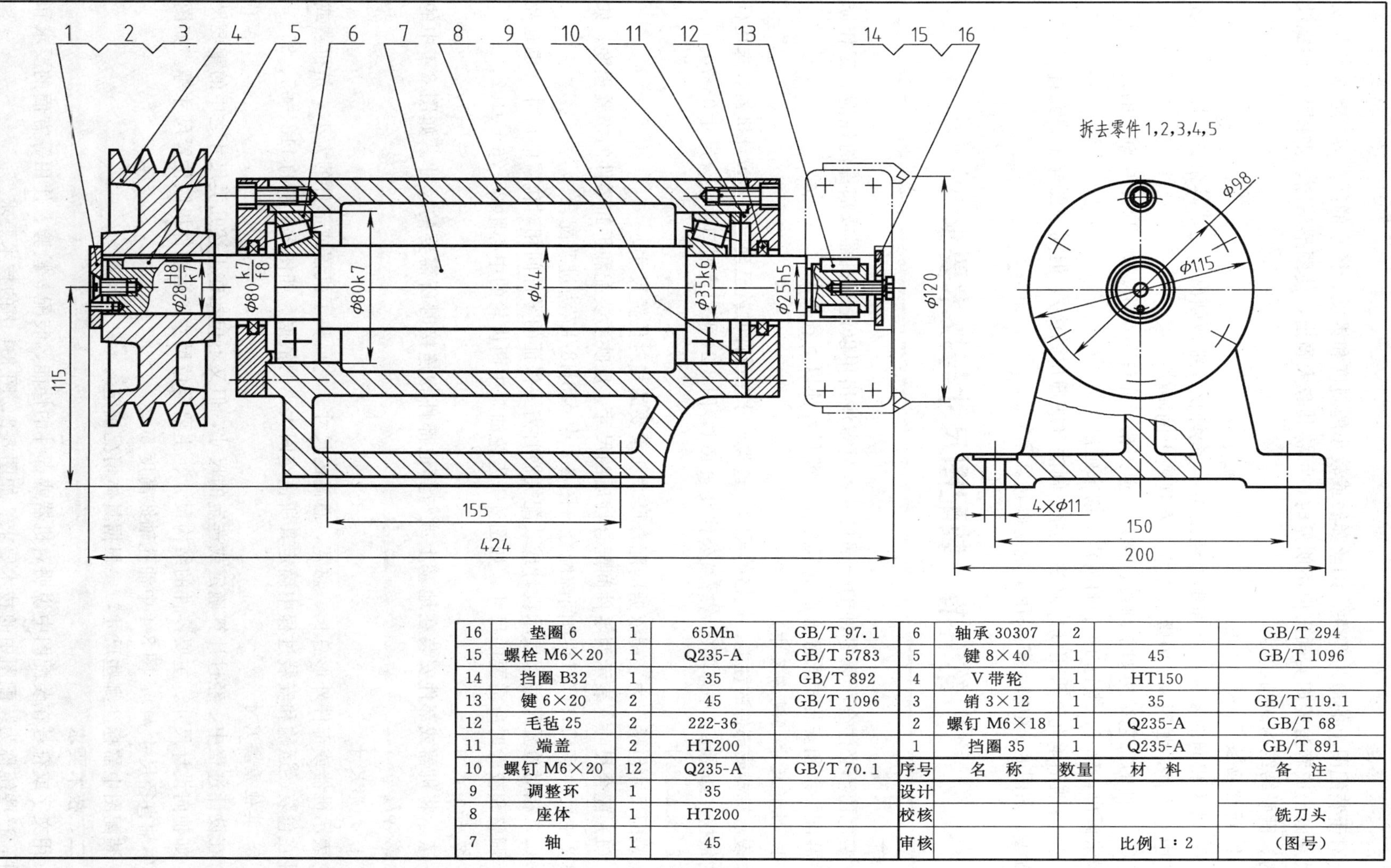


| 16 | 垫圈 6 | 1 | 65Mn | GB/T 97.1 | 6 | 轴承 30307 | 2 | | GB/T 294 |
|---|---|---|---|---|---|---|---|---|---|
| 15 | 螺栓 M6×20 | 1 | Q235-A | GB/T 5783 | 5 | 键 8×40 | 1 | 45 | GB/T 1096 |
| 14 | 挡圈 B32 | 1 | 35 | GB/T 892 | 4 | V 带轮 | 1 | HT150 | |
| 13 | 键 6×20 | 2 | 45 | GB/T 1096 | 3 | 销 3×12 | 1 | 35 | GB/T 119.1 |
| 12 | 毛毡 25 | 2 | 222-36 | | 2 | 螺钉 M6×18 | 1 | Q235-A | GB/T 68 |
| 11 | 端盖 | 2 | HT200 | | 1 | 挡圈 35 | 1 | Q235-A | GB/T 891 |
| 10 | 螺钉 M6×20 | 12 | Q235-A | GB/T 70.1 | 序号 | 名 称 | 数量 | 材 料 | 备 注 |
| 9 | 调整环 | 1 | 35 | | 设计 | | | | |
| 8 | 座体 | 1 | HT200 | | 校核 | | | | 铣刀头 |
| 7 | 轴 | 1 | 45 | | 审核 | | | 比例 1∶2 | (图号) |

图 8-3 铣刀盘

3. 夸大画法

对于装配图上的薄片零件、细丝弹簧或较小的斜度和锥度、微小的间隙等，当无法按实际尺寸画出或者虽能如实画出但不明显时，可将其夸大画出，使图形清晰。如图 8-3 中螺纹结构、键联结结构的画法等。

4. 简化画法

① 若干相同的零件组（如螺栓连接等），允许仅详细地画出一处，其余各处以点画线表示其中心位置，如图 8-3 中螺钉在主、左视图上的画法。

② 零件的工艺结构如小圆角、倒角、退刀槽等允许不画出。如图 8-3 中轴 7 的两头倒角结构未画出，轴 7、螺钉 10 上的圆角结构未画出。

③ 滚动轴承允许采用规定画法、特征画法（或通用画法），但同一图样中只允许采用一种画法。如图 8-3 中轴承 6 采用了规定画法。

# 第三节　装配图尺寸与技术要求

## 一、尺寸

装配图不必注全所属零件的全部尺寸，只需注出用以说明机器或部件的性能、工作原理、装配关系和安装要求等方面的尺寸。一般只标注以下各类尺寸。

1. 性能尺寸（规格尺寸）

表示机器或部件的性能、规格的尺寸。这类尺寸在设计时就已确定，是设计机器和选用机器的依据。如图 8-2 中球阀的管螺纹公称尺寸 Rc1，图 8-24 平口虎钳口的张合尺寸 0～70。

2. 装配尺寸

装配尺寸包括作为装配依据的配合尺寸和重要的相对位置尺寸。

(1) 配合尺寸　表示两零件间配合性质的尺寸，反映了装配和拆卸零件的松紧程度。如图 8-2 中尺寸 $\phi$16H11/d11 为间隙配合、图 8-3 中 $\phi$28H8/k7 为过渡配合。

(2) 相对位置尺寸　表示设计或装配机器时需要保证的零件间相对位置的尺寸，也是装配、调整和校验时所需要的尺寸，如图 8-4 齿轮油泵中两齿轮的中心距 28.76±0.02。

3. 安装尺寸

表示将机器或部件安装在地基上或与其他部件相连接时所需要的尺寸。如图 8-4 中的 70、2×$\phi$7。

4. 外形尺寸

表示机器或部件外形总长、总宽、总高的尺寸。它反映了机器或部件的大小，是机器或部件在包装、运输和安装过程中确定其所占空间大小的依据。如图 8-4 中的 118、95、85。

5. 其他重要尺寸

在设计过程中，经过计算确定或选定的尺寸，但又不包括在上述几类尺寸之中的重要尺寸。如轴向设计尺寸、主要零件的结构尺寸、主要定位尺寸、运动件极限位置尺寸等。如图 8-3 中轴直径尺寸 $\phi$44，图 8-4 中油孔轴线高度 50。

装配图中需标注哪些尺寸，要根据具体情况确定。

## 二、技术要求

用文字或符号在装配图中说明对机器或部件的性能、装配、检验、使用等方面的要求和条件，这些统称为装配图中的技术要求。如图 8-2、图 8-4 中的技术要求。

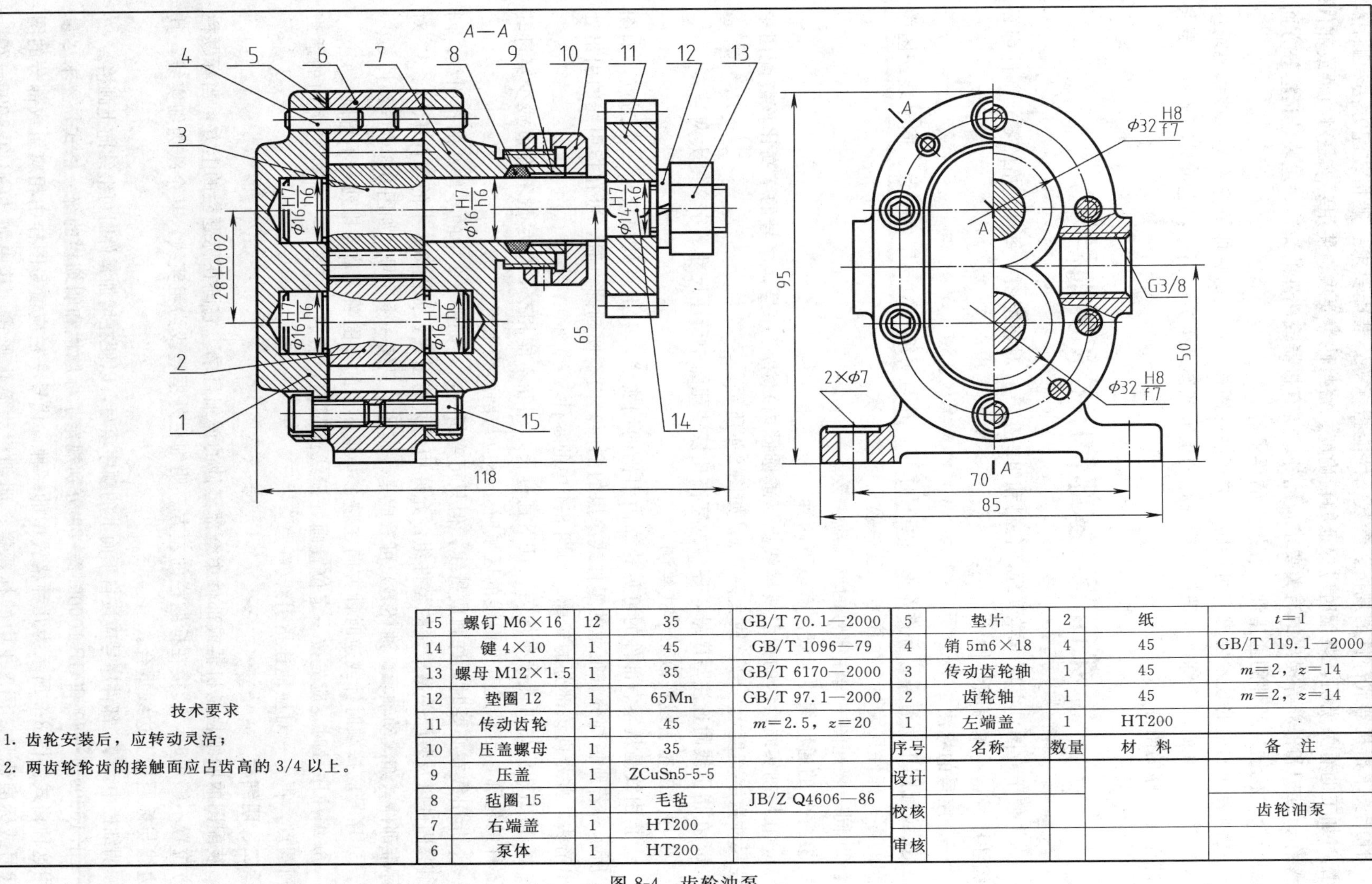


技术要求

1. 齿轮安装后，应转动灵活；
2. 两齿轮轮齿的接触面应占齿高的 3/4 以上。

| 15 | 螺钉 M6×16 | 12 | 35 | GB/T 70.1—2000 | 5 | 垫片 | 2 | 纸 | $t=1$ |
|---|---|---|---|---|---|---|---|---|---|
| 14 | 键 4×10 | 1 | 45 | GB/T 1096—79 | 4 | 销 5m6×18 | 4 | 45 | GB/T 119.1—2000 |
| 13 | 螺母 M12×1.5 | 1 | 35 | GB/T 6170—2000 | 3 | 传动齿轮轴 | 1 | 45 | $m=2$，$z=14$ |
| 12 | 垫圈 12 | 1 | 65Mn | GB/T 97.1—2000 | 2 | 齿轮轴 | 1 | 45 | $m=2$，$z=14$ |
| 11 | 传动齿轮 | 1 | 45 | $m=2.5$，$z=20$ | 1 | 左端盖 | 1 | HT200 | |
| 10 | 压盖螺母 | 1 | 35 | | 序号 | 名称 | 数量 | 材　料 | 备　注 |
| 9 | 压盖 | 1 | ZCuSn5-5-5 | | 设计 | | | | |
| 8 | 毡圈 15 | 1 | 毛毡 | JB/Z Q4606—86 | 校核 | | | | 齿轮油泵 |
| 7 | 右端盖 | 1 | HT200 | | | | | | |
| 6 | 泵体 | 1 | HT200 | | 审核 | | | | |

图 8-4　齿轮油泵

性能要求指机器或部件的规格、参数、性能指标等；装配要求一般指装配方法和顺序，装配时加工的有关说明，装配时应保证的精确度、密封性等要求；使用要求是对机器或部件的操作、维护和保养等提出的有关要求。此外，还有机器或部件的涂饰、包装、运输等方面的要求及对机器或部件的通用性、互换性的要求等。

编制装配图中的技术要求，可参阅同类产品的图样，并根据具体情况确定。技术要求中的文字注写应准确、简练，一般写在明细栏的上方或图纸下方空白处，也可另写成技术要求文件作为图样的附件。

## 第四节　零部件序号和明细栏

为了便于看图，方便图样管理、备料和组织生产，对装配图中每种规格的零、部件都必须编注序号，并填写明细栏。

### 一、序号的标注

① 装配图中所有零、部件都必须编写序号，并与明细栏中的序号一致。同一装配图中相同的零、部件只编写一个序号，且一般只标注一次。

② 同一装配图中编注序号的形式应一致。

③ 序号的通用编注形式，有以下两种。

a. 在用细实线绘制的指引线横线上（或圆圈内）注写序号，序号的字高比该装配图中所注尺寸数字高度大一号（或大两号），如图 8-4 所示。

b. 在指引线附近注写序号，序号的字高比该装配图中所注尺寸数字高度大两号。

④ 序号的指引线按以下形式绘制。

a. 指引线是从零、部件的可见轮廓内引出的细实线，引出点处必须画一小圆点，如图 8-4 所示。若所指部分（很薄的零件或涂黑的剖面）内不便画圆点时，可在指引线的引出处画出箭头，并指向该部分的轮廓，如图 8-4 中的零件 5。

b. 指引线应尽可能排布均匀，且不宜过长，相互不能相交，应尽量不穿过或少穿过其他零件的轮廓，当穿过有剖面线的区域时，不应与剖面线平行。

c. 指引线在必要时允许画成折线，但只可弯折一次，如图 8-3 中的零件 9 的指引线。同一组紧固件以及装配关系清楚的零件组，允许用公共指引线，如图 8-3 中的零件 1、2、3。对于标准部件（如滚动轴承、油杯等）可看成是一整体，只编一个序号，如图 8-3 中的部件 6。

⑤ 序号应按顺时针或逆时针方向在整个一组图形的外围顺次整齐排列，不得跳号。

⑥ 编注序号时，应先按一定位置画好横线或圆圈，然后找好各零、部件轮廓内的适当处画圆点，再一一对应地连指引线。

### 二、明细栏

装配图的明细栏是机器或部件中全部零件的详细目录，它画在标题栏的上方，当标题栏上方位置不够用时，续接在标题栏的左方。明细栏外框竖线为粗实线，其余线为细实线，其下边线与标题栏上边线重合。

明细栏中，零、部件序号应按自下而上的顺序填写，以便在增加零件时可继续向上画格。

GB 10609.1—89 和 GB 10609.2—89 分别规定了标题栏和明细栏的统一格式，要求尽量采用这种格式。图 8-5 所示为几种格式中的一种，代号一栏应填写图样中相应组成部分的图样代号或标准代号。图 8-4 中的标题栏、明细栏为简化形式，其中如“GB/T 1096—79”，因代号栏在图中未画出而注写在备注栏；名称栏应填写相应零部件的名称，必要时也可写出其型式和尺寸（如图 8-4 中销 5m6×18）；材料一栏应填写材料的标记（如 45）；质量一栏应填写出相应零部件单件和总件数的计算质量；当需要明确表示某零件或组成部分所处的位置时，可在备注栏内填写其所在的分区代号。备注一栏常可填写必要的附加说明或其他有关的重要内容，例如，齿轮的齿数、模数等常在备注栏内填写。

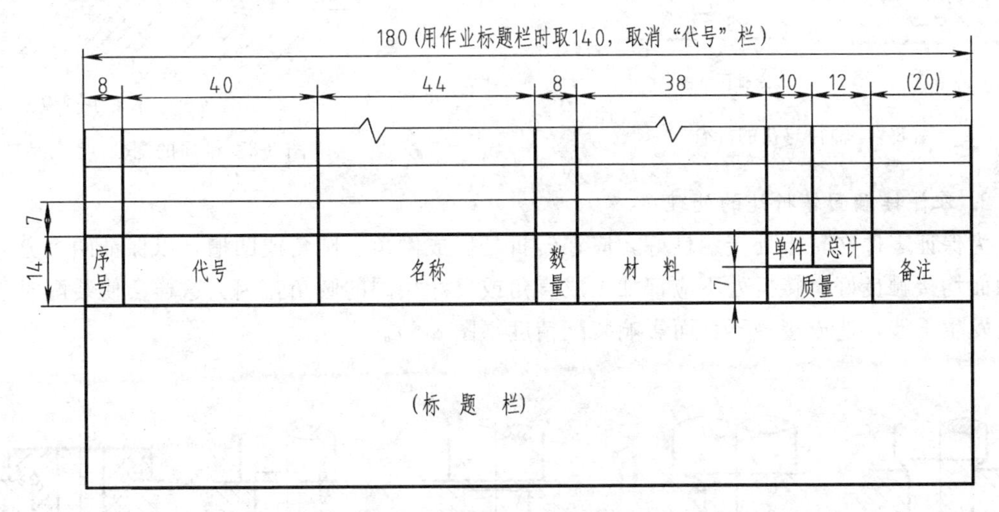


图 8-5　国标推荐明细栏格式

# 第五节　常见装配工艺结构与局部装配图

为保证机器或部件能顺利装配，并达到设计规定的性能要求，而且拆装方便，必须使零件间的装配结构满足装配工艺要求。所以，在设计及绘制装配图时，应确定合理的装配工艺结构，可参照以下介绍的典型局部装配图进行表达。

**一、零件接触表面的处理**

1. 接触面的数量

① 两零件在同一方向上（横向或竖向）只用一对接触面或配合面，这样既能保证接触良好，又能降低加工要求，否则将造成加工困难，如图 8-6 所示。

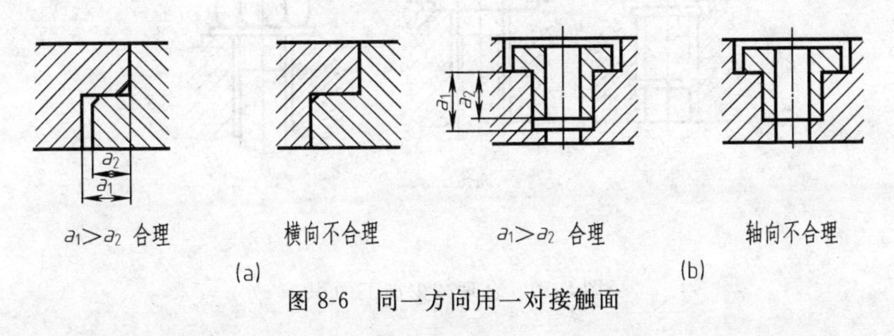


图 8-6　同一方向用一对接触面

② 如图 8-7 所示，为保证 $\phi A$ 已经形成的配合，$\phi B$ 和 $\phi C$ 就不应再形成配合关系。

③ 一对锥面的配合可同时确定轴向和径向的位置，因此，当锥孔不通时，锥体下端与锥孔底面之间必须留有间隙。如图 8-8 中必须保持 $L_1 < L_2$，否则得不到稳定的配合。

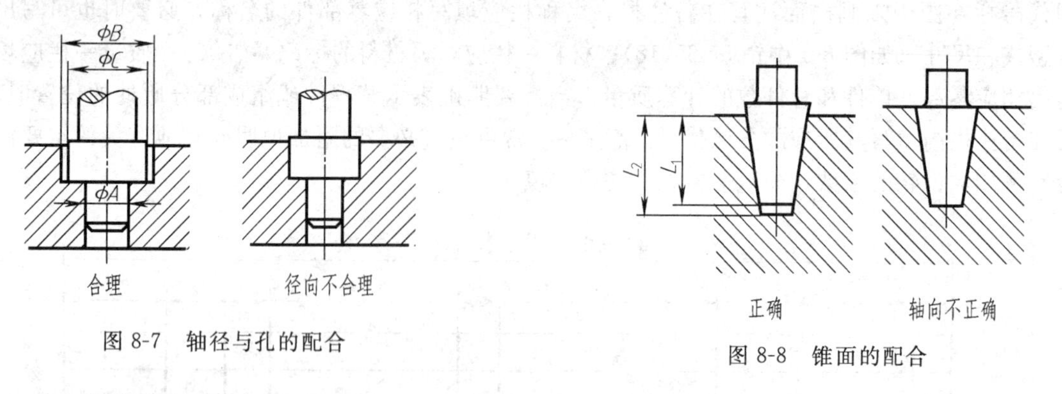


图 8-7 轴径与孔的配合

图 8-8 锥面的配合

2. 零件接触面转折处的处理

为保证零件在转折处接触良好，应在转折处做成倒角、圆角或凹槽，以保证两个方向的接触面均接触良好。转折处不应都加工成直角或尺寸相同的圆角，因为这样会使装配时于转折处发生干涉，造成接触不良而影响装配精度（图 8-9）。

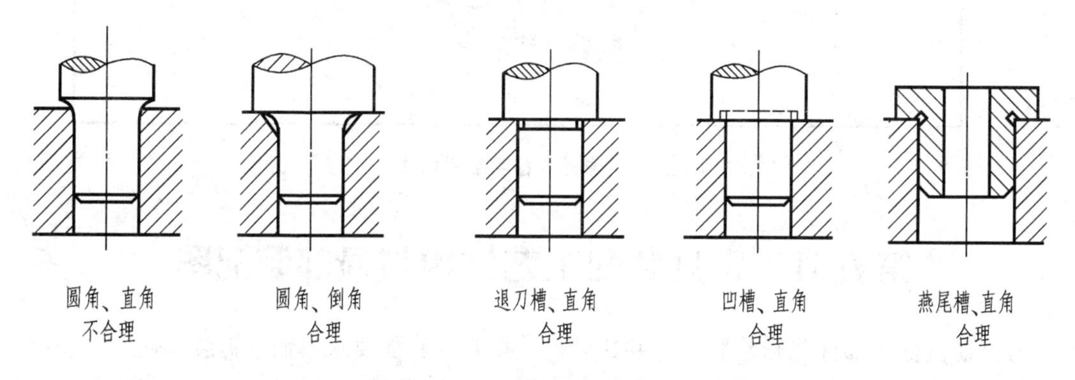


图 8-9 接触面转折处的结构搭配

3. 合理减少接触面积

在装配体上，尽可能合理地减少零件与零件之间的接触面积，使机加工的面积减少，易于保证接触质量，并可降低加工成本，如图 8-10 所示。

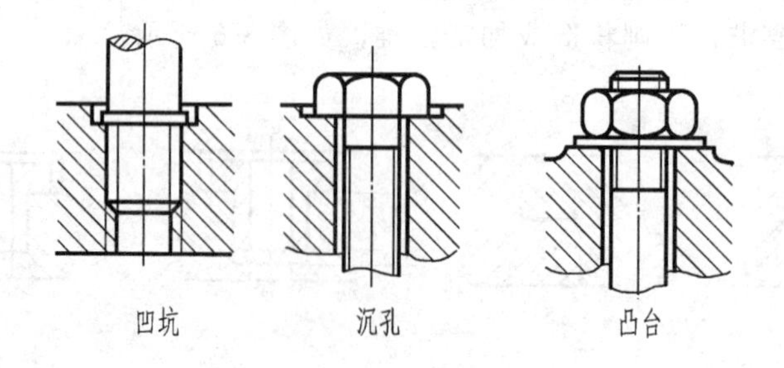


图 8-10 合理减少加工面积

## 二、轴向定位结构

为了防止滚动轴承产生轴向窜动，必须采用一定的结构来固定其内、外圈。常用的轴向固定结构形式有轴肩、孔肩、弹性挡环、端盖凸缘、轴端挡圈、圆螺母与止退垫圈等。

滚动轴承转动应灵活而且热胀后不致卡住，一般滚动轴承外圈与端盖凸缘间留有少量的轴向间隙（约 0.1～0.3mm），常用更换不同厚度的金属垫片进行调整，如图 8-11 所示。

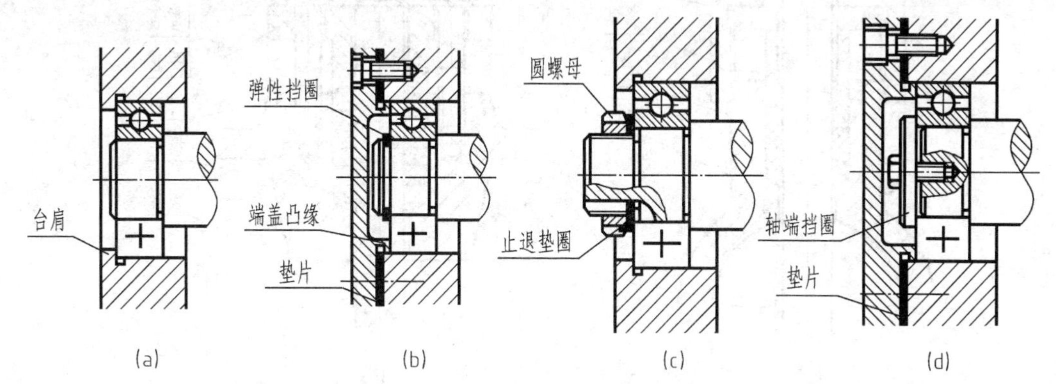


图 8-11 轴承内、外圈的轴向固定及金属垫片调整轴向间隙

**三、防漏密封结构**

机器或部件上的旋转轴或滑动杆的伸出处，应有密封或防漏装置，用以防止外界的灰尘杂质侵入箱体内部，或为了阻止工作介质（液体或气体）沿轴、杆泄漏。

*1. 滚动轴承的密封与防护*

常见的密封方法有毡圈式、沟槽式、皮碗式、挡片式等，如图 8-12 所示。其中挡片式防护结构是为防止箱内飞溅的稀油冲洗轴承内黄油。

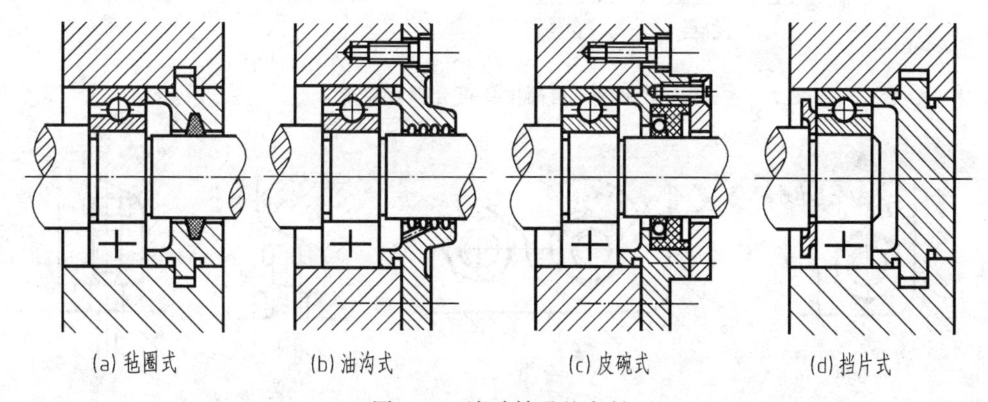


图 8-12 滚动轴承的密封

以上各种密封方法所用的零件（如皮碗和毡圈等）已标准化，它们所对应的结构（如毡圈槽、油沟等）也为标准结构，其尺寸可从附表 15 等有关表格中查取。

*2. 防漏结构*

在机器的旋转轴或滑动杆（阀杆、活塞杆等）伸出箱体（或阀体）的地方，做成一填料箱，填入具有特殊性质的软质填料，用压盖或螺母将填料压紧，使填料紧贴在轴（杆）上，达到既不阻碍轴（杆）运动，又起密封防漏作用。画图时，压盖画在开始压住填料的位置，如图 8-13 所示。

**四、拆装方便结构**

滚动轴承在用轴肩或孔肩定位时，应注意到维修时拆卸的方便与可能，如图 8-14 所示。

当用螺纹联接件联接零件时，应考虑到拆装的可能性及拆装时的操作空间，如图 8-15 所示。

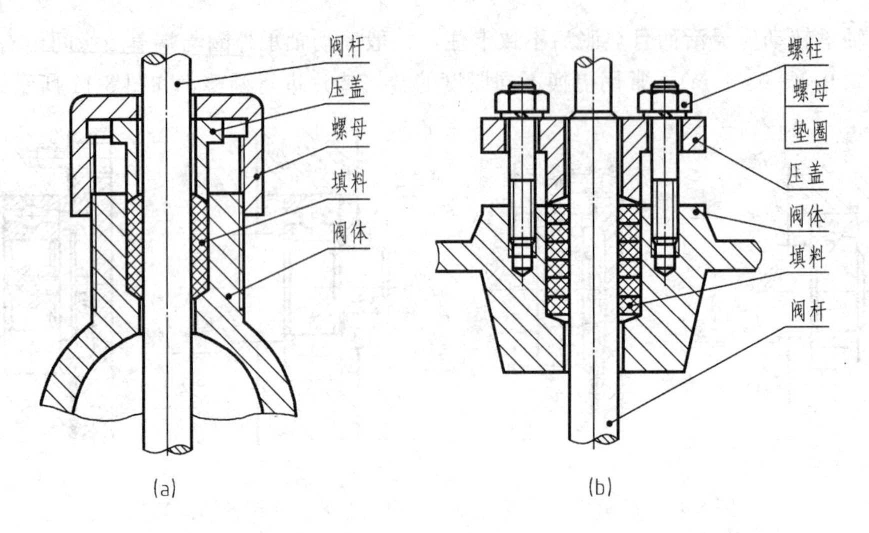


图 8-13 防漏结构

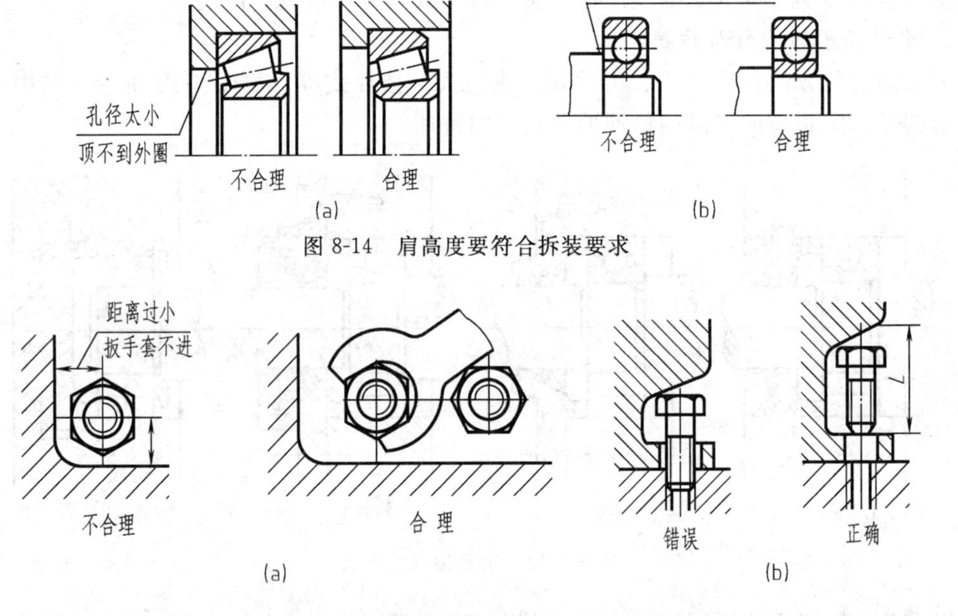


图 8-14 肩高度要符合拆装要求



图 8-15 拆装螺纹联接件需有一定操作空间

**五、常见联接结构和弹簧结构**

在一台机器或部件中，常有螺纹联接、键联接、销联接等联接结构以及弹簧结构。这些局部结构的装配图画法在第六章中已作了详细介绍。

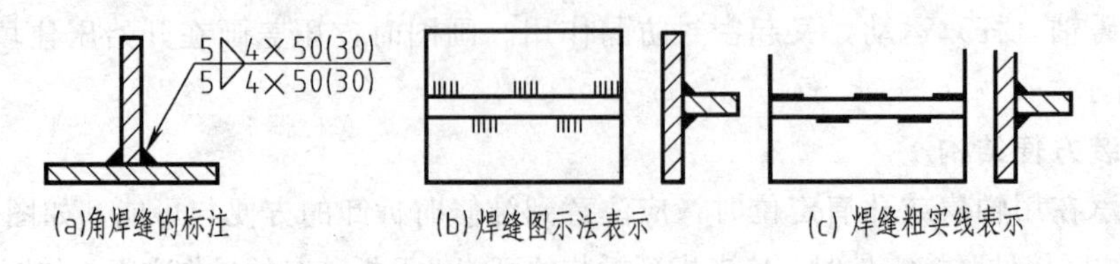


图 8-16 焊缝结构的画法与表示

### 六、焊缝连接结构

焊接是一种不可拆卸的连接。由于它施工方便，连接可靠，故在生产上应用很广，大多数用金属板材制作的产品都采用焊接的方法。连接两金属板材的焊缝画法及其符号表示等都有国标规定，如在剖视图中焊缝所连接的两金属板材的剖面线不能画成一致，如图 8-16 所示。

## 第六节 读装配图与拆画零件图

### 一、读装配图要了解的内容

① 机器或部件的名称、性能、用途和工作原理。

② 各零件间的装配关系、拆装顺序。

③ 主要零件的结构形状和作用。

### 二、读装配图的方法和步骤

1. 概括了解

读装配图时，首先由标题栏了解该机器或部件的名称；由明细栏了解组成机器或部件的各种零件的名称、数量、材料以及标准件的规格；由画图的比例、视图大小和外形尺寸了解机器或部件的大小；由产品说明书和有关资料，了解机器或部件的性能、功用等。从而对装配图的内容有一个概括的了解。

如图 8-4 所示，从标题栏可知该部件名称为齿轮油泵。对照图上的序号和明细栏，可知它是由 15 种零件组成，其中 6 种标准件，9 种非标准件，从图中也可看出各零件的大致形状；根据实践知识或查阅有关资料，可知它是机器润滑、供油系统中的一个主要部件。

2. 分析表达方案

从图 8-4 中可以看出，装配图由主视图、左视图组成。主视图按泵的工作位置选取，采用了 $A—A$ 全剖视图，表达了泵的主要装配关系、主要零件的位置与结构形状。左视图采用了沿泵体与左端盖的接合面进行半剖表达，主要说明泵的工作原理、进出油口的结构，并与主视图配合表达泵体的结构形状。图中还采用了适当的局部剖表达。

3. 分析零件

分析零件，深入了解零件间的装配关系以及装配体的工作原理，这是读图的难点。利用件号和各零件剖面线的不同方向和间隔，把一个个零件的视图范围划分出来。从主视图入手，根据各装配干线，对照零件在各视图中的投影关系，弄清各零件的结构形状。

在图 8-4 中，首先将熟悉的常用件、标准件（如图中 4、11、12、13、15 件）从装配图中“分离”出去，然后分离出简单零件（如图中 10、9、8、2、3 件），最后分离复杂件（如图中 1、7、6 件），并应用形体分析法、线面分析法和零件视图的各种表达方法，弄清它们的结构形状。

4. 综合归纳

在对装配体各零件进行分析的基础上，还要对尺寸、技术要求进行全面的综合，进一步明确零件的形状、动作过程，装配关系，形成全面、完整的认识。

通过图 8-4 主视图中 $\phi16H7/h6$ 配合的标注，可以看出传动齿轮轴 3 与泵盖孔是间隙配合。件 3 轴与件 11 齿轮采用 $\phi14H7/k6$ 的过渡配合，并有键 14 联接传递扭矩。

通过分析，可知齿轮油泵的工作原理。当动力通过齿轮 11、键 14 把扭矩传给传动齿轮时，即带动从动齿轮一起旋转，两个齿轮的旋转方向如图 8-17 所示。流体从左孔进入泵体 6 中，充满各个齿间，并被两轮齿间的齿槽带着流体沿泵体的内壁送到另一侧，由于流体不但增加而压力增大，被挤压的流体从出口处以一定的压力排出。

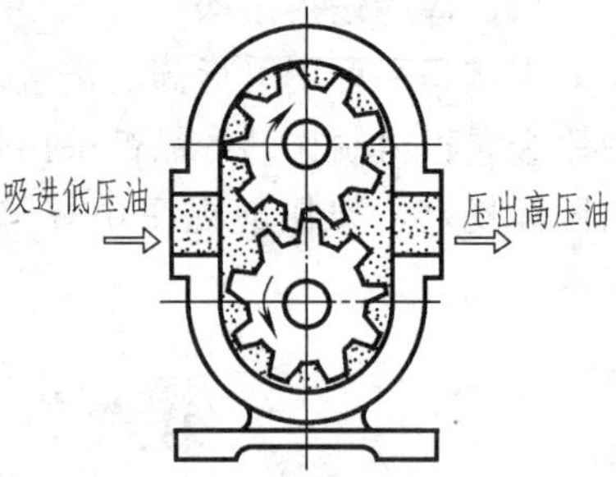

另外，图 8-4 中 8、9、10 件构成密封装置，12、13 件构成防松装置。

图 8-17 齿轮油泵工作原理示意

## 三、由装配图拆画零件图

根据装配图拆画零件工作图，应在读懂装配图的基础上进行。第七章对零件的结构、画法已作了介绍，这里仅介绍从装配图拆画零件图时应注意的问题。

### 1. 确定零件的形状

装配图主要是表达零件间的装配关系，往往对某些局部结构未表达清楚，同时，零件上某些标准的工艺结构（如倒角、倒圆、退刀槽等）进行了省略。因此，在拆画零件图时，应根据零件的作用和要求予以完善，补画出这些结构。

### 2. 确定表达方案

装配图的表达方案是从整个装配体来考虑的。在拆画零件图时，零件的表达方案应根据零件的结构特点来考虑，不能强求与装配图一致。通常，壳体、箱体类零件的主视图位置常与装配图上的位置一致，这样便于装配时对照。而对于轴、套类零件，则一般按加工位置选取主视图。

### 3. 零件图上尺寸的处理

零件图上的尺寸可按第七章讨论的方法标注。零件尺寸的大小，应根据装配图来确定，通常使用以下方法。

① 装配图已注出的尺寸，必须直接标注在有关零件图上。对于配合尺寸、某些相对位置尺寸，要注出偏差数值。

② 与标准件相配合或相联接的有关尺寸，要从相应标准中查取，如螺纹尺寸、销孔和键槽等尺寸。

③ 某些尺寸需要根据装配图给出的参数进行计算而定，如齿轮分度圆等尺寸。

④ 对于标准结构或工艺结构尺寸，如沉孔、倒角、砂轮越程槽、键槽、螺纹等，应查找有关标准核对后再进行标注。

⑤ 对于装配图中未标注的尺寸，从装配图上直接量取，再按绘图比例折算后注出。如所得的尺寸不是整数，则应查标准长度和标准直径系列表，取最近值圆整后再进行标注。

### 4. 表面粗糙度与其他技术要求

零件上各表面的粗糙度，应根据零件表面的作用和要求确定。一般地讲，有相对运动和配合的表面，以及有密封要求、耐腐蚀要求的表面，其表面粗糙度数值应小些，其他表面粗糙度数值应大些，具体数值可参阅第七章的表面粗糙度适用范围。

零件图上技术要求的确定涉及有关专业知识，一般应根据有关资料或参照同类产品零件类比法确定。

【例 8-1】 从图 8-4 中拆画泵体 6 的零件图。

**解**

(1) 从装配图中分离出泵体 6 的图形。在读懂齿轮泵装配图的基础上，可用草图绘制分离出的泵体主、左视图。

(2) 确定泵体表达方案。按零件图表达的要求确定表达方案。泵体主视图与装配图的放置位置一致，而投射方向取装配图中的左视图方向（该方向是重要结构腰圆形的轮廓形状特征图）；为了反映进出油孔及螺纹孔、销孔的形状，采用 $A$—$A$ 全剖的左视图；主、左视图还没反映清楚的底板及安装孔位置与形状可用局部视图 B 表达。即绘制出如同图 8-18 的草图。

(3) 在草图上标注尺寸。

① 把装配图上已给出的泵体尺寸先标注出来，如底板长 85、安装孔尺寸 $\phi7$、中心距 70，腰圆形孔轮廓中两圆柱面中心距 28.76、两圆柱面直径 $\phi34.5$、上方圆柱面轴线到底面的距离 65，而螺纹孔大径尺寸可依据明细表中标注的管螺纹公称尺寸 G3/8 从附录表中查到。

② 量取装配图上未注尺寸按图中比例折算后标注各结构尺寸。

③ 装配图中省略的工艺结构要查阅有关资料绘制出来，并作尺寸标注。

另外，对有装配关系的尺寸，在零件图上标注相关的尺寸时，还要注意互相对应，不可出现矛盾。如泵体上腰圆形的外轮廓尺寸以及六个螺孔的位置尺寸，都要与泵盖的尺寸标注一致；对零件某局部结构的确定（设计）是否合理，与其相关的零件是否协调、一致等都要

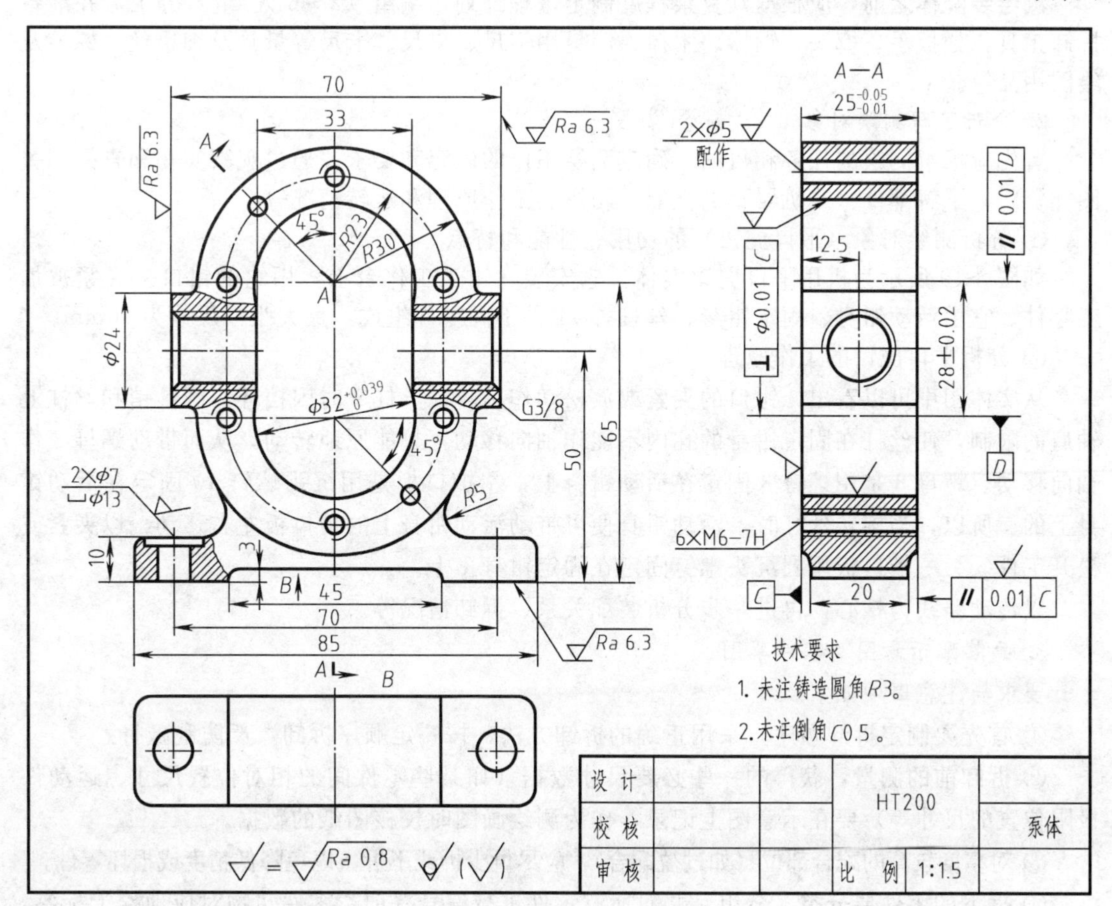


图 8-18 泵体

全面考虑。

(4) 确定技术要求。

① 按零件图介绍的内容，确定表面粗糙度。

② 根据齿轮泵装配图上所注要求确定零件上对应尺寸的公差，如孔 $\phi$34.5H8、两圆柱面中心距 28.76±0.02 等。

③ 根据齿轮泵的工作情况和泵体加工要求确定必要的几何公差。如两圆柱面轴线的平行度公差要求等。

(5) 绘制正规零件图，填写标题栏，如图 8-18 所示。

# 第七节 测绘装配体

## 一、现场测绘过程

装配体测绘是指根据实物部件（或机器），先画零件草图，再画装配图，最后画零件图。

生产实践中，仿制、维修机器设备或技术改造时，在没有现成技术资料的情况下，就需要对机器或部件进行测绘，以得到有关的技术资料。下面以机用平口虎钳为例，介绍部件测绘的一般方法和步骤。

1. 测绘前准备

测绘装配体之前，应根据其复杂程度制定进程计划，编组（2～6 人/组）分工，并准备拆卸工具，如扳手、榔头、铜棒、木棒，测量用钢尺、皮尺、卡尺等量具及细铅丝、标签及绘图用品等。

2. 分析了解测绘对象

首先应了解测绘的任务和目的，确定测绘工作的内容和要求。通过观察实物和查阅相关图样资料，了解部件（或机器）的性能、功用、工作原理和运转情况等。

① 分析测绘对象（平口虎钳）的功用、性能和特点。

如图 8-19 所示为机用平口虎钳实体。它安装在钳工工作台上，用它的钳口来夹紧被加工零件。它由活动钳身、固定钳身、丝杠等 11 种不同零件组成，最大张口尺寸为 70mm。

② 分析平口虎钳的工作原理。

从实体图中可以看出，钳口的夹紧或放松动作是转动丝杠 9 时因挡环、圆锥销和丝杠上轴肩的限制，使丝杠在固定钳身的孔内不能作轴向移动，只能原地转动，从而带动螺母 8 作轴向移动。螺母 8 是用螺钉 3 固定在活动钳身上，左护口板是用沉头螺钉 10 固定在活动钳身上的。所以，当旋转丝杠时，活动钳身便可带动活动钳身上的护口板左右移动，以夹紧或松开工件。另一护口板用圆沉头螺钉固定在固定钳身 1 上。

以传动路线为核心，再进一步分析装配关系、拆卸情况等。

3. 画装配示意图及零件草图

要求与注意事项如下。

① 首先要制定拆卸顺序，采用正确的拆卸方法，按一定顺序拆卸，严防乱敲打。

② 拆卸前的测量，获得的一些必要尺寸数据（如某些零件间的相对位置尺寸、运动件极限位置的尺寸等）要在示意图上记录，作为测绘画图时校核图纸的数据。

③ 对精度较高的配合部位（如过盈配合），应尽量少拆或不拆，以免降低精度或损坏零件。

④ 拆下的零件要分类、分组，并对所有零件进行编号登记，零件实物对应地拴上标签，有秩序地放置，防止碰伤、变形、生锈或丢失，以便装配后仍能保证部件的性能和要求。

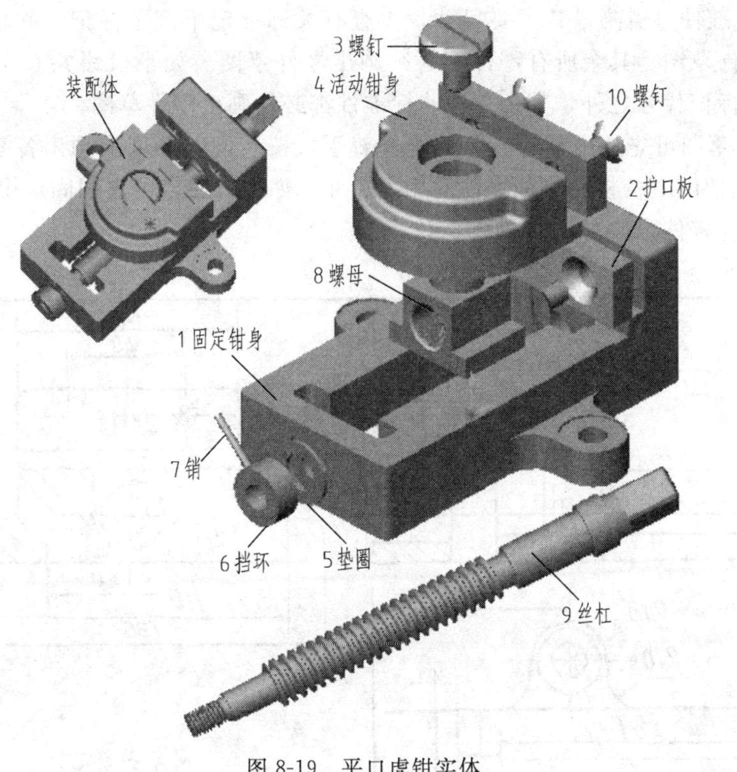


图 8-19 平口虎钳实体

⑤ 拆卸时要认真研究每个零件的作用、结构特点及零件间的装配关系，正确判别配合性质和加工要求。

(1) 徒手画装配示意图　图 8-20 是在平口虎钳拆卸过程中所绘制的装配示意图。装配示意图一般以简单的线条徒手画出零件的大致轮廓，即按国家标准规定的简图符号，以示意的方法表示每个零件的位置、装配关系和部件的工作情况。对各零件的表达通常不受前后层次的限制，尽可能把所有零件集中在一个视图上表达，如有必要也可补画其他视图。图形画好后，应将各零件编上序号或写出零件名称（要与零件标签上的编号一致）。这一过程要严谨、细心，记录错误会导致测绘工作出问题，即所绘制装配图或依示意图重新装配，均会不符合装配体的原始情况。

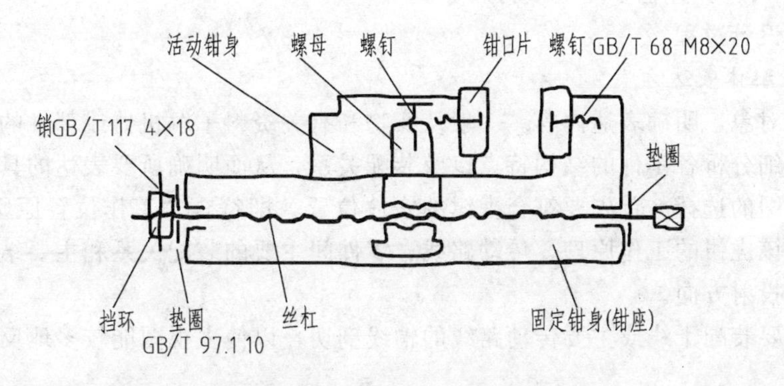


图 8-20 平口虎钳装配示意

(2) 绘零件草图　零件草图是徒手绘制的零件图，是画装配图和零件图的依据。零件草图画法及有关要求，已在第七章第七节中介绍。部件测绘中画零件草图还应注意以下几点。

① 凡属标准件只需测量其主要尺寸，再查有关标准定下规定标记，并填写标准件明细表，不必画零件草图。其余所有零件都必须画出零件草图。如平口钳共有 11 种零件，除 4 种标准件只需标记代号之外，其余 7 种非标准件都必须画出零件草图。

② 画零件草图可先从主要的或大的零件着手，按装配关系依次画出各零件（尽量采用 1∶1比例），以便随时校核和协调零件的相关尺寸。如平口钳，可先画固定钳身、活动钳身、丝杠，再画其他零件。如图 8-21、图 8-22 所示。

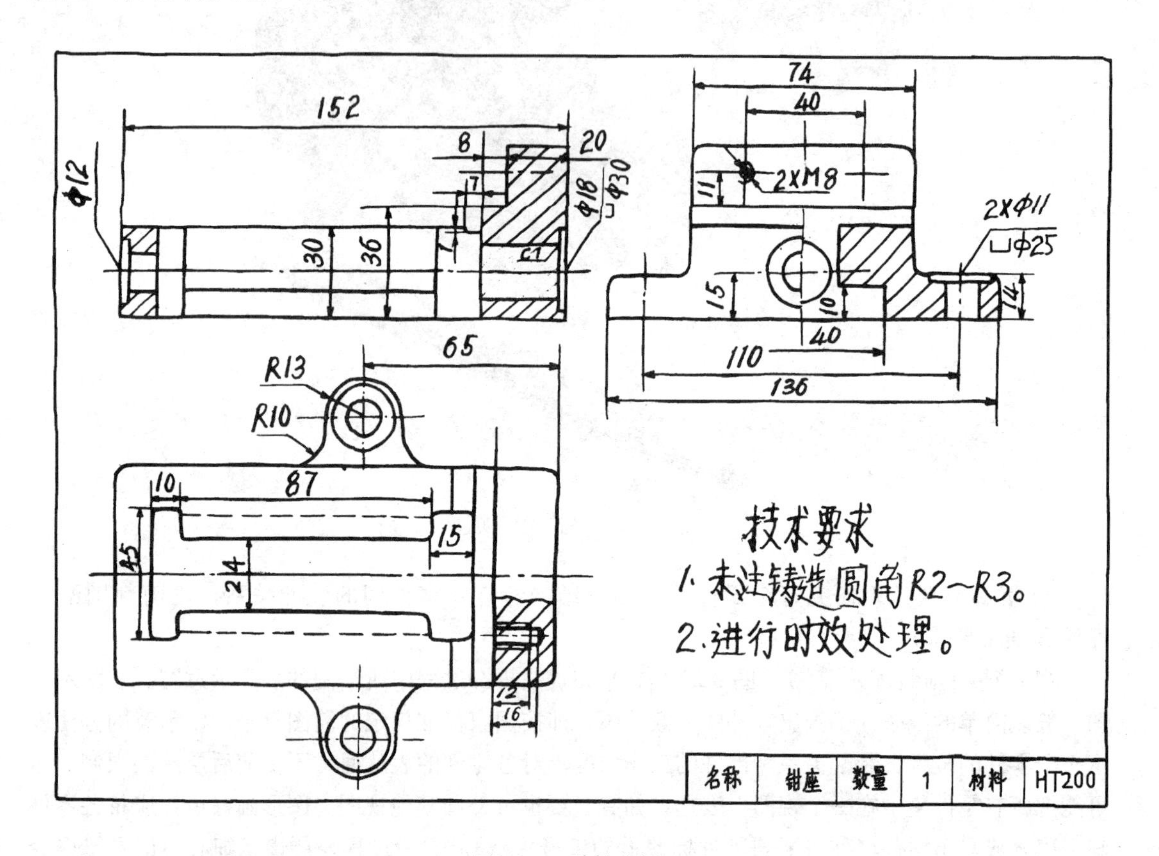


图 8-21　零件草图

③ 测零件尺寸，并在草图上填写尺寸。

## 二、画图设计过程

### 1. 确定装配体表达方案

分析表达对象，明确表达内容。一般从实物和有关资料了解机器或部件的功用、性能和工作原理，仔细分析各零件的结构特点以及装配关系，从而明确所要表达的具体内容。

（1）主视图的选择　首先要符合虎钳的安放位置，即符合“工作位置原则”。其次，要选择最能反映该虎钳的工作原理、传动路线、零件间主要的装配关系和主要结构特征的方向作为主视图的投射方向。

通常沿主要装配干线或主要传动路线的轴线剖切，以使主视图能较多地反映工作原理和装配关系。

（2）其他视图的选择　主视图选好后，还要选择适当的其他视图来补充表达机器或部件的工作原理、装配关系和零件的主要结构形状。每个视图都要明确目的、表达重点，应避免对同一内容的重复表达。

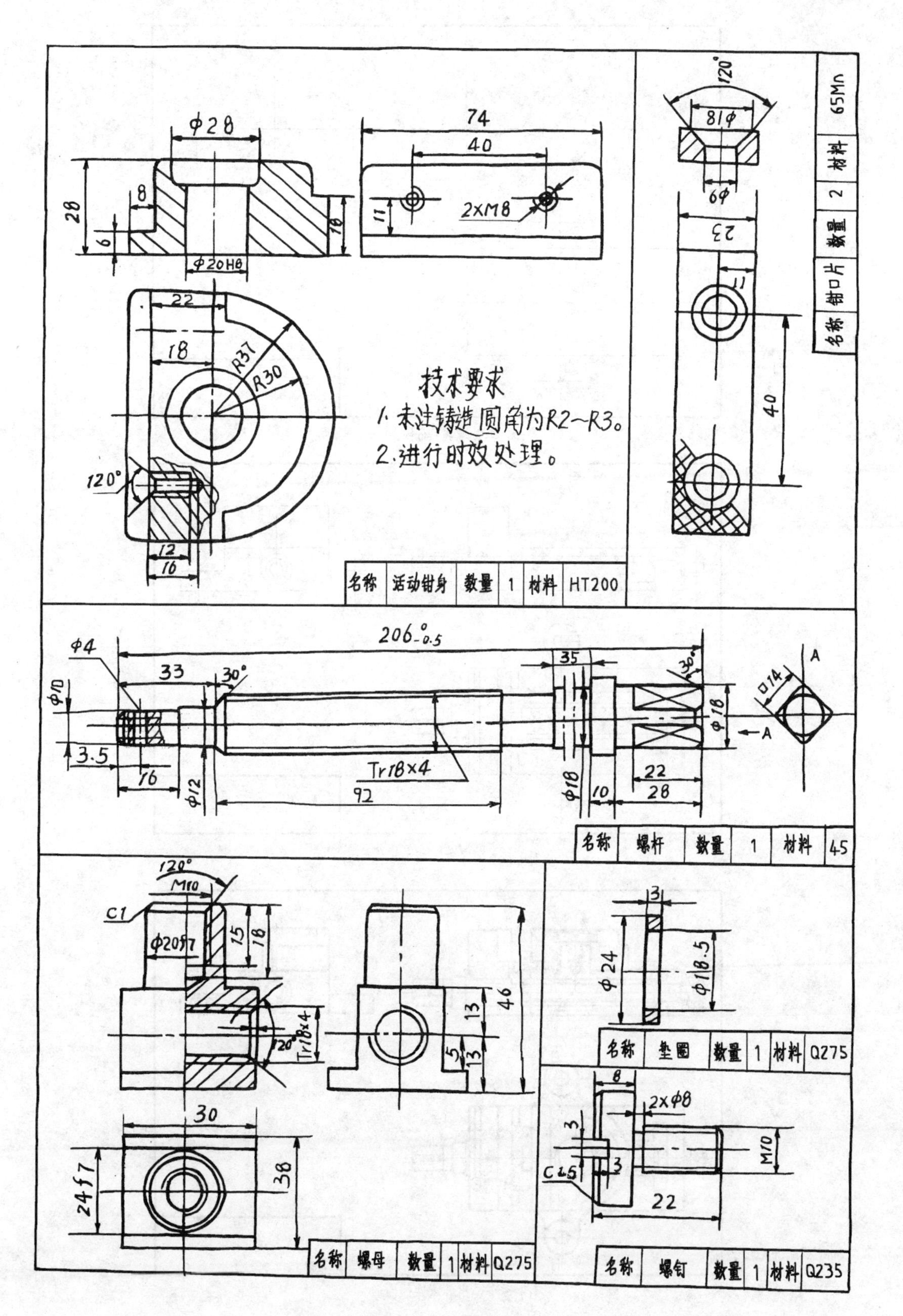
技术要求
1. 未注铸造圆角为R2~R3。
2. 进行时效处理。
名称 活动钳身 数量 1 材料 HT200
名称 钳口片 数量 2 材料 65Mn
名称 螺杆 数量 1 材料 45
名称 垫圈 数量 1 材料 Q275
名称 螺母 数量 1 材料 Q275
名称 螺钉 数量 1 材料 Q235
Tr18×4
2×M8
φ20H8
R37
R30
206-0.5
A


图 8-22 零件草图

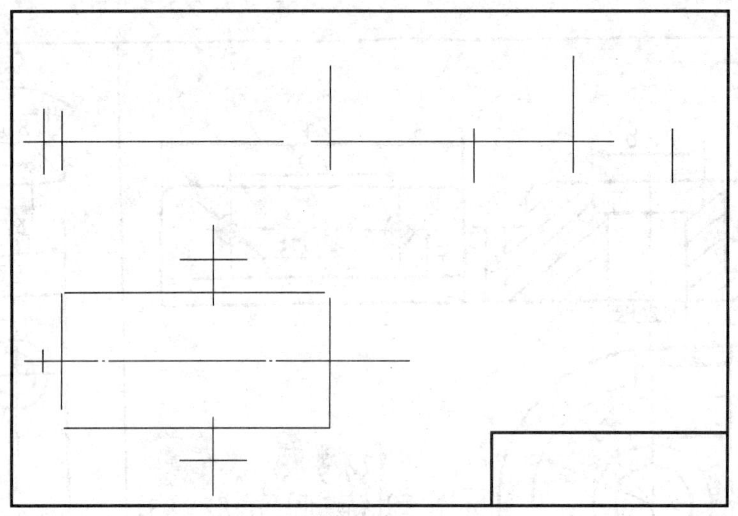

(a) 画基准线、布图

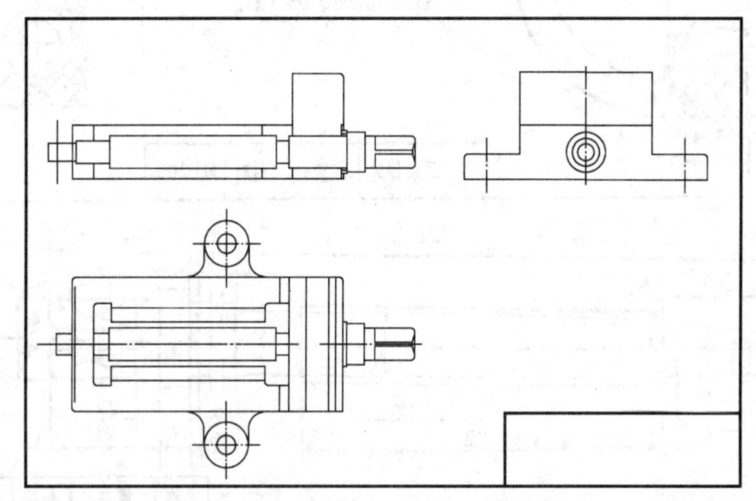

(b) 画基础零件与相关零件底稿

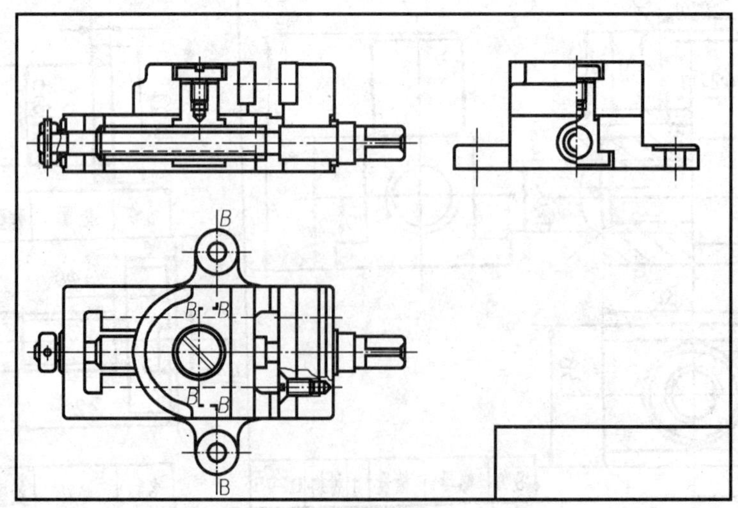


(c) 逐个画出各零件的图形

图 8-23 平口虎钳的装配图画图步骤

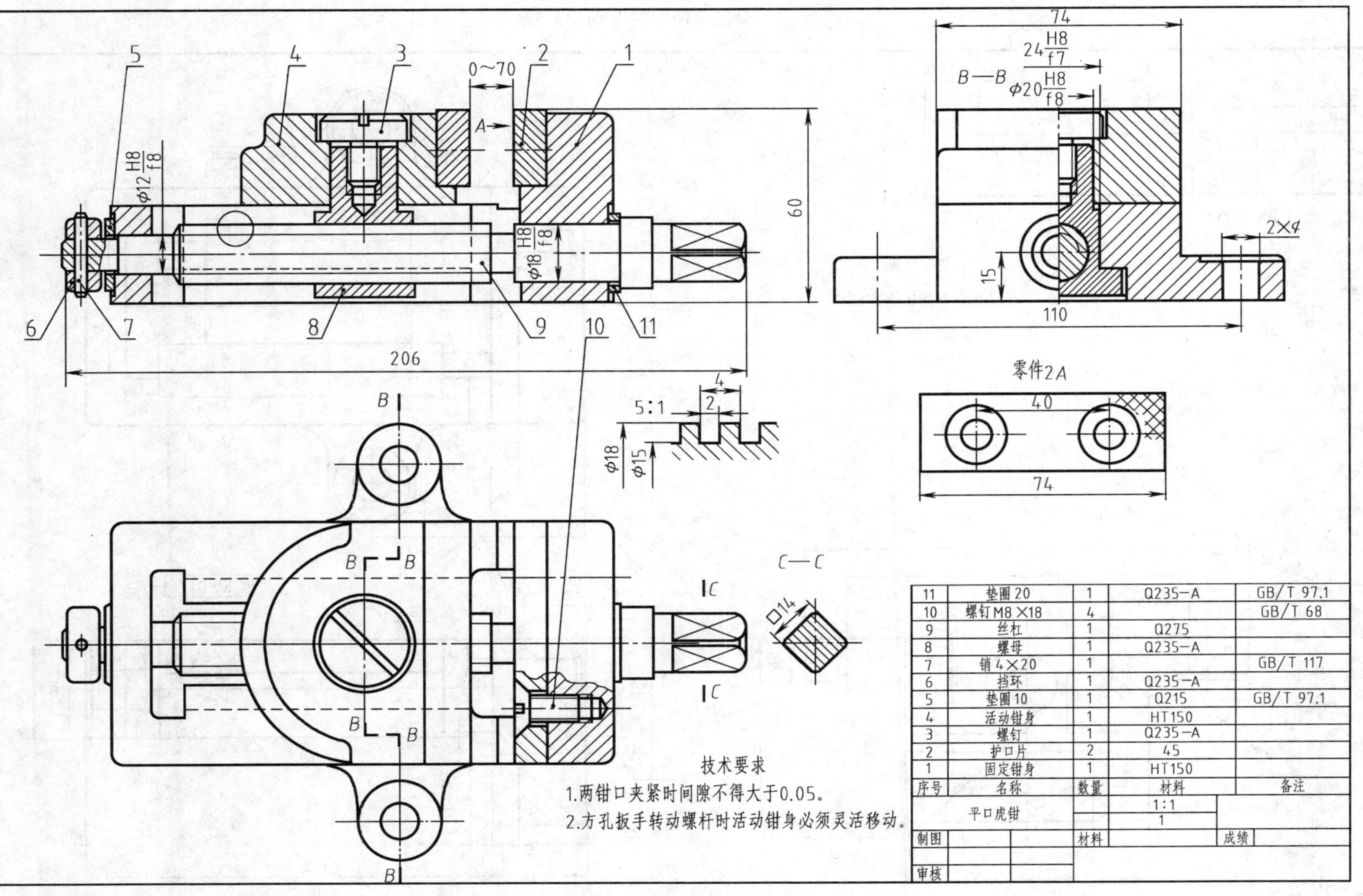


技术要求

1.两钳口夹紧时间隙不得大于0.05。

2.方孔扳手转动螺杆时活动钳身必须灵活移动。

| 序号 | 名称 | 数量 | 材料 | 备注 |
|---|---|---|---|---|
| 11 | 垫圈 20 | 1 | Q235—A | GB/T 97.1 |
| 10 | 螺钉 M8×18 | 4 | | GB/T 68 |
| 9 | 丝杠 | 1 | Q275 | |
| 8 | 螺母 | 1 | Q235—A | |
| 7 | 销 4×20 | 1 | | GB/T 117 |
| 6 | 挡环 | 1 | Q235—A | |
| 5 | 垫圈 10 | 1 | Q215 | GB/T 97.1 |
| 4 | 活动钳身 | 1 | HT150 | |
| 3 | 螺钉 | 1 | Q235—A | |
| 2 | 护口片 | 2 | 45 | |
| 1 | 固定钳身 | 1 | HT150 | |

| 平口虎钳 | | 1:1 | |
|---|---|---|---|
| | | 1 | |
| 制图 | | 材料 | 成绩 |
| 审核 | | | |

图 8-24　平口虎钳装配图

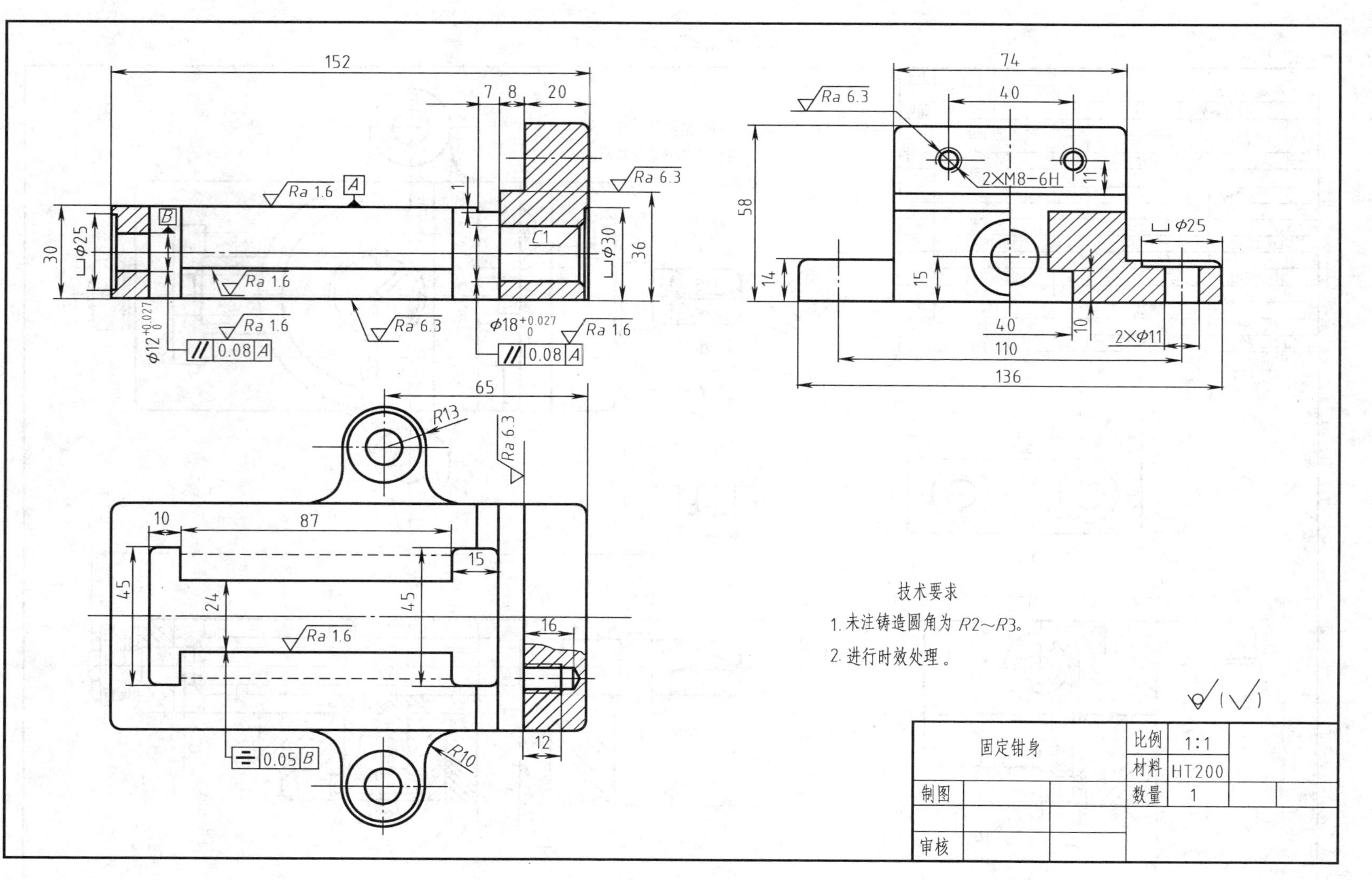
152
7
8
20
Ra 1.6
A
B
1
Ra 6.3
30
Φ25
C1
Φ30
36
Ra 1.6
Φ12+0.027 0
Ra 1.6
0.08 A
Ra 6.3
Φ18+0.027 0
Ra 1.6
0.08 A
74
40
Ra 6.3
2×M8-6H
11
58
Φ25
14
15
40
10
2×Φ11
110
136
65
R13
Ra 6.3
10
87
15
45
24
45
Ra 1.6
16
12
0.05 B
R10
技术要求
1. 未注铸造圆角为R2~R3。
2. 进行时效处理。
固定钳身
比例 1:1
材料 HT200
数量 1
制图
审核

图 8-25 固定钳身

平口钳的表达方案主要采用主、俯、左三个基本视图，把传动、装配关系表达清楚。其中，主视图采用全剖视图，左视图采用了半剖视，俯视图采用了局部剖视图。

2. 画装配图的方法步骤

平口虎钳装配图的画图步骤，如图 8-23 所示。

（1）选比例、定图幅　一般尽量采用 1∶1 比例画图，根据虎钳外形尺寸和表达方案，采用 A3 图幅绘制。首先画图框、留出标题栏和明细栏的位置和填写技术要求文字说明的地方；其次根据表达方案布置图形，画主要基准线。通常用主要轴线、中心线、对称线以及主要零件的主要轮廓线作为各视图的画图主要基准线，将各视图定位。如图 8-23（a）所示。

（2）画底稿　一般先从主视图画起，按投影关系与其他几个视图联系起来画，以保证作图的准确性和提高作图速度。画每个视图应先从主要装配干线的装配定位面开始，画最明显的零件和与其直接相关的零件，如先画固定钳身，再画套在丝杠上的垫圈 11 和丝杆 9，然后画螺母和活动钳身，最后画其他小零件和细节。如图 8-23（b）、（c）所示。

（3）加粗描深　检查无误后画剖面线、标注装配尺寸，编写序号、填写技术要求、明细栏、标题栏，加粗描深完成全图，如图 8-24 所示。

3. 画零件图

根据装配图和零件草图，整理绘制出一套零件图。如图 8-25 所示为平口虎钳全套零件图中的固定钳身。

画零件图时，其视图选择不强求与零件草图或装配图的表达方案完全一致。画装配图时发现零件草图中的问题（如零件草图中的某尺寸与装配图中的该尺寸有出入），应在画零件图时加以修正，保证配合尺寸或相关尺寸的协调。表面粗糙度等技术要求可参阅有关资料及同类或相近产品图样，结合生产条件及生产经验加以制定和标注。

# 第九章 CAXA 三维造型与工程图

传统工程图学的体系是一个解决空间形体的二维表达与标注的体系，它与传统手工设计相适应。现代工程制图是依靠计算机实现，不仅提供了空间形体的二维表达与标注内容，而且还提供三维数字化模型，如图 9-1 所示。

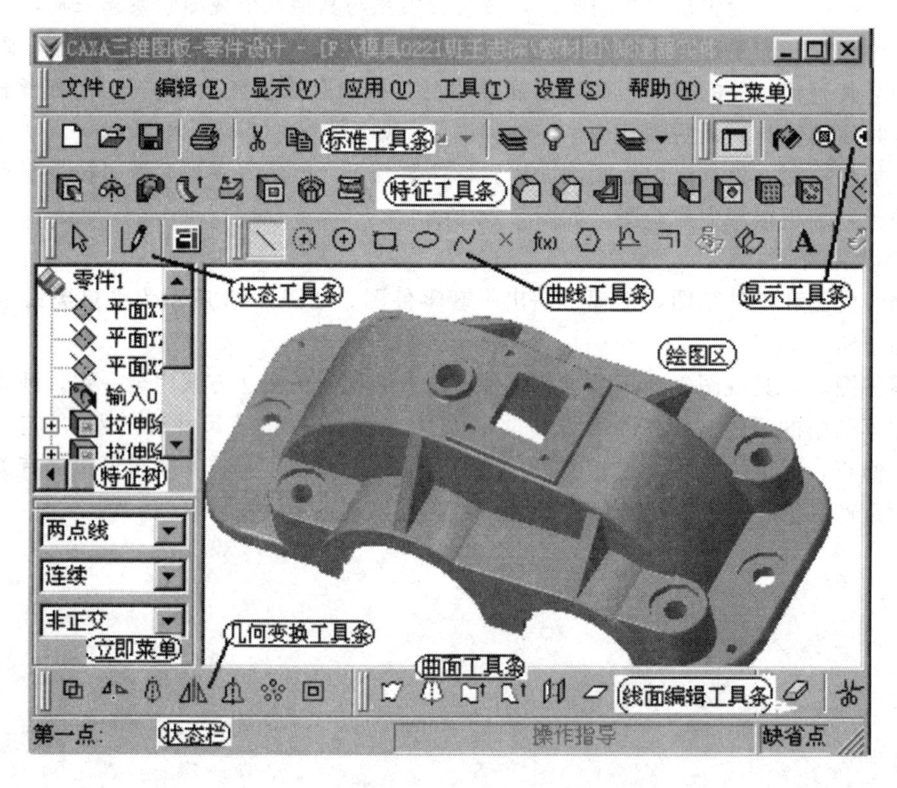


图 9-1 CAXA 三维图板工作界面

构思任何产品都是三维的，过去没有一种方法能迅速实现人们头脑中三维形体的构建，而现在的三维 CAD 系统已经实现了这种表达。同时，三维设计所得到的三维数字化模型是有限元分析、模拟、仿真及数控加工等设计、制造活动的信息源。

具有我国自主知识产权的 CAXA 实体设计和 CAXA 三维图板提供了两种三维数字化模型。CAXA 三维图板的操作十分简单，造型过程符合传统制图思维，并与国际上各类流行的参数化三维 CAD 软件（如 Slid Work、Pro/E 等）的造型操作过程基本一致，能适用于各种产品设计（如机械、航空、航天、汽车、船舶、轻工、纺织等领域），并与 CAXA 制造工程师软件的造型命令完全一致。本章通过示例介绍 CAXA 三维图板的基本内容，为本书读者学习各类三维 CAD 软件以及在现代制造业从事三维 CAD 工作打下基础。

计算机操作说明如下。

点击或单击，指按鼠标左键一次；双击指快速按鼠标左键两次；框选指点击一次，然后移动光标至另一处点击，形成一个（实或虚线）矩形框，选择所要图线。右击指按鼠标右键一次。

## 第一节　CAXA 三维与二维图板工作界面

### 一、CAXA 三维图板工作界面

在 Windows 桌面上移动光标，点击“开始”→“程序”→“CAXA 三维图板”→“零件设计”，进入“CAXA 三维图板——零件设计”工作界面。或直接在桌面上双击图标“CAXA三维图板”，再双击“CAXA零件设计”，进入“CAXA 三维图板——零件设计”工作界面。

1. 绘图区

绘图区是用户进行绘图设计的工作区域，如图 9-1 所示箱盖实体占有的区域。它们位于屏幕的中心，并占据了屏幕的大部分面积。广阔的绘图区为显示全图提供了空间。

在绘图区的中央设置了一个三维直角坐标系，该坐标系称为世界坐标系。它的坐标原点为（0.0000，0.0000，0.0000）。用户在操作过程中的所有坐标均以此坐标系的原点为基准。

在绘图区有两种画图线的状态，即草图状态和非草图状态。草图是画在基准平面上的平面图形，是用它来形成三维实体；基准平面是草图必须依托的平面，是特征树中显示为图标的平面，如“平面 XY”；进入草图状态，首先要选定了一个基准面点击，其次要点击绘制草图命令按钮，使之处于按下状态。非草图状态时，处于非按下状态，是在这一状态下通过点击特征工具条上的特征造型命令把草图变成三维实体；同时，非草图状态下在绘图区所画图线可用作草图旋转的轴线、草图导动的轨迹线等。

2. 主菜单

主菜单是界面最上方的菜单条，主菜单包括文件、编辑、显示、应用、工具、设置和帮助，如图 9-1、图 9-2 所示。

每个主菜单都含有若干个下拉菜单。如点击主菜单中的“应用”后，光标指向下拉菜单中的“曲线生成”，如图 9-2 所示，然后点击命令菜单中的“直线”，则在图 9-1 界面左侧会弹出一个立即菜单。

3. 立即菜单和点工具菜单

立即菜单显示了该项命令的执行方式和使用情况。用户根据当前的作图要求选择某一选项进行操作。如点击图 9-2 中画直线命令后，在图 9-1 显示出的立即菜单为执行“两点线”

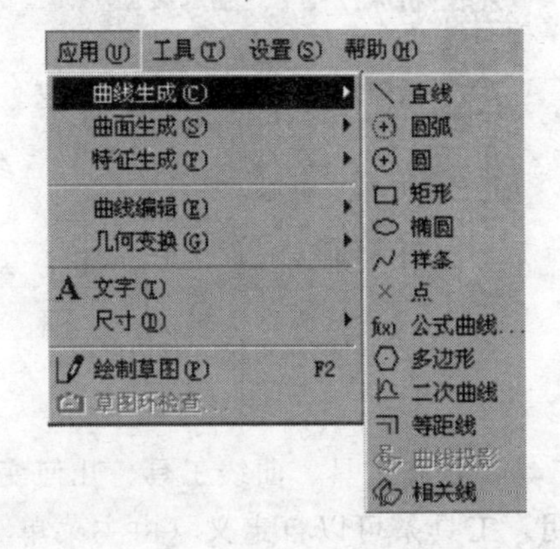


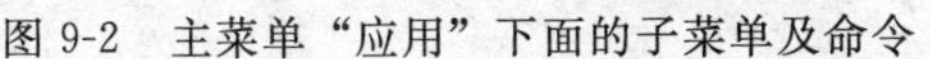
图 9-2　主菜单“应用”下面的子菜单及命令

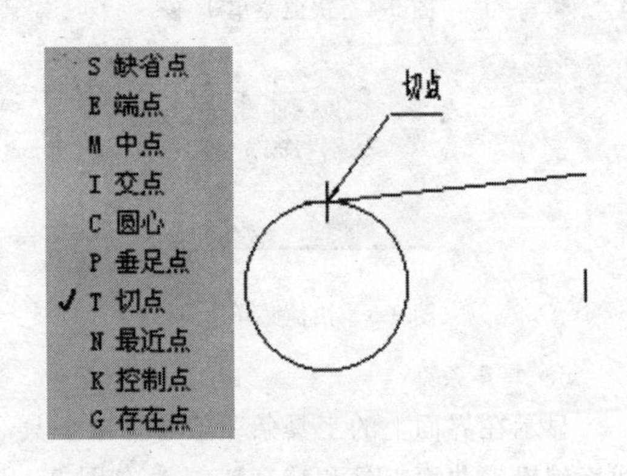


图 9-3　点工具菜单与图线上的切点示例

（即过两点连直线）方式，使用条件是画“连续”、“非正交”直线，并在状态栏显示操作提示“第一点”（通知用户从键盘输入点坐标，或移动光标到适当位置后点击给出坐标）、并显示当前命令状态的工具点是“缺省点”。

“点工具菜单”是在绘图命令操作过程中用于捕捉具有几何特征的点，如圆心点、切点、端点等，这些点称为工具点。其中缺省点（S）是屏幕上的任意位置点，最近点（N）是曲线上距离捕捉光标最近的点，其他点符合一般的解释。如用户点击画直线命令进入操作状态后，若需要输入工具点时，只要按下空格键，即在屏幕上会弹出如图 9-3 所示点工具菜单，点击“切点”项后再把光标移到绘图区中已画出的图线（图 9-3 中圆）附近点击，则所绘直线的第一点在已知圆弧上，并会与该圆弧相切；当状态栏提示输入第二点时，若第二点为一般点，则需重新按空格键，在弹出的点工具菜单中击“缺省点”项（此时状态栏中的“切点”变为“缺省点”），再把光标移到适当处点击得到第二点，两点自动连成直线画出了已知圆的切线。

所有作图命令的操作过程，如同画直线命令这般简单，只要选好“立即菜单”中给出的执行方式和使用条件，并按状态栏中的提示进行操作即可。有些命令弹出的是对话框形式。

4. 快捷菜单

光标处于不同的位置，按鼠标右键会弹出不同的快捷菜单。如将光标移到特征树中“XY”基准面上，按右键，弹出如图 9-4 所示的快捷菜单，点击“创建草图”则所选定的基准平面定义为绘制草图平面。也可将光标移到绘图区中的实体平面上，单击实体，再按右键，同样会弹出如图 9-4 所示的快捷菜单，击“创建草图”项使所选平面定义为草图平面。

又如将光标移到特征树中的“拉伸增料”特征上，按右键，弹出的快捷菜单如图 9-5 所示，点击菜单中的不同的选项，则可进行不同的操作。

5. 对话框

某些选项要求用户以对话的形式予以回答，单击这些菜单或按钮命令时，系统会弹出一个对话框，用户可根据当前操作做出响应。如在图 9-1 的右上方点击视向定位按钮，弹出如图 9-6 的对话框，若双击“主视”项，则箱盖的位置变换到主视图位置。

图 9-4　快捷菜单 1

图 9-5　快捷菜单 2

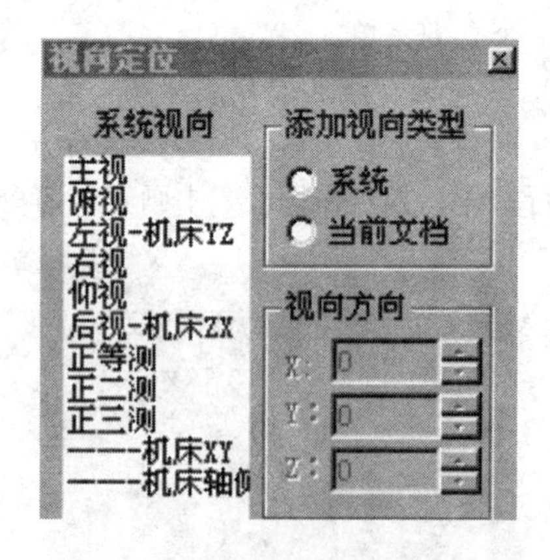


图 9-6　“视向定位”对话框

6. 工具条

显示在界面上的工具条一般有标准工具、显示工具、状态工具、曲线工具、几何变换、线面编辑、曲面工具和特征工具，在图 9-1 中已注明。工具条可以自定义（由主菜单“显示”下拉菜单项控制）。

① 标准工具包含了标准的"打开文件"、"打印文件"等Windows按钮，也有零件设计环境下"层设置"、"拾取过滤设置"、"当前颜色设置"按钮。

② 显示工具包含了"缩放"、"移动"、"视向定位"等选择显示方式的按钮。

③ 状态工具包含了"终止当前命令"、"草图状态开关"、"启动二维电子图版"三个常用按钮。

④ 曲线工具包含了"直线"、"圆弧"、"公式曲线"等丰富的曲线绘制工具。

⑤ 几何变换包含了"平移"、"镜像"、"旋转"、"阵列"等几何变换工具。

⑥ 线面编辑包含了曲线的裁剪、过渡、拉伸和曲面的裁剪、过渡、缝合等编辑工具。

⑦ 曲面工具包含了"直纹面"、"旋转面"、"扫描面"等曲面生成工具。

⑧ 特征工具包含了"拉伸"、"导动"、"过渡"、"阵列"等丰富的特征造型手段。

⑨ 特征树记录了零件生成的操作步骤，用户可以直接通过特征树对零件特征进行编辑。

7. 矢量工具

主要是用来选择方向，在曲面生成时经常要用到。

8. 选择集拾取工具

是用来方便地拾取需要图形元素的工具。拾取图形元素（点、线、面）的目的是根据作图的需要，在已经完成的图形中选取作图所需的某个或某几个元素。已选中的元素集合，称为选择集。当交互操作处于拾取状态时，状态栏出现"添加…"或"拾取…"等操作提示，

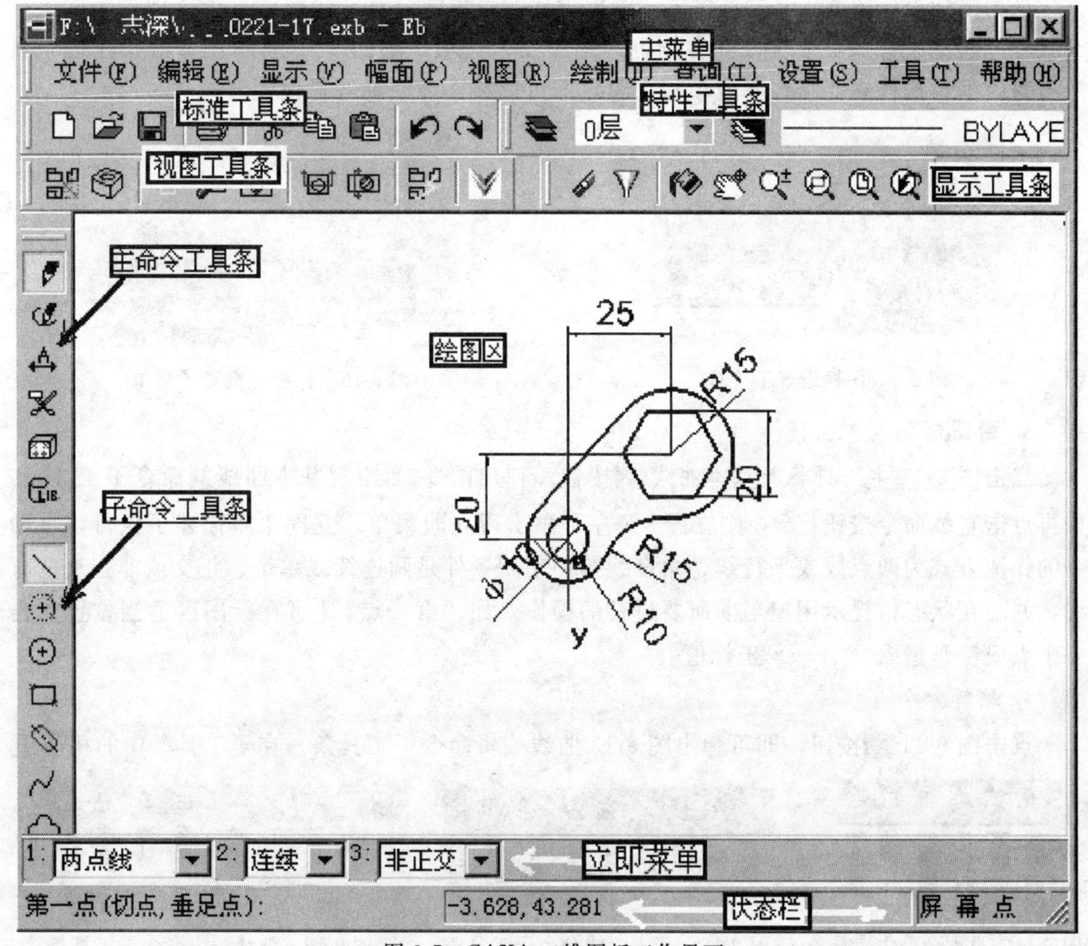


图9-7　CAXA二维图板工作界面

用户要按状态栏中提示点击所选图形元素或框选图形元素。

## 二、CAXA 二维图板工作界面

在图 9-1 状态工具条上点击按钮，进入 CAXA 二维图板工作界面，如图 9-7 所示。

### 1. 图纸幅面

在图 9-7 中点击主菜单“幅面”，下拉出图 9-9 菜单，再点击“图纸幅面”，弹出如图 9-8 的对话框。在图纸幅面规格中，设置了 A0～A4 共 5 种标准图纸幅面供调用，并可设置图纸方向及绘图比例。若点击图 9-8 中的“确认”按钮，则设置了一张电子 A4 图幅。

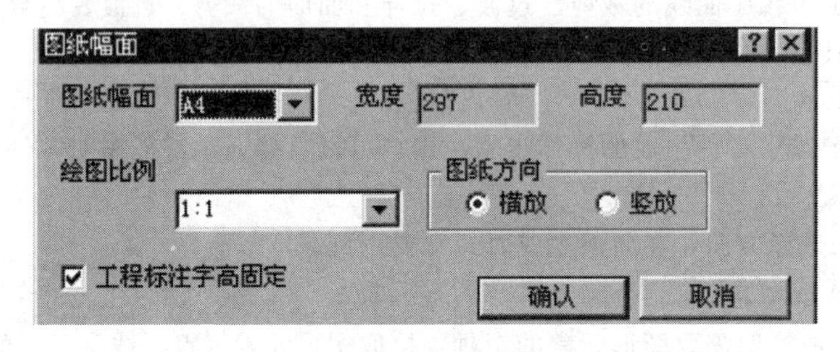


图 9-8 “图纸幅面”对话框

### 2. 图框和标题栏设置

当用鼠标点取图 9-9 下拉菜单中“图框设置”菜单时，其右侧弹出三个选项；当用鼠标点取“标题栏设置”菜单时，其右侧也会弹出三个选项，如图 9-10 所示。点击相应选项后弹出对话框，按框中要求选择或填写内容，即可完成图框或标题栏设置。

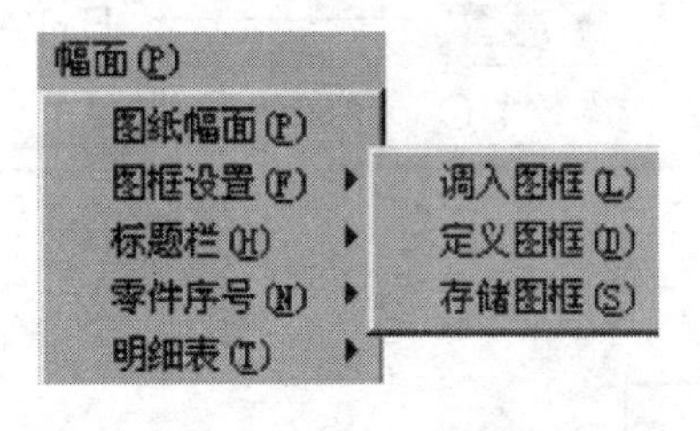


图 9-9 图框设置子菜单

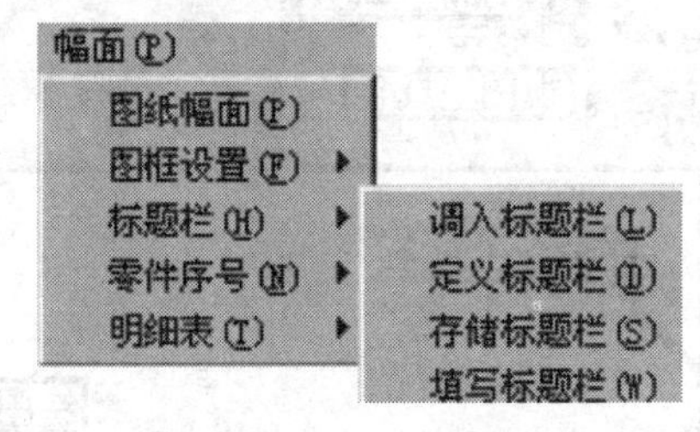


图 9-10 标题栏设置子菜单

### 3. 绘图命令

点击图 9-11 主工具条上基本曲线按钮，弹出图 9-12 绘制基本曲线的命令子工具条。如再点击直线命令按钮，则在图 9-7 左下角出现立即菜单。立即菜单描述了执行该项命令的作图方式为两点线或平行线、角度线等，使用条件是画连续或单个、正交或非正交的直线，并会在状态栏提示用户当前所要进行的操作，如“第一点”[可在绘图区适当位置点击一个点或键盘输入（$x$，$y$）坐标值]。

### 4. 编辑命令

点击图 9-11按钮，即可弹出图 9-13 曲线编辑命令子工具条。在子工具条中的相应项

图 9-11 类别命令主工具条　图 9-12 基本曲线命令子工具条　图 9-13 曲线编辑命令子工具条

点击，出现立即菜单和状态栏提示，按该两项说明操作即可。

特性工具条、显示工具条，如图 9-14、图 9-15 所示。其中，当前层窗口显示的层名（如“0层”）为当前画图层，即所画图线的线型、颜色、粗细随该层（Bylayer）的设置而定（可在“层控制”按钮弹出的对话中设置），当前线型和颜色不采用 Bylayer（随层）时，就会采用当前颜色、线型框中指定的线型和颜色。而显示窗口的放大及拖动缩放等，仅仅是一种显示上的变化（实际尺寸没变）。

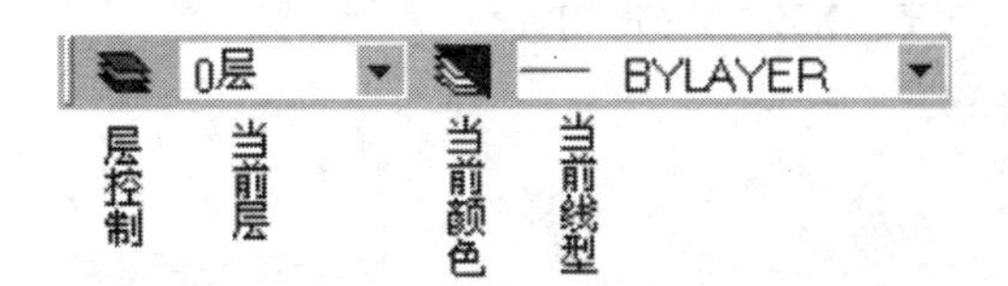


图 9-14 特性工具条

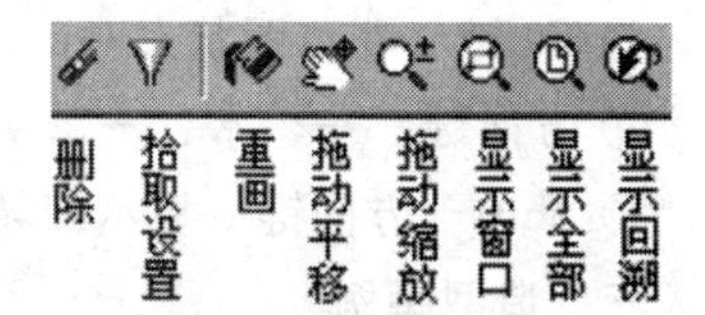


图 9-15 显示工具条

工程标注、块操作等主、子命令的输入，均类同绘图命令、编辑命令的输入，操作过程只要按立即菜单和状态栏提示进行，就能顺利完成操作。光标在各工具条按钮上逗留一会，即会显示该命令的中文名称。通过点击工具条上的相应命令按钮，即可进行该命令的操作。

# 第二节 CAXA三维造型实例

## 一、常用按钮的名称

为了便于找到界面上的命令按钮，在图 9-16～图 9-23 中列出了常用按钮的名称。

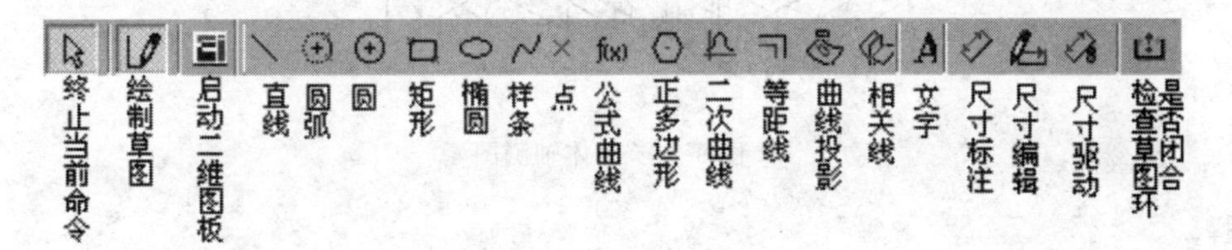


图 9-16 状态工具条　　图 9-17 曲线工具条　　图 9-18 草图尺寸工具条

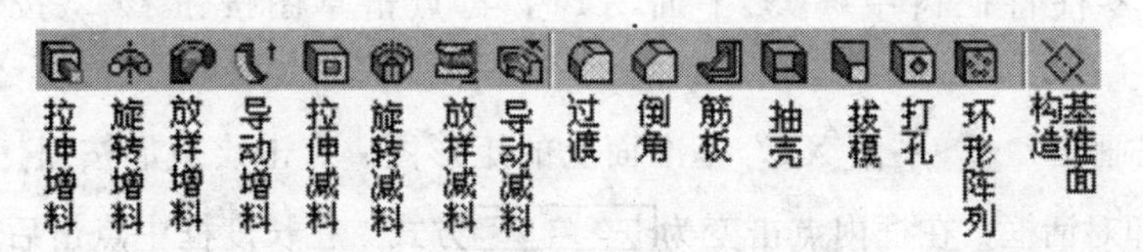


图 9-19 实体特征工具条

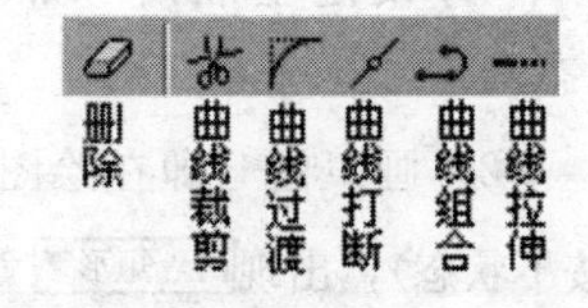


图 9-20 线面编辑工具条

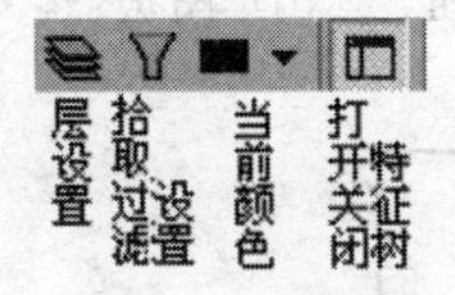


图 9-21 图线特征设置工具条

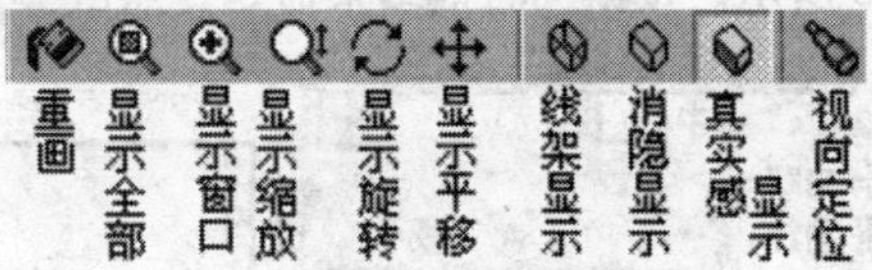

重画　显示全部　显示窗口　显示缩放　显示旋转　显示平移　线架显示　消隐显示　真实感显示　视向定位

图 9-22 显示工具条

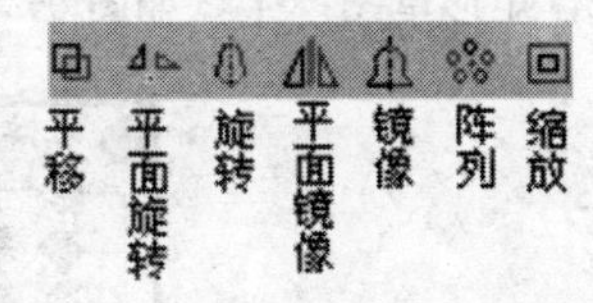


图 9-23 几何变换工具条

## 二、常用热键

① 空格键　当系统要求输入点、输入矢量方向和选择拾取方式时，按空格键会弹出相应菜单，选择需要方式后自动关闭菜单。

② F3 键　显示全部。

③ F4 键　重画。

④ F5 键　显示俯视方向的实体。

⑤ F6 键　显示左视方向的实体。

⑥ F7 键　显示主视方向的实体。

⑦ F8 键　显示轴测方向的实体。

⑧ F9 键　非草图状态时的作图平面（XY、XZ、YZ）切换。

⑨ 方向键　←、↑、→、↓，显示平移。

⑩ Shift＋方向键　显示旋转。

**三、造型举例**

**【例 9-1】** 对图 9-24 轴测图进行三维实体造型。

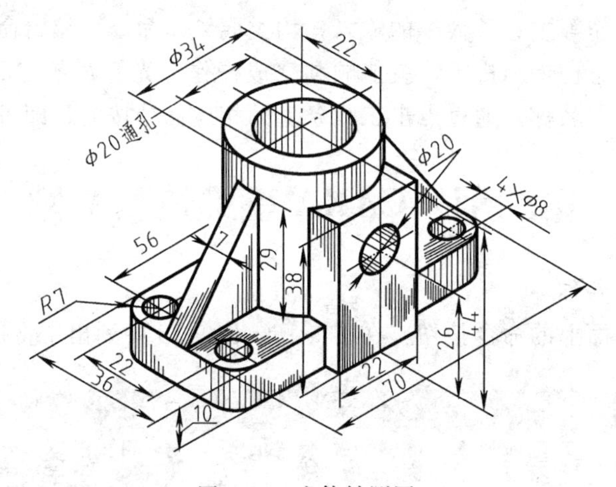


图 9-24　座体轴测图

**解**

1. 底板的拉伸造型

(1) 设定基准面　点击零件特征树中“平面 XY”，再点击草图按钮（按下状态）。

(2) 画草图　即在绘图区画出“平面 XY”基准面上的矩形图。点击绘矩形按钮（按下状态），出现两点矩形▼立即对话框，在框内点击变为中心_长_宽▼方式。在长度框中点击后输入“70”，回车，在宽度框中点击后输入“36”，回车；移动光标并提着矩形中心于坐标原点处点击，矩形草图产生，如图 9-25 所示。按鼠标右键结束命令。点击按钮，退出草图状态。

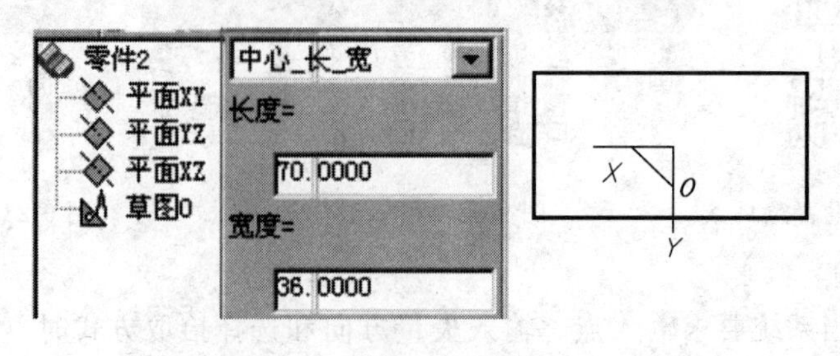


图 9-25　立即菜单与底板草图

(3) 拉伸出柱体　点击“拉伸增料”按钮，弹出如图 9-26 的对话框，在“深度”栏输入“10”，“拉伸对象”栏为“草图 0”（若为“草图未准备好”，则此时需点击草图变为亮显状态，其他命令的操作类同此情况的处理），其他如对话框中设置。点击“确定”按钮，完成四棱柱造型。按键盘上的F8 键实体摆成轴测图位置，按Page Down键缩小实体（Page Up 键为放大实体），按→、←或↑、↓键为左右或上下移动实体，如图 9-27 所示。

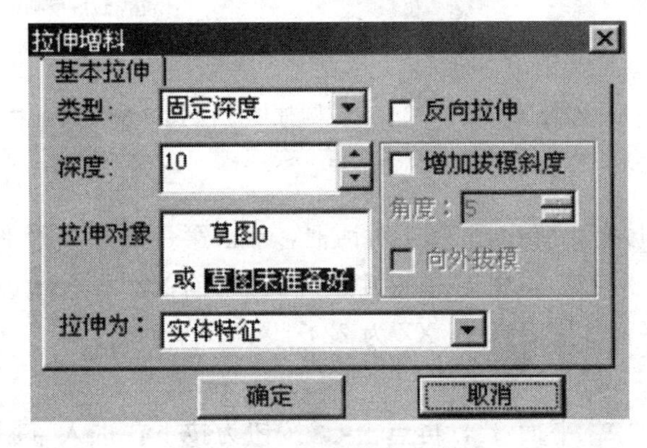


图 9-26　拉伸增料对话框

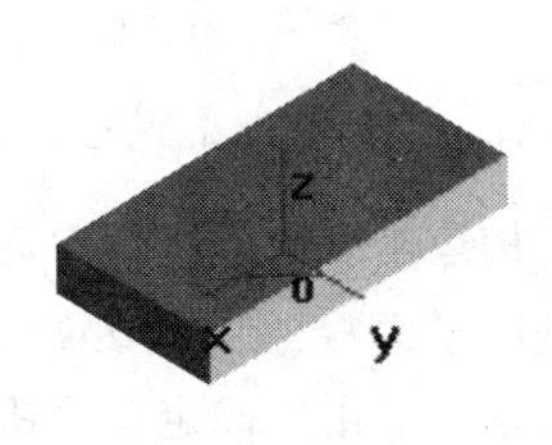


图 9-27　四棱柱实体

以下在草图中的画图命令名称对应的按钮如图 9-17 所示。

2. 圆柱体的旋转增料造型

(1) 绘制圆柱体的轴线　按 F9 键一次，使当前绘图坐标面为平面 YZ，如图 9-28 右图所示。点击“直线”按钮，弹出如图 9-28 左图中的立即菜单。再于坐标原点点击、Z 轴上方适当处点击，画一条直线。注意，这是在非草图状态所画的图线。

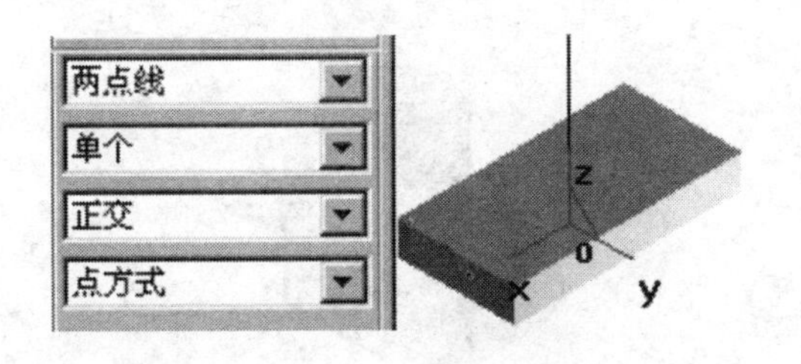


图 9-28　在 z 轴上绘制直线

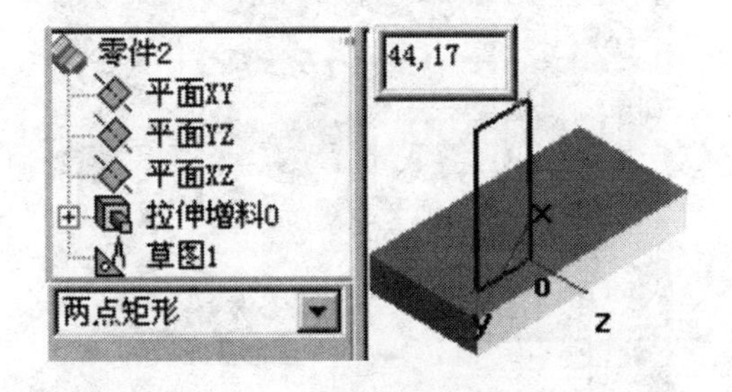


图 9-29　绘制矩形草图

(2) 画草图

① 进入草图状态。点击零件特征树中“平面 XZ”，再点击按钮为按下，进入草图状态。

② 按圆柱体尺寸造型。点击绘“矩形”按钮，出现中心_长_宽▼立即对话框，在框内点击变为两点矩形▼方式。移动光标于原点点击（输入第一点），然后从键盘输入“44，17”（矩形的第二点，请特别注意图 9-29 中 X、Y 坐标方向），回车，矩形草图产生，如图 9-29 所示，按鼠标右键结束命令。点击按钮，退出草图状态。

(3) 旋转出圆柱体：点击“旋转增料”按钮，弹出如图 9-30 的对话框，拾取项为“请拾取轴线”，点击绘图区中轴线，对话框变为图 9-31“轴线准备好”，点击“确定”按钮，完成圆柱体造型，如图 9-32 所示。图 9-33 所示为特征树情况。

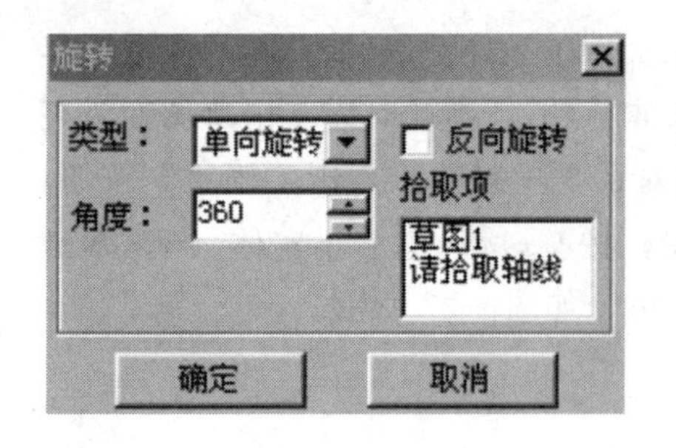


图 9-30 “旋转”对话框

图 9-31 拾取轴线结果

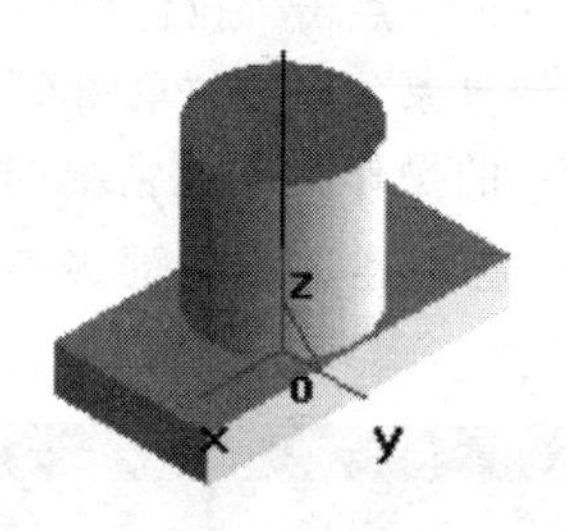


图 9-32 生成圆柱体

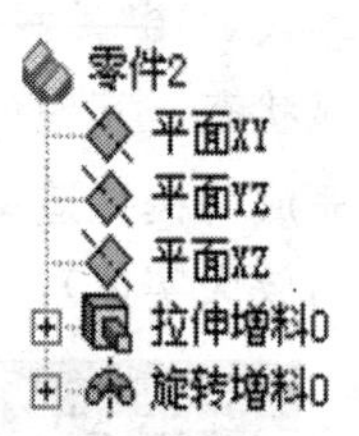


图 9-33 特征树

3. 立板的拉伸造型

(1) 构造基准面 点击构造基准面按钮，弹出图 9-34 对话框，点击第一图（等距平面确定基准平面），点击“距离”项并输入“22”，点击图 9-33 中的“平面 XZ”，各项设置如图所示，点击“确定”按钮，完成“平面 3”（距平面 XZ 为 22）设置。

(2) 画草图

① 进入草图状态。点击零件特征树中“平面 3”，再点击按钮为按下，进入草图状态。

② 按立板尺寸造型。点击绘“矩形”按钮，出现两点矩形立即对话框，从键盘输入“0，11”（第一点），回车，然后从键盘输入“38，－11”（矩形的第二点），回车，矩形草图产生，如图 9-35 所示，按鼠标右键结束命令。点击按钮，退出草图状态。

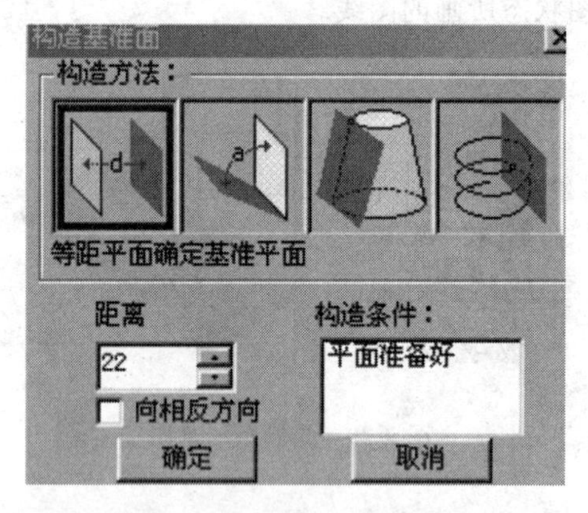


图 9-34 “构造基准面”对话框

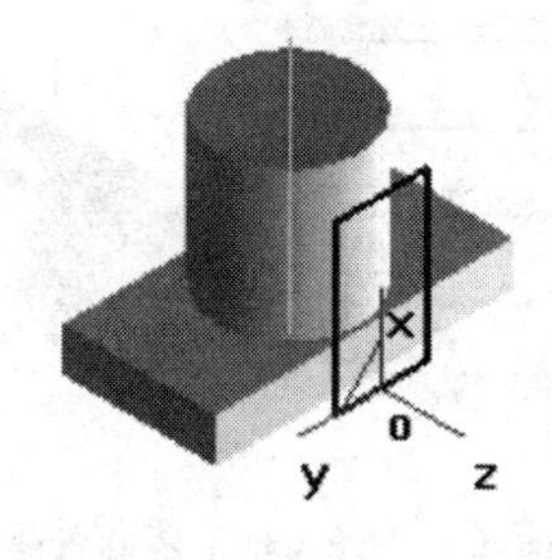


图 9-35 立板草图

(3) 拉伸出柱体 点击“拉伸增料”按钮，弹出图 9-36 对话框，把“类型”项改为“拉伸到面”设置，点击圆柱面后，点击“确定”按钮，完成图 9-37 立板造型。

4. 水平小圆孔的拉伸除料造型

(1) 构造基准面 点击立板前表面，使边界矩形亮显，作为挖孔的基准面。

(2) 画草图

① 进入草图状态。点击按钮为按下，进入草图状态。

② 按小孔尺寸造型。点击绘“圆”按钮，出现圆心_半径立即对话框，从键盘输入坐标“0，－26”（圆心点），回车，然后从键盘输入“5”（半径值），回车，小圆孔草图产生，如图 9-38 所示，按鼠标右键结束命令。点击按钮，退出草图状态。

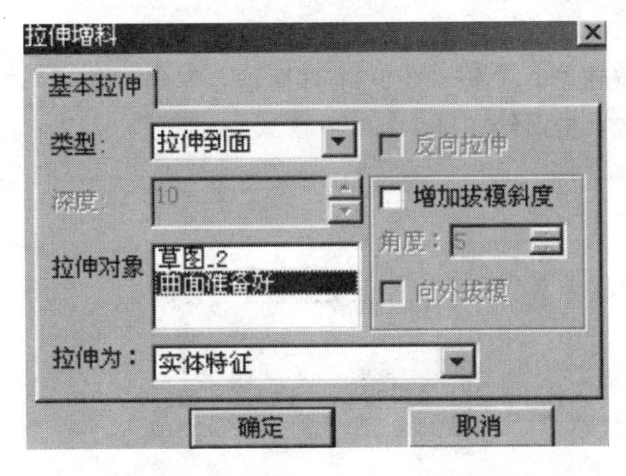


图 9-36 “拉伸增料”对话框

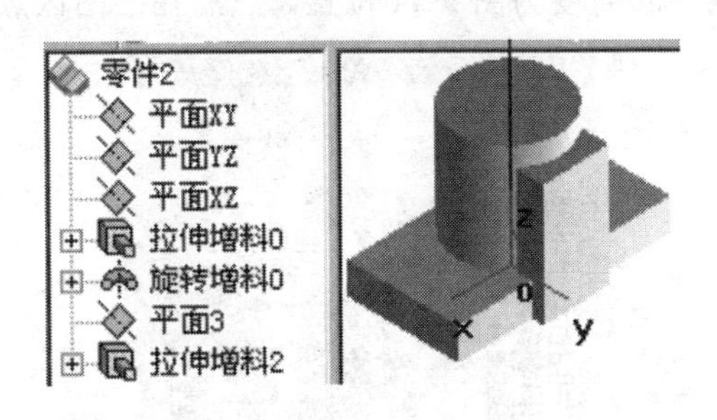


图 9-37 生成立板

(3) 小圆孔的造型　点击“拉伸除料”按钮，弹出图 9-39 对话框，把“类型”项中“固定深度”改为“贯穿”设置，点击“确定”按钮，完成图 9-40 小孔造型。

5. 大圆孔的拉伸除料造型

(1) 构造基准面　点击圆柱体上端面，使边界圆亮显，作为挖孔的基准面。

(2) 画草图

① 进入草图状态。点击按钮为按下，进入草图状态。

② 按大孔尺寸造型。点击绘“圆”按钮，出现圆心_半径立即对话框，点击坐标原点(圆心点)，然后从键盘输入“10”(半径值)，回车，大圆孔草图产生，如图 9-41 所示，按鼠标右键结束命令。点击按钮，退出草图状态。

(3) 大圆孔的造型　点击“拉伸除料”按钮，弹出类同图 9-39 对话框，“类型”项为“贯穿”，点击“确定”按钮，完成图 9-42 大圆柱孔造型。

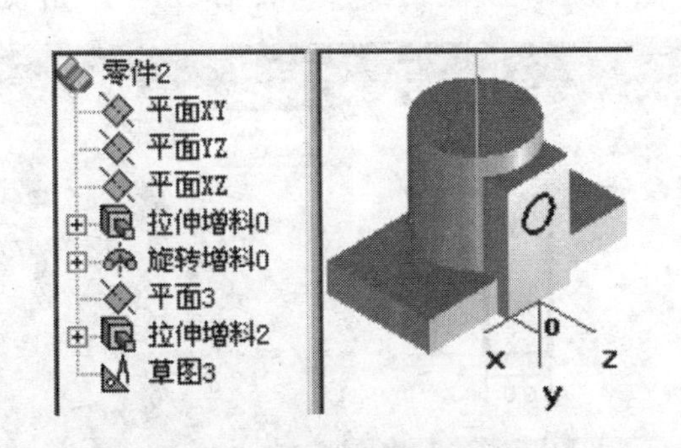


图 9-38 小圆孔草图

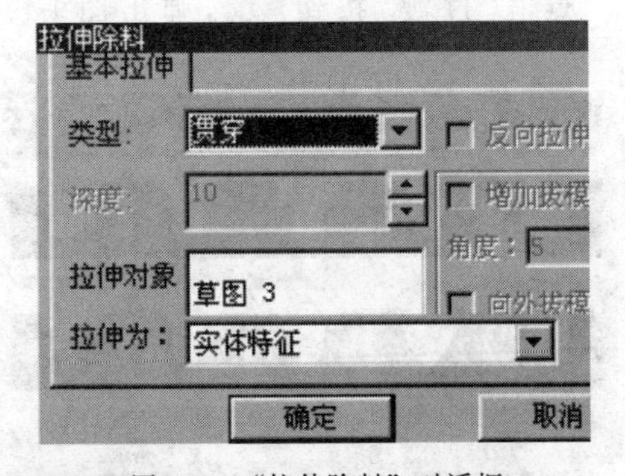


图 9-39 “拉伸除料”对话框

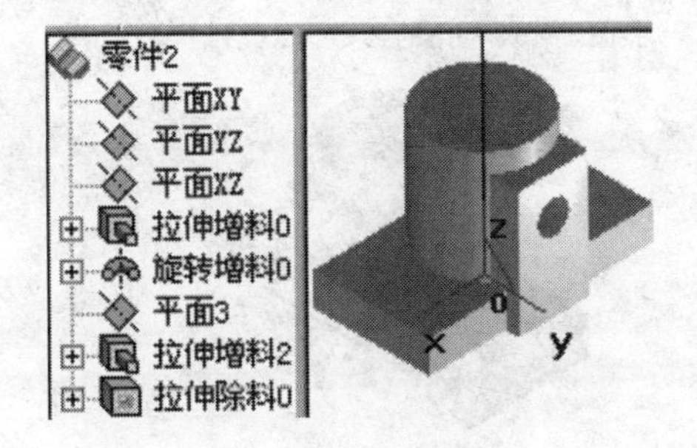


图 9-40 生成小圆柱孔

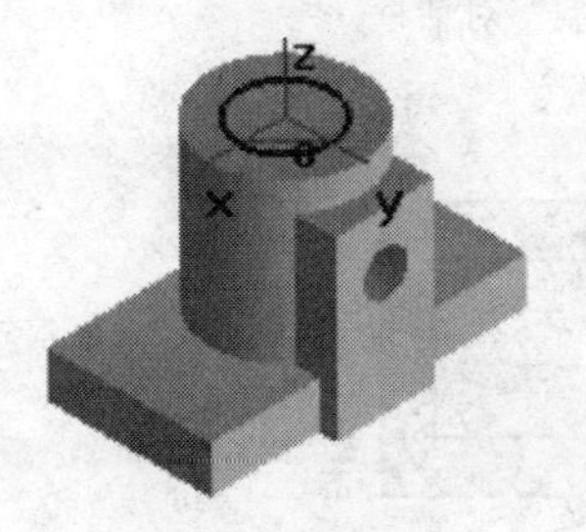


图 9-41 大圆孔草图

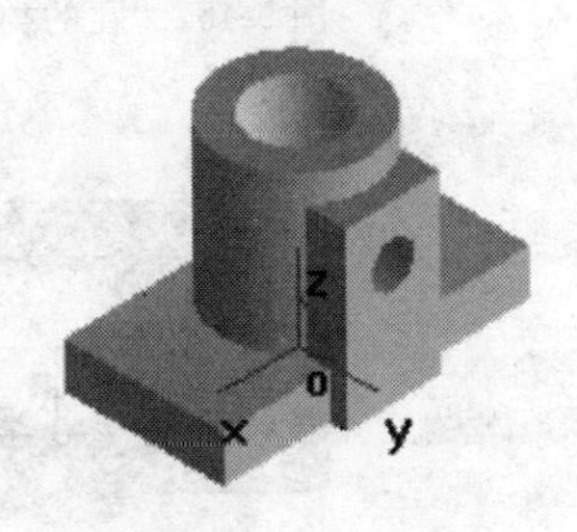


图 9-42 生成大圆柱孔

6. 四个安装孔的造型

(1) 实体视向定位　点击“视向定位”按钮，弹出图9-43对话框，双击“俯视”，实体位置变为图9-44位置。然后在绘图区点击，击活绘图区。

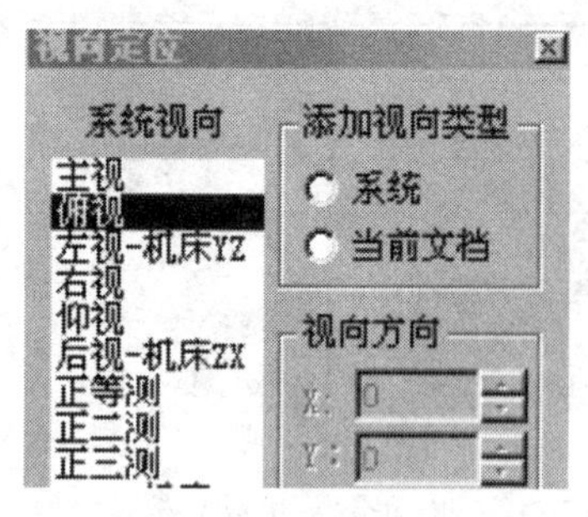


图9-43 “视向定位”对话框

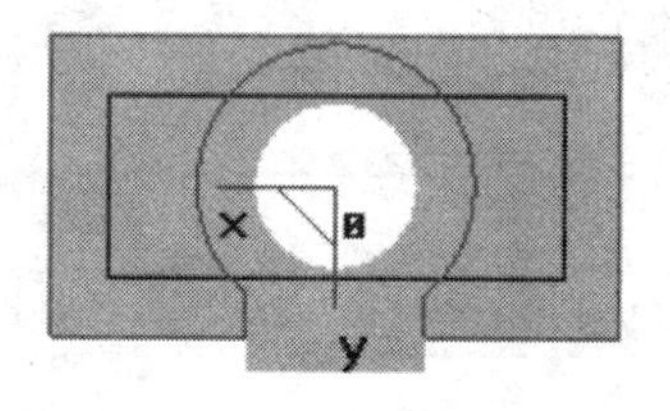


图9-44 定打孔位置的矩形

(2) 确定打孔位置点　按F9键两次，使当前绘图平面为“平面XY”。点击画“矩形”按钮，弹出两点矩形▼方式，点击之变为中心_长_宽▼立即对话框，根据四个安装孔的定位尺寸在立即对话框中输入长“56”、宽“22”，然后把光标移至坐标原点点击得矩形，矩形四角顶为打孔位置。

(3) 打孔　点击打孔按钮，弹出图9-45对话框，先在实体的底板上表面点击，然后点击对话框中第一种孔型，移动光标至矩形角顶位置点击，再点击对话框中的下一步，弹出图9-46对话框，把直径设为“8”、并选择“通孔”项，按“完成”钮，完成打孔。同样方法打出其余三孔，如图9-47所示。双击“视向定位”框中的“正等测”，出现如图9-48所示图形。点击编辑工具条中“删除”按钮，再点击矩形的四条边，按右键删除该矩形。

7. 四个圆角的造型

点击“过渡”按钮，弹出图9-49对话框，设半径值为“7”，然后逐一点击底

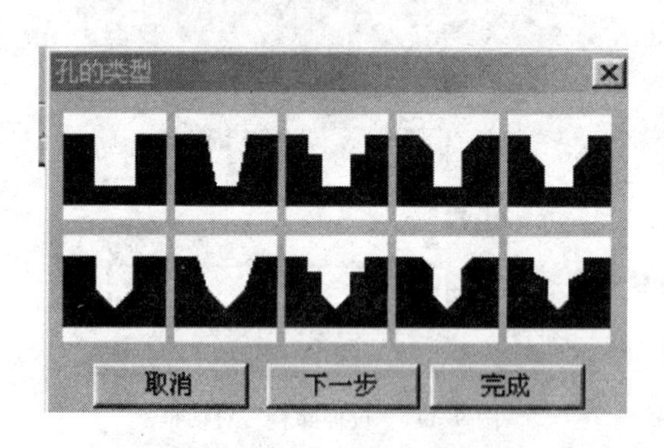


图9-45 “孔的类型”对话框

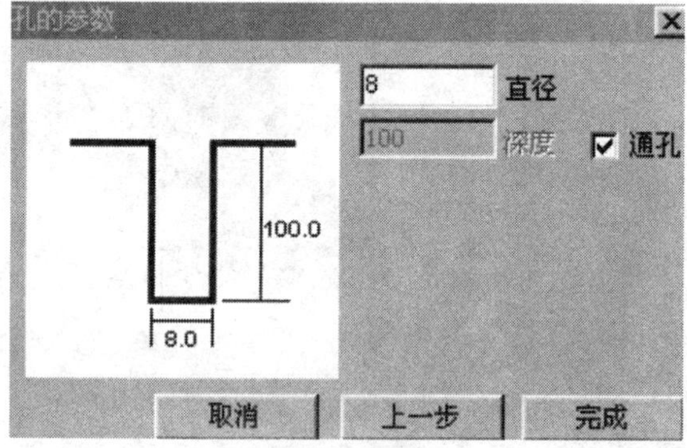


图9-46 “孔的参数”对话框

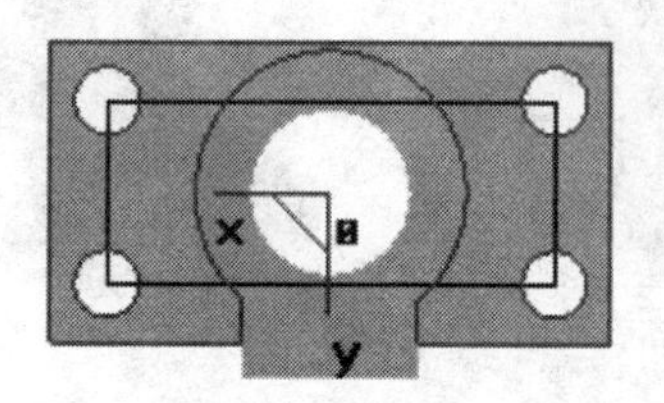


图9-47 矩形角处挖孔

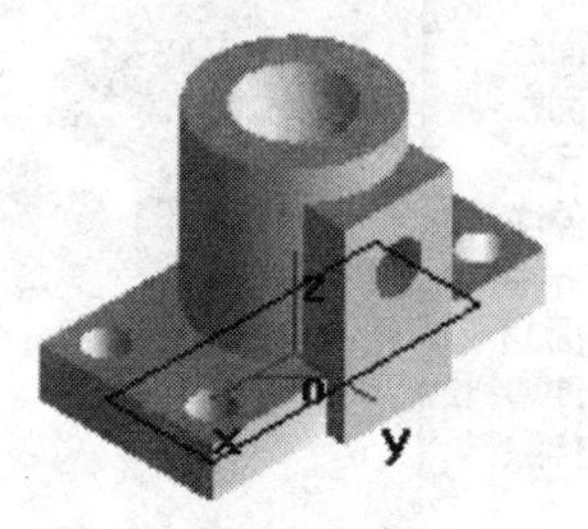


图9-48 正等测视向图

板上的三条侧棱变为亮显。另有一条通过点击“旋转显示”按钮，拖动鼠标来转动实体位置，使该条侧棱可见，然后按右键结束旋转显示命令，同时移动光标点击该侧棱为亮显。最后，点击“确定”按钮，完成圆角造型。再双击“视向定位”中的“正等测”，出现如图9-50所示图形。

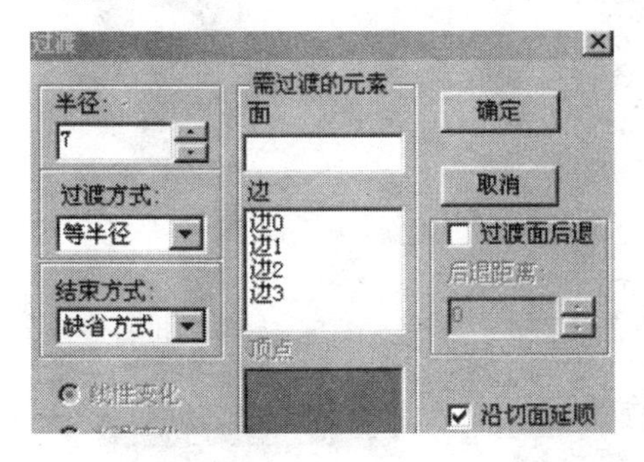


图 9-49 “过渡”对话框

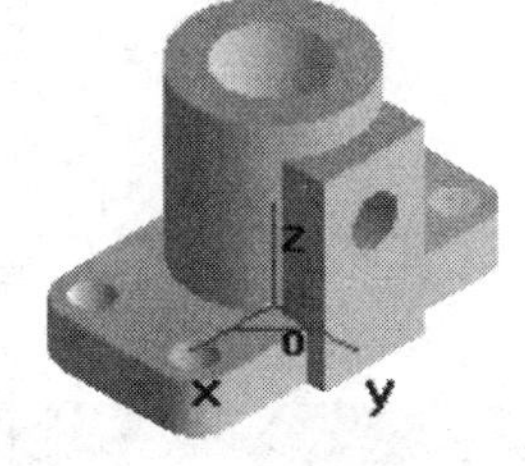


图 9-50 生成圆角

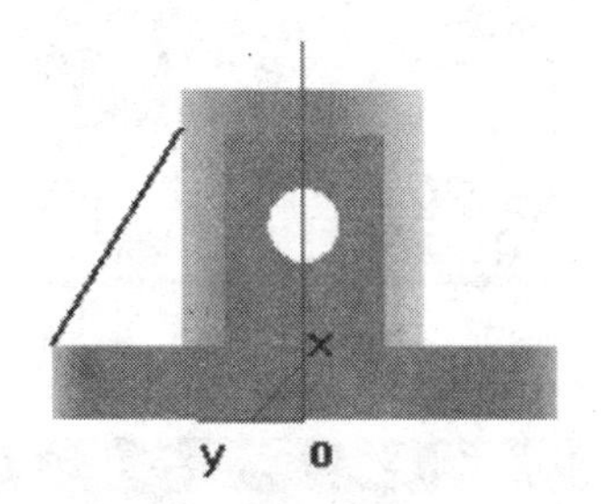


图 9-51 绘筋板草图线

8. 筋板的造型

（1）实体视向定位 点击“视向定位”按钮，弹出图9-43对话框，双击“主视”，实体位置变为图9-51所示位置。然后在绘图区点击，击活绘图区。按Page Down键缩小实体。

（2）画左侧筋板的草图线

① 点击零件特征树中“平面XZ”，作为画草图的基准面，再点击草图按钮为按下，进入草图状态。

② 点击画“直线”按钮，弹出两点线立即菜单，按空格键弹出点工具菜单（图9-3），点击菜单中的“端点”项，然后在实体底板左上角点击，得直线的第一点；另一点从键盘输入“39，17”，回车，草图线作出，如图9-51所示。点击按钮退出草图状态。

（3）左侧筋板的造型 点击筋板特征按钮，弹出图9-52筋板特征对话框，按对话框设置好后，点击“确定”按钮，完成左侧筋板的造型（注意图中矢量方向朝右下方）。按F8键，按Page Down键，如图9-53所示（同样操作方法可完成右侧筋板的造型）。

（4）右侧筋板的造型 点击环形阵列按钮，弹出图9-54环形阵列对话框。在“选择阵列对象”栏点击，接着在特征树中点击“筋板0”。在“选择旋转轴”栏点击，接着在实体上点击大圆柱筒轴线，并按对话框设置好角度、数目值，如图9-55所示。然后点击确定

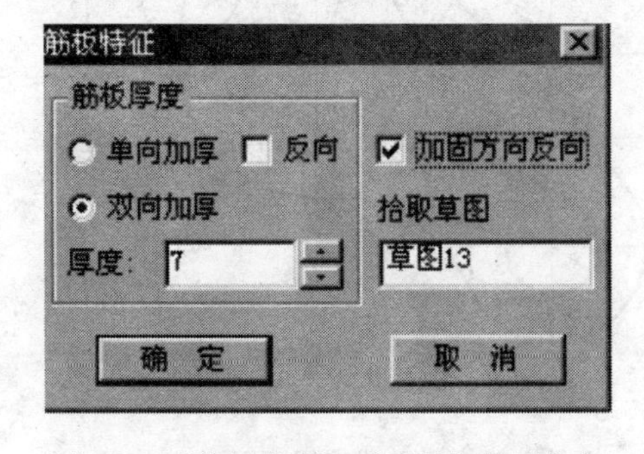


图 9-52 “筋板特征”对话框与加固方向

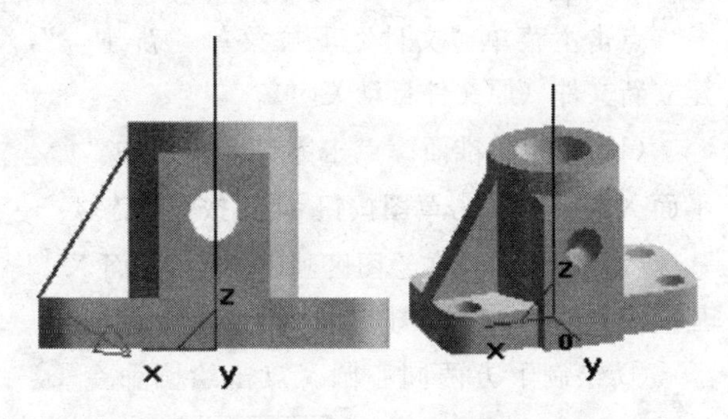


图 9-53 生成左筋板

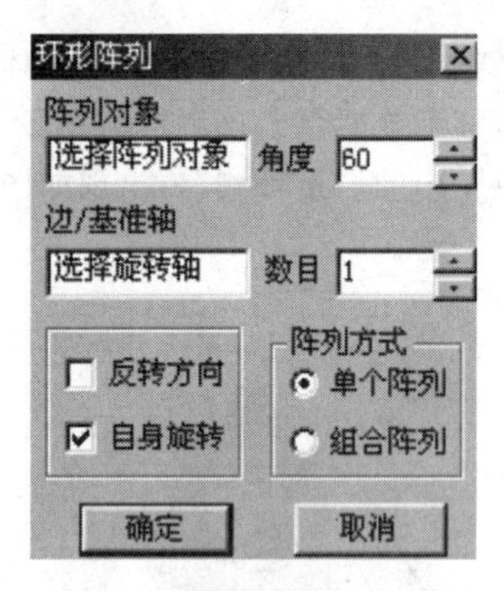


图 9-54 “环形阵列”对话框

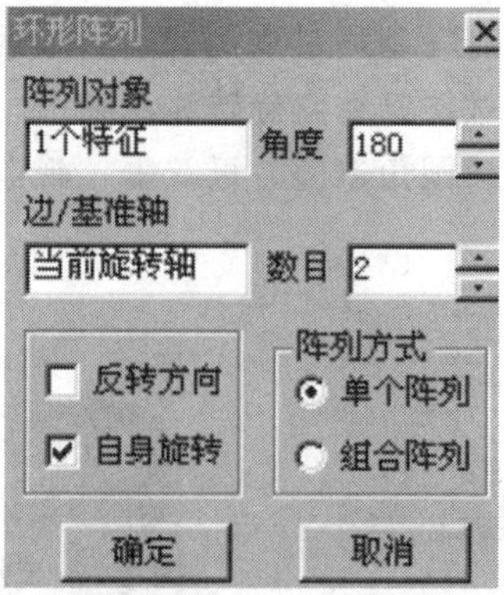

图 9-55 项目设置情况

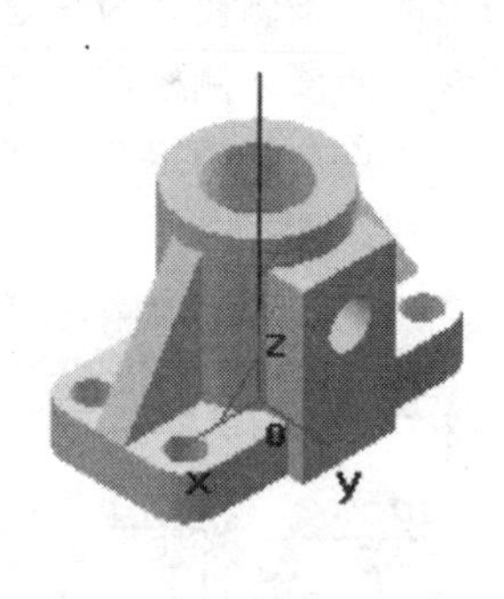


图 9-56 阵列出右筋板

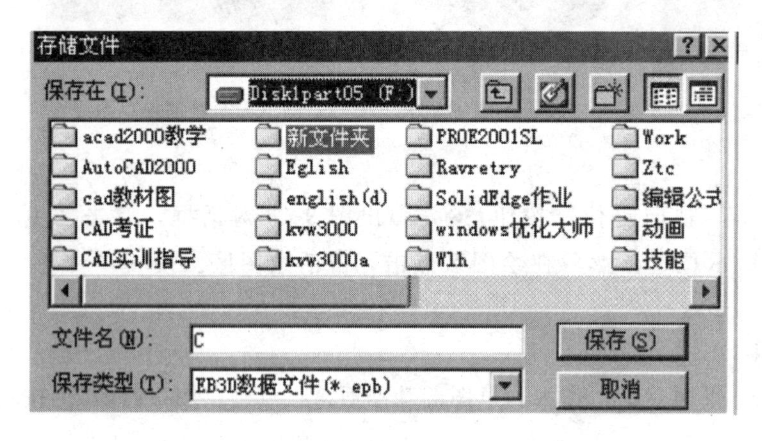


图 9-57 建立文件夹

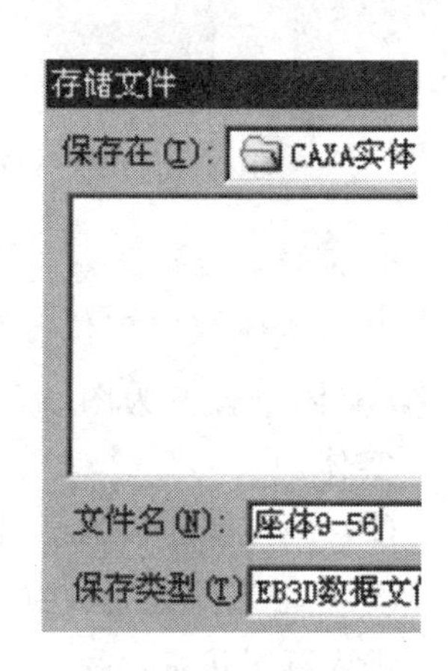


图 9-58 输入文件名

按钮，完成右侧筋板的造型，如图 9-56 所示。

9. 文件保存

点击主菜单文件、子菜单另存为(A)…弹出如图 9-57 的保存文件对话框。点击创建新文件夹按钮，在文件窗中出现亮显新文件夹，从键盘输入“CAXA 实体”，回车，完成“CAXA 实体”文件夹创建；双击该文件夹，在文件名栏输入“座体 9-56”，如图 9-58 所示，点击“保存”按钮，完成后缀名为“.epb”的文件存储。

**【例 9-2】** 完成图 9-59 所示的扳手造型。

**解**

1. 按图 9-59 的平面图形绘制草图

点击主菜单“文件”下拉菜单“新建…”，建立新文件（原文件自动关闭）。

(1) 设定基准面　点击零件特征树中“平面 XY”，再点击草图按钮为按下状态。

(2) 画草图　在绘图区画出“平面 XY”基准面上的扳手平面图形。

① 绘制下方两同心圆。点击绘圆命令按钮（按下状态），出现圆心_半径立即对话

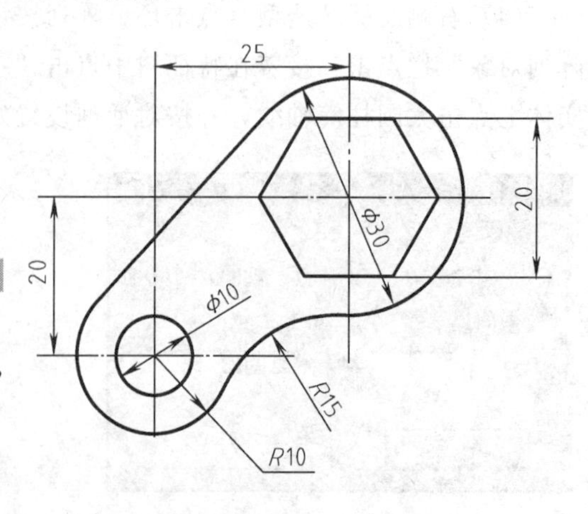


图 9-59 扳手的特征面图形

框，移动光标在坐标原点点击（作为圆心点），然后距圆心的适当位置处点击（两点击点的距离即为半径值），画出了第一个圆；接着于另一位置处点击，画出第二个同心圆，按右键结束命令；因画圆命令仍处于执行状态，只需移动光标于右上方的适当位置处点击（作为圆心），然后距圆心的适当位置处点击，即画出上方圆，如图 9-60（a）所示，按右键结束命令。

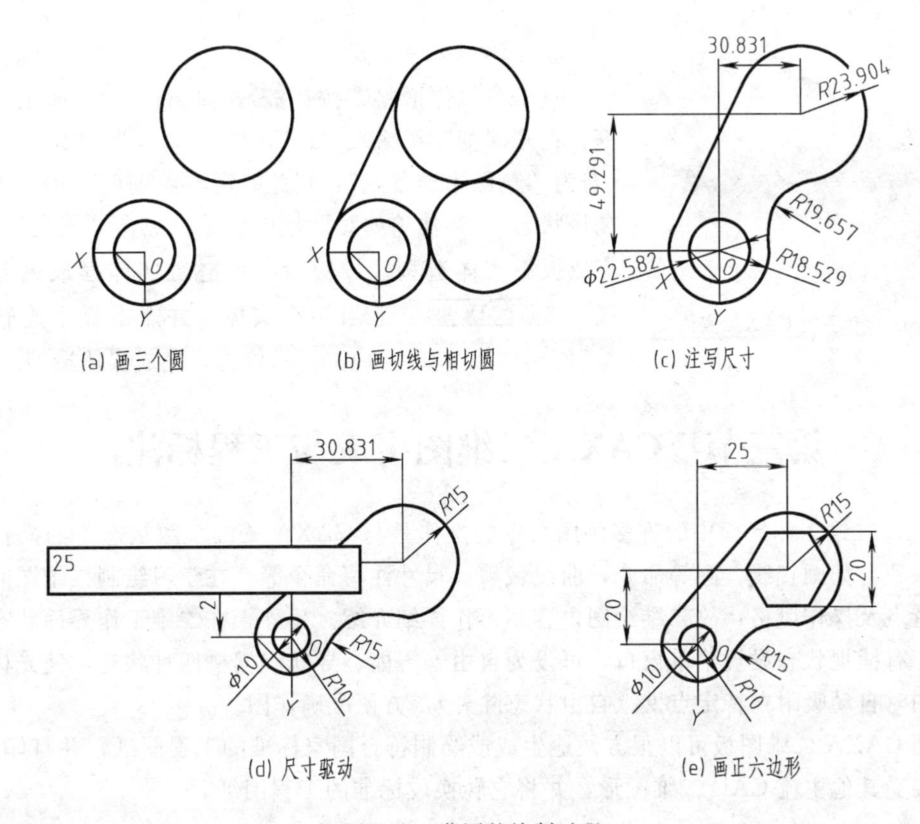


图 9-60　草图的绘制过程

② 绘切线与切圆。点击画直线按钮，按空格键弹出点工具菜单（图 9-3），点击“T 切线”项，于上方圆周切点附近点击，然后于下方圆周切点附近点击，绘出切线；点击画圆按钮，选择 相切_相切_半径▼ 执行方式，类同画直线方法在两大圆周上点击并点击第三点获半径值。绘制相切圆，如图 9-60（b）所示。

③ 点击曲线裁剪按钮，立即菜单为“快速裁剪”，点击多余的线段，裁剪后如图 9-60（c）所示。

④ 尺寸注写与驱动。点击尺寸注写按钮，移动光标在绘图区点击圆弧注定形尺寸，而注写定位尺寸需分别点击上、下两圆弧，这时自动给出该两圆弧圆心的 X 方向尺寸，再点击该两圆弧注写 Y 方向距离尺寸，如图 9-60（c）所示。注意，读者所注尺寸数据不一定与该图完全一致。点击尺寸驱动按钮，然后点击绘图区中尺寸“30.831”弹出如图 9-60（d）的坐标框，从键盘输入“25”，回车完成该尺寸的修改并驱动图形，接着点击其他尺寸，进行相同的驱动操作，绘制出符合图 9-60（e）尺寸的图形。

⑤ 绘制正六边形。点击画正多边形按钮，出现边▼边6 立即对话框，按▼下拉钮，把该对话框改为中心▼边 6 内接▼方式，然后按空格键弹出点工具菜单（图 9-3），点击“C 圆心”项，于上方圆周上点击（即取正六边形的中心为圆心点），按键盘上的@键，于绘图区弹出@ 输入相对坐标框，从键盘输入“0，10”，回车后绘制出六边形，按右键结束命令。如图 9-60（e）所示，完成了全部草图的绘制。点击按钮，退出草图状态。

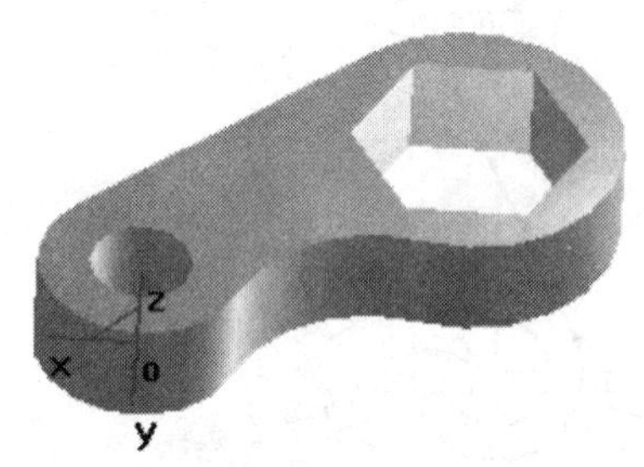

图 9-61 扳手的 CAXA 实体

2. 拉伸出扳手实体

点击“拉伸增料”按钮，弹出图 9-26 所示的对话框，在“深度”栏输入“10”，“拉伸对象”栏为“草图 0”（若为“草图未准备好”，则此时需在绘图区点击草图变为亮显状态），其他项如对话框中设置。点击“确定”按钮，完成扳手实体造型。按键盘上的F8键实体摆成轴测图位置，按Page Down键适当缩小实体，并点击显示旋转按钮使实体处于如图 9-61 所示位置，完成实体造型。

# 第三节 CAXA 二维图生成与工程标注

CAXA 二维工作界面中的许多画图命令的操作是与 CAXA 三维草图状态下的操作一致或基本一致，如画直线、圆等命令，曲线裁剪、尺寸注写命令等，在学习绘制二维图时要注意这些特点及操作风格，故二维绘图内容不再作详细介绍。另外，在二维工作界面状态栏的最右侧，有捕捉状态设置菜单窗口，可设为自由、智能、导航和栅格四种状态，使光标在绘图区作图时自动吸附在特定点上（自由状态除外），方便准确作图。

利用 CAXA 二维图板可以很方便地生成或绘制符合国家标准的工程图纸，并打印出图。也可以接受其他主流 CAD 二维图形，并将它转换成标准的工程图纸。

在图 9-1 的状态工具条上点击二维图板按钮，进入如图 9-7 所示的 CAXA 二维图板工作界面。

## 一、三维实体生成三视图

点击图 7-9 中视图工具条上的“读入标准视图”按钮，弹出“打开”对话框并找到“座体 9-56”的三维实体文件，如图 9-62 所示。点击打开按钮，弹出“标准视图输出”对话框（利用对话框中的六个箭头按钮可另选主视方向），点击主、俯、左视图按钮，选中这三个视图，如图9-63所示。

点击确定按钮，返回二维图板绘图区，在屏幕上逐一指定三个视图的位置，生成该实体三个视图，如图 9-64 所示。

## 二、二维视图生成剖视图

对俯视图作剖视生成主、左剖视图，再通过在主视图上的画图增加局部剖。

1. 绘制点画线

点击特性工具条中的选择当前层下拉按钮为中心线层▼，即选中心层为当前层。点击主绘图命令工具条中的曲线命令按钮，弹出其子命令工具条（图 9-7 左侧），点击画直线命令按钮

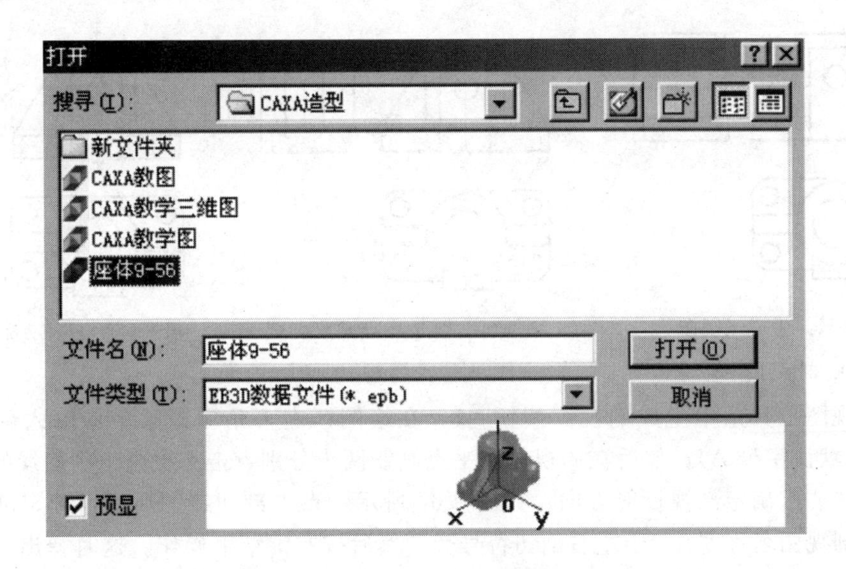


图 9-62　读入标准视图的“打开”对话框

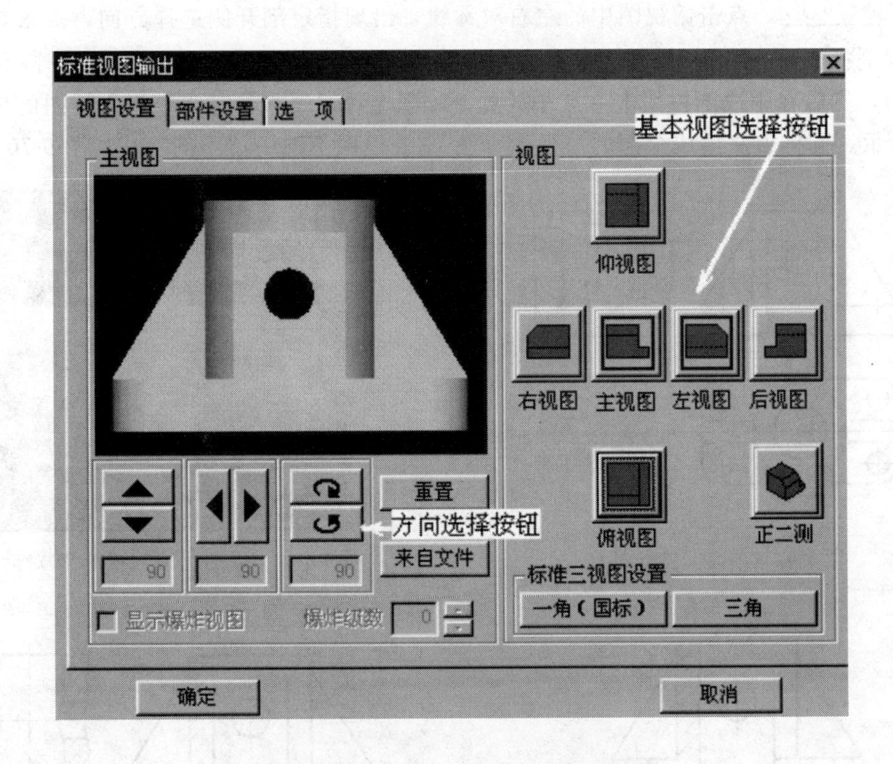


图 9-63　主视图方向选择和三视图设置

＼，弹出立即菜单，并点击绘图区右下角状态栏中捕捉状态设置菜单窗口，设为智能▼项，这时，把光标移至主视图上方轮廓中点处，光标自动吸住轮廓线的中点，然后点击得到点画线的第一点，再移动光标于下方水平轮廓中点处点击画出点画线，按右键结束命令，如图 9-65 所示。在不输入命令状态下点击点画线，使点画线亮显并于线段的两头和中点出现三工具点（夹点），点击上方工具点并上拉 3～5mm，如图 9-66 所示，同样方法拉下方工具点出头 3～5mm。其他点画线采用同方法作出，如图 9-67 所示。

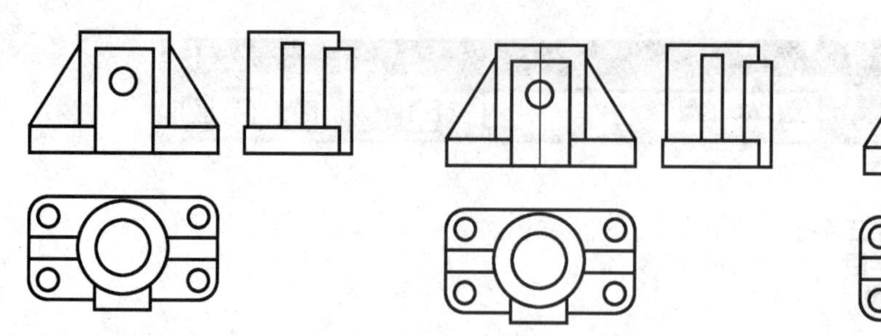

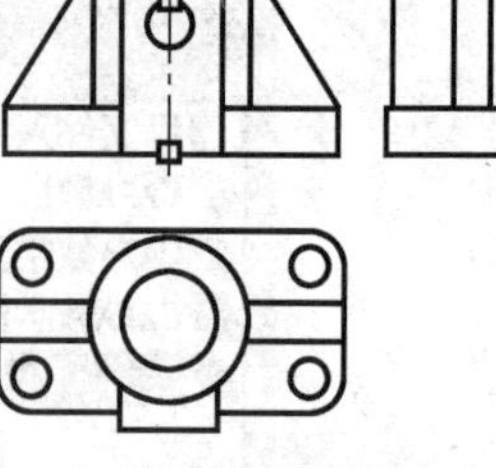

图 9-64 生成三视图　　图 9-65 捕捉中点画点画线　　图 9-66 夹点功能轴向拉伸

2. 生成剖视图

点击视图工具条中生成剖视图按钮，在绘图区左下角立即菜单中输入剖视图名称（本次使用默认字母 A）；然后在俯视图水平点画线两头分别点击一次画出剖切线的位置，按右键后系统要求确定剖视投射方向，如图 9-67 所示，点击剖切线的后侧，确定剖视投射方向；放置剖视图名称“A”于左右剖切符号旁，然后按右键结束操作。这时弹出“是否生成剖视图?”对话框，如图 9-68 所示。点击半剖复选框，点击确认按钮即关闭对话框，并出现立即菜单拾取中心线，点击俯视图中的左右对称线，出现指定剖开侧选择方向，点击右侧（剖开）出现剖视图框，此时移动光标于主视图上方点击，状态栏提示旋转角度:，按右键响应（不旋转），然后在生成剖视图上方点击放置剖视图名称 A—A，完成半剖主视图的生成，如图9-69所示。同样方法生成全剖的左视图（图 9-68 框中不选中“半剖”），如图 9-70 所示。

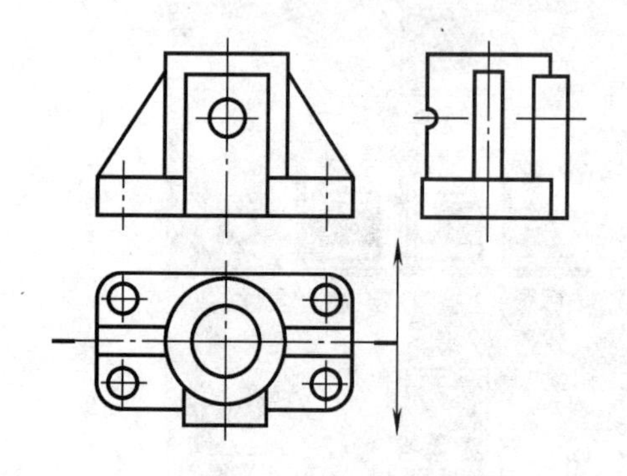

图 9-67 选择剖视方向

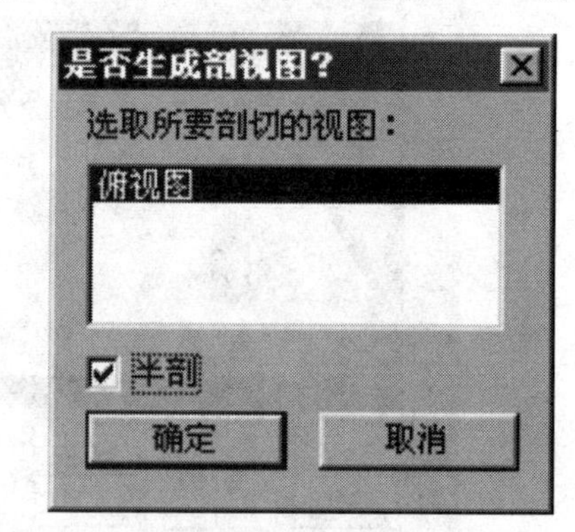


图 9-68 “是否生成剖视图?”对话框

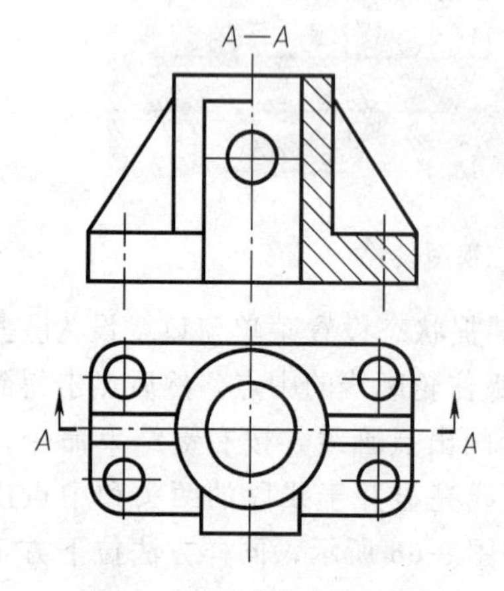


图 9-69 生成半剖主视图

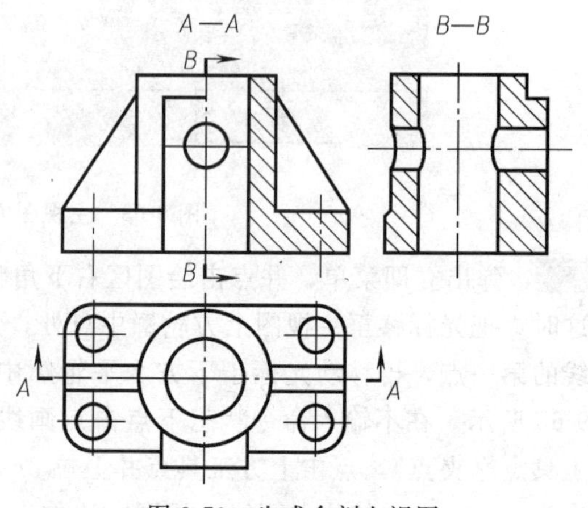


图 9-70 生成全剖左视图

3. 绘制主视图上的局部剖

点击显示窗口按钮，在局部剖处两对角点点击，使该处的局部图显示为变大的图（不是比例放大，如同把远距离的图拉近），如图9-71所示。选择当前层为0层▼，点击画“直线”命令弹出立即菜单，改立即菜单为1平行线▼2偏移方式▼3双向▼，点击图9-71中的点画线，状态栏提示输入距离或点：，从键盘输入4，回车后绘出两平行线。

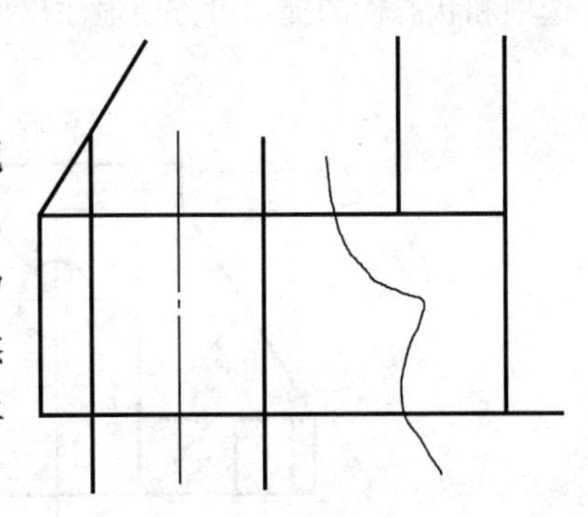

图9-71　改主视图为局部剖的放大显示

重新选择当前层为细实线层▼，点击画样条命令，弹出立即菜单（为开口线方式），在图9-71中适当位置点击4～6个不在一直线上的点，画出波浪线，按右键结束命令。

点击类别命令主工具条中曲线编辑按钮，弹出子命令工具条（图9-13），点击裁剪命令按钮，弹出立即菜单为快速裁剪▼，移动光标点击图9-71中出头的图线，修剪正确。选择当前层为剖面线层▼，点击类别命令主工具条中基本曲线按钮，弹出子命令工具条，点击画剖面线按钮，弹出立即菜单，取间距3　角度-45，然后在需画剖面线的封闭框内点击，按右键完成剖面线绘制。点击显示回溯按钮，图形变小，如图9-72所示。

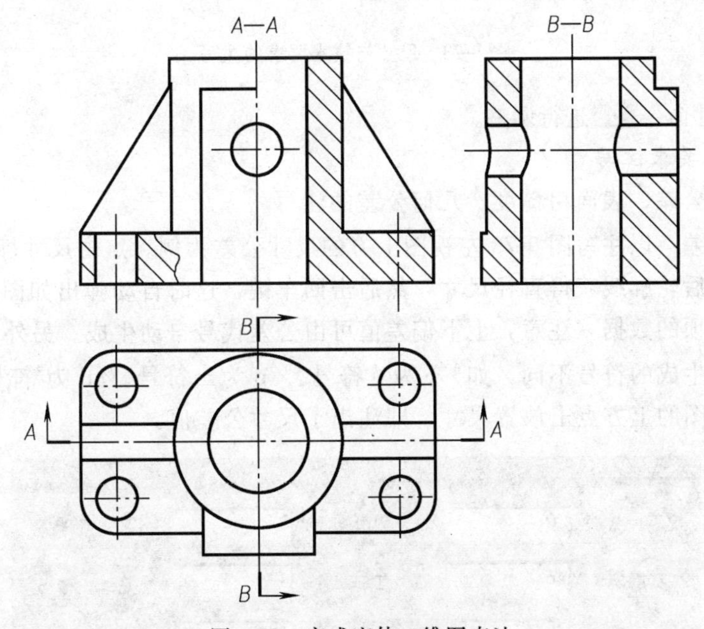


图9-72　完成座体二维图表达

## 三、尺寸和技术要求注写

1. 尺寸注写

点击类别命令主工具条中的工程标注按钮，弹出标注子工具条，点击尺寸标注按钮，弹出立即菜单基本标注▼，并在状态栏提示拾取标注元素：，这时点击俯视图中大圆，弹出立即菜单（自动给出了该圆尺寸值、直径符号等），并在状态栏提示拾取另一元素或指定尺寸线位置：，然后，在适当位置点击放置好尺寸线。若要标注两小孔的中心距，则标注时在点击第一个小圆后，接着要点击第二个小圆，然后在适当位置放置，即注写的是两小圆孔的中心距。根据立即菜单的

选项和状态栏的提示可方便地注出所有尺寸，如图 9-73 所示。若尺寸线位置不妥或尺寸数值不

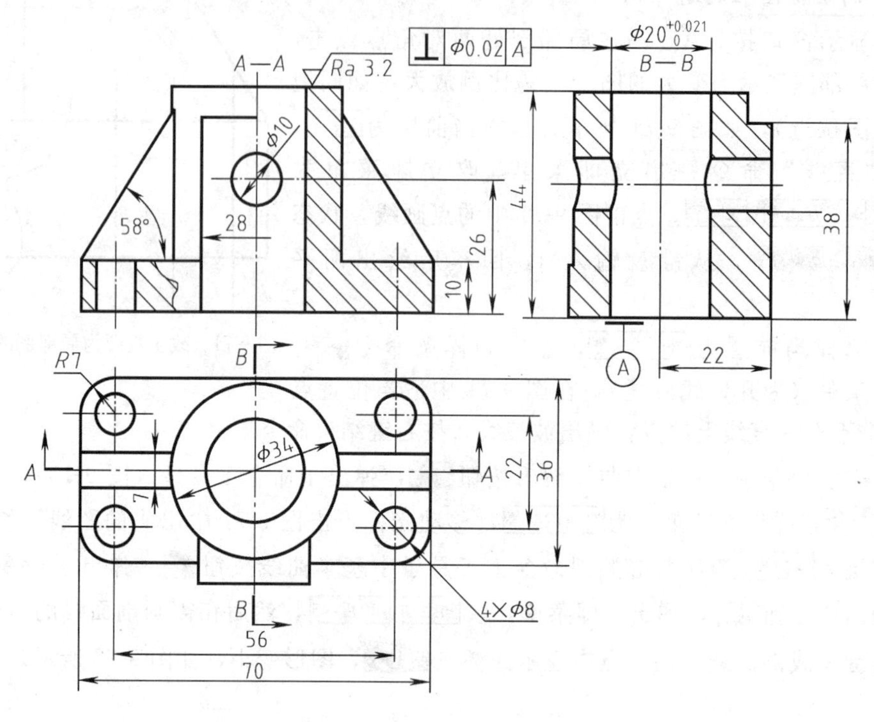


图 9-73 尺寸与技术要求的注写

对，可用编辑尺寸命令进行调整。

2. *尺寸技术要求注写*

它包括尺寸公差、表面粗糙度、几何公差的注写。

(1) 尺寸公差 以注写图 9-73 左视图上方的尺寸公差为例。点击尺寸标注按钮，分别点击大孔的前后轮廓线获得直径尺寸，然后击回车键，这时自动弹出如图 9-74 的对话框，从键盘输入相应项的数据（注意，上下偏差值可由公差代号自动生成。另外，尺寸前缀符号不同则在绘图区生成的符号不同，如%c 为 φ 符号、%p 为±符号、%d 为°符号。)，点击确定，移动光标至左视图的上方点击放置尺寸，即注出了尺寸公差值。

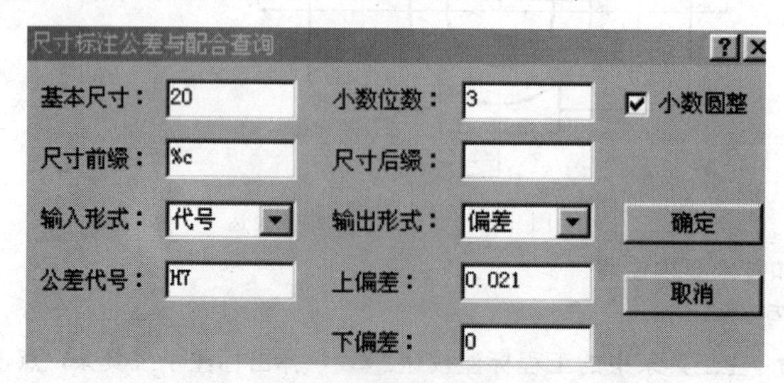


图 9-74 尺寸标注公差与配合查询对话框

(2) 表面粗糙度 点击粗糙度标注按钮弹出立即菜单，于菜单中设置好粗糙度值等内容，然后在需注写的轮廓线上点击，并根据符号放置位置的要求（可输入旋转角度）从键盘输入角度（正立符号不需另设角度），回车（或按右键），即注出了粗糙度符号。如图 9-73 所示粗糙度标注。

(3) 几何公差 点击几何公差按钮，弹出如图9-75的对话框，点击所注写的公差代号按钮，并从键盘输入相应项的数据，点击确定按钮，关闭对话框，同时弹出立即菜单内容为有箭头▼水平放置▼，然后在所要注写形位公差的图线要素上（或位置点）点击，再移动光标于另一位置点击，画出指引线并注出公差代号，如图9-73所示。

图9-75 形位公差对话框

在几何公差的注写中还需注上基准符号，点击基准命令按钮，弹出立即菜单，菜单中的缺省基准为A（可从键盘输入其他字母），然后在所注基准位置的图线要素上（或位置点）点击，注出基准符号，如图9-73所示。

CAXA的操作界面十分友好，只要在计算机上按照立即菜单内容、状态栏提示或对话框中项目进行操作，就能绘出符合要求的零件图。

## 第四节 CAXA二维装配图画法

CAXA二维图板中的装配图绘制，一般是在画好零件图后进行“零件图形”的装配，即通过调用已画好的零件图，按一定的位置（即装配零件的相对位置）放置，并做消隐处理（即两零件图形的前后层次的处理），最后，注写装配尺寸（同零件尺寸注写操作）、技术要求、序号和填写明细栏、标题栏。

### 一、把零件图制作成图块或图库

块与图库的主要命令按钮名称如图9-76所示。块操作中的块生成，是把多条独立的图线组合成一个统一的整体，并称这个整体图形为“块”，若要拆散它则必须使用块打散命令；

在画装配图时，两个相重叠的图块，可通过块消隐命令使一个块在前方、另一个块位于后方，这样就省去了很多不必要的修剪绘图工作，提高了作图的效率；若设置了属性，则在生成装配图的序号和明细表时，能自动提取所需的属性。库操作中的定义图符，是把一些常见的基本图形通过该命令变成一个统一的整体，类同“块”的性质（指固定图符）；不仅如此，它还可以建立参数化图符，在提取该图符时，通过改变尺寸数据使图形按所需尺寸绘制。

**二、CAXA 二维装配图的绘制**

1. 绘制基本图形

二维画图已在前面作了介绍，这里只提供这两个基本图形，如图 9-77、图 9-78 所示。

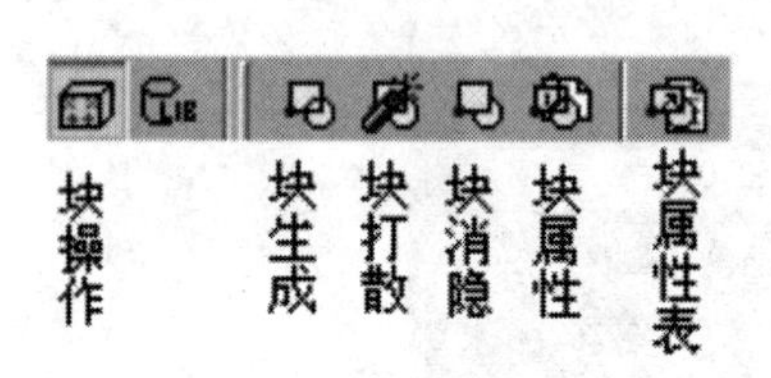


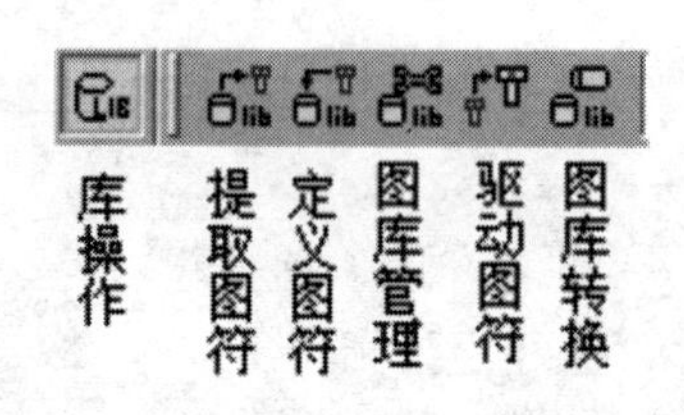


图 9-76 块操作和库操作命令按钮名称

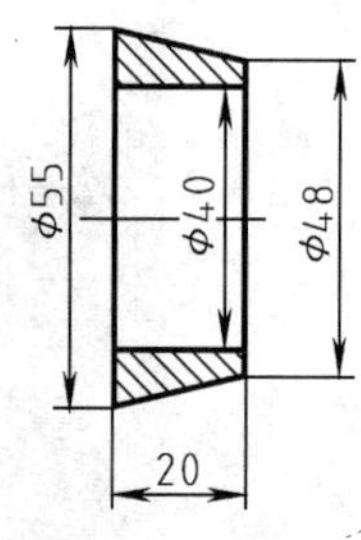


图 9-77 套筒

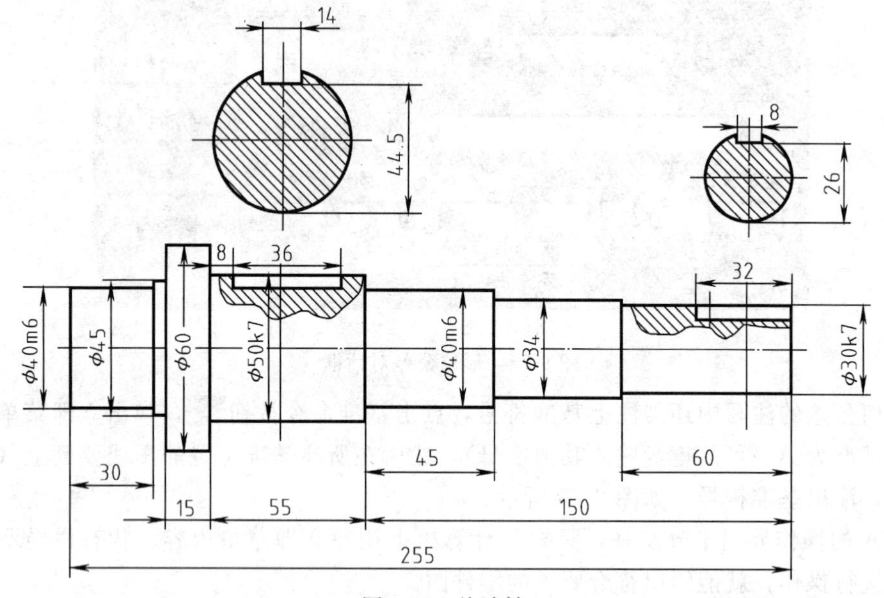


图 9-78 从动轴

2. 固定图符与块的定义

在绘制出如图 9-77、图 9-78 所示图形后，点击层控制命令按钮，弹出“层控制”对话框，双击“尺寸线层”与“层状态”对应的“打开”项变为“关闭”，点击确定按钮，关闭对话框。这时，图中的尺寸线隐藏起来了（图符一般不需显示尺寸）。

点击库操作按钮，再点击子工具条中的定义图符命令按钮，弹出立即菜单 输入整数: 1 √×，此时状态栏的提示为 请输入视图的个数（1-6）:，点击立即菜单中的 √ 项（即取缺省数 1），关闭立即菜单；状态栏又提示 选择第一视图:，移动光标框选图 9-77 图形，按右键，状态栏再次提示 请指定视图基点:，由于当前捕捉状态选项为 智能▼，故移动光标于图 9-77 的轴线与左端轮廓的交点处点击即可捕捉到该点（作为基点），接着弹出图符入库对话框，填写类别、名称，如图 9-79 所示。点击确定按钮，关闭对话框。这时该零件已做成固定图符，保存在图库中。

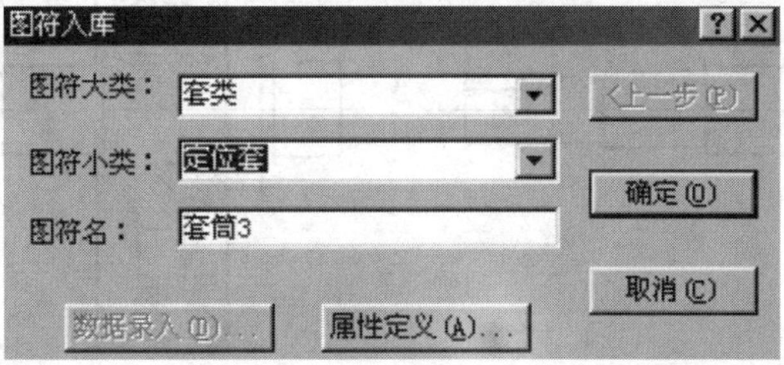

图 9-79 “图符入库”对话框

同样方法可把图 9-78 做成图符。这里把图 9-78 做成图块。点击块操作命令按钮，弹出块操作的子命令工具条，点击块生成命令按钮，状态栏提示拾取添加:，框选从动轴图形，按右键，状态栏又提示基准点:，点击轴线与中间开键槽的圆柱左轮廓线交点作为基点，完成了图块的制作。

3. 图形装配

点击库操作按钮，再点击提取图符按钮，弹出提取图符对话框（图 9-80），在框中点击下拉按钮，找到图符大类为常用图形、小类为其他图形，在图符列表中选择“腹板式圆柱直齿轮”图符；点击对话框中的下一步>按钮，弹出如图 9-81 的参数化图符的预处理对话框，可在尺寸规格选择栏输入不同数据改变图形尺寸（本例取表中的所列数据，如 d=50、B=58 等，其他项设置如图 9-81 中所示）。点击确定按钮，关闭对话框，此时光标提着该齿轮图符，移动光标在轴的基点处（作定位点）点击，则齿轮装配到轴上，如图 9-82 所示。

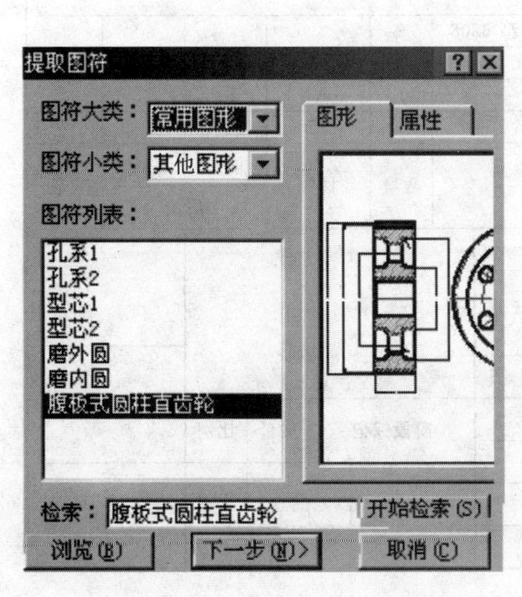


图 9-80 “提取图符”对话框

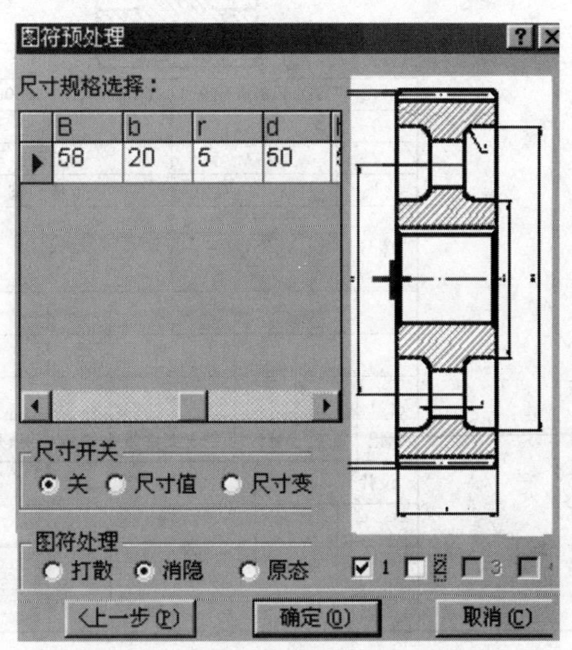


图 9-81 “图符预处理”对话框

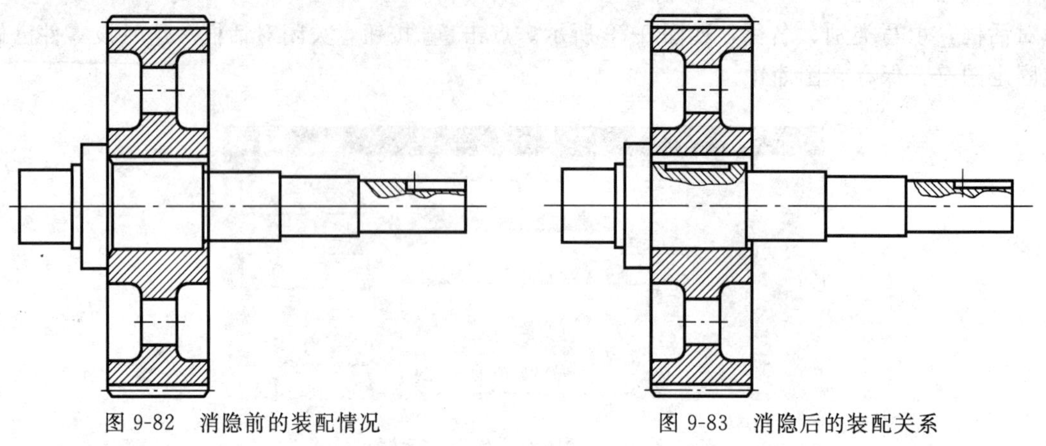

图 9-82 消隐前的装配情况

图 9-83 消隐后的装配关系

| 4 | GB/T 276—1994 | 深沟球轴承 60000 型 6208 | 2 | | | | |
|---|---|---|---|---|---|---|---|
| 3 | | 齿轮 | 1 | 45 | | | |
| 2 | | 套筒 | 1 | A3 | | | |
| 1 | | 从动轴 | 1 | 45 | | | |
| 序号 | 代号 | 名称 | 数量 | 材料 | 单件 | 总计 | 备注 |
| | | | | | 质量 | | |

| 标记 | 处数 | 分区 | 更改文件号 | 签名 | 年、月、日 | | | |
|---|---|---|---|---|---|---|---|---|
| 设计 | | | 标准化 | | | 阶段标记 | 质量 | 比例 |
| 审核 | | | | | | | | |
| 工艺 | | | 批准 | | | 共 张 | 第 张 | |

图 9-84 图符装配与自动生成序号和明细栏

点击块操作命令按钮，再点击块消隐按钮，弹出块消隐立即菜单，点击绘图区中的轴，这时轴出现在齿轮的前方，变为符合表达要求的图 9-83 消隐装配关系图。

同上述操作方法，分别提取套筒、轴承 6208 图符，按规定位置装配在轴上，并做消隐处理，完成如图 9-84 所示的局部装配图。

4. 序号和明细栏等的制作

① 设置图纸幅面。点击主菜单“幅面”下拉菜单中的“图纸幅面”，弹出图 9-8 对话框，设置为 A3 标准图纸幅面，图纸方向及图纸比例取对话框中值，点击“确认”按钮，关闭对话框。

② 点击主菜单“幅面”下拉菜单中的图框、标题栏设置，按对话框完成操作。

③ 点击主菜单“幅面”下拉菜单中“零件序号”次级菜单“生成序号”，弹出立即菜单，在立即菜单中选择 6、7 项为 6 生成明细表▼ 7 填写▼，状态栏提示 引出点：，移动光标在某一零件图块上点击，产生序号引出线圆点，移动光标于适当位置点击，弹出填写明细栏对话框，把该轴的名称、数量、材料内容填入该表，点击 确定 按钮，自动产生序号和明细表，如图 9-84 下方明细栏和图中序号。

在主菜单“幅面”下拉菜单中的“标题栏”次级菜单中也有填写标题栏命令。

CAXA 的联机帮助提供了详细的命令用法，学习中遇到困难，可找联机帮助进行解答。

# 第十章　Auto CAD 绘制工程图

Auto CAD 是美国 Autodesk 公司在 1982 年推出的微机绘图软件，它是一个通用的交互式绘图软件包，不仅具有完善的二维功能，而且其三维造型功能亦很强，并支持 Internet 功能。

目前，Auto CAD 是当今工程设计中十分流行的绘图软件。本章主要介绍 Auto CAD2011 的基本功能以及运用 Auto CAD 绘制工程图的方法和步骤。

## 第一节　Auto CAD 绘图基础

### 一、Auto CAD2011 的启动

安装 Auto CAD2011 后会在桌面上出现一个图标，双击该图标，或者从 Windos 桌面左下角选择“开始”→“所有程序”→“Auto CADdesk”→“Auto CAD2011—SimplifiedChinese”→“Auto CAD2011”，或者双击已有的任意一个图形文件（*.dwg），均可以启动 Auto CAD。

### 二、用户界面

Auto CAD2011 为用户提供了“二维草图与注释”、“Auto CAD 经典”、“三维基础”、“三维建模”四种工作空间模式，这四种工作空间可以自由切换和设置，只需点击屏幕左上

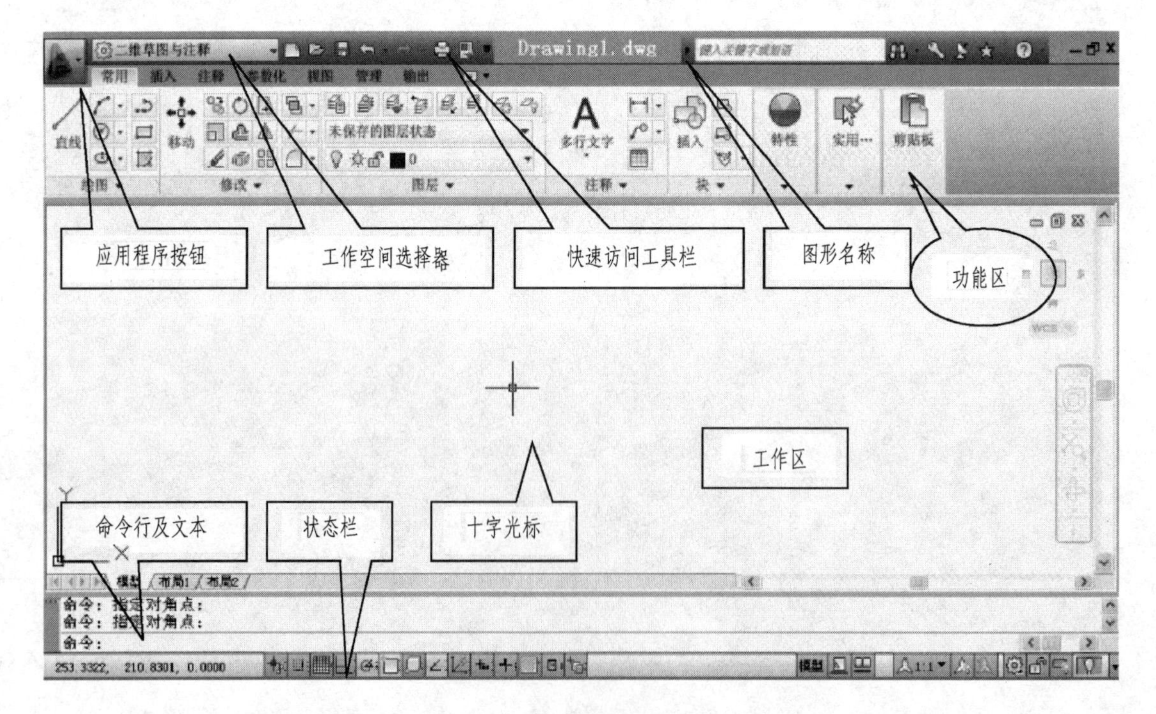


图 10-1　“二维草图与注释”空间

角的“工作空间”选择器[二维草图与注释]，在其下拉列表中选择相应的选项，或在屏幕右下角点击状态栏中的“切换工作空间”按钮，在弹出的菜单中选择相应的选项即可实现工作空间的切换。

默认状态下的“二维草图与注释”空间如图10-1所示，在该空间中用户可以很方便的绘制二维图形；“Auto CAD经典”空间如图10-2所示。

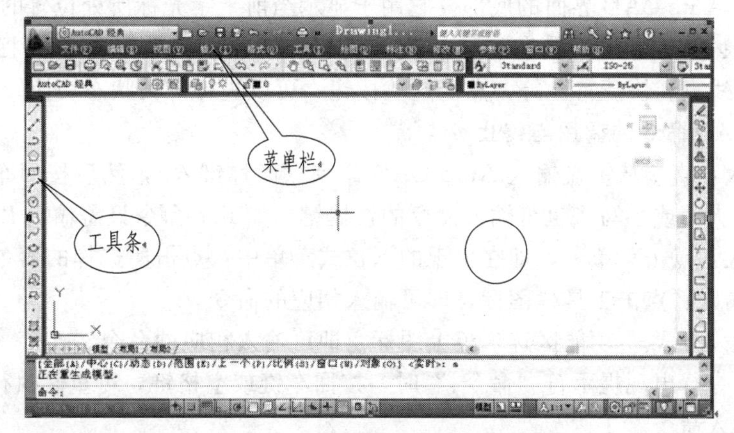


图10-2 “Auto CAD经典”空间

1. “应用程序”按钮

位于图10-1界面左上角，点击该按钮将出现一下拉菜单，它集成了Auto CAD2011的一些通用操作命令，包括新建、打开、保存、另存为、输出、打印、发布、图形实用工具、关闭。

2. 快速访问工具栏

位于图10-1工作空间的顶部，它提供了系统最常用的操作命令。默认的快速访问工具有“新建”、“打开”、“保存”、“另存为”、“放弃”、“重做”和“打印”。

3. “工作空间”选择器[二维草图与注释]

位于图10-1界面左上角，点击“工作空间”选择器，在出现的下拉菜单中选择需要的选项。如：要从默认的“二维草图与注释”空间切换到“Auto CAD经典”空间，只需从菜单中选择“Auto CAD经典”即可。

4. 图形名称 Drawing1.dwg

用于显示当前所编辑的图形文件名，位于图10-2界面的顶部。

5. 菜单栏

在图10-2的菜单栏中集成了Auto CAD的大多数命令，点击某个菜单项，即可出现相应的下拉菜单。

6. 工具栏

图10-2的工具栏包括了标准、样式、工作空间、图层、对象特性、绘图和修改等工具栏。工具栏是一组命令图标的集合，把光标移动到某个图标上稍停片刻，即在该图标的一侧显示相应的命令名称。点击工具栏上的某一图标，即可执行对应的命令。

7. 绘图窗口

绘图窗口是用户进行绘图的区域。绘图窗口中鼠标位置用十字光标显示，光标主要用于绘图、选择对象等操作。窗口左下角还显示当前使用的坐标系及各轴正方向。默认状态下，坐标系为世界坐标系（WCS）。

8. 命令行窗口

命令行窗口位于绘图窗口的下方，主要用于显示用户输入的命令及相关提示信息。按下“Ctrl+9”可实现命令窗口的打开与关闭。

9. 状态栏

状态栏位于 Auto CAD 界面的底部。它用于显示当前十字光标所处位置的三维坐标和一些辅助绘图工具按钮的开关状态，如捕捉、栅格、正交、极轴、对象捕捉、对象追踪、DUCS、DYN、线宽和快捷特性等，点击这些按钮，可以进行开关状态切换。

**三、Auto CAD 命令的调用与终止**

① 键盘输入：直接从键盘输入 Auto CAD 命令（简称键入），然后按回车键或空格键。输入的命令可以大写或小写，也可输入命令的快捷键，如 line 命令只需输入 L。

② 菜单输入：点击菜单名，即在出现的下拉式菜单中，点击所选择的命令。

③ 工具栏输入：点击工具栏图标，即可输入相应的命令。

④ 功能区输入：点击功能区选项板上图标，即可输入相应的命令。

此外，在命令行出现提示符“命令：”时，按回车键或空格键，可重复执行上一个命令；还可右击鼠标输入命令。

⑤ 命令的终止（Esc）、放弃（Undo）与重做（Redo）

按下“Esc”键可终止或退出当前命令。

“放弃（Undo）”即撤消上一个命令的动作，点击“快速访问工具栏”上的放弃图标即可撤消上一个命令的动作。如：用户可以用放弃命令将误删除的图形进行恢复。

“重做（Redo）”即恢复上一个用“放弃（Undo）”命令所做的动作，点击“快速访问工具栏”上的重做图标即可恢复所放弃的动作。

**四、命令行中特定符号及操作说明文的含义**

如在图 10-2 中，绘制直径为 $\phi$20 的圆时，命令行的显示如下（斜体字不显示）。

命令：c*(回车)*

CIRCLE 指定圆的圆心或[三点(3P)/两点(2P)/切点、切点、半径(T)]：*(在屏幕上拾取一点)*

指定圆的半径或[直径(D)]〈15.0000〉：d*(回车)*

指定圆的直径〈30.0000〉：20*(回车)*

对上段文字中的符号说明如下。

“[ ]”：方括号中的内容表示选项，如“三点（3P）”，表示三点画圆。

“/”：分隔命令中各个不同的选项。

“〈 〉”：尖括号中的的内容为默认选项（数值）或当前选项（数值），若直接敲回车键则系统按括号内的选项（数值）进行操作。

“( )”：①命令栏中选项后的圆括号内字母或数字，为系统提供，若选择某选项进行操作则需从键盘输入该项字母或数字。②圆括号内文字为斜体字则为操作说明，它不会出现在屏幕上，如该例中的“*(在屏幕上拾取一点)*”、“*(回车)*”中的斜体字及圆括号都不显示。

特别说明：在命令行窗口中出现的内容用小 5 号字书写；数值或字母下方有下划线时，表示他们为操作者从键盘输入。

**五、图形的显示控制**

Auto CAD 提供的显示控制命令，有缩放命令 Zoom，其作用是放大或缩小对象的显示；

平移命令 Pan，其作用是移动图形，不改变图形显示的大小。几种操作方式如下。

① 点击功能区“视图”选项卡的“导航”面板上图标 。

② 点击“标准”工具栏上的图标 。

③ 在绘图区域右击鼠标，在弹出的快捷菜单中选择“平移（A）”或“缩放（Z）”。

④ 利用鼠标滚轮：滚动鼠标滚轮，直接执行实时缩放的功能；双击滚轮按钮，可以缩放到图形范围，即只显示有图形的区域；按住滚轮按钮并拖动鼠标，则直接平移视图。

⑤ 从键盘输入 Zoom 或 Pan 命令。

**六、图形文件的基本操作**

1. 新建图形文件

Auto CAD2011 提供了多种创建新图形文件的主法，主要有以下两种：

（1）自动新建图形文件

启动 Auto CAD 时，系统自动按默认参数创建一个暂名为 drawing1. dwg 的空白图形文件。

（2）用“选择样板”对话框新建图形文件

启动 Auto CAD 后，点击快速访问工具栏中的“新建”图标 ，或点击“应用程序”按钮 →“新建”，将出现图 10-3 所示的“选择样板”对话框。选择“acadiso. dwg”样板后点击“打开”按钮，即可以进入新图形的工作界面。

2. 打开已有图形文件

（1）用“选择文件”对话框打开图形文件

点击快速访问工具栏中的“打开”图标 ，或点击 →“打开”，将出现图 10-3 所示的“选择文件”对话框。选择一个或多个文件后点击“打开”按钮，即可打开指定的图形文件。

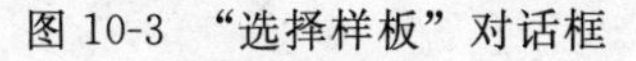
图 10-3 “选择样板”对话框

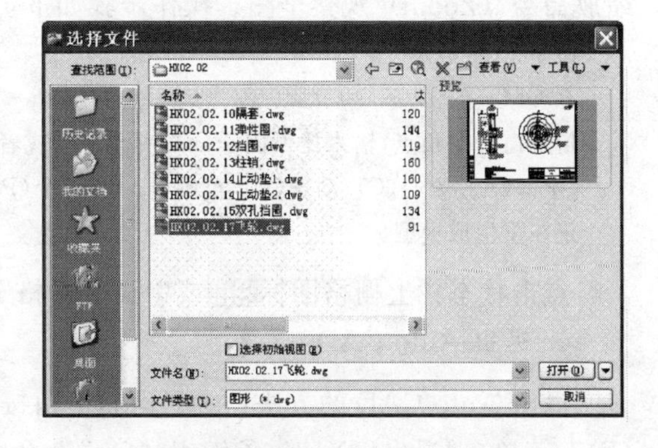


图 10-4 “选择文件”对话框

（2）双击图 10-4“选择文件”对话框“*.dwg”格式的图形文件，可以自动启动 Auto CAD 2011 并打开图形文件。

3. 保存图形文件

点击快速访问工具栏中的“保存”图标 ，或点击 →“保存”，系统会自动将当前编辑的已命名的图形文件以原文件名存入磁盘，扩展名为“.dwg”。或点击菜单“文件（F）”→“另存为（A）…”打开对话框，另外给定文件名和路径。

### 七、绘图环境的设置

1. 工具栏的打开与关闭

利用鼠标可打开或关闭某一工具栏。将鼠标置于已弹出的工具栏上，点击鼠标右键，在弹出的快捷菜单上选择所需要打开（或关闭）的工具栏。大部分工具栏只有在需要时才打开。

2. 设置绘图单位（Units）

绘图单位命令指定用户所需的测量单位的类型，Auto CAD 提供了适合任何专业绘图的各种绘图单位（如英寸、英尺、毫米），而且精度范围选择很大。

命令调用方法：①键入“Units”并回车；②→“图形实用工具”→“单位”；③“格式（O）”菜单→“单位（U）…”。

执行命令后，在打开的“图形单位”对话框中设置所需的长度类型、角度类型及其精度。

3. 设置绘图界限

绘图界限是 Auto CAD 绘图空间中的一个假想区域，相当于用户选择的图纸图幅的大小。利用图形界限命令“Limits”设置绘图范围。

命令调用方法：①键入“Limits”并回车；②“格式（O）”菜单→“图形界限（I）”。

**【例 10-1】** 设置“A2”绘图界限。

操作步骤如下：

命令：limits（*回车*）

重新设置模型空间界限：

指定左下角点或[开(ON)/关(OFF)]〈0.0000,0.0000〉：（*回车*）

指定右上角点〈420.0000,297.0000〉：594,420（*回车*）

以上虽然设置了新的绘图区，但屏幕上显示的仍然是原来的绘图区的大小，此时还要用缩放命令（Zoom）观察全图。操作步骤如下：

命令：z（*回车*）

ZOOM

指定窗口的角点，输入比例因子(nX 或 nXP)，或者

[全部(A)/中心(C)/动态(D)/范围(E)/上一个(P)/比例(S)/窗口(W)/对象(O)]〈实时〉：a（*回车*）

正在重生成模型。

点击状态栏上栅格图标或中文“栅格”按钮，一张 A2 图幅的范围以栅格显示出来。

4. 退出 Auto CAD

退出 Auto CAD 的方法：①界面右上角按钮；②→“退出 Auto CAD”；③“文件（F）”菜单→“退出（X）”；④键入“Quit”命令并回车。

## 第二节　坐标值的输入及绘图命令

### 一、Auto CAD 坐标值的输入

通过输入坐标值确定点的位置，坐标值的输入主要有以下方式。

① 绝对直角坐标的输入：绘制平面图形时，只需输入（X，Y）两个坐标值，每个坐标值之间用逗号相隔，如“30，20”，其原点是世界坐标系（WCS）的原点。

② 绝对极坐标的输入：极坐标包括距离和角度两个坐标值。其中距离值在前，角度值在后，两数值之间用小于符号“<”隔开，如“35<45”，其原点为世界坐标系（WCS）的原点。

③ 相对直角坐标的输入：在绝对直角坐标表达式前加@符号，如“@30，20”，其原点为该命令最近一次操作给定的位置点作为原点。

④ 相对极坐标的输入：在绝对极坐标表达式前加@符号，如“@30<20”，其原点是该命令最近一次操作给定的位置点作为原点。

⑤ 光标拾取输入：光标逗留在绘图区的某点位置，点击鼠标左键，则提取光标位置点（X，Y）坐标值作为输入数据，或该坐标值与前一坐标值的距离作为输入数据（如画圆半径值）。

**【例 10-2】** 绘制如图 10-5 所示的图形。

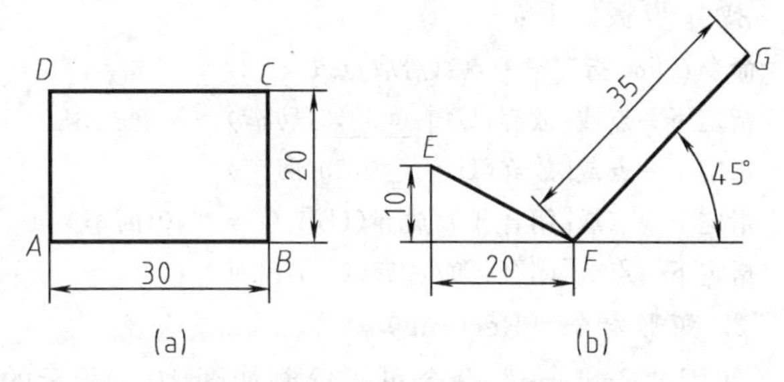

图 10-5　坐标定点

绘制如图 10-5（a）的操作步骤如下：

命令：_rectang

指定第一个角点或[倒角(C)/标高(E)/圆角(F)/厚度(T)/宽度(W)]：*(在屏幕上拾取点A)*

指定另一个角点或[面积(A)/尺寸(D)/旋转(R)]：@30,20*(回车)*

绘制图 10-5（b）的操作步骤如下：

命令：_line 指定第一点：*(在屏幕上拾取点E)*

指定下一点或[放弃(U)]：@20,-10*(回车)*

指定下一点或[放弃(U)]：@35<45*(回车)*

指定下一点或[闭合(C)/放弃(U)]：*(回车)*

注意：上述命令是通过点击图标或菜单输入的，故在英文词命令前有一笔下划线。

## 二、基本绘图命令

**表 10-1　常用绘图命令及其功能**

| 图　标 | 命令/快捷键 | 功　能 |
|---|---|---|
| | Line/　L | 绘制直线 |
| | Xline/XL | 绘制两端无限长的构造线，用作作图辅助线 |
| | Pline/PL | 绘制由直线、圆弧组成的多段线 |
| | Polygon/POL | 绘制正多边形 |
| | Rectang/REC | 绘制矩形 |
| | Arc/A | 绘制圆弧 |
| | Circle/C | 绘制整圆 |
| | Spline/SPL | 绘制样条曲线 |
| | Ellipse/EL | 绘制椭圆 |
| | Ellipse/EL | 绘制椭圆弧 |
| | Point/PO | 绘制点 |
| | Bhatch/Hatch/BH/H | 图案填充 |
| | Region/REG | 面域 |

图形中的线段、圆弧、矩形、文字等在 Auto CAD 中称为对象。绘图命令的调用方法有：①功能区→“常用”选项卡→“绘图”面板；②“绘图”工具栏；③“绘图（D）”菜单；④键入命令。表 10-1 中列出了常用绘图命令及其功能。

1. 直线命令（Line）

使用“Line”命令绘制直线时，既可绘制单条直线，也可绘制一系列的连续直线。在连续画了两条以上的直线后，可在“指定下一点:”提示符下输入“C”（闭合）形成闭合折线；输入“U”（放弃），删除直线序列中最近绘制的线段。

**【例 10-3】** 用“Line”命令绘制如图 10-6（a）所示矩形。

操作步骤如下：

命令:_line 指定第一点:(*拾取点A* )

指定下一点或[放弃(U)]:@30,0(*回车*)

指定下一点或[放弃(U)]:@0,20(*回车*)

指定下一点或[闭合(C)/放弃(U)]:@－30,0(*回车*)

指定下一点或[闭合(C)/放弃(U)]:c(*回车*)

2. 矩形命令（Rectang）

使用“Rectang”命令可以绘制如图 10-6 所示的直角矩形、倒角矩形、圆角矩形等。

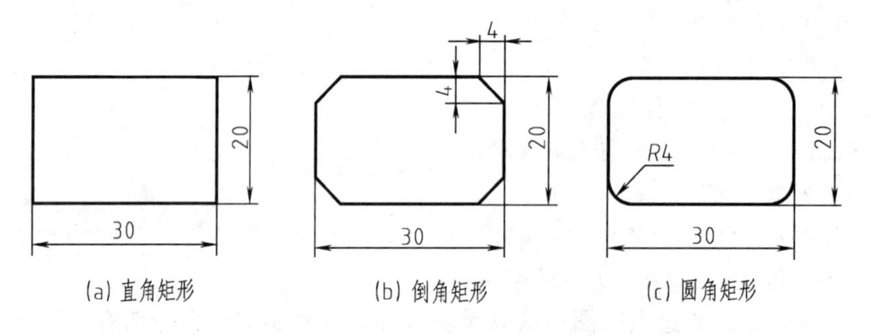


(a) 直角矩形　(b) 倒角矩形　(c) 圆角矩形

图 10-6 矩形的绘制

**【例 10-4】** 用“Rectang”命令绘制如图 10-6（c）所示矩形。

操作步骤如下：

命令:_rectang 当前矩形模式： 圆角＝0.00

指定第一个角点或[倒角(C)/标高(E)/圆角(F)/厚度(T)/宽度(W)]:f(*回车*)

指定矩形的圆角半径〈0.00〉:4(*回车*)

指定第一个角点或[倒角(C)/标高(E)/圆角(F)/厚度(T)/宽度(W)]:(*在屏幕上拾取矩形的左下角点*)

指定另一个角点或[面积(A)/尺寸(D)/旋转(R)]:@30,20(*回车*)

3. 正多边形命令（Polygon）

使用“Polygon”命令，绘制正多边形有如下三种：①根据边长画正多边形；②指定圆的半径，画内接于圆的正多边形；③指定圆的半径，画外切于圆的正多边形。如图 10-7 所示。

**【例 10-5】** 绘制图 10-7（b）所示的内接于圆的正六边形。

操作步骤如下：

命令:_polygon 输入侧面数〈4〉:6(*回车*)

指定正多边形的中心点或[边(E)]:(*在屏幕上拾取任一点作为六边形的中心*)

输入选项[内接于圆(I)/外切于圆(C)]〈C〉:i(*回车*)

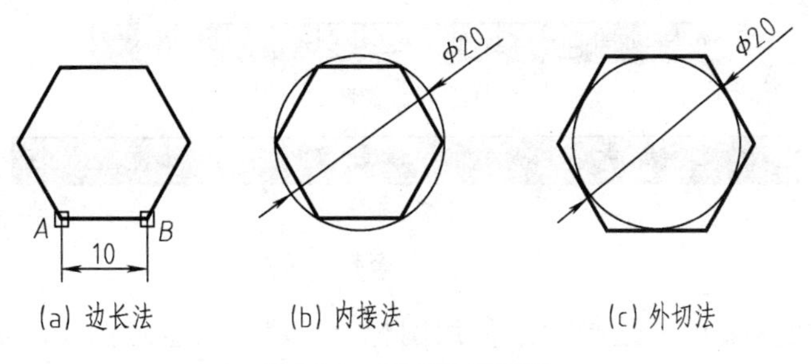


图 10-7　正多边形画法

指定圆的半径：10(*回车*)

通过以上几个命令的操作可以看出，我们进行的每一步操作都是按命令栏的提示进行，当出现选项提示或方括号 [] 中的选项内容时，只需从键盘输入该项字母然后回车，即转为该选项内容的操作。另外，数据的输入（如坐标、半径等）可键盘敲入，也可用按鼠标左键点击屏幕上的某位置点输入。其他绘图命令的操作方法类同。

4. 图案填充（Bhatch 或 Hatch）

点击绘图工具条上的 ，或输入“Bhatch”或“Hatch”命令，弹出图 10-8 对话框，在“图案（P）”的卡号处击会出现下拉卡号列表，选择“ANSI31”卡号图案，在“角度”、“比例”栏中可根据需要输入所需数值（如比例取 2 则图案中线条间隔大一倍），然后点击“边界”栏中的“添加：拾取点”左侧按钮，会自动关闭对话框，这时可移动光标到图 10-9（a）需画剖面线的封闭区内点击变成选中状态的虚线样子（可多次点击），然后按回车键（或鼠标右键）又重新弹回对话框，点击“确认”按钮，即可以绘制出图 10-9（b）所示的剖面线。

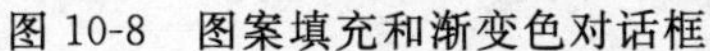

图 10-8　图案填充和渐变色对话框

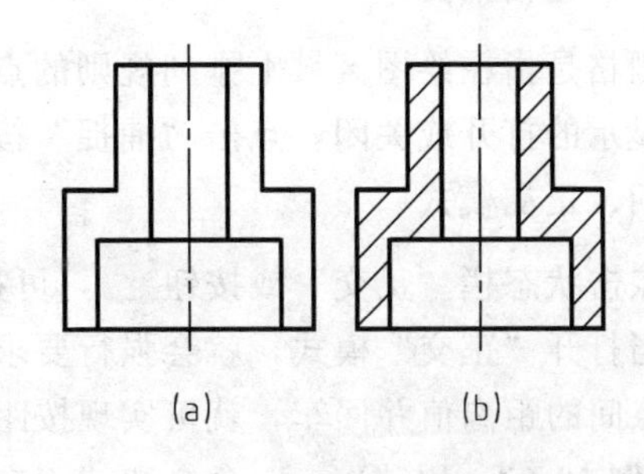


图 10-9　剖面线填充

图案选择也可点击对话框中“样例”右侧的图案窗口，在弹出的图案选项卡中挑选图案。

# 第三节　利用辅助工具绘图

## 一、“状态栏”按钮

Auto CAD 为精确绘图提供了很多工具。如图 10-10 所示的“状态栏”按钮即为辅助绘图工具。Auto CAD 默认状态下显示图 10-10（a）所示的图标按钮。通过右击状态栏上的任

(a) 图标按钮

INFER 捕捉 栅格 正交 极轴 对象捕捉 3DOSNAP 对象追踪 DUCS DYN 线宽 TPY QP SC

(b) 文字按钮

图 10-10 “状态栏”按钮

意按钮，在弹出的快捷菜单中选择“√使用图标（U）”，则显示图 10-10（b）所示的文字按钮。

## 二、“草图设置”对话框

打开图 10-11 对话框的方法：①在状态栏右击“对象捕捉”按钮→“设置（S）…”；②点击菜单“工具（T）”→“草图设置（F...）”；③在“对象捕捉”工具栏点击。

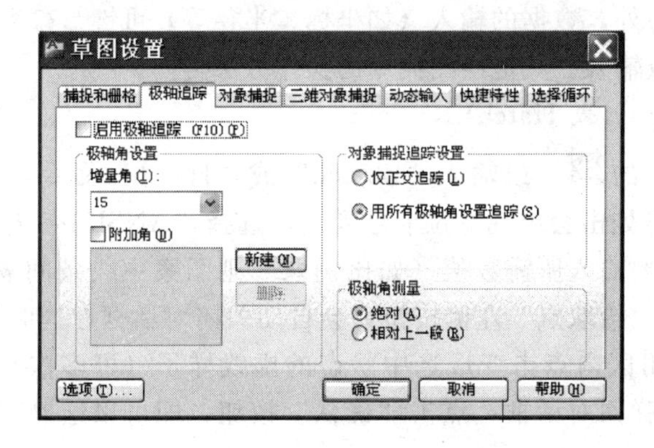


图 10-11 “草图设置”对话框

## 三、栅格捕捉

栅格是指在绘图区域上排列规则的点阵图案。点击状态栏“栅格”或按钮，可实现栅格显示的打开或关闭。点击“捕捉”按钮，可精确捕捉到栅格坐标点。

## 四、正交模式

点击状态栏“正交”或按钮，可打开或关闭正交模式。

当打开“正交”模式，就会强行要求光标水平或垂直方向移动，如在此状态下从键盘输入两点间的距离值并回车，就可实现按距离值精确画水平或垂直线。

**【例 10-6】** 用“Line”命令和“正交模式”绘制图 10-6（a）。

操作步骤如下：

命令：_line 指定第一点：*（启动正交，在屏幕上拾取点 A ）*

指定下一点或[放弃(U)]：30*（向右移动鼠标并回车，确定 B 点）*

指定下一点或[放弃(U)]：20*（向上移动鼠标并回车，确定 C 点）*

指定下一点或[闭合(C)/放弃(U)]：30*（向左移动鼠标并回车，确定 D 点）*

指定下一点或[闭合(C)/放弃(U)]：c*（回车）*

## 五、极轴追踪

点击状态栏“极轴”或按钮，可打开或关闭“极轴追踪”

极轴追踪是指按预先设定的角度增量来追踪坐标点。

极轴追踪的设置：【草图设置】对话框→“极轴追踪”选项卡→增量角（I）→15°。

【例 10-7】 用 line 命令以及“极轴追踪”绘制如图 10-12 所示的直线 $AB$。

操作步骤如下：

命令：_line 指定第一点：(*在屏幕上拾取A 点*)

指定下一点或[放弃(U)]：35(*向右上角移动光标，当出现参考线和极坐标时键入 35 并回车，确定B 点*)

指定下一点或[放弃(U)]：(*回车*)

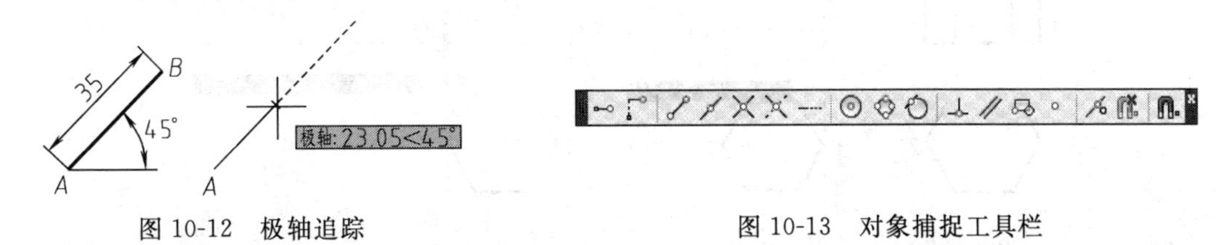


图 10-12　极轴追踪　　　　图 10-13　对象捕捉工具栏

**六、对象捕捉**

对象捕捉是指将需要输入的点定位在现有对象的端点、中点、圆心、切点、节点、交点等特征点的位置上。

1. 临时对象捕捉

如在命令行出现“指定下一点”提示时，可在图 10-13 所示的对象捕捉工具栏中插入临时命令来打开捕捉模式。各临时命令的名称可将光标停留在某图标上即可出现中文名称。

【例 10-8】 利用临时对象捕捉绘制图 10-14 (a) 所示的公切线 $AB$。

操作步骤如下：

命令：_line 指定第一点：(*点击相切图标插入了 Tan 命令*)_ tan 到[*再将鼠标移到A 点附近捕捉A 后点击，如图 10-15(a)所示*]

指定下一点或[放弃(U)]：(*点击相切图标插入了 Tan 命令*)_ tan 到[*在B 点附近捕捉B 后点击*]

指定下一点或[放弃(U)]：(*回车*)

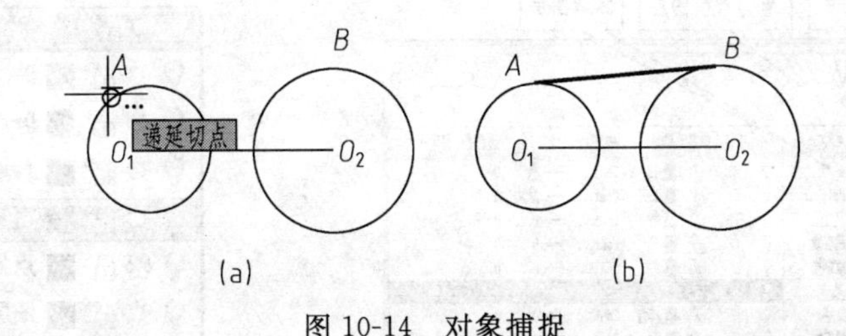


图 10-14　对象捕捉

2. 自动对象捕捉

Auto CAD 提供了另一种对象捕捉模式，开启该模式即处于运行状态。

点击状态栏的“捕捉”按钮或按钮，可启动或关闭自动对象捕捉功能。

自动对象捕捉类型的设置：【草图设置】对话框→“对象捕捉”选项卡，勾选常用对象捕捉类型，如端点、圆心、交点等。

**七、对象捕捉追踪**

利用对象追踪可以快捷地确定一个或两个对象特征点的水平垂直方向上点的位置。

点击状态栏“捕捉追踪”按钮或按钮，或按下 F11 键，可打开或关闭捕捉追踪功能。

对象捕捉追踪时必须将状态栏上的“捕捉”与“捕捉追踪”同时打开，并且设置了相应的捕捉类型。

在画物体视图时，利用“对象捕捉追踪”，可以确保视图间“长对正、高平齐”。

**【例 10-9】** 绘制图 10-15（a）所示六棱柱的主、俯视图。

绘图步骤如下：

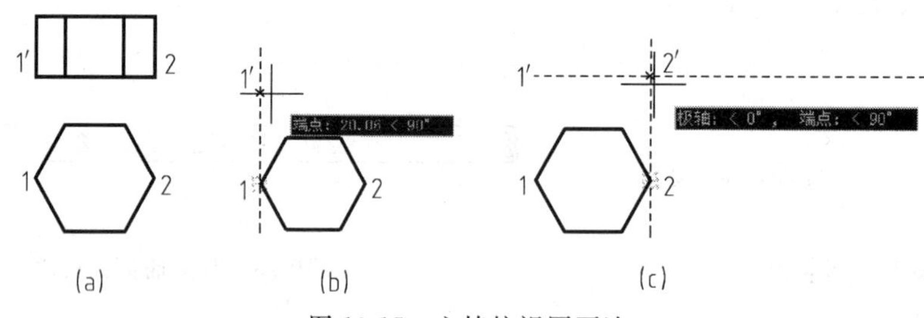


图 10-15 六棱柱视图画法

① 用多边形命令绘制六边形的俯视图。

② 同时启动“极轴”、“对象捕捉”、“对象追踪”三个按钮。

③ 绘主视图。执行 line 命令，先光标吸住 1 点再移动到 1′点位置点击［如图 10-15（b)］，然后光标吸住 2 点后再移动到 2′点位置点击［如图 10-15（c)，光标同时吸住了 1′和 2］，再依此法确定其他各点位置，画出主视图。

# 第四节 图层及其应用

图层是用户用来组织和管理图形最为有效的工具。一个图层就像一张透明的图纸，不同的图元对象设置在不同的图层。将这些透明纸叠加起来，就可以得到最终的图形。

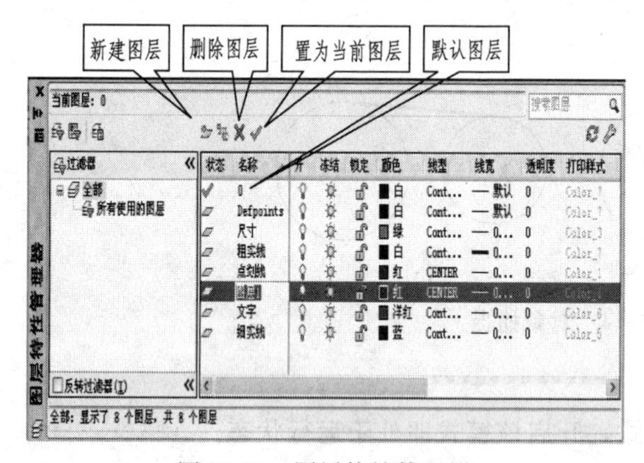


图 10-16 图层特性管理器

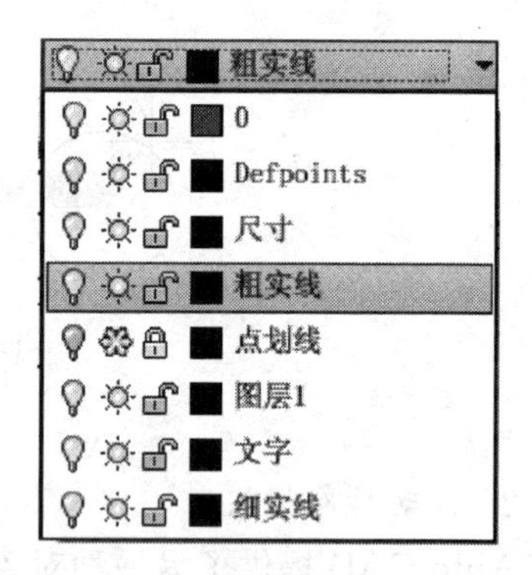


图 10-17 “应用的过滤器”下拉列表

**1. 图层的创建**

图层的创建如图 10-16 所示“图层特性管理器”对话框中进行。打开该对话框的常用方法：①键入“Layer”并回车；②点击图层工具栏中按钮。

在图 10-16 中，点击新建图层按钮，即可创建新图层，并命名图层、设置图层状态和属性。

**2. 图层状态转换与当前层设置**

① 图层的状态转换 在如图 10-17 所示的图层下拉列表中，点击相应层的图标，实现

图层的状态转换。

打开/关闭：点击灯泡实现开关。当图层被关闭时，该层上的对象不可见也不可选取。

解冻/冻结：点击雪花实现转换。当图层被冻结时，该层上的对象不可见也不可选取。

解锁/锁定：点击锁实现转换。当图层被锁定时，图层上的对象可见，但不能选取操作。

② 设置当前层　出现在“应用的过滤器”窗口中的图层，即为当前层。在如图 10-17 所示的图层下拉列表中，点击相应图层名即可实现。此时在绘图区所画图线、所写文字等，都是在该窗口中的当前层上。

3. 图层特性设置

每个图层都有颜色、线型和线宽三项特性。

① 线型的设置：点击“图层特性管理器”中线型名称（如 Continuous)，在弹出的对话框中选择线型，如图 10-18（a）所示。如果显示的线型不够用，可点击“加载”按钮，在弹出的对话框中点击需加载线型，如图 10-18（b）所示。绘制机械图样时常选用列表中的 Continuous 画实线、Hidden 画虚线、Center 画点划线、Phantom 画双点划线。

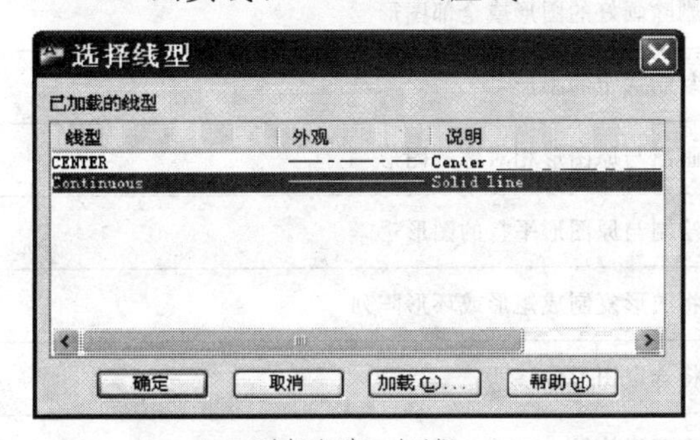


(a)“选择线型”对话框

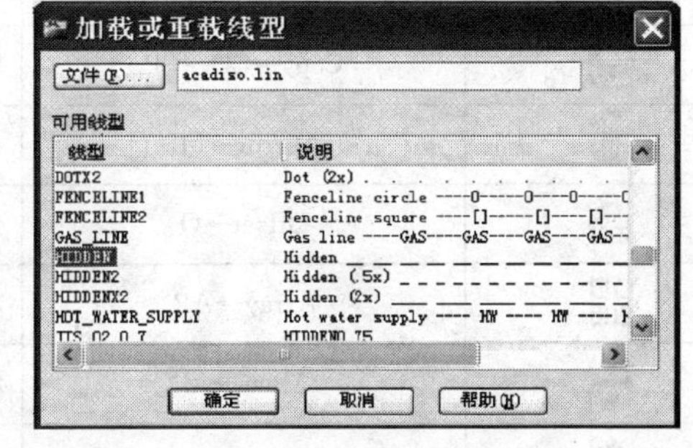


(b)“加载或重载线型”对话框

图 10-18　线型设置

LTscale 是线型比例命令，它可按比例值缩放虚线、点画线等线型的短画或长画的尺寸。

② 颜色的设置：点击“图层特性管理器”中颜色处（如：■白)，在弹出的对话框中选取所需颜色，如图 10-19 所示。不同图层一般配置不同颜色。

③ 线宽的设置：点击“图层特性管理器”中线宽处（如：____ 0.5mm）在弹出的对话框中，点击所需线宽，如图 10-20 所示。

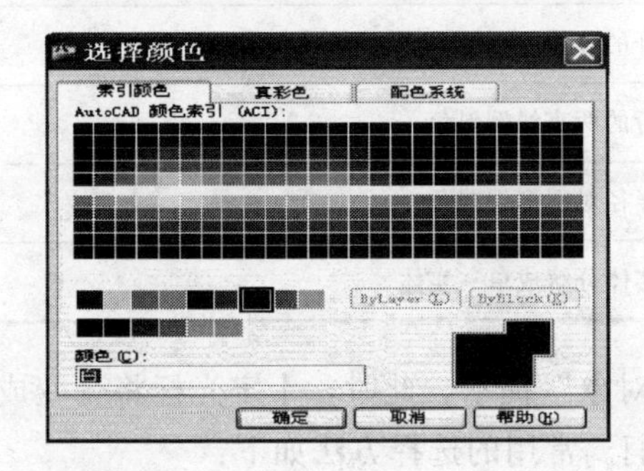


图 10-19 “选择颜色”对话框

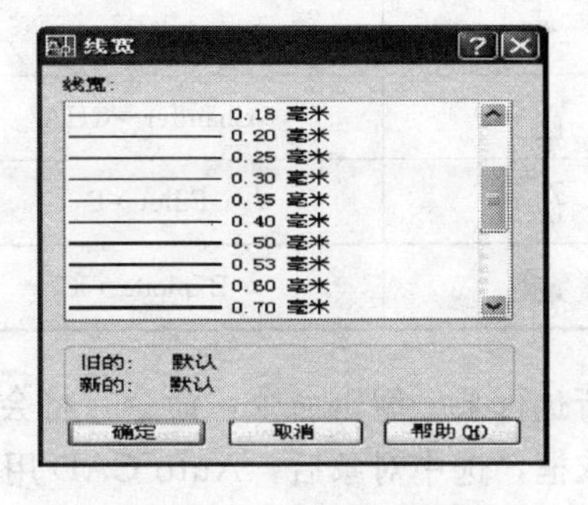


图 10-20 “线宽”对话框

线宽的显示：点击状态栏“线宽”按钮，可以显示或隐藏线宽。

4. 更改对象的图层

更改对象所在图层的方法：①点击图层面板上的匹配工具，先选定目标对象，再点击需转换图层的对象，即可更改为目标对象的图层。②先选定需转换图层的对象，再点击“应用的过滤器”下拉列表中的某一图层，即可转换成该图层的对象，并按“Esc”键退出选中状态。

## 第五节 常用编辑命令

图形编辑是指对已有的图形对象进行删除、复制、移动、旋转、缩放、修剪、延伸等操作。编辑修改命令的调用方法：①功能区→“常用”选项卡→“修改”面板；②“修改”工具栏；③“修改（M）”菜单；④键入命令。表 10-2 中列出了常用编辑修改命令及其功能。

表 10-2 常用编辑修改命令及其功能

| 图标 | 命令→快捷键 | 功能 |
| --- | --- | --- |
| | Erase→E | 删除画好的图形或全部图形 |
| | Copy→CO→CP | 复制选定的图形 |
| | Mirror→MI | 画出与原图形相对称的图形 |
| | Offset→O | 绘制与原图形平行的图形 |
| | Array→AR | 将图形复制成矩形或环形阵列 |
| | Move→M | 将选定图形位移 |
| | Rotate→RO | 将图形旋转一定的角度 |
| | Scale→SC | 将图形按给定比例放大或缩小 |
| | Stretch→S | 将图形选定部分进行位伸或变形 |
| | Trim→TR | 对图形进行剪切，去掉多余的部分 |
| | Extend→EX | 将图形延伸到某一指定的边界 |
| | Break→BR | 将直线或圆、圆弧断开 |
| | Join→J | 合并断开的直线或圆弧 |
| | Chamfer→CHA | 对不平行的两直线倒斜角 |
| | Fillet→F | 按给定半径对图形倒圆角 |
| | Explode→X | 将复杂实体分解成单一实体 |

若执行某一编辑命令，命令行将会显示“选择对象”提示。此时，十字光标将会变成一个拾取框，选中对象后，Auto CAD 用虚线显示它们。常用的选择方法如下：

（1）直接拾取 用鼠标将拾取框移到要选取的对象上点击。此种方式为默认方式，可连续选择多个对象。

（2）选择全部对象　在“选择对象”提示时，键入 ALL 并回车，该方式可以选择全部对象。

（3）窗口方式　在“选择对象”提示时，通过先左后右点击两个角点产生的实线矩形选择对象。这种方式只有与矩形窗口完全围在里面的对象才被选中。

（4）窗口交叉方式　在“选择对象”提示时，通过先右后左点击两个角点产生的虚线矩形选择对象。这种方式凡是与矩形窗口相交或围在里面的对象都能被选中。

**【例 10-10】** 把图 10-21 所示的直线或六边形（源对象）定距偏移。

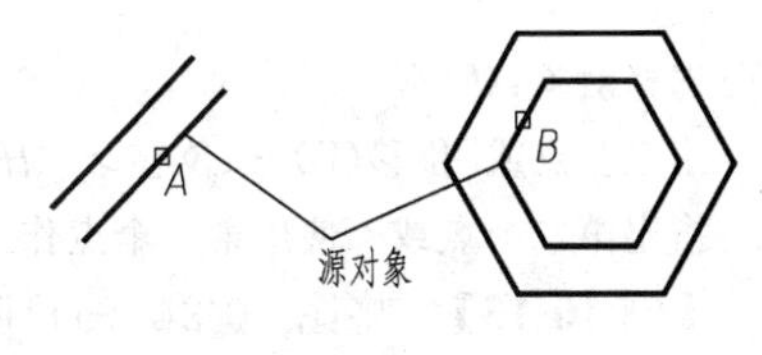


图 10-21　偏移复制对象

操作步骤如下：

命令：_offset（*点击工具条图标*）

当前设置：删除源＝否　图层＝源　OFFSETGAPTYPE＝0

指定偏移距离或[通过(T)/删除(E)/图层(L)]〈0.00〉：5（*回车*）

选择要偏移的对象，或[退出(E)/放弃(U)]〈退出〉：（*拾取直线 A*）

指定要偏移的那一侧上的点，或[退出(E)/多个(M)/放弃(U)]〈退出〉：（*在直线 A 的左上方拾取一点*）

选择要偏移的对象，或[退出(E)/放弃(U)]〈退出〉：（*拾取六边形 B*）

指定要偏移的那一侧上的点，或[退出(E)/多个(M)/放弃(U)]〈退出〉：（*在六边形外拾取一点*）

选择要偏移的对象，或[退出(E)/放弃(U)]〈退出〉：（*回车*）

**【例 10-11】** 在图 10-22（a）的基础上进行修剪操作，完成键槽的图形，如图 10-22（b）所示。

操作步骤如下：

命令：_trim

当前设置：投影＝UCS，边＝无

选择剪切边...

选择对象或〈全部选择〉：　找到 1 个（*拾取 A*）

选择对象：找到 1 个，总计 2 个（*拾取 B*）

选择对象：（*回车*）

选择要修剪的对象，或按住 Shift 键选择要延伸的对象，或[栏选(F)/窗交(C)/投影(P)/边(E)/删除(R)/放弃(U)]：（*拾取 C*）

选择要修剪的对象，或按住 Shift 键选择要延伸的对象，或[栏选(F)/窗交(C)/投影(P)/边(E)/删除(R)/放弃(U)]：（*拾取 D*）

选择要修剪的对象，或按住 Shift 键选择要延伸的对象，或[栏选(F)/窗交(C)/投影(P)/边(E)/删除(R)/放弃(U)]：（*回车*）

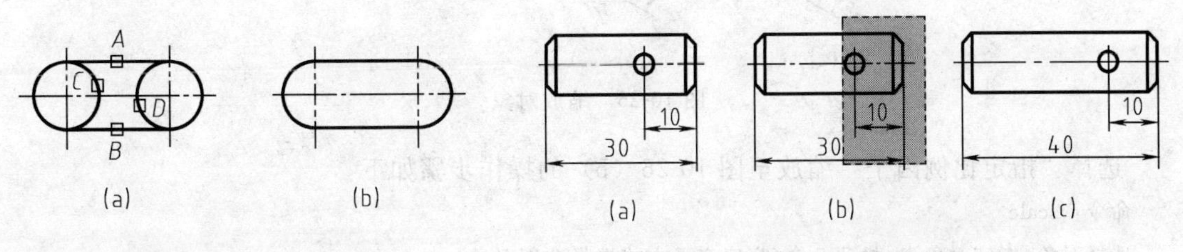


图 10-22　修剪对象　　图 10-23　拉伸对象

**【例 10-12】** 在图 10-23（a）的基础上进行拉伸操作，使轴的总长由 30 拉伸至 40，如图 10-23（c）所示。

使用“Stretch”命令可以将选定的对象进行拉伸或压缩。操作时必须用“窗口交叉”方式来选择对象，与窗口相交的对象被拉伸，包含在窗口内的对象则被移动。

操作步骤如下：

命令：_stretch 以交叉窗口或交叉多边形选择要拉伸的对象...

选择对象：指定对角点：找到 12 个[*以窗口交叉方式选择对象，将尺寸 10 包含在窗口内，如图 10-23(b)所示*]

选择对象：(*回车*)

指定基点或[位移(D)]<位移>：(*任取一点作为基点*)

指定第二个点或<使用第一个点作为位移>：@10,0(*回车*)

**【例 10-13】** 将图 10-24（a）阵列成图 10-24（b）。

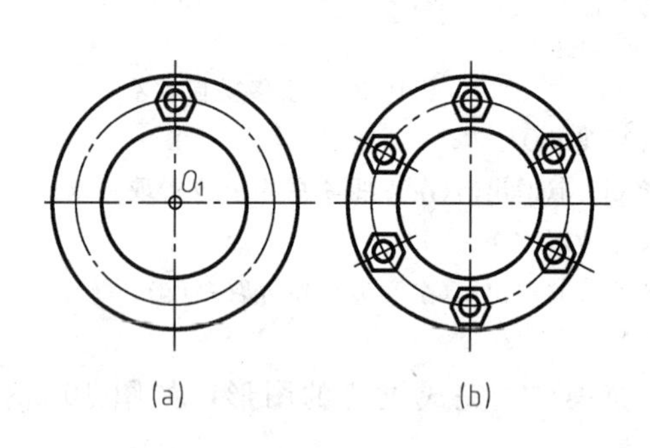


图 10-24 阵列复制对象

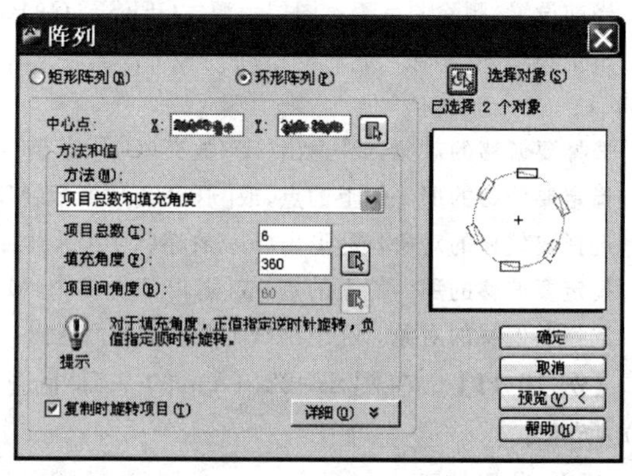


图 10-25 阵列对话框

操作步骤如下：

命令：_array(*点击环形阵列工具条图标，在弹出的图 10-25 对话框中输入相应的参数，然后点击“中心点”正右方的拾取按钮*)

指定阵列中心点：_cen(*捕捉大圆圆心 $O_1$ 作为中心点*)

选择对象：找到 3 个(*窗口方式框选小圆、六边形、短点画线*)

选择对象：(*回车或点击对话框中的“确定”按钮*)

**【例 10-14】** 在图 10-26（a）的基础上缩放粗糙度符号，缩放效果分别如图 10-26（b）和图 10-26（c）所示。

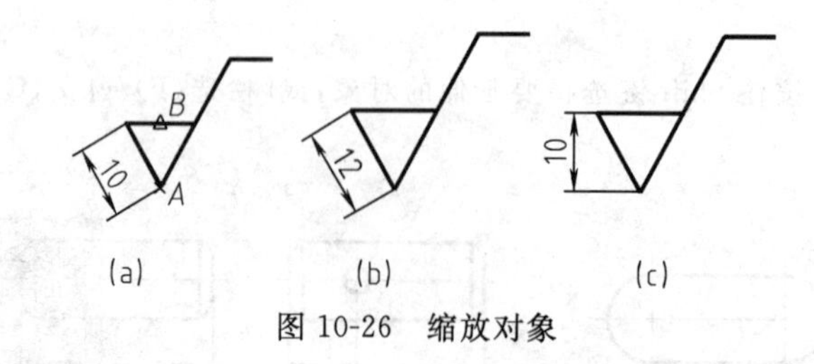


图 10-26 缩放对象

选择“指定比例因子”缩放至图 10-26（b）的操作步骤如下：

命令：_scale

选择对象：指定对角点：找到 5 个(*窗口交叉方式选择全部对象*)

选择对象：(*回车*)

指定基点：(*捕捉基点A*)

指定比例因子或[复制(C)/参照(R)]：1.2(*回车*)

选择“参照（R)”方式缩放至图 10-26（c）的操作步骤如下：

命令：_scale

选择对象：指定对角点：找到 5 个(*窗口交叉方式选择全部对象*)

选择对象：(*回车*)

指定基点：(*捕捉基点A*)

指定比例因子或[复制(C)/参照(R)]：r(*回车*)

指定参照长度〈1.00〉：(*捕捉交点A*)指定第二点：(*捕捉中点B，A、B 两点的距离作为参照长度*)

指定新的长度或[点(P)]〈1.00〉：10(*回车*)

另外，使用夹点功能可以方便地进行拉伸、移动、旋转、缩放等编辑操作。

如图 10-27 所示，在不输入任何命令时选择对象（直线），此时在直线上将出现三个蓝色小方框（称为夹点）；点击夹点 $B$ 使其变成红色；再沿着 $x$ 方向移动鼠标，即可将直线拉伸到指定的长度。

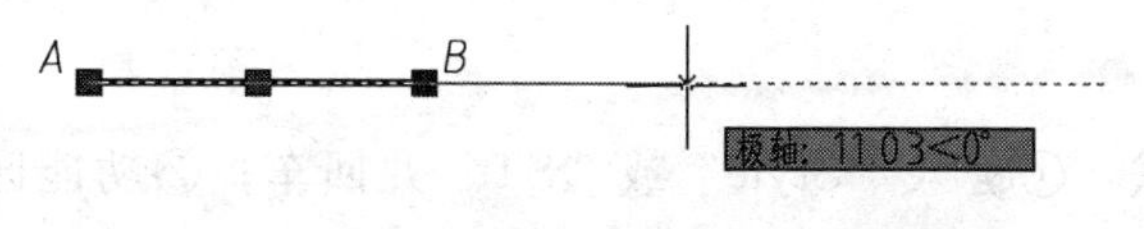


图 10-27　夹点编辑

# 第六节　Auto CAD 绘制零件图

## 一、视图绘制

**【例 10-15】** 绘制如图 10-28 齿轮零件图。

作图步骤：

1. 设置绘图环境

① 点击“新建”图标，选择“acadiso.dwt”公制样板，图形文件命名为“齿轮”。

② 设置 A4 图纸幅面（Limits 命令）

2. 创建图层　用 Layer 命令设置粗实线、虚线、点画线、细实线、文字等图层。

3. 绘图

① 绘制基准线：将“点划线”层设置为当前层，用 Line 命令画轴线、对称中心线，并画出主视图左端面轮廓线、局部视图的圆（暂为点画线线型）。

② 用 Offset 命令分别偏移出水平、垂直图线，如图 10-28（b）所示。

③ 利用“应用的过滤器”，把部分点画线转换图层调整为粗实线。如图 10-28（c）所示。并将“粗实线”层设为当前层。

④ 用 Trim 命令修剪掉多余图线。

⑤ 用 Chamfer 命令画倒角斜边（注意，它有修剪与非修剪两种模式），并用 Trim、Line 命令完成圆孔倒角绘制。

⑥ 按下状态栏中“正交”按钮，利用夹点编辑功能调整中心线长度。

⑦ 将“剖面线”层设为当前层，点击绘图工具条上或输入“Hatch”命令，完成剖面线填充。图形如图 10-28（a）所示。

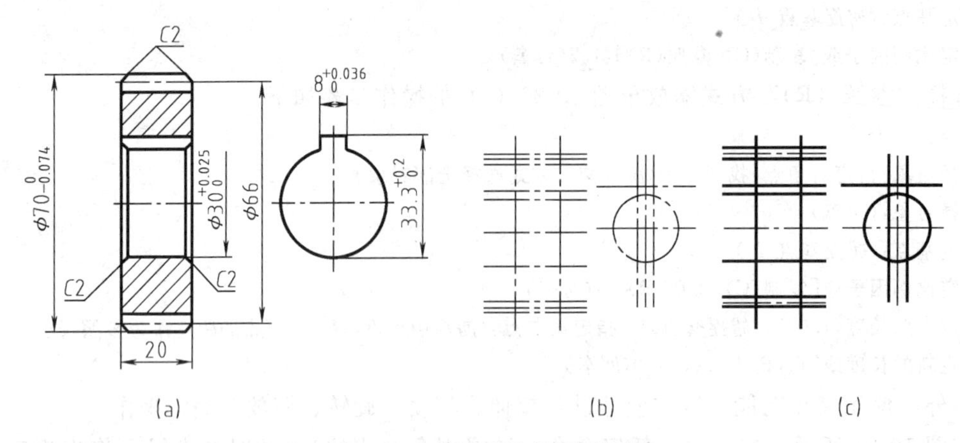


图 10-28 齿轮零件的视图绘制

4. 存盘退出

## 二、文字注写

### 1. 文字样式的创建

打开对话框的方法：①键入“Style”或“ST”并回车；②功能区→“注释”选项卡→“文字”面板→ ↘；③“格式（O）”菜单→“文字样式（S）...”；④“样式”工具栏→ A。文字样式的创建、设置与修改在如图 10-29 所示的对话框中进行，点击“新建”按钮即可新建文字样式。

在机械图样中，一般创建如下两种文字样式：

① 汉字 字体：仿宋 _ GB 2312；宽度因子：0.7；其他为默认设置。

② 数字和字母 字体：gbeitc. shx；其他为默认设置。

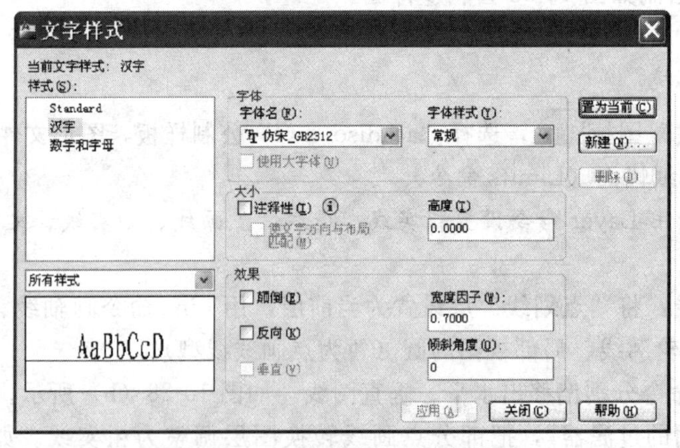


图 10-29 文字样式的创建与设置

### 2. 设置当前文字样式

设置当前文字样式的方法：①功能区→“注释”选项卡→“文字”面板→ Standard；②“样式”工具栏→ A Standard。

### 3. 注写文字命令

Auto CAD 提供了两种文字注写形式：单行文字（Text）和多行文字（Mtext）。这里介绍常用的多行文字命令（Mtext）。利用 Auto CAD 中提供的文字编辑器可输入和编辑文字，如图 10-30

所示。打开文字编辑器的方法：①键入“Mtext”或“T”并回车；②“绘图”工具栏→**A**。

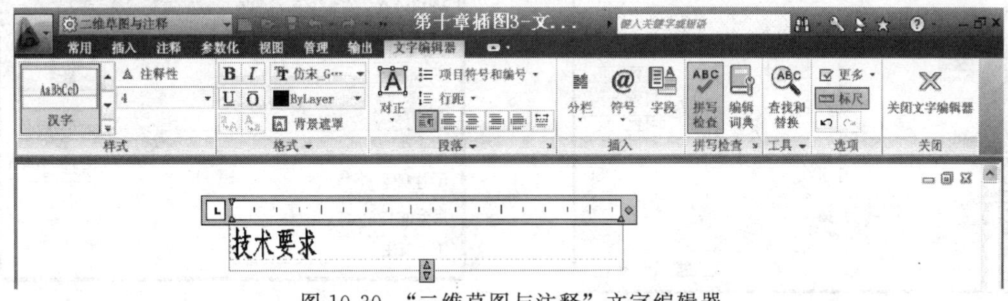


图 10-30　“二维草图与注释”文字编辑器

4. 特殊符号与文字的输入

(1) 特殊符号　特殊符号是指键盘上没有的符号。在打开的“文字编辑器”中点击图标 **@**，将弹出一下拉菜单，选择菜单上的代码即可输入相应的符号。如选择“直径 (I) %%C”，可输入符号“ϕ”。其他常用的代码有：“%%d”代表符号“°”，“%%p”代表符号“±”。这些代码也可以从键盘输入。

(2) 偏差与分数　$\phi50^{-0.025}_{-0.014}$的输入方法：先输入代码“%%C50-0.025^-0.041”，然后选中“-0.025^-0.041”(显示蓝底色)，再点击编辑器上方图标 b/a。

$\phi40\dfrac{H7}{k6}$的输入方法：先输入代码“%%C40H7/k6”，然后选中“H7/k6”(显示蓝底)，再点击图标 b/a。

5. 文本的编辑

双击需要编辑的文本或键入文本编辑命令 (Ddedit 或 ED)，在打开的“文字编辑器”对话框中可对文本的内容进行编辑。此外，输入的文本可以当作图形对象进行删除、复制、移动、旋转、缩放、分解等操作。利用“Purge”命令，可以清除无用的文字样式。

## 三、尺寸标注

1. 尺寸标注命令

尺寸标注命令的调用方法：①功能区→“常用”选项卡→“注释”面板；②“标注”菜单；③“标注”工具栏。常用标注命令及其功能如表 10-3 所示。

表 10-3　常用标注命令及其功能

| 图　标 | 命　令 | 功　能 | 图　标 | 命　令 | 功　能 |
|---|---|---|---|---|---|
| | Dimlinear | 线性标注 | | Dimbaseline | 基线标注 |
| | Dimaligned | 对齐标注 | | Dimcontinur | 连续标注 |
| | Dimradius | 半径标注 | | Mleader | 引线标注 |
| | Dimdiameter | 直径标注 | | Tolerance | 几何公差标注 |
| | Dimangular | 角度标注 | | | |

2. 尺寸样式的创建

以创建“机械”尺寸样式为例加以说明。

(1) 打开“标注样式管理器”对话框　打开对话框的方法：①键入“Dimstyle”或“Dst”并回车；②“格式 (O)”菜单→“标注样式 (D) ...”；③“样式”工具栏→。

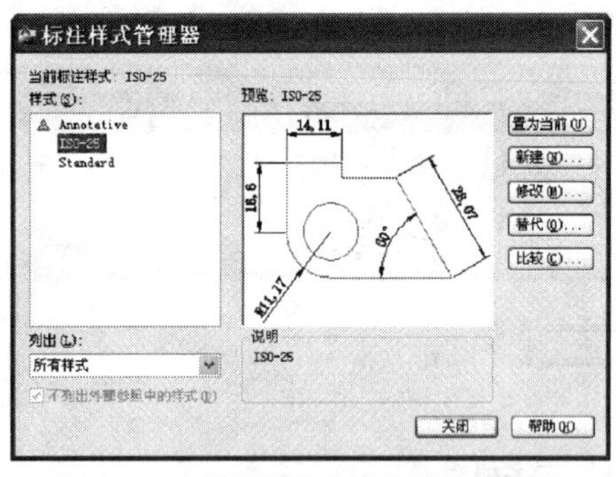

图 10-31 “标注样式管理器”对话框

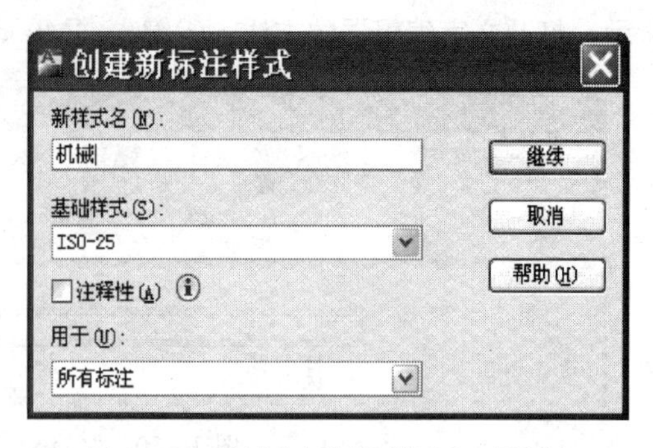

图 10-32 “创建新标注样式”对话框

(2) 新建“机械”基础样式 在图 10-31 所示对话框的左侧选择样式“ISO—25”作为基础样式，点击“新建”按钮，在弹出的对话框中输入新样式名：“机械”，如图 10-32 所示。

(3) 设置“机械”基础样式 在图 10-32 所示对话框中，点击“继续”按钮，在弹出的对话框中，按表 10-4 所提供的各项参数在相应的选项卡上设置参数值，如图 10-33 所示。该参数设置适用于 A4～A2 图纸。

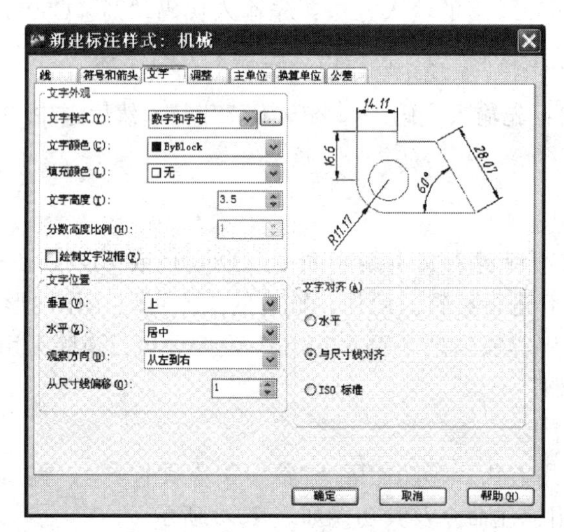

图 10-33 “机械”基础样式

**表 10-4 “机械”标注样式参数列表**

| 类别 | 名　称 | 设置新值 | 类别 | 名　称 | 设置新值 |
|---|---|---|---|---|---|
| 延伸线 | 与起点偏移量 | 0 | 文字外观 | 文字样式 | 数字和字母 |
| | 超出尺寸线 | 2 | | 文字高度 | 3.5 |
| 箭头 | 第一个 | 实心闭合 | 文字位置 | 垂直 | 上 |
| | 第二个 | 实心闭合 | | 水平 | 居中 |
| | 箭头大小 | 3 | | 从尺寸线偏移 | 1 |
| | | | 主单位 | 小数分隔符 | |

为方便“直径”、“角度”“公差”等的标注，可选择“机械”作为基础样式，适当调整各选项卡的参数，设置相应的尺寸样式名。

（4）完成设置　在图 10-31 所示对话框中，选择新增加的“机械”样式，点击“置为当前”按钮，点击“关闭”按钮，完成设置。

3. 设置当前标注样式

标注样式位于①功能区→“注释”选项卡→“标注”面板→ ISO-25 ；②“样式”工具栏→ ISO-25 。设置当前标注样式的方法：点击 ISO-25 下拉按钮，选中所需标注样式，则在“标注样式控制”窗口中显示的即为当前标注样式。

4. 编辑尺寸标注

① 利用夹点编辑尺寸位置。该方法可改变尺寸线和尺寸文本的位置。

② 双击需要编辑的尺寸，直接打开“特性”对话框，再编辑标注的内容。

5. Auto CAD 尺寸标注举例

**【例 10-16】** 标注如图 10-28 所示的齿轮零件尺寸。

标注尺寸操作步骤：

① 创建一个用于尺寸标注的图层（如“尺寸”层），置为当前层。

② 创建“机械”标注基本样式及其他样式，把“机械”标注基本样式置为当前尺寸样式。

③ 标注线性尺寸 $\phi70^{0}_{-0.074}$，$\phi66$，$33^{+0.2}_{0}$，$8^{+0.036}_{0}$，20，$\phi30^{+0.25}_{0}$。

其中，标注尺寸 $\phi70^{0}_{-0.074}$ 的操作步骤说明如下：

命令：_dimlinear(*点击标注工具条中的线性标注图标*)

指定第一个延伸线原点或〈选择对象〉：(*拾取上方齿顶线*)

指定第二条延伸线原点：(*拾取下方齿顶线*)

指定尺寸线位置或[多行文字(M)/文字(T)/角度(A)/水平(H)/垂直(V)/旋转(R)]：m(*回车，然后在文字编辑器中加注符号 ϕ 和极限偏差*)(*极限偏差输入见“文字注写”说明*)

指定尺寸线位置或[多行文字(M)/文字(T)/角度(A)/水平(H)/垂直(V)/旋转(R)]：(*移动光标使尺寸线位置于适当处后按鼠标左键*)

可用相同的方法标注尺寸 $\phi66$，$33^{+0.2}_{0}$，$8^{+0.036}_{0}$，20。

含上下偏差的尺寸，也可专门设置一个公差标注样式，直接注出尺寸与上下偏差，然后利用“特性”对话框，修改上下偏差值。

④ 标注只有一条尺寸界线的尺寸 $\phi30^{+0.25}_{0}$ 的方法。利用“替代当前样式”临时注写，修改方法：【标注样式管理器】对话框→“替代”按钮→【替代当前样式】对话框→“线”选项→隐藏“尺寸线（2）”和“延伸线（2）”。

注意，这类尺寸标注结束，应重新打开“标注样式管理器”，将“机械”样式置为当前样式。

标注完毕后的图形如图 10-28 所示。

# 第七节　块及其应用

块是绘制的若干对象的组合，组合后已是一个单独的对象。

## 一、常用块命令

常用块命令的调用方法：①功能区→“常用”选项卡→“块”面板；②“绘图（D）”菜单→块（K）；③“绘图”工具栏→。常用块命令及其功能如表 10-5 所示。

表 10-5 常用块命令及其功能

| 图 标 | 命 令 | 功 能 |
|---|---|---|
| | Block | 创建块：将所选图形定义成非图形文件块。 |
| | Wblock | 创建外部块：将所选图形定义为图形文件块。 |
| | Insert | 插入块：将块插入当前图形中。 |
| | Attdef | 定义块属性：实现块中图与临时输入文本的结合。如插入块的同时临时加入粗糙度值等内容。 |

## 二、块的应用

以“粗糙度”块为例加以说明。

1. 绘制块图形［如图 10-34（a)］

2. 定义块属性

执行“Attdef”命令，在弹出的对话框中给粗糙度符号添加属性，输入属性标记为“RA”，设置情况如图 10-34（b）所示。点击“确定”关闭对话框，再在图 10-34（a）的“Ra”后方点击，则属性“RA”定位在图 10-34（c）中所示的位置。

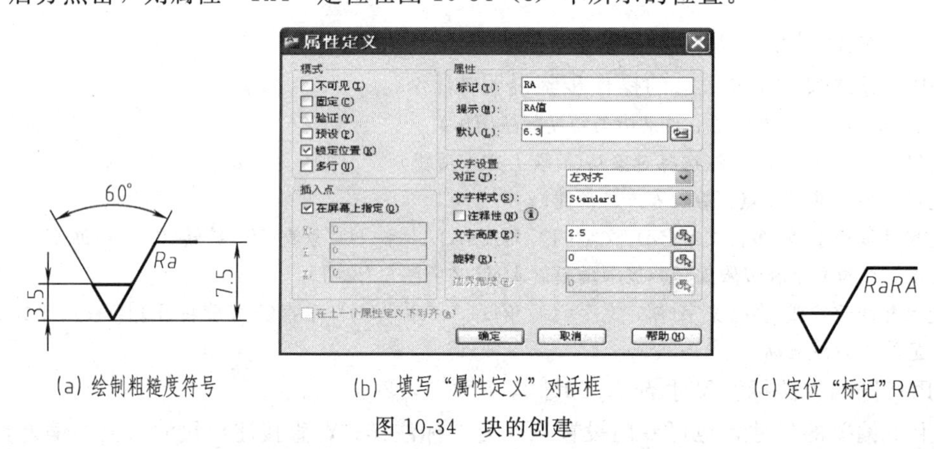


(a) 绘制粗糙度符号　(b) 填写“属性定义”对话框　(c) 定位“标记”RA

图 10-34 块的创建

3. 定义块

执行“Block”命令，打开图 10-35“块定义”对话框。在“名称”栏输入“粗糙度”；点击“选择对象”按钮关闭对话框，然后选取图 10-34（c）图，按右键弹回对话框；点击“拾取点”按钮关闭对话框，拾取图 10-34（c）三角形下方尖角顶，又弹回对话框；最后点击“确定”按钮关闭对话框，即完成了该粗糙度符号和属性的块定义。

4. 插入块

执行“Insert”命令，打开图 10-36 对话框，在“名称”栏中找出所需“粗糙度”块名（对话框中“比例”与“旋转”两项数据可根据需要调整）。点击“确认”按钮关闭对话框，启用“最近点”捕捉方式在图 10-37 所示的 C2 倒角位置线点击，并从键盘输入 Ra 数字 12.5 后回车，即完成一个 Ra 标注的插入。敲回车键重复该命令，完成其余标注操作。

5. 定义外部块

执行“Wblock”命令，在弹出图 10-38 所示对话框，可将已定义的“粗糙度”块存贮为图形文件，就可在其他图形文件中插入。或在“源”项中选择“整个图形”项后按定义块操作方式定义块。注意，在点击“确认”按钮前，要设置好对话框中文件的路径。

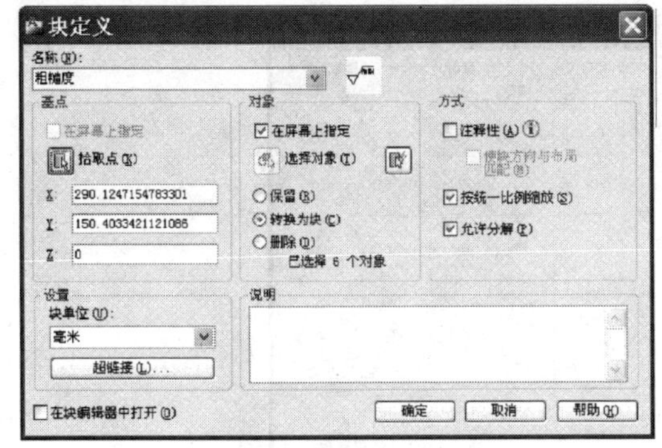


图 10-35 “块定义”对话框

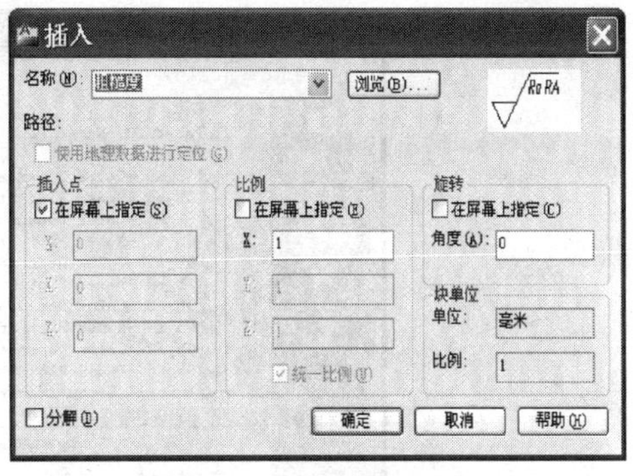


图 10-36 “插入”对话框

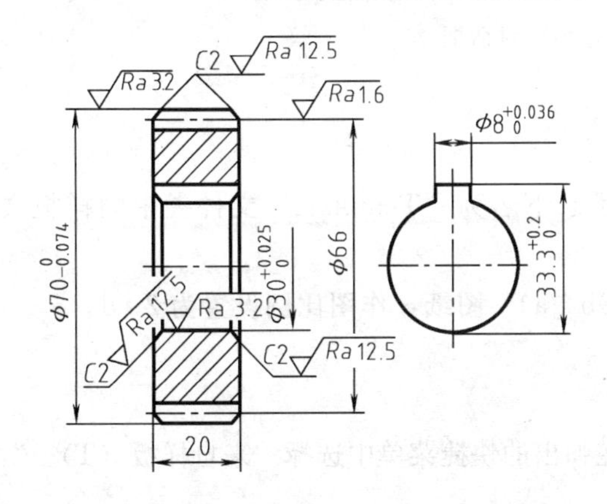


图 10-37 插入“粗糙度”块后的齿轮零件图

图 10-38 “写块”对话框

# 第八节 Auto CAD 绘制机械图样

## 一、Auto CAD 绘制机械图的一般过程

① 新建图形文件并重新命名。

② 设置绘图环境，如绘图界限、尺寸精度等。

③ 创建图层、文字样式、尺寸标注样式、块（粗糙度、螺栓、螺母等）。

④ 绘制图样。按 1∶1 比例在默认的模型空间绘制图样。

⑤ 调用国标图纸。

⑥ 标注尺寸、粗糙度，注写技术要求等。

⑦ 整理图形，存盘退出

## 二、“机械”样板图的创建

由于每次创建新的图形文件均需重复步骤②、③，因此可以建立一个空白的样板文件供每次新建文件时使用，以简化操作。

按上述步骤 1～3 建立起“drawing1.dwg”空白文件，点击“保存”后，打开“图形另存为”对话框。在该对话框中，“文件类型（T）”处选择“Auto CAD 图形样板 *.dwt”，“文件名（N）”处输入“机械图”，这时文件的保存位置自动更新为“Template”文件夹，如图 10-39 所示。点击“保存”，则“Template”文件夹中将增加样板文件“机械图.dwt”。

图 10-39 “图形另存为”对话框

新建文件时，可直接选择“机械图.dwt”样板。

**三、国标样板图纸的应用**

国标图纸是指已经存在于 Auto CAD 安装目录下名为“Template”文件夹中的样板文件，如图 10-39 中的“Gb_a0～Gb_a4”。

**【例 10-17】** 给图 10-37 的齿轮零件添加“Gb_a3”图纸，作图比例设置为 2∶1。

添加图纸步骤如下：

① 打开已绘制好的齿轮零件图。

② 在绘图区的左下角右击 模型/布局1/布局2，在弹出的快捷菜单中选择“来自样板（T）…”，即打开“从文件选择样板”对话框。

③ 在该对话框中打开 Gb_a3，这时布局处增加一个标签 模型/布局1/布局2/Gb A3 标题栏/。

④ 点击 Gb A3 标题栏，状态栏“模型”按钮自动切换成“图纸”，这时 Auto CAD 界面如图 10-40 所示。

⑤ 调整作图比例和图形位置

点击状态栏“图纸”按钮，使其切换成浮动“模型”状态。这时可用“Zoom”命令调整作图比例，用“Pan”命令调整图形位置。

调整作图比例的操作步骤如下：

命令：z(*回车*)

ZOOM

指定窗口的角点，输入比例因子(nX 或 nXP)，或者

[全部(A)/中心(C)/动态(D)/范围(E)/上一个(P)/比例(S)/窗口(W)/对象(O)]〈实时〉：s(*回车*)

输入比例因子(nX 或 nXP)：2xp(*回车*)(*图形及标注特征均被放大 2 倍*)

⑥ 修改标注特征比例

由于图形放大 2 倍后，标注特征也同时放大 2 倍（如箭头、字高等），这显然不符合图纸要求，此时，应将尺寸的全局比例设置为 0.5。

修改标注特征比例的方法：【标注样式管理器】对话框→“修改”按钮→【修改标注样式】对话框→“调整”选项卡→“标注特征比例”组→选择“使用全局比例（S）”并设置 0.5。由于尺寸特征相对于图样的大小发生了变化，因此还需要调整尺寸位置。

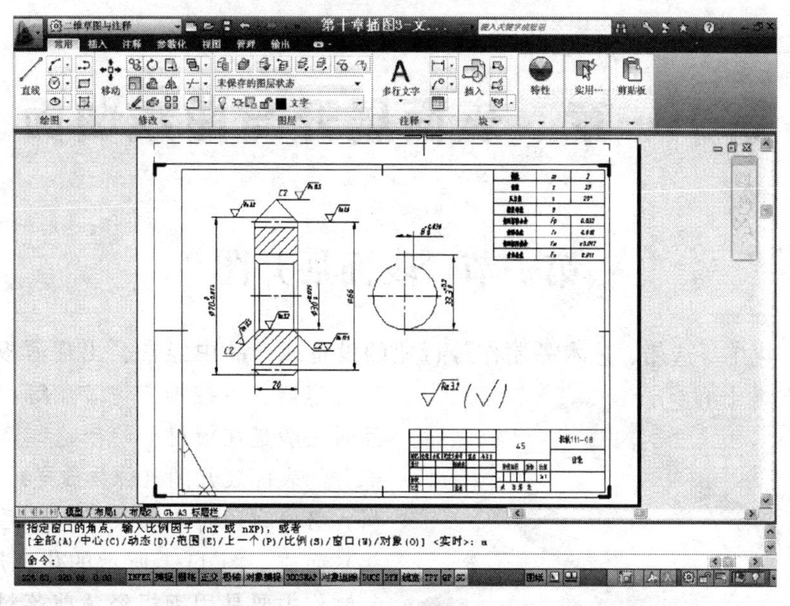

图 10-40 “图纸空间”界面

⑦ 将“模型”切换成“图纸”。

⑧ 在“图纸”空间，双击修改“标题栏”内容，注写技术要求，存盘退出。

## 四、Auto CAD装配图画法

用 Auto CAD 绘制装配图主要有三种方法：①直接绘制法；②块插入法；③利用“设计中心”绘图法；④直接由三维模型生成二维装配图。

其中，“块插入法”绘制装配图过程，如第九章图 9-78、图 9-82、图 9-83、图 9-84 的画图，即把已画好的零件图块（关闭尺寸线等不需要的图层）用块插入命令逐个调入，并用 Trim 命令修剪掉需要隐藏的多余图线（因 Auto CAD 无块消隐命令，故需用修剪等命令处理多余图线）。

# 第十一章　表面展开与曲线曲面

## 第一节　表面展开图

在机械、化工、造船、艺术品制作等行业的设备或产品中经常会出现薄板制件，如管道、容器、电控柜、包装盒等。制作这些产品时一般是在板材上绘出这些产品的各组成部分的表面展开图（称为放样），然后裁剪落料，必要时还需弯卷成形，最后焊接（或铆接）而成。图 11-1 所示的化工厂卧式容器，其制作主要是用钢板经裁剪落料，有些需弯卷成形，最后焊接而成。

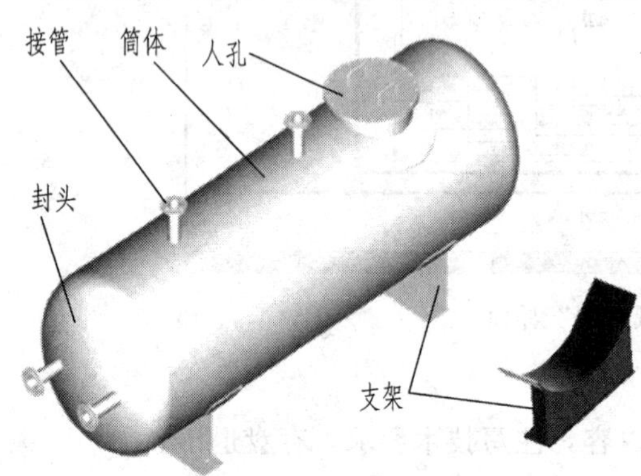

图 11-1　卧式容器

将立体表面按其真实形状和大小，依次连续地摊平在一个平面上，称立体的表面展开。展开后所得到的图形，称为立体表面展开图（简称展开图）。

### 一、旋转法求倾斜直线实长

由立体视图获得其表面展开图，首先需解决视图上倾斜直线段的实长问题，然后才可能作出反映实形的各个表面，最后完成立体表面展开图的绘制。

图 11-2 为旋转法求倾斜直线实长的原理，图中圆锥体轴线垂直水平投影面。我们知道，锥面上的每一条素线都是相等的，故有素线 $AB=AE$，我们把图中一般位置素线 $AE$ 绕锥体轴线旋转到素线 $AB$ 位置（$AB$ 平行正立投影面），则有 $a'b'=AB=AE$。这样，我们可用这种在锥面上旋转素线的方法来解决倾斜线段的实长问题。

旋转法求实长的作图步骤如下：在图 11-2（c）在水平投影面上，以 $a$ 点为圆心，$ae$ 为半径画圆弧，把 $e$ 点旋转 $e_1$ 点位置得 $ae_1$（$/\!/ X$ 轴且等于 $ae$），则 $E$ 点在正面的投影 $e'$ 也变动到了 $e_1'$ 位置（$e'e_1' /\!/ X$ 轴），故 $a'e_1'$ 即为 $AE$ 实长。其中 $a'e_1'$ 与水平线的夹角为 $AE$ 对水平面的倾角。

如果以倾斜直线 $AE$ 作为圆锥体素线，重新建立一个轴线垂直正投影面的锥体，则可把素线 $a'e'$ 绕 $a'$ 点（或 $e'$ 点）旋转到与 $X$ 轴平行位置，按上述求解原理获得 $AE$ 实长及其对正投影面倾角。

### 二、平面立体表面的展开

绘制平面立体表面的展开图，就是求出立体表面上所有平面多边形的实形，并按一定顺序排列摊平。

**【例 11-1】** 求作图 11-3（b）所示四棱柱薄壁管道的展开图。

**解**

分析：如图 11-3（b）所示，四棱柱管道前后两侧面在主视图上反映实形，并反映了四

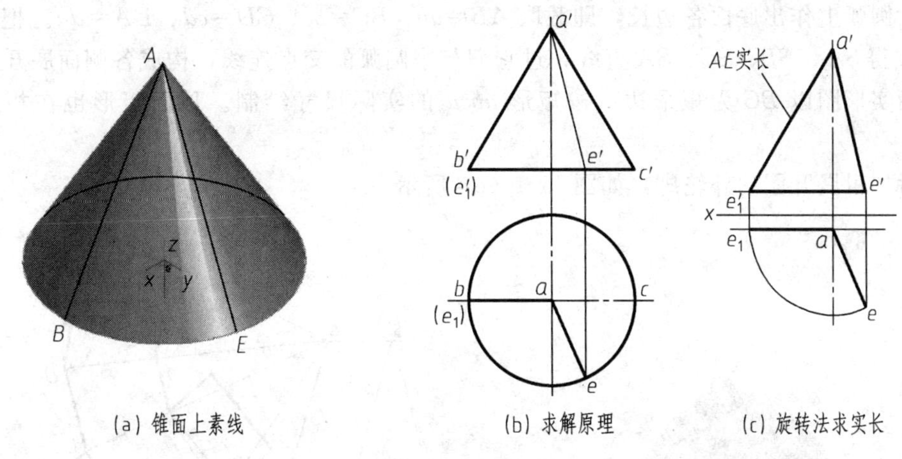

(a) 锥面上素线　(b) 求解原理　(c) 旋转法求实长

图 11-2　旋转法求倾斜直线 $AE$ 实长

条侧棱的实际高度，而在俯视图上反映了每个侧板的实际宽度尺寸（即 $AB$、$BC$、$CD$、$DA$ 实长）。

作图：沿主视图底部作一条水平细实线，令 $AB=ab$、$BC=bc$、$CD=cd$、$DA=da$。过 $A$、$B$、$C$、$D$、$A$ 作 $Z$ 轴平行线，再过主视图上的棱线上端点作水平线，截取展开图上相应棱线的高度，获得四棱线上方的五个点。用直线依次连接这些端点，最后加粗外轮廓，即得四棱柱薄壁管道的展开图，如图 11-3（c）所示。

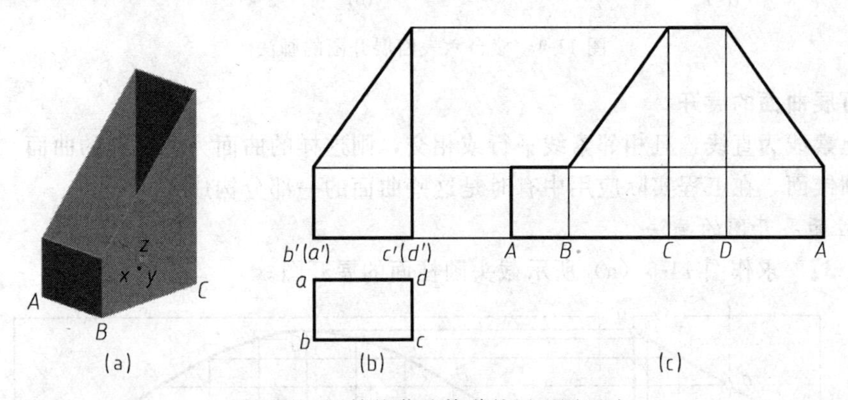

(a)　(b)　(c)

图 11-3　四棱柱薄壁管道的展开图画法

**【例 11-2】** 求作图 11-4（b）所示四棱台各面的展开图。

**解**

分析：如图 11-4（a）所示四棱台有六个表面，上、下表面在图 11-4（b）的俯视图上反映实形，如底面 $ABCD$ 实形与矩形 $abcd$ 全等；四侧面在两个视图上都不反映实形。把图 11-4（b）的四条侧棱延长交于一点 $S$，形成一个四棱锥。

如图 11-4（b）所示用旋转法求出 $SA$ 实长，同时获得侧棱 $EA$ 实长。由于该四条侧棱实长相等，其他三条侧棱实长与 $EA$ 实长相同。

至此，六个平面形表面的每条边的实长都求出，为方便作图，先作出共顶三角形侧面实形图，再作出顶、底面矩形实形图。

作图：如图 11-4（b）所示，用旋转法求出 $SA$、$EA$ 实长。

在图 11-4（c）绘出 $SA$、$EA$ 实长直线，以 $SA$ 和 $SE$ 为半径，$S$ 点为圆心分别绘制两圆弧。

在大圆弧上作出底面各边长，即截取 $AB=ab$、$BC=bc$、$CD=cd$、$DA=da$。把截取点与 $S$ 连线得 $SA$、$SB$、$SC$、$SA$ 直线，过它们与小圆弧的交点连线，构成各侧面展开图。

底面实形图以 $BC$ 为矩形边，按矩形 $abcd$ 的实际尺寸绘制。顶面矩形也在相应位置绘出。

最后加粗展开图的外轮廓，如图 11-4（c）所示。

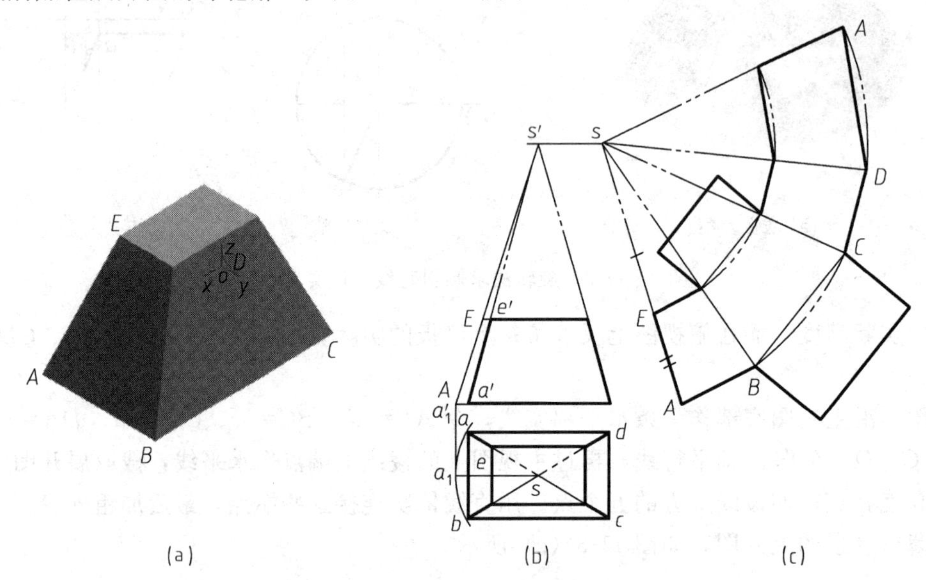


图 11-4 棱台六表面展开图的画法

**三、可展曲面的展开**

曲面上素线为直线，且相邻素线平行或相交，则这样的曲面为可展开的曲面。常见的有圆柱面、圆锥面，在工程实际应用中有时是这些曲面的一部分构成。

**1. 圆柱面展开图的画法**

**【例 11-3】** 求作图 11-5（a）所示截头圆柱面的展开图。

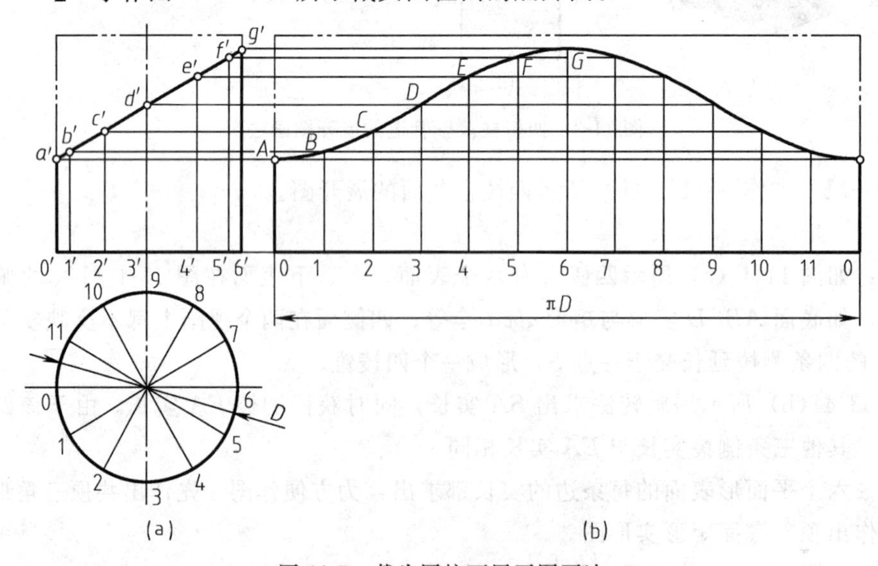


图 11-5 截头圆柱面展开图画法

**解**

分析：如图 11-5（a）所示，把圆柱面上方切去部分用双细点画线补上，构成一个完整的圆柱面，若把该完整圆柱面沿某一素线切开，即可展开成一矩形平面，其高度为柱面高，长度为底圆周长 $\pi D$。

截头圆柱面上各素线在主视图上反映实长，若能找出这些素线在展开的矩形图中位置，则截头处曲线可绘制出来。

作图：按圆柱高度和周长作出图 11-5（b）中的矩形图。

在图 11-5（a）中，把俯视图中的圆周分为 12 等分（等分越多作图越精确），对应地把图 11-5（b）矩形底边分为 12 等分。

过图 11-5（b）各等分点作素线，找出每条素线在主视图上的对应位置，如 $O$ 点对应 $O'$ 点素线、1 点对应 $1'$ 点素线……，按高平齐画辅助线 $a'A$、$b'B$…，依次作出 $A$、$B$…各点。用光滑曲线连接各点并加粗外轮廓，得截头圆柱展开图。

**【例 11-4】** 求作图 11-6 所示等直径圆柱面弯管的展开图。

**解**

分析：等直径弯管的制作，就是把长圆柱管用截平面按某一角度截断（如在主视图上 $a'g'$ 位置垂直正投影面截切），在截断处形成上、下完全相等的截交线椭圆，再把上方截下的双点画线圆管在截平面内旋转 180°，保证上、下两椭圆依然完全吻合，这样就可制作出如图 11-6 主视图所示的两等直径圆柱面构成的轴线相交的弯管。

即弯管的这两个相邻圆柱面，一定是由一个长圆柱面被一个截平面斜切后制成。即两圆柱面的轴线高 $H_1+H_2$ 等于长圆柱的高度 $H_0$，如图中所示。

作图：下方圆柱面展开图画法如图 11-5 所示。

上方圆柱面展开图即为图 11-5 展开图上方双点画线图形。由于上方圆柱面是长圆柱面斜切后，把上段柱面旋转 180°后再与下段柱面于椭圆截交线处合上，故主视图中 $0'a'$、$g'$

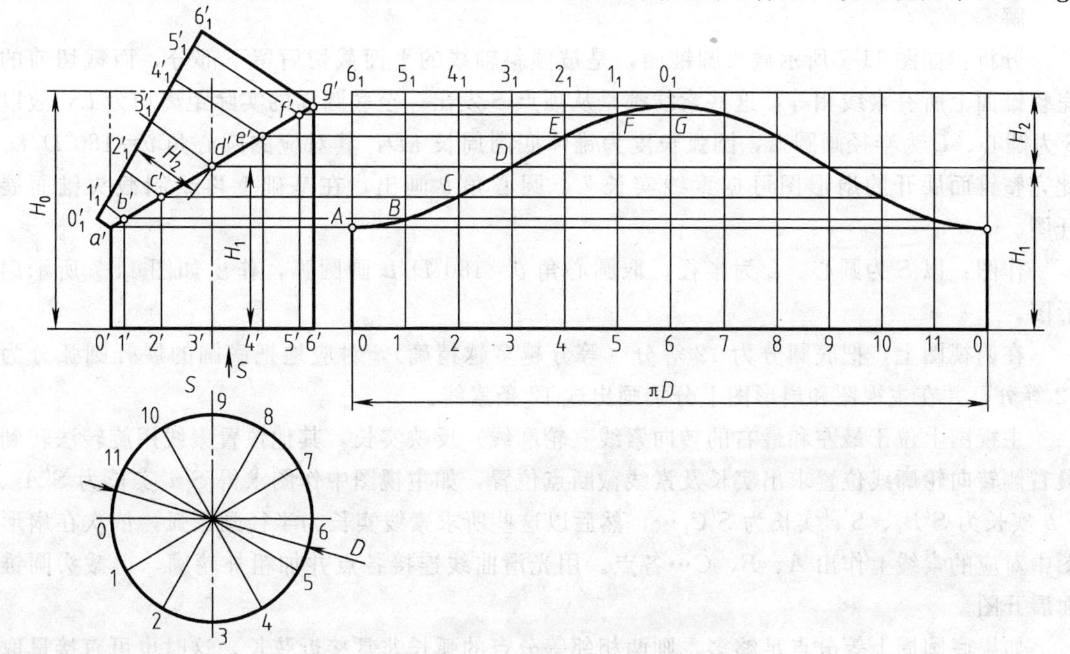


图 11-6　等直径圆柱面焊接弯管展开图画法

$6_1{}'$两素线与展开图中 $0A6_1$ 素线对应，其余类推，如图 11-6 所示。

2. 锥面展开图的画法

**【例 11-5】** 求作图 11-7 所示锥面的展开图。

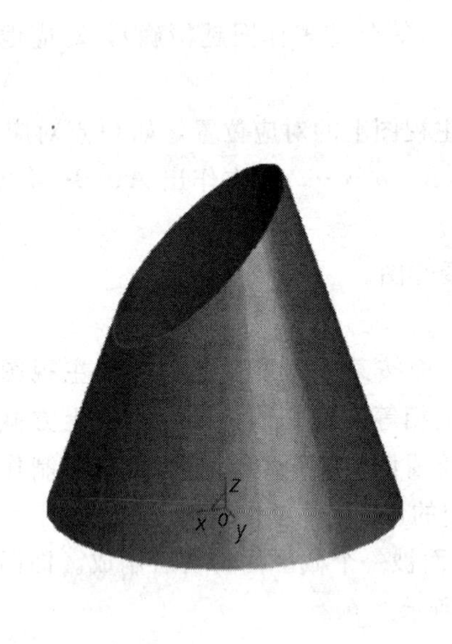


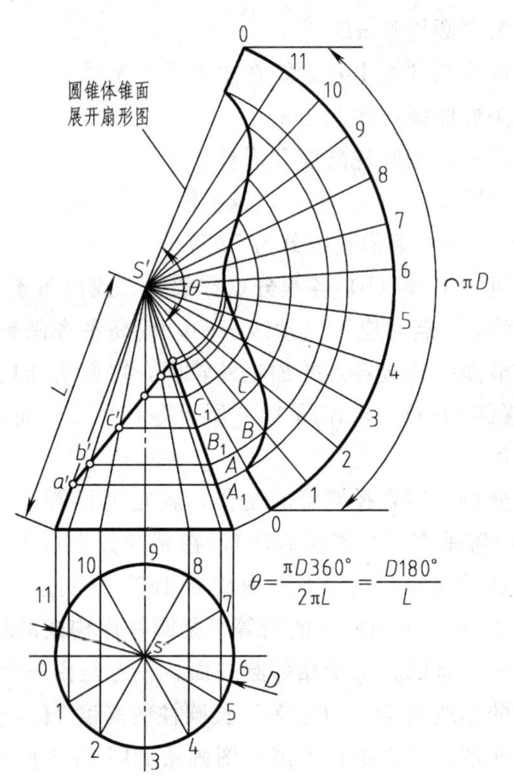


图 11-7 截头锥面的展开图画法

**解**

分析：如图 11-7 所示截头圆锥面，是被倾斜轴线的平面截切后留下部分，而截切前的完整锥面上所有素线相等，这些素线都是从顶点 $S$ 发出，至底圆周的实际距离均为 $L$，故以 $S$ 为圆心、$L$ 为半径画圆弧，圆弧长度为锥体底圆周长 $\pi D$，其对应的圆心角 $\theta=180°D/L$。此完整锥面展开的扇形图可据素线实长 $L$、圆心角 $\theta$ 画出，在基础上再绘制截头锥面展开图。

作图：以 $S$ 为圆心、$L$ 为半径，取圆心角 $\theta=180°D/L$ 画圆弧，作出如图 11-7 所示扇形图。

在俯视图上，把底圆分为 12 等分（等分越多越精确），对应地把底圆的展开圆弧分为 12 等分，并在主视图和扇形图上分别画出这 12 条素线。

主视图上位于最左和最右的转向素线（轮廓线）反映实长，其他位置素线用旋转法转到最右侧转向轮廓线位置求出实长及素线截断点位置，如主视图中作图求得 $S'a'$实长为 $S'A_1$、$S'b'$实长为 $S'B_1$、$S'c'$实长为 $S'C_1$…，然后以这些所求素线实长为半径画圆弧，依次在扇形图中对应的素线上作出 $A$、$B$、$C$…各点。用光滑曲线连接各点并加粗外轮廓，得截头圆锥面展开图。

如果底圆周上等分点足够多，则两相邻等分点的弧长非常接近弦长，这时也可直接量取圆周上两相邻等分点的弦长，到展开图所对应的圆弧曲线上找等分点。或直接由两相邻素线和弦长构成的小三角形平面形依次拼合出整个锥面展开图。

**四、不可展曲面——近似展开**

图 11-8（a）所示为球面沿经线撕开的情况，撕下条块为不可展曲面，当球面上均布的经线足够多时，两相邻经线围成的条块可近似看成是从与球面等直径的圆柱面上撕下，如图 11-8（b）所示，使球面展开问题成为柱面展开的求解。图中 $AB$、$CD$、$EF$、$GH$ 为圆柱面素线，O1234 为柱面上垂直圆柱面轴线的 1/4 圆弧。

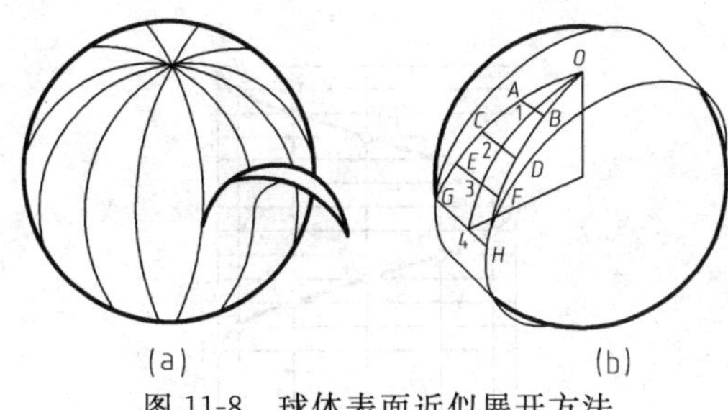


图 11-8　球体表面近似展开方法

图 11-9 所示为球面近似展开图画法。

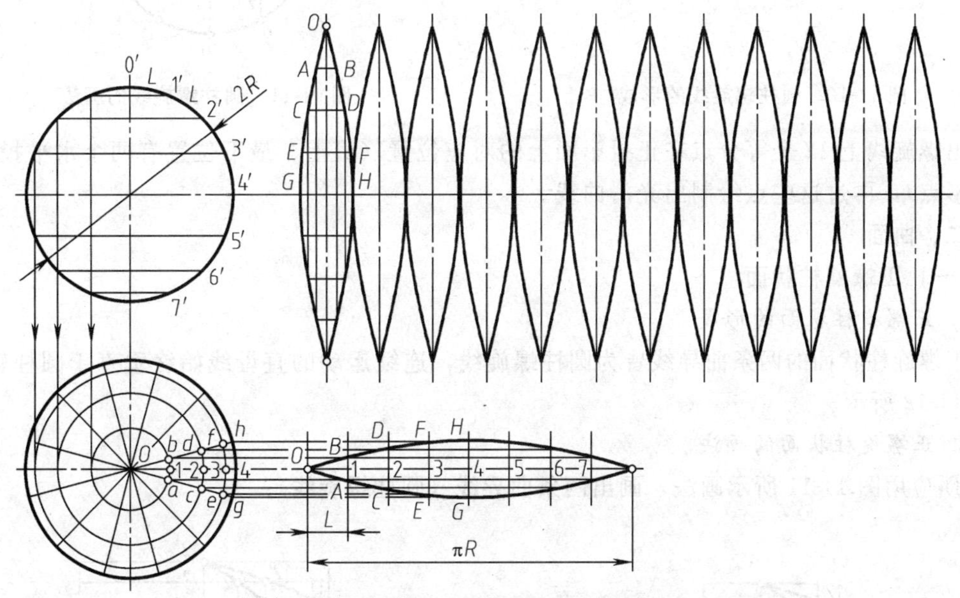


图 11-9　球体表面近似展开图的画法

# 第二节　曲线和曲面

本节主要介绍圆柱螺旋线、正螺旋柱状面、单叶双曲回转面、柱状面、锥状面及双曲抛物面的形成与画法，为工程上的曲面设计打下基础。

**一、圆柱螺旋线**

1. 圆柱螺旋线的形成

当一个动点沿着一直线等速移动，而该直线同时绕与它平行的一轴线等速旋转时，动点的轨迹就是一根圆柱螺旋线。如图 11-10 所示。

圆柱螺旋线的三要素：圆柱直径、旋向、导程或螺距。

2. 圆柱螺旋线的画法

如图 11-11 所示，在水平投影面上，以包络圆柱螺旋线的圆柱面直径画圆，并把圆周等分为若干等分（如 12 等分）；在正投影面上，把一个节距高分为若干等分（如 12 等分）。然

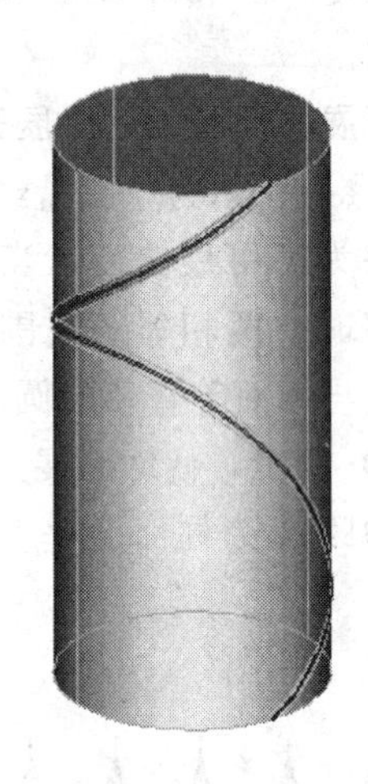

图 11-10 圆柱螺旋线的形成

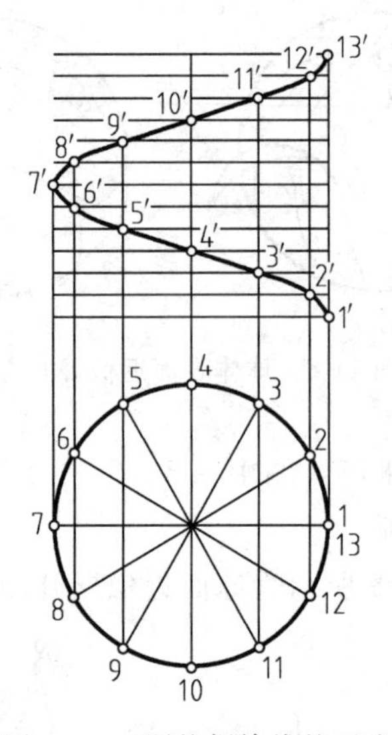


图 11-11 圆柱螺旋线的画法

后找出螺旋线上 12 个等分点在正投影面上的对应位置（最上、最下位置有两个水平投影面的重影点），再过这些点绘制出光滑曲线。

## 二、曲面

### （一）正螺旋柱状面

#### 1. 正螺旋柱状面的形成

正螺旋柱状面的两条曲导线皆为圆柱螺旋线，连续运动的直母线始终垂直于圆柱轴线。如图 11-12 所示。

#### 2. 正螺旋柱状面的画法

① 应用图 11-11 所示画法，画出两条曲导线（圆柱螺旋线）；

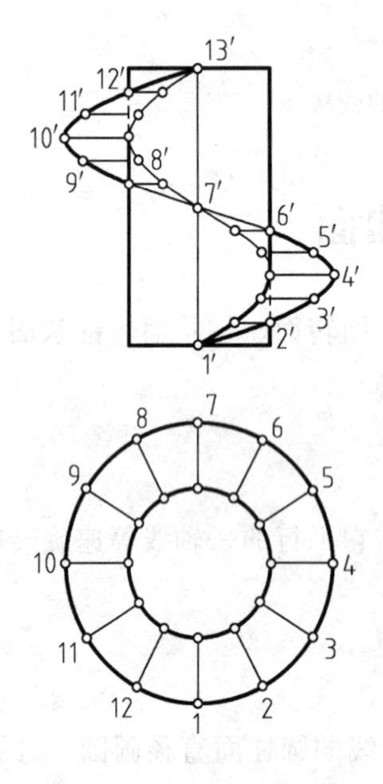


图 11-12 正螺旋柱状面

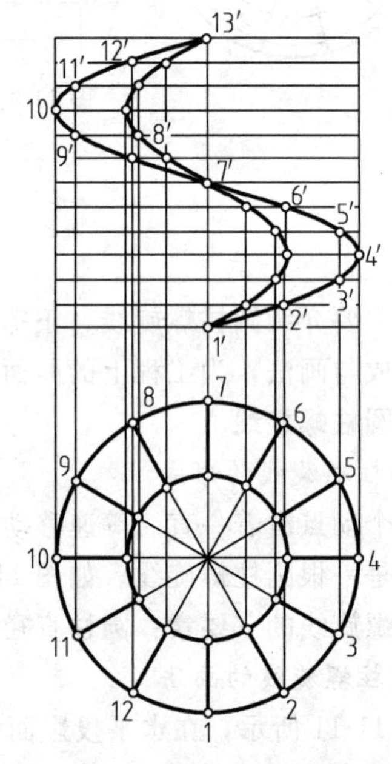


图 11-13 正螺旋柱状面的画法

② 找出直母线在不同位置时两端点的两面投影位置；

③ 作出各素线的两面投影完成该曲面。如图 11-13 所示。

3. 正螺旋柱状面应用的例子（如图 11-14、图 11-15 所示）

图 11-14 螺旋扶手

图 11-15 螺旋楼梯

## （二）单叶双曲回转面

1. 单叶双曲回转面的形成

单叶双曲回转面是由直母线 $IA$ 绕与它交叉的轴线 $O_1O_2$ 旋转而形成。如图 11-16 所示。

2. 单叶双曲回转面的画法

① 画出回转轴及直导线两端点的纬圆（顶圆、底圆）投影。

② 作出若干条均布素线（直导线）的两面投影。

③ 作出两投影面上转向轮廓线的投影，即这些素线的包络线投影。如图 11-17 所示。

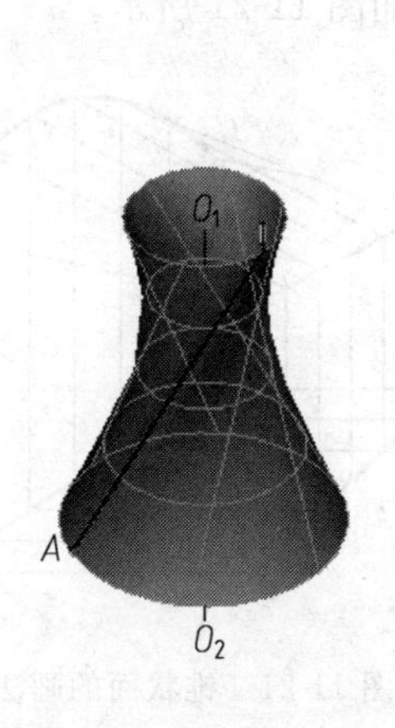


图 11-16 单叶双曲回转面的形成

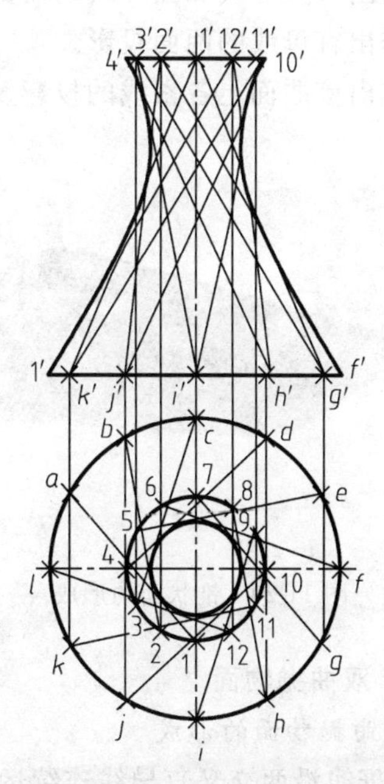


图 11-17 单叶双曲回转面的画法

## （三）柱状面

1. 柱状面的形成

一直母线沿两条曲导线连续运动，同时始终平行于一导平面，这样形成的曲面称为柱状面。如图 11-18 所示。

图 11-18 柱状面的形成

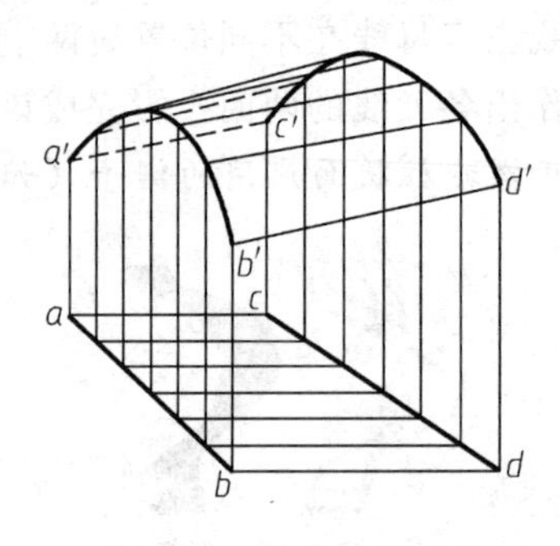


图 11-19 柱状面的画法

2. 柱状面的画法

① 画出两条曲导线的两面投影；

② 作出直母线的两面投影；

③ 作出该曲面上各素线的投影及这些素线的包络线，如图 11-19 所示。

**(四) 锥状面**

1. 锥状面的形成

一直母线沿一直导线和曲导线连续运动，同时始终平行于一导平面，这样形成的曲面称为锥状面。如图 11-20 所示。

2. 锥状面的画法

① 画出一直导线和曲导线的两面投影。

② 作出直母线的两面投影。

③ 作出该曲面上各素线的投影及这些素线的包络线，如图 11-21 所示。

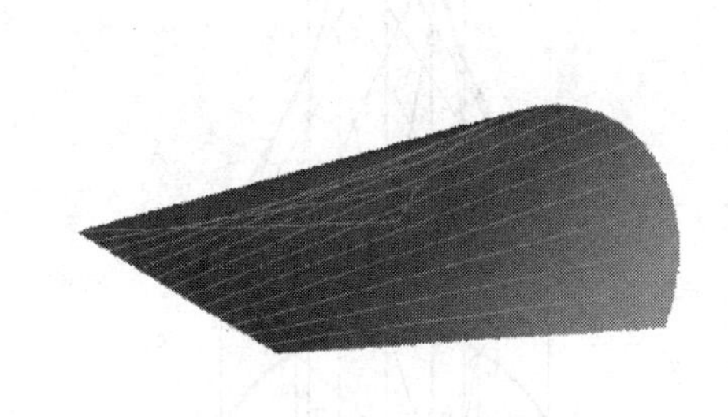

图 11-20 锥状面的形成

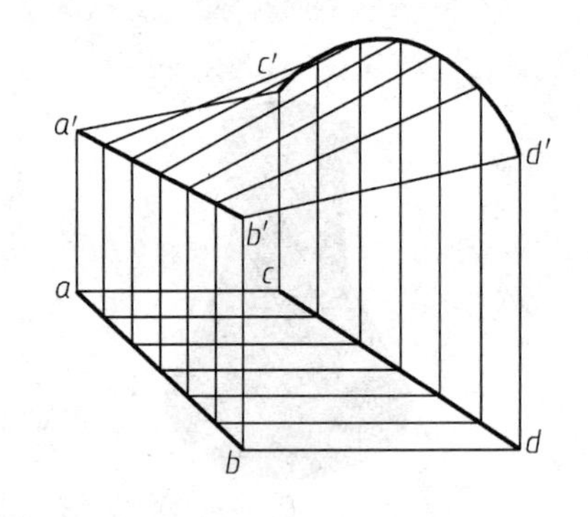


图 11-21 锥状面的画法

**(五) 双曲抛物面**

1. 双曲抛物面的形成

一直母线沿两交叉直导线连续运动，同时始终平行于一导平面，其运动轨迹称为双曲抛物面。如图 11-22 所示。

2. 双曲抛物面的画法

① 画出两条直导线的两面投影；

② 作出直母线的两面投影；

③ 作出该曲面上各素线的投影及这些素线的包络线。如图 11-23 所示。

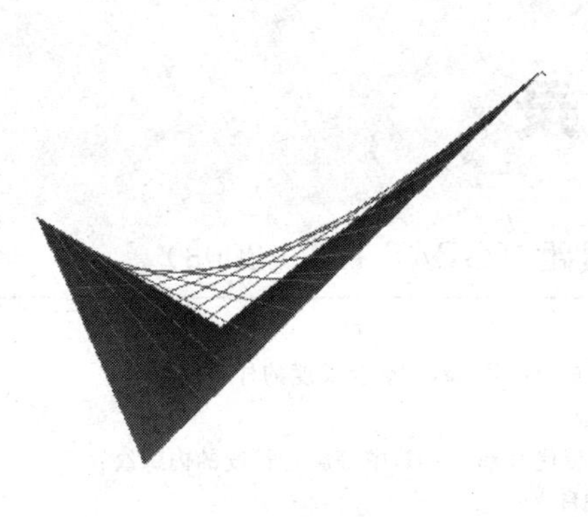
图 11-22　双曲抛物面的形成

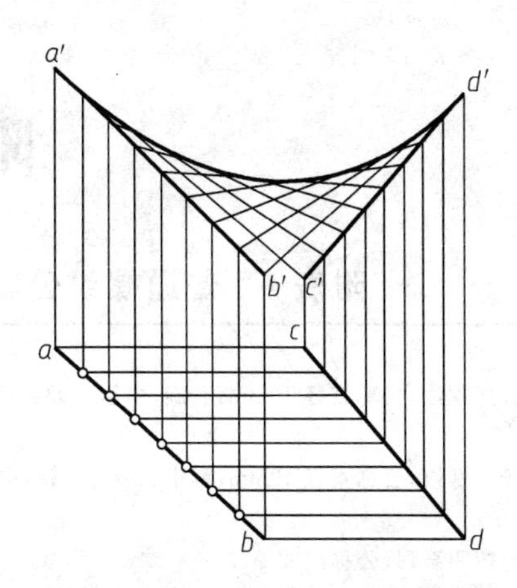

图 11-23　双曲抛物面的画法

# 附　　录

## 附表 1　普通螺纹公称直径、螺距（GB/T 193—2003）

标记示例

粗牙普通螺纹，公称直径 10mm，右旋，中径公差带代号 5g，顶径公差带代号 6g，短旋合长度的外螺纹：

M10—5g69—S

细牙普通螺纹，公称直径 10mm，螺距 1mm，左旋，中径和顶径公差带代号都是 6H，中等旋合长度的内螺纹：

M10×1LH—6H

直径与螺距系列、公称尺寸　　　　单位：mm

| 公称直径 $D$、$d$ | | 螺　距　$P$ | | 粗牙小径 $D_1$、$d_1$ | 公称直径 $D$、$d$ | | 螺　距　$P$ | | 粗牙小径 $D_1$、$d_1$ |
|---|---|---|---|---|---|---|---|---|---|
| 第一系列 | 第二系列 | 粗牙 | 细牙 | | 第一系列 | 第二系列 | 粗牙 | 细牙 | |
| 3 | | 0.5 | 0.35 | 2.459 | | 22 | 2.5 | 2,1.5,1,(0.75),(0.5) | 19.294 |
| | 3.5 | (0.6) | | 2.850 | 24 | | 3 | 2,1.5,1,(0.75) | 20.752 |
| 4 | | 0.7 | 0.5 | 3.242 | | 27 | 3 | 2,1.5,1,(0.75) | 23.752 |
| | 4.5 | (0.75) | | 3.688 | | | | | |
| 5 | | 0.8 | | 4.134 | 30 | | 3.5 | (3),2,1.5,1,(0.75) | 26.211 |
| 6 | | 1 | 0.75(0.5) | 4.917 | | 33 | 3.5 | (3),2,1.5,(1),(0.75) | 29.211 |
| 8 | | 1.25 | 1,0.75,(0.5) | 6.647 | 36 | | 4 | 3,2,1.5,(1) | 31.670 |
| 10 | | 1.5 | 1.25,1,0.75,(0.5) | 8.376 | | 39 | 4 | | 34.670 |
| 12 | | 1.75 | 1.5,1.25,1,(0.75),(0.5) | 10.106 | 42 | | 4.5 | (4),3,2,1.5,(1) | 37.129 |
| | 14 | 2 | 1.5,(1.25),1,(0.75),(0.5) | 11.835 | | 45 | 4.5 | | 40.129 |
| 16 | | 2 | 1.5,1,(0.75),(0.5) | 13.835 | 48 | | 5 | | 42.587 |
| | 18 | 2.5 | 2,1.5,1,(0.75),(0.5) | 15.294 | | 52 | 5 | | 46.587 |
| 20 | | 2.5 | | 17.294 | 56 | | 5.5 | 4,3,2,1.5,(1) | 50.046 |

注：1. 优先选用第一系列，括号内尺寸尽可能不用。

2. 公称直径 $D$、$d$ 第三系列未列入。

## 附表 2　非螺纹密封的管螺纹（GB/T 7307—2001）

标记示例

尺寸代号 1 1/2 的左旋 A 级外螺纹：

G1½A—LH

管螺纹代号及其公称尺寸　　　　单位：mm

| 螺纹尺寸代号 | 每 25.4mm 内的牙数 | 螺距 $P$ | 基本直径 | | 螺纹尺寸代号 | 每 25.4mm 内的牙数 | 螺距 $P$ | 基本直径 | |
|---|---|---|---|---|---|---|---|---|---|
| | | | 大径 $d$,$D$ | 小径 $d_1$,$D_1$ | | | | 大径 $d$,$D$ | 小径 $d_1$,$D_1$ |
| 1/8 | 28 | 0.907 | 9.728 | 8.566 | 1 1/4 | 11 | 2.309 | 41.910 | 38.952 |
| 1/4 | 19 | 1.337 | 13.157 | 11.445 | 1 1/2 | | 2.309 | 47.807 | 44.845 |
| 3/8 | | 1.337 | 16.662 | 14.950 | 1 3/4 | | 2.309 | 53.746 | 50.788 |
| 1/2 | 14 | 1.814 | 20.955 | 18.631 | 2 | | 2.309 | 59.614 | 56.656 |
| (5/8) | | 1.814 | 22.911 | 20.587 | 2 1/4 | | 2.309 | 65.710 | 62.752 |
| 3/4 | | 1.814 | 26.441 | 24.117 | 2 1/2 | | 2.309 | 75.184 | 72.226 |
| (7/8) | | 1.814 | 30.201 | 27.877 | 2 3/4 | | 2.309 | 81.534 | 78.576 |
| 1 | 11 | 2.309 | 33.249 | 30.291 | 3 | | 2.309 | 87.884 | 84.926 |
| 11/8 | | 2.309 | 37.897 | 34.939 | 4 | | 2.309 | 113.030 | 110.072 |

# 附表 3 六角头螺栓

六角头螺栓—A 和 B 级(GB/T 5782—2000)　　　六角头螺栓—全螺纹—A 和 B 级(GB/T 5783—2000)

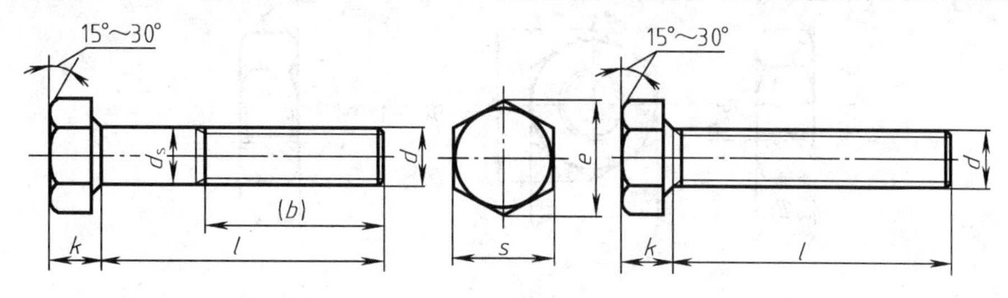


标记示例

螺纹规格 $d$=M12,公称长度 $l$=80mm,性能等级为 8.8 级,表面氧化,产品等级为 A 级的六角头螺栓:

螺栓 GB/T 5782 M12×80

螺纹规格 $d$=M12,公称长度 $l$=80mm,性能等级为 8.8 级,表面氧化,全螺纹,产品等级为 A 级的六角头螺栓:

螺栓 GB/T 5783 M12×80

单位:mm

| 螺纹规格 | $d$ | | M4 | M5 | M6 | M8 | M10 | M12 | M16 | M20 | M24 | M30 | M36 | M42 | M48 |
|---|---|---|---|---|---|---|---|---|---|---|---|---|---|---|---|
| $b$ 参考 | $l$≤125 | | 14 | 16 | 18 | 22 | 26 | 30 | 38 | 46 | 54 | 66 | — | — | — |
| | 125<$l$≤200 | | 20 | 22 | 24 | 28 | 32 | 36 | 44 | 52 | 60 | 72 | 84 | 96 | 108 |
| | $l$>200 | | 33 | 35 | 37 | 41 | 45 | 49 | 57 | 65 | 73 | 85 | 97 | 109 | 121 |
| $k$ | | | 2.8 | 3.5 | 4 | 5.3 | 6.4 | 7.5 | 10 | 12.5 | 15 | 18.7 | 22.5 | 26 | 30 |
| $d_{smax}$ | | | 4 | 5 | 6 | 8 | 10 | 12 | 16 | 20 | 24 | 30 | 36 | 42 | 48 |
| $s_{max}$ | | | 7 | 8 | 10 | 13 | 16 | 18 | 24 | 30 | 36 | 46 | 55 | 65 | 75 |
| $e_{min}$ | 产品等级 | A | 7.66 | 8.79 | 11.05 | 14.38 | 17.77 | 20.03 | 26.75 | 33.53 | 39.98 | — | — | — | — |
| | | B | — | 8.63 | 10.89 | 14.2 | 17.59 | 19.85 | 26.17 | 32.95 | 39.55 | 50.85 | 60.79 | 72.02 | 82.6 |
| $l$ 范围 | GB/T 5782 | | 25~40 | 25~50 | 30~60 | 40~80 | 45~100 | 50~120 | 65~160 | 80~200 | 90~240 | 110~300 | 140~360 | 160~440 | 180~480 |
| | GB/T 5783 | | 8~40 | 10~50 | 12~60 | 16~80 | 20~100 | 25~120 | 30~200 | 40~200 | 50~200 | 60~200 | 70~200 | 80~200 | 100~200 |
| $l$ 系列 | GB/T 5782 | | 20~65(5 进位)、70~160(10 进位)、180~400(20 进位);$l$ 小于最小值时,全长制螺纹 | | | | | | | | | | | | |
| | GB/T 5783 | | 8、10、12、16、18、20~65(5 进位)、70~160(10 进位)、180~500(20 进位) | | | | | | | | | | | | |

注:1. 末端倒角按 GB/T 2 规定。

2. 螺纹公差:6g;力学性能等级:8.8。

3. 产品等级:A 级用于 $d$=1.6~24mm 和 $l$≤10$d$ 或 $l$≤150mm(按较小值);B 级用于 $d$>24mm 或 $l$>10$d$ 或>150mm(按较小值)的螺栓。

4. 螺纹均为粗牙。

## 附表4 六角螺母

六角螺母—C级(GB/T 41—2000)　　　Ⅰ型六角螺母—A和B级(GB/T 6170—2000)

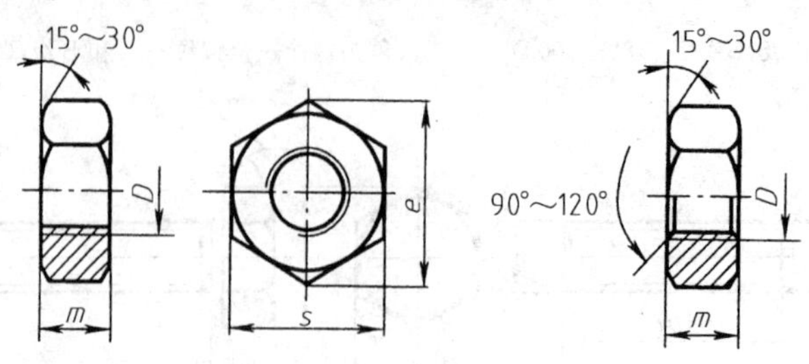


标记示例

螺纹规格 $D$=M12,性能等级为10级,不经表面处理,产品等级为A级的Ⅰ型六角螺母:

螺母　GB/T 6170　M12

螺纹规格 $D$=M12,性能等级为5级,不经表面处理,产品等级为C级的六角螺母:

螺母　GB/T 41　M12

单位:mm

| 螺纹规格 $D$ | | M4 | M5 | M6 | M8 | M10 | M12 | M16 | M20 | M24 | M30 | M36 | M42 | M48 |
|---|---|---|---|---|---|---|---|---|---|---|---|---|---|---|
| $s_{max}$ | | 7 | 8 | 10 | 13 | 16 | 18 | 24 | 30 | 36 | 46 | 55 | 65 | 75 |
| $e_{min}$ | A、B级 | 7.66 | 8.79 | 11.05 | 14.38 | 17.77 | 20.03 | 26.75 | 32.95 | 39.55 | 50.85 | 60.79 | 71.3 | 82.6 |
| | C级 | — | 8.63 | 10.89 | 14.2 | 17.59 | 19.85 | 26.17 | 32.95 | 39.55 | 50.85 | 60.79 | 71.3 | 82.6 |
| $m_{max}$ | A、B级 | 3.2 | 4.7 | 5.2 | 6.8 | 8.4 | 10.8 | 14.8 | 18 | 21.5 | 25.6 | 31 | 34 | 38 |
| | C级 | — | 5.6 | 6.4 | 7.9 | 9.5 | 12.2 | 15.9 | 19 | 22.3 | 26.4 | 31.5 | 34.9 | 38.9 |

注:1. A级用于 $D\leqslant16$ 的螺母;B级用于 $D>16$ 的螺母;C级用于 $D\geqslant5$ 的螺母。

2. 螺纹公差:A、B级为6H,C级为7H;力学性能等级:A、B级为6、8、10级,C级为4、5级。

3. 均为粗牙螺纹。

## 附表5 平垫圈

平垫圈—A级(GB/T 97.1—2002)　　　平垫圈　倒角型—A级(GB/T 97.2—2002)

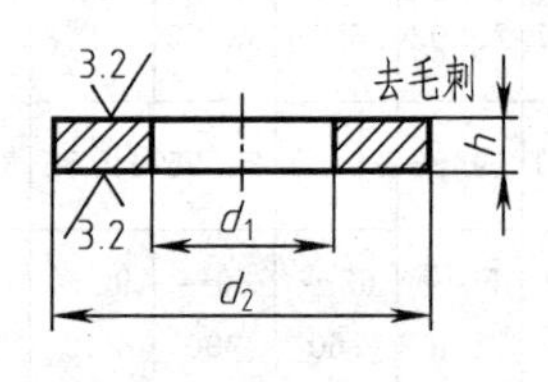


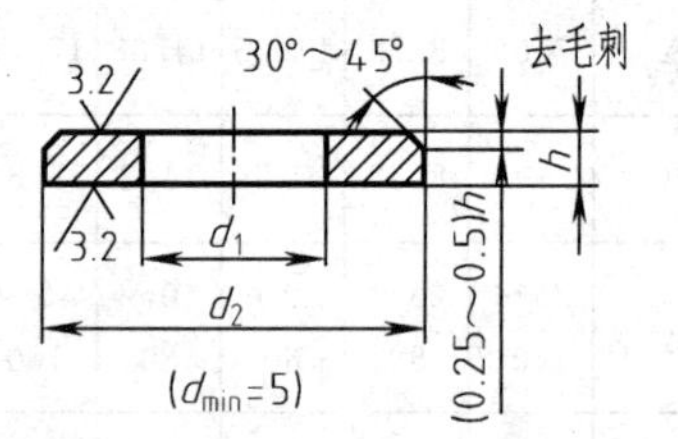


标记示例

标准系列、公称尺寸 $d$=80mm,性能等级为140HV级,不经表面处理的平垫圈:

垫圈　GB/T 97.1　8　140HV

单位:mm

| 公称尺寸(螺纹规格)$d$ | 3 | 4 | 5 | 6 | 8 | 10 | 12 | 14 | 16 | 20 | 24 | 30 | 36 |
|---|---|---|---|---|---|---|---|---|---|---|---|---|---|
| 内径 $d_1$ | 3.2 | 4.3 | 5.3 | 6.4 | 8.4 | 10.5 | 13 | 15 | 17 | 21 | 25 | 31 | 37 |
| 外径 $d_2$ | 7 | 9 | 10 | 12 | 16 | 20 | 24 | 28 | 30 | 37 | 44 | 56 | 66 |
| 厚度 $h$ | 0.5 | 0.8 | 1 | 1.6 | 1.6 | 2 | 2.5 | 2.5 | 3 | 3 | 4 | 4 | 5 |

# 附表 6　螺钉

开槽圆柱头螺钉(GB/T 65—2000)

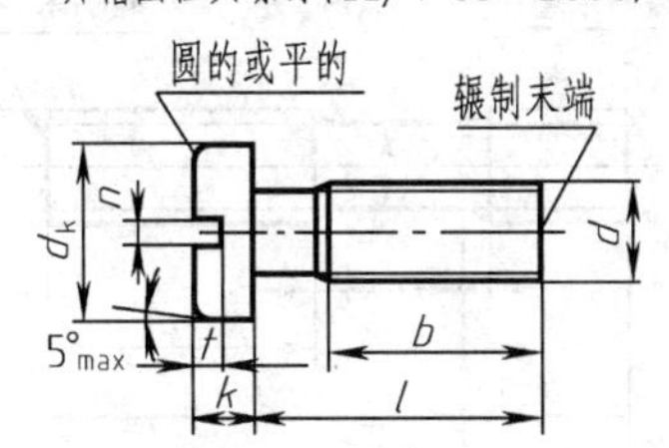


开槽盘头螺钉(GB/T 67—2000)

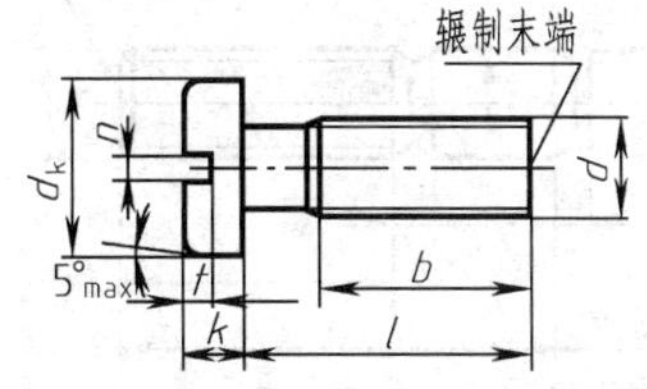


开槽沉头螺钉(GB/T 68—2000)

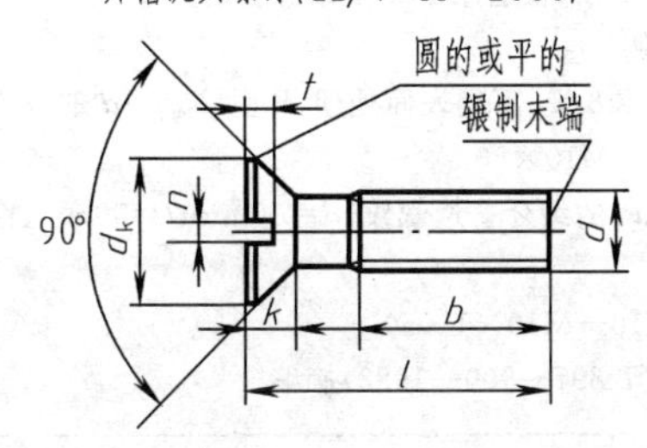


开槽半沉头螺钉(GB/T 69—2000)

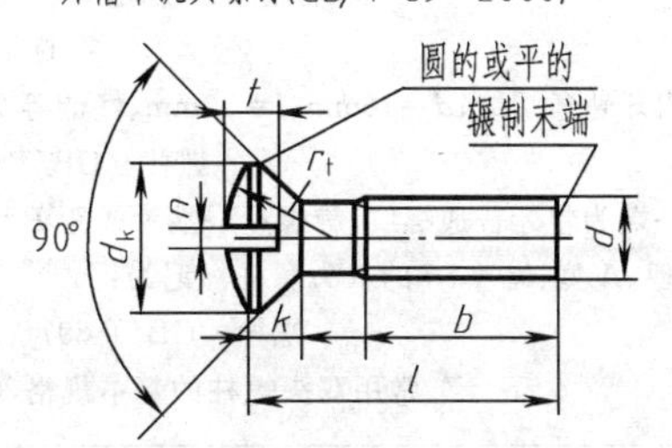


无螺纹部分杆径≈中径或=螺纹大径

标记示例

螺纹规格 $d$=M5、公称长度 $l$=20mm、性能等级为 4.8 级、不经表面处理的 A 级开槽圆柱头螺钉：

螺钉　GB/T 65　M5×20

单位：mm

| 螺纹规格 $d$ | $P$ | $b_{min}$ | $n$ 公称 | $r_f$ | $k_{max}$ | | | $d_{kmax}$ | | | $t_{min}$ | | | | $l$ 范围 |
|---|---|---|---|---|---|---|---|---|---|---|---|---|---|---|---|
| | | | | GB/T 69 | GB/T 65 | GB/T 67 | GB/T 68 GB/T 69 | GB/T 65 | GB/T 67 | GB/T 68 GB/T 69 | GB/T 65 | GB/T 67 | GB/T 68 | GB/T 69 | |
| M3 | 0.5 | 25 | 0.8 | 6 | 2 | 1.8 | 1.65 | 5.5 | 5.6 | 5.5 | 0.85 | 0.7 | 0.6 | 1.2 | 4～30 |
| M4 | 0.7 | 38 | 1.2 | 9.5 | 2.6 | 2.4 | 2.7 | 7 | 8 | 8.4 | 1.1 | 1 | 1 | 1.6 | 5～40 |
| M5 | 0.8 | 38 | 1.2 | 9.5 | 3.3 | 3.0 | 2.7 | 8.5 | 9.5 | 9.3 | 1.3 | 1.2 | 1.1 | 2 | 6～50 |
| M6 | 1 | 38 | 1.6 | 12 | 3.9 | 3.6 | 3.3 | 10 | 12 | 11.3 | 1.6 | 1.4 | 1.2 | 2.4 | 8～60 |
| M8 | 1.25 | 38 | 2 | 16.5 | 5 | 4.8 | 4.65 | 13 | 16 | 15.8 | 2 | 1.9 | 1.8 | 3.2 | 10～80 |
| M10 | 1.5 | 38 | 2.5 | 19.5 | 6 | 6 | 5 | 16 | 20 | 18.3 | 2.4 | 2.4 | 2 | 3.8 | 12～80 |
| $l$ 系列 | | | 4,5,6,8,10,12,(14),16,20,25,30,35,40,50,(55),60,(65),70,(75),80 | | | | | | | | | | | | |

# 附表 7 双头螺柱

($b_m=1d$)(GB/T 897—1988)、($b_m=1.25d$)(GB/T 898—1988)

($b_m=1.5d$)(GB/T 899—1988)、($b_m=2d$)(GB/T 900—1988)

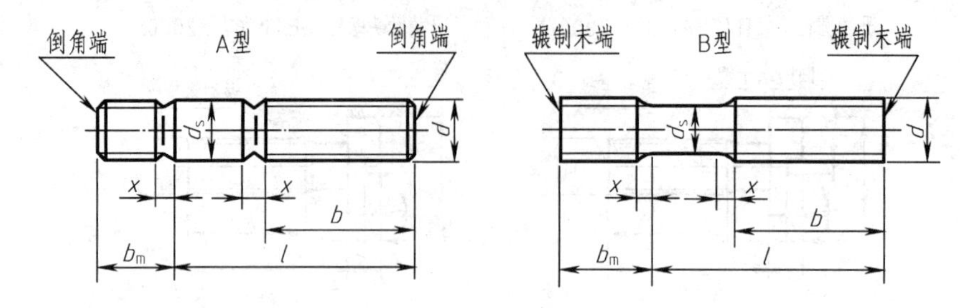


末端按 GB2 规定，$d_s\approx$螺纹中径(仅适用于 B 型)

标记示例

1. 两端均为粗牙普通螺纹、$d=10$mm、$l=50$mm、性能等级为 4.8 级、不经表面处理、B 型、$b_m=1d$ 的双头螺柱标记为：

螺柱 GB/T 897 M10×50

2. 旋入机体一端为粗牙普通螺纹，旋螺母一端为螺距 $P=1$mm 的细牙普通螺纹、$d=10$mm、$l=50$mm、性能等级为 4.8 级、不经表面处理、A 型、$b_m=1d$ 的双头螺柱标记为：

螺栓 GB/T 897 AM10－M10×1×50

常用双头螺柱的基本规格(GB/T 897～900—1988)摘编 单位：mm

| $d$ | | 2 | 2.5 | 3 | 4 | 5 | 6 | 8 |
|---|---|---|---|---|---|---|---|---|
| $b_m$ | GB/T 897—1988 | | | | | 5 | 6 | 8 |
| | GB/T 898—1988 | | | | | 6 | 8 | 10 |
| | GB/T 899—1988 | 3 | 3.5 | 4.5 | 6 | 8 | 10 | 12 |
| | GB/T 900—1988 | 4 | 5 | 6 | 8 | 10 | 12 | 16 |
| $\frac{l}{b}$ | | $\frac{12\sim25}{6}$ | $\frac{14\sim30}{8}$ | $\frac{16\sim18}{6}$、<br>$\frac{22\sim40}{10}$ | $\frac{16\sim20}{8}$、<br>$\frac{22\sim40}{12}$ | $\frac{16\sim20}{10}$、<br>$\frac{22\sim50}{14}$ | $\frac{20\sim22}{10}$、<br>$\frac{25\sim28}{14}$、<br>$\frac{30\sim75}{16}$ | $\frac{20\sim22}{12}$、<br>$\frac{25\sim28}{16}$、<br>$\frac{30\sim90}{20}$ |
| $d$ | | 10 | 12 | 16 | 20 | 36 | 42 | 48 |
| $b_m$ | GB/T 897—1988 | 10 | 12 | 16 | 20 | 36 | 42 | 48 |
| | GB/T 898—1988 | 12 | 15 | 20 | 25 | 45 | 50 | 60 |
| | GB/T 899—1988 | 15 | 18 | 24 | 30 | 54 | 63 | 72 |
| | GB/T 900—1988 | 20 | 24 | 32 | 40 | 72 | 84 | 96 |
| $\frac{l}{b}$ | | $\frac{25\sim28}{14}$、<br>$\frac{30\sim35}{16}$、<br>$\frac{38\sim130}{25}$ | $\frac{25\sim30}{16}$、<br>$\frac{32\sim40}{20}$、<br>$\frac{45\sim180}{30}$ | $\frac{30\sim38}{20}$、<br>$\frac{40\sim55}{30}$、<br>$\frac{60\sim200}{40}$ | $\frac{35\sim45}{25}$、<br>$\frac{50\sim70}{40}$、<br>$\frac{75\sim200}{50}$ | $\frac{65\sim75}{45}$、<br>$\frac{80\sim110}{60}$、<br>$\frac{120\sim300}{80}$ | $\frac{70\sim80}{50}$、<br>$\frac{85\sim120}{70}$、<br>$\frac{130\sim300}{90}$ | $\frac{80\sim90}{60}$、<br>$\frac{95\sim140}{80}$、<br>$\frac{150\sim300}{100}$ |
| $l$ | | 12 16 18 20 25 30 35 40 45 50 55 60 65 70 75 80 85 90 95<br>100 110 120 130 140 150 160 170 180 190 200 210 220 230 240 250 260 280 300 | | | | | | |

## 附表8　平键和键槽的尺寸（摘自GB 1095～1096—2003）

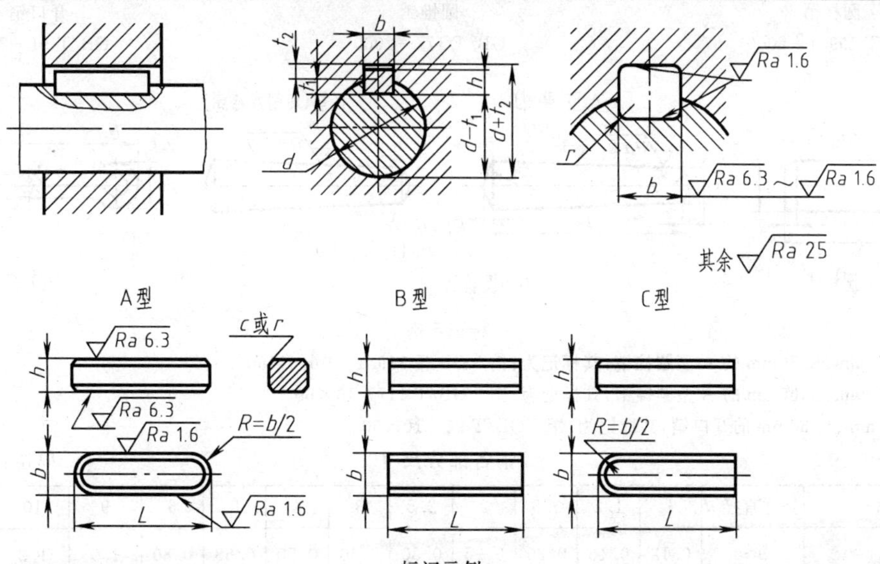


标记示例

GB 1096 键　16×10×100　（圆头普通平键A型，$b$=16mm，$h$=10mm，$L$=100mm）

GB 1096 键　B16×10×100　（平头普通平键B型，$b$=16mm，$h$=10mm，$L$=100mm）

GB 1096 键　C16×10×100　（单圆头普通平键C型，$b$=16mm，$h$=10mm，$L$=100mm）

单位：mm

| 轴 | 键 | | 键槽 | | | | | | | | | | | |
|---|---|---|---|---|---|---|---|---|---|---|---|---|---|---|
| 公称直径 $d$ | 公称尺寸 $b×h$ | 长度 $L$ | 宽度 $b$ | | | | | | 深度 | | | | 半径 $r$ | |
| | | | 公称尺寸 $b$ | 偏差 | | | | | 轴 $t_1$ | | 毂 $t_2$ | | | |
| | | | | 较松键联接 | | 一般键联接 | | 较紧键联接 | | | | | | |
| | | | | 轴H9 | 毂D10 | 轴N9 | 毂JS9 | 轴和毂P9 | 公称 | 偏差 | 公称 | 偏差 | 最小 | 最大 |
| >10～12 | 4×4 | 8～45 | 4 | +0.030<br>0 | +0.078<br>+0.030 | 0<br>−0.030 | ±0.015 | −0.012<br>−0.042 | 2.5 | +0.1<br>0 | 1.8 | +0.1<br>0 | 0.08 | 0.16 |
| >12～17 | 5×5 | 10～56 | 5 | | | | | | 3.0 | | 2.3 | | 0.16 | 0.25 |
| >17～22 | 6×6 | 14～70 | 6 | | | | | | 3.5 | | 2.8 | | | |
| >22～30 | 8×7 | 18～90 | 8 | +0.036<br>0 | +0.098<br>+0.040 | 0<br>−0.036 | ±0.018 | −0.015<br>−0.051 | 4.0 | +0.2<br>0 | 3.3 | +0.2<br>0 | | |
| >30～38 | 10×8 | 22～110 | 10 | | | | | | 5.0 | | 3.3 | | 0.25 | 0.40 |
| >38～44 | 12×8 | 28～140 | 12 | +0.043<br>0 | +0.120<br>+0.050 | 0<br>−0.043 | ±0.021 5 | −0.018<br>−0.061 | 5.0 | | 3.3 | | | |
| >44～50 | 14×9 | 36～160 | 14 | | | | | | 5.5 | | 3.8 | | | |
| >50～58 | 16×10 | 45～180 | 16 | | | | | | 6.0 | | 4.3 | | | |
| >58～65 | 18×11 | 50～200 | 18 | | | | | | 7.0 | | 4.4 | | | |
| >65～75 | 20×12 | 56～220 | 20 | +0.052<br>0 | +0.149<br>+0.065 | 0<br>−0.052 | ±0.026 | −0.022<br>−0.074 | 7.5 | | 4.9 | | 0.40 | 0.60 |
| >75～85 | 22×14 | 63～250 | 22 | | | | | | 9.0 | | 5.4 | | | |
| >85～95 | 25×14 | 70～280 | 25 | | | | | | 9.0 | | 5.4 | | | |
| >95～110 | 28×16 | 80～320 | 28 | | | | | | 10.0 | | 6.4 | | | |

注：1.（$d-t_1$）和（$d+t_2$）两组组合尺寸的偏差按相应的 $t_1$ 和 $t_2$ 的偏差选取，但（$d-t_1$）偏差的值应取负号（−）。

2. $L$ 系列：6～22（2进位），25，28，32，36，40，45，50，56，63，70，80，90，100，110，125，140，160，180，200，220，250，280，320，360，400，450，500。

3. 轴径 $d$ 是GB/T 1095—1979中数据，供选用时参考，本标准中取消了该项。

## 附表 9 圆柱销、不淬硬钢和奥氏体不锈钢

| 圆柱销 | 圆锥销 | 开口销 |
|---|---|---|
| GB/T 199.1—2000 | GB/T 177—2000 | GB/T 91—2000 |

A 型(磨削) B 型(切削或冷镦)

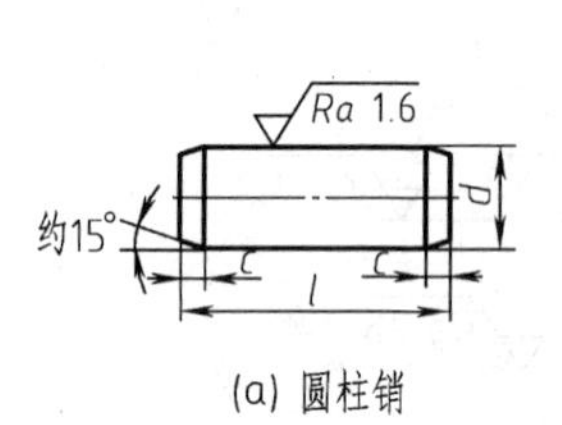


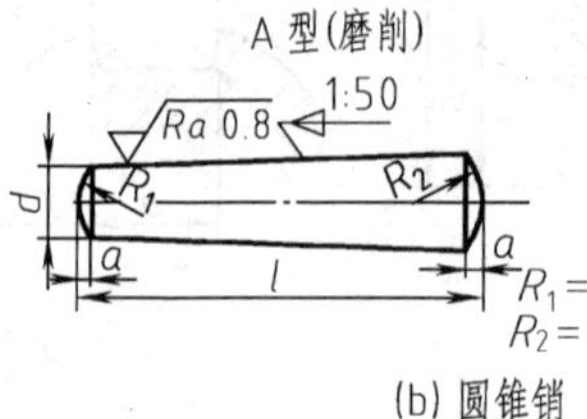


Ra 3.2

b l a c d

$R_1=d$

$R_2=d+(1-2a)/50$

(a) 圆柱销 (b) 圆锥销 (c) 开口销

标记示例

公称直径 10mm、长 50mm 的 A 型圆柱销，其标记为：销 GB/T 119.1 10m6×50

公称直径 10mm、长 60mm 的 A 型圆锥销，其标记为：销 GB/T 117 10×60

公称直径 5mm、长 50mm 的开口销，其标记为：销 GB/T 91 10×50

**销各部分尺寸** 单位：mm

| 名称 | 公称直径 $d$ | 1 | 1.2 | 1.5 | 2 | 2.5 | 3 | 4 | 5 | 6 | 9 | 10 | 12 |
|---|---|---|---|---|---|---|---|---|---|---|---|---|---|
| 圆柱销 (GB/T 199.1—2000) | $n$≈ | 0.12 | 0.16 | 0.20 | 0.25 | 0.30 | 0.40 | 0.50 | 0.63 | 0.80 | 1.0 | 1.2 | 1.6 |
| | $c$≈ | 0.20 | 0.25 | 0.30 | 0.35 | 0.40 | 0.50 | 0.63 | 0.80 | 1.2 | 1.6 | 2 | 2.5 |
| 圆锥销 (GB/T 117—2000) | $a$≈ | 0.12 | 0.16 | 0.20 | 0.25 | 0.30 | 0.40 | 0.50 | 0.63 | 0.80 | 1 | 1.2 | 1.6 |
| 开口销 (GB/T 91—2000) | $d$(公称) | 0.6 | 0.8 | 1 | 1.2 | 1.6 | 2 | 2.5 | 3.2 | 4 | 5 | 6.3 | 8 |
| | $c$ | 1 | 1.4 | 1.8 | 2 | 2.8 | 3.6 | 4.6 | 5.8 | 7.4 | 9.2 | 11.8 | 15 |
| | $b$≈ | 2 | 2.4 | 3 | 3 | 3.2 | 4 | 5 | 6.4 | 8 | 10 | 12.6 | 16 |
| | $a$ | 1.6 | 1.6 | 1.6 | 2.5 | 2.5 | 2.5 | 2.5 | 4 | 4 | 4 | 4 | 4 |
| | $l$(商品规格范围公称长度) | 4～12 | 5～16 | 6～0 | 8～6 | 8～2 | 10～40 | 12～50 | 14～65 | 18～80 | 22～100 | 30～120 | 40～160 |
| $l$ 系列 | | 2,3,4,5,6,8,10,12,14,16,18,20,22,24,26,28,30,32,35,40,45,50,55,60,65,70,75,80,85,90,95,100,120 | | | | | | | | | | | |

## 附表 10 滚动轴承

单位：mm

| 深沟球轴承 (画法摘自 GB/T 4459.7—1998) | 圆锥滚子轴承 (画法摘自 GB/T 4459.7—1998) | 推力球轴承 (画法摘自 GB/T 4459.7—1998) |
|---|---|---|
| B d D | C d D B T | 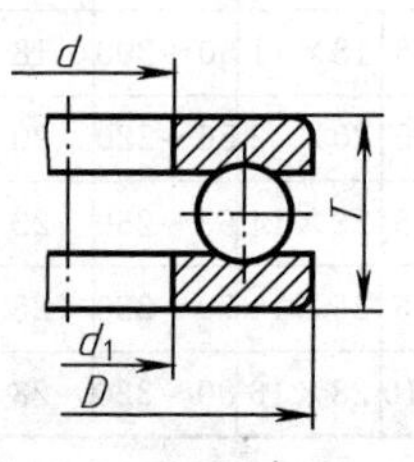 |
| 标记示例：<br>滚动轴承 6308 GB/T 276—1994 | 标记示例：<br>滚动轴承 30209 GB/T 297—1994 | 标记示例：<br>滚动轴承 51205 GB/T 301—1995 |

续表

| 轴承型号 | $d$ | $D$ | $B$ | 轴承型号 | $d$ | $D$ | $B$ | $C$ | $T$ | 轴承型号 | $d$ | $D$ | $T$ | $d_{1min}$ |
|---|---|---|---|---|---|---|---|---|---|---|---|---|---|---|
| 尺寸系列(02) | | | | 尺寸系列(02) | | | | | | 尺寸系列(12) | | | | |
| 6202 | 15 | 35 | 11 | 30203 | 17 | 40 | 12 | 11 | 13.25 | 51202 | 15 | 32 | 12 | 17 |
| 6203 | 17 | 40 | 12 | 30204 | 20 | 47 | 14 | 12 | 15.25 | 51203 | 17 | 35 | 12 | 19 |
| 6204 | 20 | 47 | 14 | 30205 | 25 | 52 | 15 | 13 | 16.25 | 51204 | 20 | 40 | 14 | 22 |
| 6205 | 25 | 52 | 15 | 30206 | 30 | 62 | 16 | 14 | 17.25 | 51205 | 25 | 47 | 15 | 27 |
| 6206 | 30 | 62 | 16 | 30207 | 35 | 72 | 17 | 15 | 18.25 | 51206 | 30 | 52 | 16 | 32 |
| 6207 | 35 | 72 | 17 | 30208 | 40 | 80 | 18 | 16 | 19.75 | 51207 | 35 | 62 | 18 | 37 |
| 6208 | 40 | 80 | 18 | 30209 | 45 | 85 | 19 | 16 | 20.75 | 51208 | 40 | 68 | 19 | 42 |
| 6209 | 45 | 85 | 19 | 30210 | 50 | 90 | 20 | 17 | 21.75 | 51209 | 45 | 73 | 20 | 47 |
| 6210 | 50 | 90 | 20 | 30211 | 55 | 100 | 21 | 18 | 22.75 | 51210 | 50 | 78 | 22 | 52 |
| 6211 | 55 | 100 | 21 | 30212 | 60 | 110 | 22 | 19 | 23.75 | 51211 | 55 | 90 | 25 | 57 |
| 6212 | 60 | 110 | 22 | 30213 | 65 | 120 | 23 | 20 | 24.75 | 51212 | 60 | 95 | 26 | 62 |
| 尺寸系列(03) | | | | 尺寸系列(03) | | | | | | 尺寸系列(13) | | | | |
| 6302 | 15 | 42 | 13 | 30302 | 15 | 42 | 13 | 11 | 14.25 | 51304 | 20 | 47 | 18 | 22 |
| 6303 | 17 | 47 | 14 | 30303 | 17 | 47 | 14 | 12 | 15.25 | 51305 | 25 | 52 | 18 | 27 |
| 6304 | 20 | 52 | 15 | 30304 | 20 | 52 | 15 | 13 | 16.25 | 51306 | 30 | 60 | 21 | 32 |
| 6305 | 25 | 62 | 17 | 30305 | 25 | 62 | 17 | 15 | 18.25 | 51307 | 35 | 68 | 24 | 37 |
| 6306 | 30 | 72 | 19 | 30306 | 30 | 72 | 19 | 16 | 20.75 | 51308 | 40 | 78 | 26 | 42 |
| 6307 | 35 | 80 | 21 | 30307 | 35 | 80 | 21 | 18 | 22.75 | 51309 | 45 | 85 | 28 | 47 |
| 6308 | 40 | 90 | 23 | 30308 | 40 | 90 | 23 | 20 | 25.25 | 51310 | 50 | 95 | 31 | 52 |
| 6309 | 45 | 100 | 25 | 30309 | 45 | 100 | 25 | 22 | 27.25 | 51311 | 55 | 105 | 35 | 57 |
| 6310 | 50 | 110 | 27 | 30310 | 50 | 110 | 27 | 23 | 29.25 | 51312 | 60 | 110 | 35 | 62 |
| 6311 | 55 | 120 | 29 | 30311 | 55 | 120 | 29 | 25 | 31.5 | 51313 | 65 | 115 | 36 | 67 |
| 6312 | 60 | 130 | 31 | 30312 | 60 | 130 | 31 | 26 | 33.5 | 51314 | 70 | 125 | 40 | 72 |
| 6313 | 65 | 140 | 33 | 30313 | 65 | 140 | 33 | 28 | 36.0 | 51315 | 75 | 135 | 44 | 77 |

## 附表 11　公称尺寸小于 500mm 的标准公差

单位：μm

| 公称尺寸/mm | 公差等级 | | | | | | | | | | | | | | | | | | | |
|---|---|---|---|---|---|---|---|---|---|---|---|---|---|---|---|---|---|---|---|---|
| | IT01 | IT0 | IT1 | IT2 | IT3 | IT4 | IT5 | IT6 | IT7 | IT8 | IT9 | IT10 | IT11 | IT12 | IT13 | IT14 | IT15 | IT16 | IT17 | IT18 |
| ≤3 | 0.3 | 0.5 | 0.8 | 1.2 | 2 | 3 | 4 | 6 | 10 | 14 | 25 | 40 | 60 | 100 | 140 | 250 | 400 | 600 | 1 000 | 1 400 |
| >3～6 | 0.4 | 0.6 | 1 | 1.5 | 2.5 | 4 | 5 | 8 | 12 | 18 | 30 | 48 | 75 | 120 | 180 | 300 | 480 | 750 | 1 200 | 1 800 |
| >6～10 | 0.4 | 0.6 | 1 | 1.5 | 2.5 | 4 | 6 | 9 | 15 | 22 | 36 | 58 | 90 | 150 | 220 | 360 | 580 | 900 | 1 500 | 2 200 |
| >10～18 | 0.5 | 0.8 | 1.2 | 2 | 3 | 5 | 8 | 11 | 18 | 27 | 43 | 70 | 110 | 180 | 270 | 430 | 700 | 1 100 | 1 800 | 2 700 |
| >18～30 | 0.6 | 1 | 1.5 | 2.5 | 4 | 6 | 9 | 13 | 21 | 33 | 52 | 84 | 130 | 210 | 330 | 520 | 840 | 1 300 | 2 100 | 3 300 |
| >30～50 | 0.7 | 1 | 1.5 | 2.5 | 4 | 7 | 11 | 16 | 25 | 39 | 62 | 100 | 160 | 250 | 390 | 620 | 1 000 | 1 600 | 2 500 | 3 900 |
| >50～80 | 0.8 | 1.2 | 2 | 3 | 5 | 8 | 13 | 19 | 30 | 46 | 74 | 120 | 190 | 300 | 460 | 740 | 1 200 | 1 900 | 3 000 | 4 600 |
| >80～120 | 1 | 1.5 | 2.5 | 4 | 6 | 10 | 15 | 22 | 35 | 54 | 87 | 140 | 220 | 350 | 540 | 870 | 1 400 | 2 200 | 3 500 | 5 400 |
| >120～180 | 1.2 | 2 | 3.5 | 5 | 8 | 12 | 18 | 25 | 40 | 63 | 100 | 160 | 250 | 400 | 630 | 1 000 | 1 600 | 2 500 | 4 000 | 6 300 |
| >180～250 | 2 | 3 | 4.5 | 7 | 10 | 14 | 20 | 29 | 46 | 72 | 115 | 185 | 290 | 460 | 720 | 1 150 | 1 850 | 2 900 | 4 600 | 7 200 |
| >250～315 | 2.5 | 4 | 6 | 8 | 12 | 16 | 23 | 32 | 52 | 81 | 130 | 210 | 320 | 520 | 810 | 1 300 | 2 100 | 3 200 | 5 200 | 8 100 |
| >315～400 | 3 | 5 | 7 | 9 | 13 | 18 | 25 | 36 | 57 | 89 | 140 | 230 | 360 | 570 | 890 | 1 400 | 2 300 | 3 600 | 5 700 | 8 900 |
| >400～500 | 4 | 6 | 8 | 10 | 15 | 20 | 27 | 40 | 68 | 97 | 155 | 250 | 400 | 630 | 970 | 1 550 | 2 500 | 4 000 | 6 300 | 9 700 |

## 附表 12 轴的极限偏差

单位：μm

| 公称尺寸/mm | | 常用公差带 | | | | | | | | | | | | |
|---|---|---|---|---|---|---|---|---|---|---|---|---|---|---|
| | | a | b | | c | | | d | | | | e | | |
| 大于 | 至 | 11 | 11 | 12 | 9 | 10 | 11 | 8 | 9 | 10 | 11 | 7 | 8 | 9 |
| — | 3 | −270<br>−330 | −140<br>−200 | −140<br>−240 | −60<br>−85 | −60<br>−100 | −60<br>−120 | −20<br>−34 | −20<br>−45 | −20<br>−60 | −20<br>−80 | −14<br>−24 | −14<br>−28 | −14<br>−39 |
| 3 | 6 | −270<br>−345 | −140<br>−215 | −140<br>−260 | −70<br>−100 | −70<br>−118 | −70<br>−145 | −30<br>−48 | −30<br>−60 | −30<br>−78 | −30<br>−105 | −20<br>−32 | −20<br>−38 | −20<br>−50 |
| 6 | 10 | −280<br>−370 | −150<br>−240 | −150<br>−300 | −80<br>−116 | −80<br>−138 | −80<br>−170 | −40<br>−62 | −40<br>−76 | −40<br>−98 | −40<br>−130 | −25<br>−40 | −25<br>−47 | −25<br>−61 |
| 10<br>14 | 14<br>18 | −290<br>−400 | −150<br>−260 | −150<br>−330 | −95<br>−165 | −95<br>−165 | −95<br>−205 | −50<br>−77 | −50<br>−93 | −50<br>−120 | −50<br>−160 | −32<br>−50 | −32<br>−59 | −32<br>−75 |
| 18<br>24 | 24<br>30 | −300<br>−430 | −160<br>−290 | −160<br>−370 | −110<br>−162 | −110<br>−194 | −110<br>−240 | −65<br>−98 | −65<br>−117 | −65<br>−149 | −65<br>−195 | −40<br>−61 | −40<br>−73 | −40<br>−92 |
| 30 | 40 | −310<br>−470 | −170<br>−330 | −170<br>−420 | −120<br>−182 | −120<br>−220 | −120<br>−280 | −80<br>−119 | −80<br>−142 | −80<br>−180 | −80<br>−240 | −50<br>−75 | −50<br>−89 | −50<br>−112 |
| 40 | 50 | −320<br>−480 | −180<br>−340 | −180<br>−430 | −130<br>−192 | −130<br>−230 | −130<br>−290 | | | | | | | |
| 50 | 65 | −340<br>−530 | −190<br>−380 | −190<br>−490 | −140<br>−214 | −140<br>−260 | −140<br>−330 | −100<br>−146 | −100<br>−174 | −100<br>−220 | −100<br>−290 | −60<br>−90 | −60<br>−106 | −60<br>−134 |
| 65 | 80 | −360<br>−550 | −200<br>−390 | −200<br>−500 | −150<br>−224 | −150<br>−270 | −150<br>−340 | | | | | | | |
| 80 | 100 | −380<br>−600 | −200<br>−440 | −200<br>−570 | −170<br>−257 | −170<br>−310 | −170<br>−399 | −120<br>−174 | −120<br>−207 | −120<br>−260 | −120<br>−340 | −72<br>−107 | −72<br>−126 | −72<br>−159 |
| 100 | 120 | −410<br>−630 | −240<br>−460 | −240<br>−590 | −180<br>−267 | −180<br>−320 | −180<br>−400 | | | | | | | |
| 120 | 140 | −520<br>−710 | −260<br>−510 | −260<br>−660 | −200<br>−300 | −200<br>−360 | −200<br>−450 | −145<br>−208 | −145<br>−245 | −145<br>−305 | −145<br>−395 | −85<br>−125 | −85<br>−148 | −85<br>−185 |
| 140 | 160 | −460<br>−770 | −280<br>−530 | −280<br>−680 | −210<br>−310 | −210<br>−370 | −210<br>−460 | | | | | | | |
| 160 | 180 | −580<br>−830 | −100<br>−560 | −310<br>−710 | −230<br>−330 | −230<br>−390 | −230<br>−480 | | | | | | | |
| 180 | 200 | −660<br>−950 | −340<br>−630 | −340<br>−800 | −240<br>−355 | −240<br>−425 | −240<br>−530 | −170<br>−242 | −170<br>−285 | −170<br>−355 | −170<br>−460 | −100<br>−146 | −100<br>−172 | −100<br>−215 |
| 200 | 225 | −740<br>−1 030 | −380<br>−670 | −380<br>−840 | −260<br>−375 | −260<br>−445 | −260<br>−550 | | | | | | | |
| 225 | 250 | −820<br>−1 110 | −420<br>−710 | −420<br>−880 | −280<br>−395 | −280<br>−465 | −280<br>−570 | | | | | | | |
| 250 | 280 | −920<br>−1 240 | −480<br>−800 | −480<br>−1 000 | −300<br>−430 | −300<br>−510 | −300<br>−620 | −190<br>−271 | −190<br>−320 | −190<br>−400 | −190<br>−510 | −110<br>−162 | −110<br>−191 | −110<br>−240 |
| 280 | 315 | −1 050<br>−1 370 | −540<br>−860 | −540<br>−1 060 | −330<br>−460 | −330<br>−540 | −330<br>−650 | | | | | | | |
| 315 | 355 | −1 200<br>−1 560 | −600<br>−960 | −800<br>−1 170 | −360<br>−500 | −360<br>−590 | −360<br>−720 | −210<br>−299 | −210<br>−350 | −210<br>−440 | −210<br>−570 | −125<br>−182 | −125<br>−214 | −125<br>−265 |
| 355 | 400 | −1 350<br>−1 710 | −680<br>−140 | −680<br>−1 250 | −400<br>−540 | −400<br>−630 | −400<br>−760 | | | | | | | |

续表

| 公称尺寸/mm | | 常用公差带 | | | | | | | | | | | | | | | |
|---|---|---|---|---|---|---|---|---|---|---|---|---|---|---|---|---|---|
| | | f | | | | | g | | | h | | | | | | | |
| 大于 | 至 | 5 | 6 | 7 | 8 | 9 | 5 | 6 | 7 | 5 | 6 | 7 | 8 | 9 | 10 | 11 | 12 |
| — | 3 | −6<br>−10 | −6<br>−12 | −6<br>−16 | −6<br>−20 | −6<br>−31 | −2<br>−6 | −2<br>−8 | −2<br>−12 | 0<br>−4 | 0<br>−6 | 0<br>−10 | 0<br>−14 | 0<br>−25 | 0<br>−40 | 0<br>−60 | 0<br>−100 |
| 3 | 6 | −10<br>−15 | −10<br>−18 | −10<br>−22 | −10<br>−28 | −10<br>−40 | −4<br>−9 | −4<br>−12 | −4<br>−16 | 0<br>−5 | 0<br>−8 | 0<br>−12 | 0<br>−18 | 0<br>−30 | 0<br>−48 | 0<br>−75 | 0<br>−120 |
| 6 | 10 | −13<br>−19 | −13<br>−22 | −13<br>−28 | −13<br>−35 | −13<br>−49 | −5<br>−11 | −5<br>−14 | −5<br>−20 | 0<br>−6 | 0<br>−9 | 0<br>−15 | 0<br>−22 | 0<br>−36 | 0<br>−58 | 0<br>−90 | 0<br>−150 |
| 10 | 14 | −16<br>−24 | −16<br>−27 | −16<br>−34 | −16<br>−43 | −16<br>−59 | −6<br>−14 | −6<br>−17 | −6<br>−24 | 0<br>−8 | 0<br>−11 | 0<br>−18 | 0<br>−27 | 0<br>−43 | 0<br>−70 | 0<br>−110 | 0<br>−180 |
| 14 | 18 | | | | | | | | | | | | | | | | |
| 18 | 24 | −20<br>−29 | −20<br>−33 | −20<br>−41 | −20<br>−53 | −20<br>−72 | −7<br>−16 | −7<br>−20 | −7<br>−28 | 0<br>−9 | 0<br>−13 | 0<br>−21 | 0<br>−33 | 0<br>−52 | 0<br>−84 | 0<br>−130 | 0<br>−210 |
| 24 | 30 | | | | | | | | | | | | | | | | |
| 30 | 40 | −25<br>−36 | −25<br>−41 | −25<br>−50 | −25<br>−64 | −25<br>−87 | −9<br>−20 | −9<br>−25 | −9<br>−34 | 0<br>−11 | 0<br>−16 | 0<br>−25 | 0<br>−39 | 0<br>−62 | 0<br>−100 | 0<br>−160 | 0<br>−300 |
| 40 | 50 | | | | | | | | | | | | | | | | |
| 50 | 65 | −30<br>−43 | −30<br>−49 | −30<br>−60 | −30<br>−76 | −30<br>−104 | −10<br>−23 | −10<br>−29 | −10<br>−40 | 0<br>−13 | 0<br>−19 | 0<br>−30 | 0<br>−46 | 0<br>−74 | 0<br>−120 | 0<br>−190 | 0<br>−300 |
| 65 | 80 | | | | | | | | | | | | | | | | |
| 80 | 100 | −36<br>−51 | −36<br>−58 | −36<br>−71 | −36<br>−90 | −36<br>−123 | −12<br>−27 | −12<br>−34 | −12<br>−47 | 0<br>−15 | 0<br>−22 | 0<br>−35 | 0<br>−54 | 0<br>−87 | 0<br>−140 | 0<br>−220 | 0<br>−350 |
| 100 | 120 | | | | | | | | | | | | | | | | |
| 120 | 140 | | | | | | | | | | | | | | | | |
| 140 | 160 | −43<br>−61 | −43<br>−68 | −43<br>−83 | −43<br>−106 | −43<br>−143 | −14<br>−32 | −14<br>−39 | −14<br>−54 | 0<br>−18 | 0<br>−25 | 0<br>−40 | 0<br>−63 | 0<br>−100 | 0<br>−160 | 0<br>−250 | 0<br>−400 |
| 160 | 180 | | | | | | | | | | | | | | | | |
| 180 | 200 | | | | | | | | | | | | | | | | |
| 200 | 225 | −50<br>−70 | −50<br>−79 | −50<br>−96 | −50<br>−122 | −50<br>−165 | −15<br>−35 | −15<br>−44 | −15<br>−61 | 0<br>−20 | 0<br>−29 | 0<br>−46 | 0<br>−72 | 0<br>−115 | 0<br>−185 | 0<br>−290 | 0<br>−460 |
| 225 | 250 | | | | | | | | | | | | | | | | |
| 250 | 280 | −56<br>−79 | −56<br>−88 | −56<br>−108 | −56<br>−137 | −56<br>−186 | −17<br>−40 | −17<br>−49 | −17<br>−69 | 0<br>−23 | 0<br>−32 | 0<br>−52 | 0<br>−81 | 0<br>−130 | 0<br>−210 | 0<br>−320 | 0<br>−520 |
| 280 | 315 | | | | | | | | | | | | | | | | |
| 315 | 355 | −62<br>−87 | −62<br>−98 | −62<br>−119 | −62<br>−15 | −62<br>−202 | −18<br>−43 | −18<br>−54 | −18<br>−75 | 0<br>−25 | 0<br>−36 | 0<br>−57 | 0<br>−89 | 0<br>−140 | 0<br>−230 | 0<br>−360 | 0<br>−570 |
| 355 | 400 | | | | | | | | | | | | | | | | |

续表

| 公称尺寸/mm | | 常用公差带 | | | | | | | | | | | | | | |
|---|---|---|---|---|---|---|---|---|---|---|---|---|---|---|---|---|
| | | js | | | k | | | m | | | n | | | p | | |
| 大于 | 至 | 5 | 6 | 7 | 5 | 6 | 7 | 5 | 6 | 7 | 5 | 6 | 7 | 5 | 6 | 7 |
| — | 3 | ±2 | ±3 | ±5 | +4<br>0 | +6<br>0 | +10<br>0 | +6<br>+2 | +8<br>+2 | +12<br>+2 | +8<br>+4 | +10<br>+4 | +14<br>+4 | +10<br>+6 | +12<br>+6 | +16<br>+6 |
| 3 | 6 | ±2.5 | ±4 | ±6 | +6<br>+1 | +9<br>+1 | +13<br>+1 | +9<br>+4 | +12<br>+4 | +16<br>+4 | +13<br>+8 | +16<br>+8 | +20<br>+8 | +17<br>+12 | +20<br>+12 | +24<br>+12 |
| 6 | 10 | ±3 | ±4.5 | ±7 | +7<br>+1 | +10<br>+1 | +16<br>+1 | +12<br>+6 | +15<br>+6 | +21<br>+6 | +16<br>+10 | +19<br>+10 | +25<br>+10 | +21<br>+15 | +24<br>+15 | +30<br>+15 |
| 10<br>14 | 14<br>18 | ±4 | ±5.5 | ±9 | +9<br>+1 | +12<br>+1 | +19<br>+1 | +15<br>+7 | +18<br>+7 | +25<br>+7 | +20<br>+12 | +23<br>+12 | +30<br>+12 | +26<br>+18 | +29<br>+18 | +36<br>+18 |
| 18<br>24 | 24<br>30 | ±4.5 | ±6.5 | ±10 | +11<br>+2 | +15<br>+2 | +23<br>+2 | +17<br>+8 | +21<br>+8 | +29<br>+8 | +24<br>+15 | +28<br>+15 | +36<br>+15 | +31<br>+22 | +35<br>+22 | +43<br>+22 |
| 30<br>40 | 40<br>50 | ±5.5 | ±8 | ±12 | +13<br>+2 | +18<br>+2 | +27<br>+2 | +20<br>+9 | +25<br>+9 | +34<br>+9 | +28<br>+17 | +33<br>+17 | +42<br>+17 | +37<br>+26 | +42<br>+26 | +51<br>+26 |
| 50<br>65 | 65<br>80 | ±6.5 | ±9.5 | ±15 | +15<br>+2 | +21<br>+2 | +32<br>+2 | +24<br>+11 | +30<br>+11 | +41<br>+11 | +33<br>+20 | +39<br>+20 | +50<br>+20 | +45<br>+32 | +51<br>+32 | +62<br>+32 |
| 80<br>100 | 100<br>120 | ±7.5 | ±11 | ±17 | +18<br>+3 | +25<br>+3 | +38<br>+3 | +28<br>+13 | +35<br>+13 | +48<br>+13 | +38<br>+23 | +45<br>+23 | +58<br>+23 | +52<br>+37 | +59<br>+37 | +72<br>+37 |
| 120<br>140<br>160 | 140<br>160<br>180 | ±9 | ±12.5 | ±20 | +21<br>+3 | +28<br>+3 | +43<br>+3 | +33<br>+15 | +40<br>+15 | +55<br>+15 | +45<br>+27 | +52<br>+27 | +67<br>+27 | +61<br>+43 | +68<br>+43 | +83<br>+43 |
| 180<br>200<br>225 | 200<br>225<br>250 | ±10 | ±14.5 | ±23 | +24<br>+4 | +33<br>+4 | +50<br>+4 | +37<br>+17 | +46<br>+17 | +63<br>+17 | +51<br>+31 | +60<br>+31 | +77<br>+31 | +70<br>+50 | +79<br>+50 | +96<br>+50 |
| 250<br>280 | 280<br>315 | ±11.5 | ±16 | ±26 | +27<br>+4 | +36<br>+4 | +56<br>+4 | +43<br>+20 | +52<br>+20 | +72<br>+20 | +57<br>+34 | +66<br>+34 | +86<br>+34 | +79<br>+56 | +88<br>+56 | +108<br>+56 |
| 315<br>355 | 355<br>400 | ±12.5 | ±18 | ±28 | +29<br>+4 | +40<br>+4 | +61<br>+4 | +46<br>+21 | +57<br>+21 | +78<br>+21 | +62<br>+37 | +73<br>+37 | +94<br>+37 | +87<br>+62 | +98<br>+62 | +119<br>+62 |

续表

| 公称尺寸/mm | | 常用公差带 | | | | | | | | | | | | | | |
|---|---|---|---|---|---|---|---|---|---|---|---|---|---|---|---|---|
| | | r | | | s | | | t | | | u | | v | x | y | z |
| 大于 | 至 | 5 | 6 | 7 | 5 | 6 | 7 | 5 | 6 | 7 | 6 | 7 | 6 | 6 | 6 | 6 |
| — | 3 | +14<br>+10 | +16<br>+10 | +20<br>+10 | +18<br>+14 | +20<br>+14 | +24<br>+14 | — | — | — | +24<br>+18 | +28<br>+18 | — | +26<br>+20 | — | +32<br>+26 |
| 3 | 6 | +20<br>+15 | +23<br>+15 | +27<br>+15 | +24<br>+19 | +27<br>+19 | +31<br>+19 | — | — | — | +31<br>+23 | +35<br>+23 | — | +36<br>+28 | — | +43<br>+35 |
| 6 | 10 | +25<br>+19 | +28<br>+19 | +34<br>+19 | +29<br>+23 | +32<br>+23 | +38<br>+23 | — | — | — | +37<br>+28 | +43<br>+28 | — | +43<br>+34 | — | +51<br>+42 |
| 10 | 14 | +31<br>+23 | +34<br>+23 | +41<br>+23 | +36<br>+28 | +39<br>+28 | +46<br>+28 | — | — | — | +44<br>+33 | +51<br>+33 | — | +51<br>+40 | — | +61<br>+50 |
| 14 | 18 | | | | | | | — | — | — | | | +50<br>+39 | +56<br>+45 | — | +71<br>+60 |
| 18 | 24 | +37<br>+28 | +41<br>+28 | +49<br>+28 | +44<br>+35 | +48<br>+35 | +56<br>+35 | — | — | — | +54<br>+41 | +62<br>+41 | +60<br>+47 | +67<br>+54 | +76<br>+63 | +86<br>+73 |
| 24 | 30 | | | | | | | +50<br>+41 | +54<br>+41 | +62<br>+41 | +61<br>+48 | +69<br>+48 | +68<br>+55 | +77<br>+64 | +88<br>+75 | +101<br>+88 |
| 30 | 40 | +45<br>+34 | +50<br>+34 | +59<br>+34 | +54<br>+43 | +59<br>+43 | +68<br>+43 | +59<br>+48 | +64<br>+48 | +73<br>+48 | +76<br>+60 | +85<br>+60 | +84<br>+68 | +96<br>+80 | +110<br>+94 | +128<br>+112 |
| 40 | 50 | | | | | | | +65<br>+54 | +70<br>+54 | +79<br>+54 | +86<br>+70 | +95<br>+70 | +97<br>+81 | +113<br>+97 | +130<br>+114 | +152<br>+136 |
| 50 | 65 | +54<br>+41 | +60<br>+41 | +71<br>+41 | +66<br>+53 | +72<br>+53 | +83<br>+53 | +79<br>+66 | +85<br>+66 | +96<br>+66 | +106<br>+87 | +117<br>+87 | +121<br>+102 | +141<br>+122 | +163<br>+144 | +191<br>+172 |
| 65 | 80 | +56<br>+43 | +62<br>+43 | +73<br>+43 | +72<br>+59 | +78<br>+59 | +89<br>+59 | +88<br>+75 | +94<br>+75 | +105<br>+75 | +121<br>+102 | +132<br>+102 | +139<br>+120 | +165<br>+146 | +193<br>+174 | +229<br>+210 |
| 80 | 100 | +66<br>+51 | +73<br>+51 | +86<br>+51 | +86<br>+71 | +93<br>+71 | +106<br>+91 | +106<br>+91 | +113<br>+91 | +126<br>+91 | +146<br>+124 | +159<br>+124 | +168<br>+146 | +200<br>+178 | +236<br>+214 | +280<br>+258 |
| 100 | 120 | +69<br>+54 | +76<br>+54 | +89<br>+54 | +94<br>+79 | +101<br>+79 | +114<br>+79 | +110<br>+104 | +126<br>+104 | +136<br>+104 | +166<br>+144 | +179<br>+144 | +194<br>+172 | +232<br>+210 | +276<br>+254 | +332<br>+310 |
| 120 | 140 | +81<br>+63 | +88<br>+63 | +103<br>+63 | +110<br>+92 | +117<br>+92 | +132<br>+92 | +140<br>+122 | +147<br>+122 | +162<br>+122 | +195<br>+170 | +210<br>+170 | +227<br>+202 | +273<br>+248 | +325<br>+300 | +390<br>+365 |
| 140 | 160 | +83<br>+65 | +90<br>+65 | +105<br>+65 | +118<br>+100 | +125<br>+100 | +140<br>+100 | +152<br>+134 | +159<br>+134 | +174<br>+134 | +215<br>+190 | +230<br>+190 | +253<br>+228 | +305<br>+280 | +365<br>+340 | +440<br>+415 |
| 160 | 180 | +86<br>+68 | +93<br>+68 | +108<br>+68 | +126<br>+108 | +133<br>+108 | +148<br>+108 | +164<br>+146 | +171<br>+146 | +186<br>+146 | +235<br>+210 | +250<br>+210 | +277<br>+252 | +335<br>+310 | +405<br>+380 | +490<br>+465 |
| 180 | 200 | +97<br>+77 | +106<br>+77 | +123<br>+77 | +142<br>+122 | +151<br>+122 | +168<br>+122 | +185<br>+166 | +195<br>+166 | +212<br>+166 | +265<br>+236 | +282<br>+236 | +313<br>+284 | +379<br>+350 | +454<br>+425 | +549<br>+520 |
| 200 | 225 | +100<br>+80 | +109<br>+80 | +126<br>+80 | +150<br>+130 | +159<br>+130 | +176<br>+130 | +200<br>+180 | +209<br>+180 | +226<br>+180 | +287<br>+258 | +304<br>+258 | +339<br>+310 | +414<br>+385 | +499<br>+470 | +604<br>+575 |
| 225 | 250 | +104<br>+84 | +113<br>+84 | +130<br>+84 | +160<br>+140 | +169<br>+140 | +186<br>+140 | +216<br>+196 | +225<br>+196 | +242<br>+196 | +313<br>+284 | +330<br>+284 | +369<br>+340 | +454<br>+425 | +549<br>+520 | +669<br>+640 |
| 250 | 280 | +117<br>+94 | +126<br>+94 | +146<br>+94 | +181<br>+158 | +290<br>+158 | +210<br>+158 | +241<br>+218 | +250<br>+218 | +270<br>+218 | +347<br>+315 | +367<br>+315 | +417<br>+385 | +507<br>+475 | +612<br>+680 | +742<br>+710 |
| 280 | 315 | +121<br>+98 | +130<br>+98 | +150<br>+98 | +193<br>+170 | +202<br>+170 | +222<br>+170 | +263<br>+240 | +272<br>+240 | +292<br>+240 | +382<br>+350 | +402<br>+350 | +457<br>+425 | +557<br>+525 | +682<br>+650 | +822<br>+790 |
| 315 | 355 | +133<br>+108 | +144<br>+108 | +165<br>+108 | +215<br>+190 | +226<br>+190 | +247<br>+190 | +293<br>+268 | +304<br>+268 | +325<br>+268 | +426<br>+390 | +447<br>+390 | +511<br>+475 | +626<br>+590 | +766<br>+730 | +936<br>+900 |
| 355 | 400 | +139<br>+114 | +150<br>+114 | +171<br>+114 | +233<br>+208 | +244<br>+208 | +265<br>+208 | +319<br>+294 | +330<br>+294 | +351<br>+294 | +471<br>+435 | +492<br>+435 | +566<br>+530 | +696<br>+660 | +856<br>+820 | +1 036<br>+1 000 |

## 附表 13 孔的极限偏差

单位：μm

| 公称尺寸/mm | | 常用公差带 | | | | | | | | | | | | | |
|---|---|---|---|---|---|---|---|---|---|---|---|---|---|---|---|
| | | A | B | | C | D | | | | E | | F | | | |
| 大于 | 至 | 11 | 11 | 12 | 11 | 8 | 9 | 10 | 11 | 8 | 9 | 6 | 7 | 8 | 9 |
| — | 3 | +330<br>+270 | +200<br>+140 | +240<br>+140 | +120<br>+60 | +34<br>+20 | +45<br>+20 | +60<br>+20 | +80<br>+20 | +28<br>+14 | +39<br>+14 | +12<br>+6 | +16<br>+6 | +20<br>+6 | +31<br>+6 |
| 3 | 6 | +345<br>+270 | +215<br>+140 | +260<br>+140 | +145<br>+70 | +48<br>+30 | +60<br>+30 | +78<br>+30 | +105<br>+30 | +38<br>+20 | +50<br>+20 | +18<br>+10 | +22<br>+10 | +28<br>+10 | +40<br>+10 |
| 6 | 10 | +370<br>+280 | +240<br>+150 | +300<br>+150 | +170<br>+80 | +62<br>+40 | +76<br>+40 | +98<br>+40 | +170<br>+40 | +47<br>+25 | +61<br>+25 | +22<br>+13 | +28<br>+13 | +35<br>+13 | +49<br>+13 |
| 10 | 14 | +400<br>+290 | +260<br>+150 | +330<br>+150 | +205<br>+95 | +77<br>+50 | +93<br>+50 | +120<br>+50 | +160<br>+50 | +59<br>+32 | +75<br>+32 | +27<br>+46 | +34<br>+16 | +43<br>+16 | +59<br>+16 |
| 14 | 18 | | | | | | | | | | | | | | |
| 18 | 24 | +430<br>+300 | +290<br>+160 | +370<br>+160 | +240<br>+110 | +98<br>+65 | +117<br>+65 | +149<br>+65 | +195<br>+65 | +73<br>+40 | +92<br>+40 | +33<br>+20 | +41<br>+20 | +53<br>+20 | +72<br>+20 |
| 24 | 30 | | | | | | | | | | | | | | |
| 30 | 40 | +470<br>+310 | +330<br>+170 | +420<br>+170 | +280<br>+170 | +119<br>+80 | +142<br>+80 | +180<br>+80 | +240<br>+80 | +89<br>+50 | +112<br>+50 | +41<br>+25 | +50<br>+25 | +64<br>+25 | +87<br>+25 |
| 40 | 50 | +480<br>+320 | +340<br>+180 | +430<br>+180 | +290<br>+180 | | | | | | | | | | |
| 50 | 65 | +530<br>+340 | +389<br>+190 | +490<br>+190 | +330<br>+140 | +146<br>+100 | +170<br>+100 | +220<br>+100 | +290<br>+100 | +106<br>+60 | +134<br>+80 | +49<br>+30 | +60<br>+30 | +76<br>+30 | +104<br>+30 |
| 65 | 80 | +550<br>+360 | +330<br>+200 | +500<br>+200 | +340<br>+150 | | | | | | | | | | |
| 80 | 100 | +600<br>+380 | +440<br>+220 | +570<br>+220 | +390<br>+170 | +174<br>+120 | +207<br>+120 | +260<br>+120 | +340<br>+120 | +126<br>+72 | +159<br>+72 | +58<br>+36 | +71<br>+36 | +90<br>+36 | +123<br>+36 |
| 100 | 120 | +630<br>+410 | +460<br>+240 | +590<br>+240 | +400<br>+180 | | | | | | | | | | |
| 120 | 140 | +710<br>+460 | +510<br>+260 | +660<br>+260 | +450<br>+200 | +208<br>+145 | +245<br>+145 | +305<br>+145 | +395<br>+145 | +148<br>+85 | +135<br>+85 | +68<br>+43 | +83<br>+43 | +106<br>+43 | +143<br>+43 |
| 140 | 160 | +770<br>+520 | +530<br>+280 | +680<br>+280 | +460<br>+210 | | | | | | | | | | |
| 160 | 180 | +830<br>+580 | +560<br>+310 | +710<br>+310 | +480<br>+230 | | | | | | | | | | |
| 180 | 200 | +950<br>+660 | +630<br>+340 | +800<br>+340 | +530<br>+240 | +242<br>+170 | +285<br>+170 | +355<br>+170 | +460<br>+170 | +172<br>+100 | +215<br>+100 | +79<br>+50 | +96<br>+50 | +122<br>+50 | +165<br>+50 |
| 200 | 225 | +1 030<br>+740 | +670<br>+380 | +840<br>+380 | +550<br>+260 | | | | | | | | | | |
| 225 | 250 | +1 110<br>+820 | +710<br>+420 | +880<br>+420 | +570<br>+280 | | | | | | | | | | |
| 250 | 280 | +1 240<br>+320 | +800<br>+480 | +1 000<br>+480 | +620<br>+300 | +271<br>+190 | +320<br>+190 | +400<br>+190 | +510<br>+190 | +191<br>+110 | +240<br>+110 | +88<br>+56 | +108<br>+56 | +137<br>+56 | +186<br>+56 |
| 280 | 315 | +1 375<br>+1 050 | +860<br>+540 | +1 060<br>+540 | +650<br>+330 | | | | | | | | | | |
| 315 | 355 | +1 560<br>+1 200 | +960<br>+600 | +1 170<br>+600 | +720<br>+360 | +299<br>+210 | +350<br>+210 | +440<br>+210 | +570<br>+210 | +214<br>+125 | +265<br>+125 | +98<br>+62 | +119<br>+62 | +151<br>+62 | +202<br>+62 |
| 355 | 400 | +1 710<br>+1 350 | +1 040<br>+680 | +1 250<br>+680 | +760<br>+400 | | | | | | | | | | |

续表

| 公称尺寸/mm | | 常用公差带 | | | | | | | | | | | | | | | | | |
|---|---|---|---|---|---|---|---|---|---|---|---|---|---|---|---|---|---|---|---|
| | | G | | H | | | | | | | JS | | | K | | | M | | |
| 大于 | 至 | 6 | 7 | 6 | 7 | 8 | 9 | 10 | 11 | 12 | 6 | 7 | 8 | 6 | 7 | 8 | 6 | 7 | 8 |
| — | 3 | +8<br>+2 | +12<br>+2 | +6<br>0 | +10<br>0 | +14<br>0 | +25<br>0 | +40<br>0 | +60<br>0 | +100<br>0 | ±3 | ±5 | ±7 | 0<br>−6 | 0<br>−10 | 0<br>−11 | −2<br>−8 | −2<br>−12 | −2<br>−16 |
| 3 | 6 | +12<br>+4 | −16<br>−4 | +8<br>0 | +12<br>0 | +18<br>0 | +30<br>0 | +48<br>0 | +75<br>0 | +120<br>0 | ±4 | ±6 | ±9 | +2<br>−6 | +3<br>−9 | +5<br>−13 | −1<br>−9 | 0<br>−12 | +2<br>−16 |
| 6 | 10 | +14<br>+5 | +20<br>5 | +9<br>0 | +15<br>0 | +22<br>0 | +36<br>0 | +58<br>0 | +90<br>0 | +150<br>0 | ±4.5 | ±7 | ±11 | +2<br>−7 | +5<br>−10 | +6<br>−16 | −3<br>−12 | 0<br>−15 | +1<br>−21 |
| 10<br>14 | 14<br>18 | +17<br>+6 | +24<br>+6 | +11<br>0 | +18<br>0 | +27<br>0 | +43<br>0 | +70<br>0 | +110<br>0 | +180<br>0 | ±5.5 | ±9 | ±13 | +2<br>−9 | +6<br>−12 | +8<br>−19 | −4<br>−15 | 0<br>−18 | +2<br>−25 |
| 18<br>24 | 24<br>30 | +20<br>+7 | +28<br>+7 | +13<br>0 | +21<br>0 | +33<br>0 | +52<br>0 | +84<br>0 | +130<br>0 | +210<br>0 | ±6.5 | ±10 | ±16 | +2<br>−11 | +6<br>−15 | +10<br>−22 | −4<br>−17 | 0<br>−21 | +4<br>−29 |
| 30<br>40 | 40<br>50 | +25<br>+9 | +34<br>+9 | +16<br>0 | +25<br>0 | +39<br>0 | +62<br>0 | +100<br>0 | +160<br>0 | +250<br>0 | ±8 | ±12 | ±19 | +3<br>−13 | +7<br>−18 | +12<br>−27 | −4<br>−20 | 0<br>−25 | +5<br>−34 |
| 50<br>65 | 65<br>80 | +29<br>+10 | +40<br>+10 | +19<br>0 | +30<br>0 | +46<br>0 | +74<br>0 | +120<br>0 | +190<br>0 | +300<br>0 | ±9.5 | ±15 | ±23 | +4<br>−15 | +9<br>−21 | +14<br>−32 | −5<br>−24 | 0<br>−30 | +5<br>−41 |
| 80<br>100 | 100<br>120 | +34<br>+12 | +47<br>+12 | +22<br>0 | +35<br>0 | +54<br>0 | +87<br>0 | +140<br>0 | +220<br>0 | +350<br>0 | ±11 | ±17 | ±27 | +4<br>−18 | +10<br>−25 | +16<br>−33 | −6<br>−28 | 0<br>−35 | +6<br>−43 |
| 120<br>140<br>160 | 140<br>160<br>180 | +39<br>+14 | +54<br>+14 | +25<br>0 | +40<br>0 | +63<br>0 | +100<br>0 | +160<br>0 | +250<br>0 | +400<br>0 | ±<br>12.5 | ±20 | ±31 | +4<br>−21 | +12<br>−28 | +20<br>−43 | −8<br>−33 | 0<br>−40 | +8<br>−55 |
| 180<br>200<br>225 | 200<br>225<br>250 | +44<br>+15 | +61<br>+15 | +29<br>0 | +46<br>0 | +72<br>0 | +115<br>0 | +185<br>0 | +290<br>0 | +460<br>0 | ±<br>14.5 | ±23 | ±36 | +5<br>−24 | +13<br>−33 | +22<br>−50 | −8<br>−37 | 0<br>−46 | +9<br>−63 |
| 250<br>280 | 280<br>315 | +49<br>+17 | +69<br>+17 | +32<br>0 | +52<br>0 | +81<br>0 | +130<br>0 | +210<br>0 | +320<br>0 | +520<br>0 | ±16 | ±26 | ±40 | +5<br>−27 | +16<br>−36 | +25<br>−56 | −9<br>−41 | 0<br>−52 | +9<br>−72 |
| 315<br>355 | 355<br>400 | +54<br>+18 | +75<br>+18 | +36<br>0 | +57<br>0 | +89<br>0 | +140<br>0 | +230<br>0 | +360<br>0 | +570<br>0 | ±18 | ±28 | ±44 | +7<br>−29 | +17<br>−40 | +28<br>−61 | −10<br>−46 | 0<br>−57 | +11<br>−78 |

续表

| 公称尺寸/mm | | 常用公差带 | | | | | | | | | | | |
|---|---|---|---|---|---|---|---|---|---|---|---|---|---|
| | | N | | | P | | R | | S | | T | | U |
| 大于 | 至 | 6 | 7 | 8 | 6 | 7 | 6 | 7 | 6 | 7 | 6 | 7 | 7 |
| — | 3 | −4<br>−10 | −4<br>−14 | −4<br>−18 | −6<br>−12 | −6<br>−16 | −10<br>−16 | −10<br>−20 | −14<br>−20 | −14<br>−24 | — | — | −18<br>−28 |
| 3 | 6 | −5<br>−13 | −4<br>−16 | −2<br>−20 | −9<br>−17 | −8<br>−20 | −12<br>−20 | −11<br>−23 | −16<br>−24 | −15<br>−27 | — | — | −19<br>−31 |
| 6 | 10 | −7<br>−16 | −4<br>−19 | −3<br>−25 | −12<br>−21 | −9<br>−24 | −16<br>−25 | −13<br>−28 | −20<br>−29 | −17<br>−32 | — | — | −22<br>−37 |
| 10 | 14 | −9<br>−20 | −5<br>−23 | −3<br>−30 | −15<br>−26 | −11<br>−29 | −20<br>−31 | −16<br>−34 | −25<br>−36 | −21<br>−39 | — | — | −26<br>−44 |
| 14 | 18 | | | | | | | | | | | | |
| 18 | 24 | −11<br>−24 | −7<br>−28 | −3<br>−36 | −18<br>−31 | −14<br>−35 | −24<br>−37 | −20<br>−41 | −31<br>−44 | −27<br>−48 | — | — | −33<br>−54 |
| 24 | 30 | | | | | | | | | | −37<br>−50 | −33<br>−54 | −40<br>−61 |
| 30 | 40 | −12<br>−28 | −8<br>−33 | −3<br>−42 | −21<br>−37 | −17<br>−42 | −29<br>−45 | −25<br>−50 | −38<br>−54 | −34<br>−59 | −43<br>−59 | −39<br>−64 | −51<br>−76 |
| 40 | 50 | | | | | | | | | | −49<br>−65 | −45<br>−70 | −61<br>−76 |
| 50 | 65 | −14<br>−33 | −9<br>−39 | −4<br>−50 | −26<br>−45 | −21<br>−51 | −35<br>−54 | −30<br>−60 | −47<br>−66 | −42<br>−72 | −60<br>−79 | −55<br>−85 | −86<br>−106 |
| 65 | 80 | | | | | | −37<br>−56 | −32<br>−62 | −53<br>−72 | −48<br>−78 | −69<br>−88 | −64<br>−94 | −91<br>−121 |
| 80 | 100 | −16<br>−38 | −10<br>−45 | −4<br>−58 | −30<br>−52 | −24<br>−59 | −44<br>−66 | −38<br>−73 | −64<br>−86 | −58<br>−93 | −84<br>−106 | −78<br>−113 | −111<br>−146 |
| 100 | 120 | | | | | | −47<br>−69 | −41<br>−76 | −72<br>−94 | −66<br>−101 | −97<br>−119 | −91<br>−126 | −131<br>−166 |
| 120 | 140 | −20<br>−45 | −12<br>−52 | −4<br>−67 | −36<br>−61 | −28<br>−68 | −56<br>−81 | −48<br>−88 | −85<br>−110 | −77<br>−117 | −115<br>−140 | −107<br>−147 | −155<br>−195 |
| 140 | 160 | | | | | | −58<br>−83 | −50<br>−90 | −93<br>−118 | −85<br>−125 | −137<br>−152 | −110<br>−159 | −175<br>−215 |
| 160 | 180 | | | | | | −61<br>−86 | −53<br>−93 | −101<br>−126 | −93<br>−133 | −139<br>−164 | −131<br>−171 | −195<br>−235 |
| 180 | 200 | −22<br>−51 | −14<br>−60 | −5<br>−77 | −41<br>−70 | −33<br>−79 | −68<br>−97 | −60<br>−106 | −113<br>−142 | −101<br>−155 | −157<br>−186 | −149<br>−195 | −219<br>−265 |
| 200 | 225 | | | | | | −71<br>−100 | −63<br>−109 | −121<br>−150 | −113<br>−159 | −171<br>−200 | −163<br>−209 | −241<br>−287 |
| 225 | 250 | | | | | | −75<br>−104 | −67<br>−113 | −131<br>−160 | −123<br>−169 | −187<br>−216 | −179<br>−225 | −317<br>−263 |
| 250 | 280 | −25<br>−57 | −14<br>−66 | −5<br>−86 | −47<br>−79 | −36<br>−88 | −85<br>−117 | −74<br>−126 | −149<br>−181 | −138<br>−190 | −209<br>−241 | −198<br>−250 | −295<br>−347 |
| 280 | 315 | | | | | | −89<br>−121 | −78<br>−130 | −161<br>−193 | −150<br>−202 | −231<br>−263 | −220<br>−272 | −330<br>−382 |
| 315 | 355 | −26<br>−62 | −16<br>−73 | −5<br>−94 | −51<br>−87 | −41<br>−98 | −97<br>−133 | −87<br>−144 | −179<br>−215 | −169<br>−226 | −257<br>−293 | −247<br>−304 | −369<br>−426 |
| 355 | 400 | | | | | | −103<br>−139 | −93<br>−150 | −197<br>−233 | −187<br>−244 | −283<br>−319 | −273<br>−330 | −414<br>−471 |

## 附表 14　线性尺寸未注公差(GB/T 1804—1992)

单位：mm

| 公差等级 | 尺寸分段 | | | | | | | |
|---|---|---|---|---|---|---|---|---|
| | 0.5～3 | ＞3～6 | ＞6～30 | ＞30～120 | ＞120～400 | ＞400～1 000 | ＞1 000～2 000 | ＞2 000～4 000 |
| f(精密级) | ±0.05 | ±0.05 | ±0.1 | ±0.15 | ±0.2 | ±0.3 | ±0.5 | — |
| m(中等级) | ±0.1 | ±0.1 | ±0.2 | ±0.3 | ±0.5 | ±0.8 | ±1.2 | ±2.0 |
| c(粗糙级) | ±0.2 | ±0.3 | ±0.5 | ±0.8 | ±1.2 | ±2.0 | ±3.0 | ±4.0 |
| v(最粗级) | — | ±0.5 | ±1.0 | ±0.15 | ±2.5 | ±4.0 | ±6.0 | ±8.0 |

## 附表 15　毡圈油封形式和尺寸（JB/ZQ 4606—86）

单位：mm

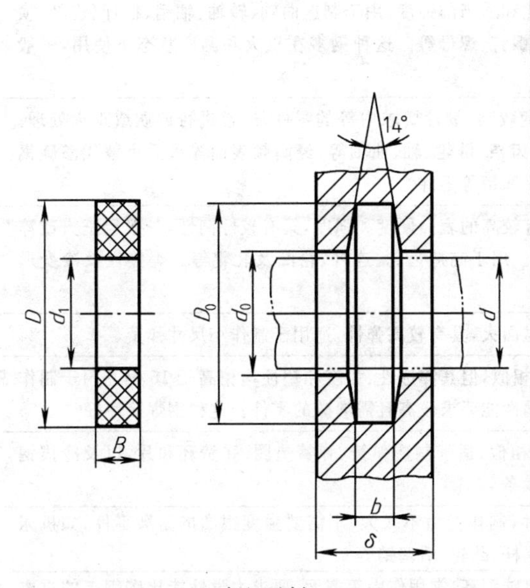


标记示例

$d$=50mm 的毡圈油封：毡圈 50　JB/ZQ 4606—86

| 轴径 $d$ | 毡圈 | | | 槽 | | | | |
|---|---|---|---|---|---|---|---|---|
| | $D$ | $d_1$ | $B$ | $D_0$ | $d_0$ | $b$ | $\delta_{min}$ 用于钢 | $\delta_{min}$ 用于铁 |
| 15 | 29 | 14 | 6 | 28 | 16 | 5 | 10 | 12 |
| 20 | 33 | 19 | | 32 | 21 | | | |
| 25 | 39 | 24 | 7 | 38 | 26 | 6 | 12 | 15 |
| 30 | 45 | 29 | | 44 | 31 | | | |
| 35 | 49 | 34 | | 48 | 36 | | | |
| 40 | 53 | 89 | | 52 | 41 | | | |
| 45 | 61 | 44 | 8 | 60 | 46 | 7 | | |
| 50 | 69 | 49 | | 68 | 51 | | | |
| 55 | 74 | 53 | | 72 | 56 | | | |
| 60 | 80 | 58 | | 78 | 61 | | | |
| 65 | 84 | 63 | | 82 | 66 | | | |
| 70 | 90 | 68 | | 88 | 71 | | | |
| 75 | 94 | 73 | | 92 | 77 | | | |
| 80 | 102 | 78 | 9 | 100 | 82 | 8 | 15 | 18 |
| 85 | 107 | 83 | | 105 | 87 | | | |
| 90 | 112 | 88 | | 110 | 92 | | | |
| 95 | 117 | 93 | 10 | 115 | 97 | | | |
| 100 | 122 | 98 | | 120 | 102 | | | |
| 105 | 127 | 103 | | 125 | 107 | | | |
| 110 | 132 | 108 | 10 | 130 | 112 | 8 | 15 | 18 |
| 115 | 137 | 113 | | 135 | 117 | | | |
| 120 | 142 | 118 | | 140 | 122 | | | |
| 125 | 147 | 123 | | 145 | 127 | | | |

## 附表 16　六角螺塞（JB/ZQ 4450—86）

单位：mm

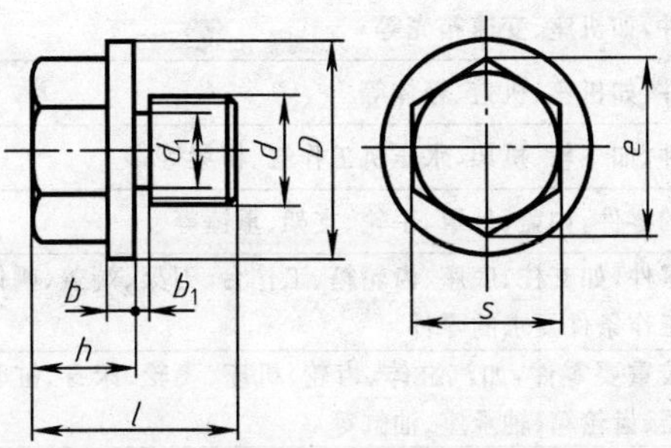

| $d$ | $D$ | $e$ | $s$ | $l$ | $h$ | $d_1$ | $b$ | $b_1$ |
|---|---|---|---|---|---|---|---|---|
| M10×1 | 18 | 12.7 | 12 | 20 | 10 | 8.5 | 3 | 2 |
| M12×1.25 | 22 | 15 | 14 | 24 | 12 | 10.2 | | |
| M14×1.5 | 23 | 20.8 | 17 | 25 | 12 | 11.8 | | 3 |
| M18×1.5 | 28 | 24.2 | 22 | 27 | 15 | 15.8 | | |
| M20×1.5 | 30 | 24.2 | 22 | 30 | 15 | 17.8 | 4 | |
| M22×1.5 | 32 | 27.7 | 24 | 30 | 15 | 19.8 | | |
| M24×2 | 34 | 31.2 | 27 | 32 | 16 | 21 | | 4 |
| M27×2 | 38 | 34.6 | 30 | 35 | 17 | 24 | | |
| M30×2 | 42 | 39.3 | 32 | 38 | 18 | 27 | | |

标记示例

螺塞　M20×1.5 JB/ZQ 4450—86

## 附表 17 常用金属材牌号及用途

| 名称 | 牌号 | 应用举例 |
| --- | --- | --- |
| 碳素结构钢<br>(GB/T 700—2006) | Q215<br>Q235 | 塑性较高,强度较低,焊接性好,常用作各种板材及型钢,制作工程结构或机器中受力不大的零件,如螺钉、螺母、垫圈、吊钩、拉杆等;也可渗碳,制作不重要的渗碳零件 |
| | Q275 | 强度较高,可制作承受中等应力的普通零件,如紧固件、吊钩、拉杆等;也可经热处理后制造不重要的轴 |
| 优质碳素结构钢<br>(GB/T 699—1999) | 15<br>20 | 塑性、韧性、焊接性和冷冲性很好,但强度较低。用于制造受力不大、韧性要求较高的零件、紧固件、渗碳零件及不要求热处理的低负荷零件,如螺栓、螺钉、拉条、法兰盘等 |
| | 35 | 有较好的塑性和适当的强度,用于制造曲轴、转轴、轴销、杠杆、连杆、横梁、链轮、垫圈、螺钉、螺母等。这种钢多在正火和调质状态下使用,一般不作焊接件用 |
| | 40<br>45 | 用于要求强度较高、韧性要求中等的零件,通常进行调质或正火处理。用于制造齿轮、齿条、链轮、轴、曲轴等;经高频表面淬火后可替代渗碳钢制作齿轮、轴、活塞销等零件 |
| | 55 | 经热处理后有较高的表面硬度和强度,具有较好韧性,一般经正火或淬火、回火后使用。用于制造齿轮、连杆、轮圈及轧辊等。焊接性及冷变形性均低 |
| | 65 | 一般经淬火中温回火,具有较高弹性,适用于制作小尺寸弹簧 |
| | 15Mn | 性能与15钢相似,但其淬透性、强度和塑性均稍高于15钢。用于制作中心部分的力学性能要求较高且需渗碳的零件。这种钢焊接性好 |
| | 65Mn | 性能与65钢相似,适于制造弹簧、弹簧垫圈、弹簧环和片,以及冷拔钢丝(≤7mm)和发条 |
| 合金结构钢<br>(GB/T 3077—1999) | 20Cr | 用于渗碳零件,制作受力不太大、不需要强度很高的耐磨零件,如机床齿轮、齿轮油、蜗杆、凸轮、活塞销等 |
| | 40Cr | 调质后强度比碳钢高,常用作中等截面、要求力学性能比碳钢高的重要调质零件,如齿轮、轴、曲轴、连杆螺栓等 |
| | 20CrMnTi | 强度、韧性均高,是铬镍钢的代用材料。经热处理后,用于承受高速、中等或重负荷以及冲击、磨损等的重要零件,如渗碳齿轮、凸轮等 |
| | 38CrMoAl | 是渗氮专用钢种,经热处理后用于要求高耐磨性、高疲劳强度和相当高的强度且热处理变形小的零件,如镗杆、主轴、齿轮、蜗杆、套筒、套环等 |
| | 35SiMn | 除了要求低温(-20℃以下)及冲击韧性很高的情况外,可全面替代40Cr和调质钢;亦可部分代替40CrNi,制作中小型轴类、齿轮等零件 |
| | 50CrVA | 用于$\phi$30~$\phi$50重要受大应力的各种弹簧,也可用作大截面的温度低于400℃的气阀弹簧、喷油嘴弹簧等 |
| 铸钢<br>(GB/T 11352—1989) | ZG200-400 | 用于各种形状的零件,如机座、变速箱壳等 |
| | ZG230-450 | 用于铸造平坦的零件,如机座、机盖、箱体等 |
| | ZG270-500 | 用于各种形状的零件,如飞轮、机架、水压机工作缸、横梁等 |
| 灰铸铁<br>(GB/T 9439—1988) | HT100 | 低载荷和不重要的零件,如盖、外罩、手轮、支架、重锤等 |
| | HT150 | 承受中等应力的零件,如支柱、底座、齿轮箱、工作台、刀架、端盖、阀体、管路附件及一般无工作条件要求的零件 |
| | HT200<br>HT250 | 承受较大应力和较重要零件,如汽缸体、齿轮、机座、飞轮、床身、缸套、活塞、刹车轮、联轴器、齿轮箱、轴承座、油缸等 |
| | HT300<br>HT350<br>HT400 | 承受高弯曲应力及抗拉应力的重要零件,如齿轮、凸轮、车床卡盘、剪床和压力机的机身、床身、高压油缸、滑阀壳体等 |

# 参考文献


[1] 蒋知明，张洪镱编著．怎样识读《机械制图》新标准．北京：机械工业出版社，2001.

[2] 梁德本，叶玉驹主编．机械制图手册．北京：机械工业出版社，2000.

[3] 侯洪生主编．机械工程图学．北京：科学出版社，2001.

[4] 董怀武，刘传惠主编．画法几何及机械制图．武汉：武汉理工大学出版社，2001.

[5] 李邵珍，陈桂英主编．机械制图．北京：机械工业出版社，1999.

[6] 王其昌主编．机械制图．北京：机械工业出版社，1998.

[7] 刘义，李俊武主编．机械制图．北京：机械工业出版社，2000.

[8] 杨裕根，徐祖茂主编．机械制图．北京：北京邮电大学出版社，2011.

[9] 刘小年，王菊槐主编．工程制图．北京：高等教育出版社，2010.